多自主体分布式优化控制

崔荣鑫　张　卓　张守旭　严卫生　著

科学出版社
北　京

内 容 简 介

本书主要阐述多自主体系统分布式优化控制的基本内容和方法，介绍国内外相关领域的最新研究成果。本书主要内容如下：讨论基于领航-跟随的线性连续多自主体系统和离散多自主体系统的分布式优化控制问题；设计无领航者线性多自主体系统分布式平均一致性优化协议；研究未知环境干扰作用下和模型参数不确定情况下线性多自主体系统的鲁棒分布式优化控制策略；提出全分布式非线性多自主体系统分布式优化控制协议；设计基于模糊理论的非线性多自主体系统鲁棒分布式优化控制算法；介绍相关算法在多无人船平台的应用。

本书适合多自主体系统分布式优化控制相关领域的研究人员阅读，也可作为高等院校智能科学与技术、控制科学与工程等相关专业的研究生及高年级本科生的参考书。

图书在版编目（CIP）数据

多自主体分布式优化控制/崔荣鑫等著. —北京：科学出版社，2024.3
ISBN 978-7-03-077339-5

Ⅰ. ①多… Ⅱ. ①崔… Ⅲ. ①分散控制系统 Ⅳ. ①TP273

中国国家版本馆 CIP 数据核字（2023）第 255750 号

责任编辑：赵丽欣 王会明 / 责任校对：赵丽杰
责任印制：吕春珉 / 封面设计：东方人华平面设计部

科学出版社 出版
北京东黄城根北街 16 号
邮政编码：100717
http://www.sciencep.com
三河市骏杰印刷有限公司印刷
科学出版社发行 各地新华书店经销
*
2024 年 3 月第 一 版 开本：787×1092 1/16
2024 年 3 月第一次印刷 印张：11 1/4
字数：266 000

定价：110.00 元

（如有印装质量问题，我社负责调换〈骏杰〉）
销售部电话 010-62136230 编辑部电话 010-62134021

前　言

多自主体系统是指由多个自主体单元构成的网络化系统，如卫星编队、水下机器人编队、无人机组网系统等，各自主体节点通过与邻居之间的信息交互及协作来完成某些特定的任务。对于大规模多自主体系统而言，单个自主体受限于自身体积大小，其能够携带的能量资源是有限的，如何有效减少系统的能源成本消耗是一个不可忽视的问题。与单一自主体相比，多自主体系统不仅要考虑单个自主体的动力学，还要考虑自主体之间的通信拓扑结构对整体动态和能耗指标函数的复杂影响。因此，如何设计高效实用的多自主体分布式优化控制方法成为多自主体系统领域关注的热点问题，也是多自主体系统的研究中最为重要的问题。

本书针对多自主体系统分布式优化控制中的一些关键问题进行研究及探讨，主要研究内容包括：基于领航-跟随的线性连续多自主体系统和离散多自主体系统分布式优化控制；基于无领航者的线性多自主体系统分布式平均一致性优化控制；线性连续多自主体系统和线性离散多自主体系统鲁棒分布式优化控制；利普希茨（Lipschitz）型非线性多自主体系统分布式优化控制；非线性多自主体系统鲁棒分布式优化控制等。本书的主要研究结果经过严格的数学理论推导和证明，部分研究结果结合实际应用问题进行仿真验证，其中包括分布式无人机最优跟踪问题、多无人船最优协同定位问题以及姿态同步优化问题等。本书提出的几类多自主体系统分布式优化控制算法，不仅能够进一步拓展多自主体系统分布式优化领域的研究内容，而且能够为实际工程问题的应用提供一定的理论基础和技术支持。

作者一直从事多自主体系统分布式优化控制方面的研究工作，本书是对作者近 5 年研究多自主体系统分布式优化控制问题的阶段性工作总结。

本书涉及的研究工作得到国家自然科学基金项目（项目批准号：U22A2066、U1813225、U21B2047、52271333、62103182）、陕西省重点研发计划项目（项目编号：2021GY-289、2021GY-257）、中国博士后科学基金（项目编号：2021M692641）、西北工业大学翱翔新星计划项目（项目编号：0603023GH0202235、0603023SH0201235）、水下信息与控制全国重点实验室等的资助。同时，还要感谢加拿大维多利亚大学施阳教授，哈尔滨工业大学张泽旭教授，北京航空航天大学张辉教授，西北工业大学李慧平教授、王银涛教授、杨惠珍教授、贺昱曜教授、肖冰教授等给予的大力帮助。

作　者

2023 年 10 月

于西北工业大学

目　录

第1章 绪　论

1.1 研究背景及意义

近年来，随着计算机网络和人工智能技术的高速发展，多自主体控制技术成为控制科学与工程学科和机器人学科的研究热点之一。多自主体系统通常由多个具有自主决策与控制能力的自主体构成，各自主体之间仅通过简单的信息交互便能完成复杂的作业任务，同时能够发挥“1+1>2”的优势。因此，多自主体系统在无人机集群、水下组网勘测、卫星编队等领域均有着广阔的应用前景，如图 1-1 所示。

图 1-1 典型多自主体集群系统应用示意图

与传统的大型集成式系统相比，多自主体系统具有以下优势。

（1）系统的制造成本低。与单个造价昂贵的大型复杂集成式系统相比，多自主体系统通常由多个低成本的小型化自主体构成，各自主体之间可通过互相协作的方式来完成复杂的任务。

（2）强鲁棒性。对于多自主体系统而言，各自主体仅需要完成与自身任务相关的小部分职能，单个自主体的损坏和故障不会导致集群系统的崩溃，因此其具有较强的鲁棒性。

（3）可扩展性强。针对不同复杂度的任务和不同范围的工作区域，可随时线性增加或减少系统中自主体的个数，从而可以灵活应对不同的外部需求。

对于大规模多自主体系统而言，受限于单个自主体的体积大小，其自身携带的能量资源是有限的，因此如何有效减少系统的能源成本消耗是一个不可忽视的问题。相较于单个自主体系统，多自主体系统除了要考虑单个自主体的动力学外，还要考虑自主体之间的信息传输对整体动态和能耗成本函数的复杂影响。因此，如何设计高效实用的分布式优化控制方法成为多自主体系统关注的热点方向之一。

1.2　多自主体一致性问题

一致性问题是多自主体控制的一个重要研究分支，其研究的核心在于设计一个合适的控制协议，以保证所有自主体的状态能够达成一致。一致性与自动控制相结合的研究最早可追溯到 20 世纪 80 年代，Borkar 和 Varaiya[1]针对多自主体系统的渐近一致性控制开展了相关研究。Reynolds[2]在对自然界鸟群和鱼群观察的基础上，提出了具有防撞、聚合和速度一致三个特性的博伊德（Boid）多自主体模型。进一步地，Vicsek 等[3]基于 Boid 多自主体模型，设计了适用于多个自主体实现方向一致的临近规则。Olfati-Saber 等[4]和 Ren 等[5]深入研究了多自主体系统通信拓扑与状态一致性的耦合关系，并揭示拓扑结构与系统一致性之间的深刻机理。自此以后，一致性问题成为多自主体集群控制领域的一个研究热点，下面对近年来的相关研究成果进行介绍。

孙小童等[6]针对多自主体系统的固定时间一致性问题开展研究，通过引入正弦补偿函数实现了对系统的非匹配干扰进行抑制。He 和 Huang[7]将领航者的自适应分布式观测器与动态补偿器技术相结合，解决了具有自然阻尼的多个欧拉-拉格朗日（Euler-Lagrange，E-L）子系统的领航者-跟随者一致性问题。针对具有未知参数的多自主体系统，文献[8]提出了一种新的协作自适应包容控制结构，实现了系统状态的有限时间一致性。利用事件触发控制技术，文献[9]和文献[10]分别解决了同质和异质多自主体状态一致性问题。Oliva 等[11]设计了一个新颖的多自主体分布式一致性协商框架，有效削弱了单个自主体的状态异常值对系统稳定性的影响。基于非光滑分析方法，Xu 等[12]在单个控制过程中解决了具有扰动抑制的多自主体系统固定时间一致性跟踪问题。为了研究网络拓扑结构对系统稳定性的影响，Sun 等[13]在原始拓扑图和商图的可稳定性之间建立了一个等价的联系，并揭示了不可控多自主体系统的一致性与网络拓扑之间的内在关系。文献[14]从分布式的角度出发，设计了一种新型的脉宽调制（pulse width modulation，PWM）协议，以实现多自主体系统的区间一致性。文献[15]研究了一类高阶多自主体系统的双边一致性问题，通过构造一个自触发机制，克服了传统事件触发控制策略需要对系统状态进行连续监测的缺点。Ma 等[16]针对交互平衡和次平衡两种通信网络，提出了一种随机逼近协议，并引入钉扎控制来处理交互不平衡网络中的发散现象，同时实现多个群体状态的聚合一致。针对多自主体的深度强化学习的问题，文献[17]设计了基于行动者-评论家的非策略方法与基于一致性的分布式训练相结合的混合策略，并证明了随着训练时间的无限延长，所有自主体都会收敛到相同的最优模型。针对具有完全异构特性的多自主体系统，Mazouchi 等[18]开发了一种新型的自适应分布式观测器来估计对每个跟随者有影响的所有领航者的状态信息，从而实现系统的领航者-跟随者一致性。与多自主体一致性问题相关的更多研究详见文献[19]～文献[25]。

1.3　多自主体系统分布式优化控制研究现状

对于规模庞大、通信/能量资源受限的多自主体集群分布式系统而言，仅保证系统的一致性等稳态性能的控制方法难以满足实际工程需求，还需要同时考虑能量成本函数的优化，以达到减少能耗、降低系统运行成本的目标[26]。因此，多自主体系统的分布式优化控制近年来逐渐受到了控制领域研究者极大的关注。接下来将从线性多自主体系统分布式优化控制、非线性多自主体系统分布式优化控制、多自主体系统鲁棒分布式优化控制三个方面对现有的研究工作进行叙述。

1.3.1　线性多自主体系统分布式优化控制

对于一般化的多自主体系统而言，系统的动力学/运动学模型可以采用一阶、二阶或质点等线性模型进行建模。因此，下面对近年来线性多自主体系统分布式优化控制的相关研究成果进行介绍。

针对半稳定和不稳定动力学的一般线性多自主体系统在控制输入约束下的最优一致性问题，Li 等[27]首先利用逆最优性方法设计了一致性协议，确保具有半稳定和不稳定子系统的稳定性。Xiang 和 Zheng[28]研究了多个线性自主体状态协同逆最优的分布式控制问题，相关结果表明，在给定稳定的静态输出反馈控制输入的情况下，可以找到使控制输入最优的性能指标函数。An 等[29]针对离散分数阶多自主体系统中单积分动力学的逆最优一致性控制问题开展研究，并证明了在最优状态反馈增益矩阵下可以实现系统的一致性。文献[30]提出了一种可以推断多自主体交互场景中的奖励函数的逆强化学习（inverse reinforcement learning，IRL）算法，并通过多机器人的交互实验验证了该算法的有效性。文献[31]通过捕获离散时间线性二次型调节器（linear quadratic regulator，LQR）的最大圆盘保证增益裕度，建立了离散时间多自主体系统达到最优协同的充分和必要条件。Jiang 和 Ding[32]将一般线性多自主体系统一致性跟踪控制问题转化为优化极值的探索问题，同时引入逆最优性理论来克服分布式最优控制器设计的困难。针对离散时间多自主体系统在有限时域下的凸优化问题，Zhang 和 Ringh[33]通过构建合适的状态估计器得到了系统闭环控制矩阵的唯一全局最优解。文献[34]利用局部稳态反馈协议解决了固定拓扑上最小能量性能指标的连续时间多自主体系统的分布式最优包容控制问题。文献[35]开发了一种基于模型的逆向学习算法，实现了系统内环和外环最优控制参数的实时更新。值得指出的是，上述文献主要研究的是多自主体系统的分布式逆最优控制方法，而逆最优控制的复杂之处在于需要同时解决最优控制律的设计和成本函数的参数识别问题，其难以直接应用到实际控制系统中。

与逆最优分布式控制不同，预先给定成本函数的线性多自主体系统分布式优化控制方法具有简单实用的优势，因此得到了广大研究者的青睐。在通信拓扑强连通的假设下，Xie 和 Lin[36]利用通信拓扑和各自主体自身的目标函数信息构造了一个有界分布式控制律，实现了多自主体系统的全局最优一致性。Wang 等[37]将多自主体系统的最优协同问题分解为输入优化、一致状态优化和双重优化三个子问题，并提供了一类基于交替乘子法的分布式优化解决方案。Li 等[38]通过探索无向图拉普拉斯（Laplace）矩阵不变投影的特征性质，设计了基于事件触发的多自主体最优协作控制律，消除了对系统连续通信的要求。文献[39]开发了一种采样和量化数据的分布式控制协议，该协议可以获得多自主体系统精确的最优解。文献[40]将多自主体系统线性二次优化一致性问题分离为两个独立且可解的单目标优化子问题，然后引入近似梯度体面格式来近似子问题的精确最优解。文献[41]提出了一种新颖的分布式指定时间凸优化算法，该算法可保证系统编队跟踪误差在预定义的时间收敛。Sun 等[42]提出了一种具有状态相关增益的分布式非光滑算法，解决了无向图下具有时变目标函数的分布式连续时间优化问题。Song 等[43]设计了基于事件触发机制的分布式全局优化协议，实现了所有自主体在固定时间内达到全局最优状态的目标。Wang 等[44]通过设计基于双层模块化反馈思想的分布式控制器，解决了多个移动机器人的最优编队控制问题。文献[45]根据目标函数与线性系统稳态可达集之间的关系，导出了系统分布式优化协同解存在的充要条件。在全局代价函数满足约束割线不等式条件的假设下，文献[46]提出了一种分布式连续时间控制律，实现了误差系统的指数收敛。文献[47]提出了一种基于局部投影技术的分布式优化控制算法，实现多个自主体的状态在固定时间内收敛到最优解。此外，基于模型预测控制（model predictive control，MPC）技术，文献[48]～文献[50]分别提出了一系列满足线性多自主体系统最优协同控制的分布式策略。

随着 GPU 的算力水平不断提高，基于自适应神经网络的学习策略在预先给定成本函数的线性多自主体分布式最优控制领域也取得了相应的成果。文献[51]将输入时滞系统的最优一致控制问题转化为无时滞系统的一致控制问题，同时利用哈密顿-雅可比-贝尔曼（Hamilton-Jacobi-Bellman，HJB）方程设计了基于无延迟系统的单个自主体最优控制策略。文献[52]研究了一组具有输入饱和的一般线性系统的最优同步问题，并应用基于数据的非策略强化学习算法来学习最优控制策略。Rizvi 和 Lin[53]提出了一种无模型的分布式输出反馈控制方案，实现了有向网络中线性异构跟随者自主体与领航者自主体的输出同步。Zhang 等[54]将多个自主体的最优跟踪问题转化为多人游戏的纳什均衡解寻求问题，通过 Q 学习算法和最小二乘的值迭代技术获得最优协同控制近似解。Jing 等[55]将大型 LQR 设计问题分解为多个小型 LQR 设计问题，克服了求解高阶黎卡提（Riccati）矩阵方程的困难。基于分布式学习框架，Ren 等[56]提出了一种新的基于神经网络（neural network，NN）的集成启发式动态规划算法，用于解决多自主体系统的最优领航者-跟随者一致控制问题。Zhang 等[57]提出了一种新的基于数据的自适应动态规划（adaptive dynamic programming，ADP）方法，用于解决具有多个时滞的离散时间多自主体系统的最优一致性跟踪控制问题。文献[58]研究了离散时间多自主体系统的事件触发最优跟踪控制问题，提出了一种行动者-评论家神经网络学习结构来近似性能指标。文献[59]提出了一种新的混合迭代算法用于解决连续时间、线性、多自主体系统的协同最优输出调节问题。关于线性多自主体分布式最优控制问题的更多研究详见文献[60]～文献[73]。

1.3.2 非线性多自主体系统分布式优化控制

1.3.1 节介绍了线性多自主体系统分布式优化控制的相关研究，然而在实际工作场景中，系统的模型通常是非线性的，如无人机集群模型、自主水下机器人（autonomous underwater vehicle，AUV）集群模型等。因此，国内外研究者针对非线性多自主体系统进行了相关研究。下面对非线性多自主体系统分布式最优控制方法的相关研究成果进行介绍。

Xiong 等[74]针对具有执行器饱和的离散时间非线性系统的最优事件触发滑模控制问题开展研究，并结合李雅普诺夫（Lyapunov）稳定理论推导了保证滑模动力学稳定性的充分条件。Akbarimajd 等[75]在采用非线性多自主体反馈线性化方法对带风力发电机组的电力系统进行变换的基础上，设计了具有分布式结构的最优负荷频率控制器。Liu[76]研究了具有通信约束的非线性多自主体系统的预测控制问题，同时给出了系统实现一致性和稳定性的准则。Ma 等[77]通过设计基于位移梯度定律的多自主体控制单元，解决了一类非均匀仿射非线性系统的次优动态编队问题。文献[78]通过线性矩阵不等式（linear matrix inequality，LMI）提供了在单侧利普希茨和二次内有界条件下实现非线性多自主体系统的保性能一致性跟踪的充分条件。文献[79]提出了一种基于梯度下降的分布式事件触发算法，并通过构造一个合适的李雅普诺夫函数来分析算法的收敛性。文献[80]将闭环多自主体系统视为一个动态网络，并利用桑塔格的状态稳定性输入来表征互连，最后通过小增益方法实现非线性多自主体系统的输出近似最优一致性。文献[81]研究了高阶严格反馈非线性多自主体系统的分布式优化问题，为每个代理设计了分布式比例积分优化算法，以在线估计全局最优解。Yuan 和 Li[82]设计了分布式离散时间积分滑模控制律，解决了多自主体系统中的非线性和通信延迟问题。针对多自主体系统中存在的非线性项，Zhao 等[83]开发了一种基于主体状态的非线性估计器，该估计器在未知非线性有界的情况下成功地重建了系统的非线性动力学。Jin 等[84]针对强连通图上非线性多自主体系统的分布式非凸优化问题开展研究，设计了基于动量的分布式最优控制器，将所有自主体引导至具有输入和输出的最优平衡点。文献[85]采用事件触发通信策略来减少多自主体系统的网络通信代价，并构建基于事件的辅助系统来估计误差系统收敛的最优解。文献[86]为每个自主体设计了合适的速度观测器，实现了在速度状态未知的情形下多个 E-L 系统在输入饱和条件下的分布式最优一致性控制。

值得注意的是，由于自适应神经网络在非线性函数逼近方面有着强大的优势。因此，基于神经网络和强化学习的非线性多自主体分布式最优控制方法近年来也得到了广泛的研究。Mazouchi 等[87]提出了一种在线分布式学习算法，通过使用基于批判神经网络的 ADP 来逼近各自主体的最优控制策略。Jiang 等[88]研究了严格反馈非线性离散时间多自主体系统的合作性自适应最优输出调节问题，通过将自适应分布式观测器、强化学习和输出调节技术相结合，为每个跟随者自主体设计了自适应近似最优跟踪控制器。Shi 等[89]开发了一个在线自适应识别器用于近似非线性动力学模型，同时采用批判神经网络来近似系统的最佳成本函数，从而得到了非线性多自主体系统的实时近似最佳协调控制策略。文献[90]提出了一种使用识别器–批评者架构的非线性多自主体系统领航者–跟随者编队控制，其中，最优控制律可通过解 HJB 方程获得。基于经验回放和事件触发机制，文献[91]设计了一个简化版本的在线 ADP 算法，用于解决非线性自主体的一致性控制问题。文献[92]提出了一种基于数据驱动的分层优化控制策略，解决了离散时间非线性异质多自主体系统的最优同步问题。针对网络化多机器人系统存在的随机数据丢包问题，文献[93]设计了基于动态事件触发的近似最优控制器，实现了系统的全局纳什均衡。Wen 和 Li[94]提出了一种新颖的基于代价函数正梯度下降的二阶非线性动态多自主体系统优化一致性控制法，解决了传统负梯度下降算法计算量过大的问题。Zou 等[95]为一类无领航非线性多自主体系统提出了一种新颖的分布式最优一致性控制协议，并通过构造适当的李雅普诺夫函数推导了不依赖拓扑停留时间的参考轨迹同步的充分条件。基于反演优化控制思想，Wen 和 Chen[96]提出了一种基于反步法的强化学习控制策略，实现了严格反馈动态非线性多自主体系统的最优轨迹跟踪控制。

此外，还有一些基于模糊技术的非线性多自主体分布式优化控制方法。例如，Wen 等[97]设计了基于模糊逻辑系统逼近器和标识符-行动者-批评者体系结构的强化学习算法，实现了非线性多自主体系统的领航者-跟随者最优一致性跟踪控制。针对非线性多自主体系统的分布式最优协调控制需求，Zhao 和 Zhang[98]利用基于模糊双曲模型的临界神经网络实现对值函数的逼近，进而获得了系统最优控制策略的迭代解。Sun 和 Liu[99]在引入模糊逻辑系统和辅助系统来识别系统的非线性项和补偿输入饱和影响的基础上，设计了分布式自适应前馈跟踪控制器和分布式最优反馈控制器，保证闭环多自主体系统中的所有信号最终一致有界。文献[100]将自适应模糊滑模控制与非策略强化学习算法相结合，实现了垂直平面上多个自治式潜水器（autonomous underwater vehicle，AUV）位姿的一致性控制。文献[101]提出了一种模糊自适应分布式最优一致控制方法，实现了多自主体系统的所有信号的半全局一致最终有界性。文献[102]研究了具有未知非线性动力学的二阶随机多自主体系统的自适应优化编队控制问题，设计了基于模糊逻辑系统（fuzzy logic system，FLS）的最优编队控制策略，确保了误差系统的有界性。更多与非线性多自主体分布式最优控制相关的工作详见文献[103]～文献[113]。

1.3.3　多自主体系统鲁棒分布式优化控制

多自主体系统的分布式优化控制器的设计通常依赖于系统的动力学/运动学模型与外部环境的交互，然而在实际作业环境中，外部环境存在的不确定扰动会对控制系统的性能造成严重的影响。因此，不确定扰动环境下的多自主体系统的鲁棒分布式优化控制问题得到了研究人员的重视。

Yuan 等[114]研究了一类具有状态噪声的多自主体系统的近最优一致控制问题，并利用矩阵划分技术给出了控制器参数的显式表达式。Adib 等[115]为受到外部扰动的线性多自主体系统定义了一个新的微分图形对策概念，提出了一种新的行动者-批判者算法，用于实时求解耦合的 HJB 方程。Chen 等[116]通过将多个自主体的协同输出调节问题公式转换为 H_∞ 优化问题，并使用强化学习在线求解输出同步协议和系统轨迹。Tang[117]将受外部扰动的线性多自主体系统分布式最优稳态调节问题简化为渐近最优稳态优化和分布式调节两个子问题，并通过高增益控制技术将现有的结果扩展到只有实时梯度信息的情况。Jiao 等[118]通过求解与自主体状态空间维数相关的代数黎卡提不等式，给出了能够实现系统次优输出同步的控制器参数。Zhang 等[119]提出了一种基于积分滑模控制（integral sliding mode control，ISMC）的动态规划技术，实现了外部输入扰动下多自主体系统的最优一致性控制。为了克服离散时间高阶多自主体系统动力学和外部扰动带来的困难，文献[120]开发了一种分布式嵌入式设计规则，实现了多个自主体输出状态的最优一致性。文献[121]设计了一类有限时间分布式优化控制算法，以保证所有自主体的输出跟踪最优值，并通过利用非光滑控制方法来消除非线性项外部扰动对系统的影响。文献[122]研究了具有类 LQR 目标函数的多自主体最优间歇反馈问题，通过采用基于最小二乘策略迭代的在线非策略学习算法实现了每个自主体成本函数的最小化。考虑输入饱和、时变网络拓扑和随机非线性扰动，文献[123]设计了保证能耗代价最优的自主体状态同步策略。文献[124]提出了基于状态积分反馈控制技术和自适应控制技术的双层控制框架，解决了具有非匹配常扰动的多自主体系统的分布式优化问题。基于事件触发机制，Xu 等[125]提出了基于行动者临界扰动网络的强化学习算法，删除了现有算法对持续激励条件的要求。文献[126]研究了具有输入约束的领航者-跟随者多自主体系统的最优同步和扰动抑制问题，并引入了消失黏度法使修正的哈密顿-雅可比-艾萨克斯（Hamilton-Jacobi-Isaacs，HJI）方程成为光滑解。

值得指出的是，在实际物理系统中，由于硬件系统在机械制造工艺上的误差，精确的多自主体动力学模型通常难以构建，因此国内外研究者针对存在未建模动力学的多自主体鲁棒分布式优化控制问题也开展了相关研究。针对具有未知动力学的多自主体最优输出同步问题，Modares 等[127]通过求解基于局部状态观测的增广 HJB 方程最小值以确保所有自主体的同步误差渐近收敛为零。文献[128]提出了一种非策略积分强化学习算法，在不需要任何系统动力学知识的情况下，解决了异构多自主体系统的最优鲁棒输出包容问题。文献[129]通过构造合适的李雅普诺夫函数和离散时间系统稳定性理论，解决了存在参数不确定性的高阶多自主体系统鲁棒保成本优化控制问题。文献[130]研究了具有状态时滞的未知多自主体系统的有限域最优一致控制问题，通过使用可测量的状态数据来学习耦合时变 HJB 方程的两阶段最优一致解。Tang 和 Wang[131]结合最优信号发生器和分布式反馈控制器框架，实现了同时具有静态和动态不确定性多自主体系统的最优输出一致性。Shi 等[132]提出了一种新颖的基于强化学习的方案，以解决具有输入约束的多自主体系统领航者-追随者最优跟踪控制问题。Pahnehkolaei 等[133]在对多自主体系统状态空间与输入矩阵的时变有界参数不确定性进行综合研究的基础上，设计了能够实现系统逆最优化的鲁棒分布式控制算法。Yang 等[134]提出了一种基于数据的不确定多自主体系统分布式优化控制算法，通过利用实时系统运行过程中产生的交互式数据，提高了基于分布式策略梯度强化学习算法的系统性能。Jiang 等[135]通过集成改进的分布式优化算法和自适应控制律，解决了多个不确定 E-L 系统的分布式最优编队控制问题。文献[136]研究了具有未知动力学的多刚体网络的最优姿态一致性控制问题，同时采用自触发机制来减少控制器更新时的计算和通信负担。文献[137]通过应用自适应参数估计和增益调谐技术，同时驱动多个不确定非线性 E-L 系统达到最小化全局成本函数的最优位置。文献[138]引入了一种规定的性能控制设计技术，实现了具有未建模动力学的多无人船系统最优化编队控制。

此外，多自主体系统在未知区域进行作业时，易受到敌对非合作/拒止区域的信号攻击，造成系统内部传感器数据错误，从而导致系统的动力学模型参数发生变化。因此，遭受外部不确定攻击状态下的鲁棒分布式优化控制方法近年来也成为多自主体系统研究领域的一个热点分支。Moghadam 和 Modares[139]为同构和异构多自主体系统开发了统一的分布式优化控制框架，有效阻止了错误的传感器数据在网络上传播。Pirani 等[140]设计了一个基于博弈论的优化框架，用于提高存在战略攻击者的情况下多自主体一致性动力学的鲁棒性。Shen 等[141]研究了多个自主体的非零和微分博弈问题，推导了具有鲁棒性状态反馈纳什均衡特性的分布式优化控制策略。针对多自主体系统的弹性分散约束优化问题，Kaheni 等[142]给出了具有状态约束的鲁棒分布式控制方案。Xu 等[143]提出了两种基于罚函数的弹性算法，解决了静态和动态攻击下的多自主体约束分布式优化问题。文献[144]分别设计了基于时间和基于事件的分布式优化算法，实现了多个异构自主体在随机通信链路攻击下的状态一致性。文献[145]设计了一种新的基于模糊逼近的自适应动态补偿机制的双层集成设计协议，解决了虚假数据注入下的多自主体最优协调问题。在考虑了节点攻击和边缘攻击两种攻击场景的基础上，文献[146]提出了一种基于多自主体系统的弹性分布式优化一致性算法，解决了系统所遭受的拜占庭攻击威胁问题。更多与多自主体鲁棒分布式优化控制相关的研究详见文献[147]～文献[162]。

需要指出的是，尽管国内外研究者在多自主体系统分布式优化控制领域的研究取得了许多重要的理论和工程应用成果，但仍存在一些尚未得到充分解决的问题，例如：

（1）在线性多自主体系统的分布式优化控制研究中，现有的大多数方法依赖于通信拓扑的全局信息（如图的拉普拉斯矩阵的特征值），并且假设通信拓扑满足无向或有向强连通等约束条件。因此，不依赖通信拓扑全局信息的多自主体系统在一般有向通信拓扑下的完全分布式优化控制问题有待进一步研究。

（2）现有关于非线性多自主体系统的分布式优化控制研究中，一类是通过反馈线性化或状态观测的方法对系统的最优控制参数进行估计，但难以保证系统能耗指标达到一个确定的最优值。另一类基于神经网络的学习策略则需要耗费大量时间对控制器的参数进行迭代求解，系统的实时性难以得到保证。因此，如何设计高效的非线性多自主体系统的分布式优化控制方法，还有待进一步研究。

（3）在多自主体鲁棒分布式优化控制问题中，仅存在外部扰动或系统动力学模型不确定参数的鲁棒分布式优化方法取得了一系列的成果，然而同时存在未知外部环境扰动和系统模型不确定参数的非线性多自主体鲁棒分布式优化控制方法还需要进一步探索。

第 2 章　数学预备知识

本章给出本书中用到的常用数学定义，以及本书中使用的一些符号。

2.1　代 数 图 论

2.1.1　代数图论的基本概念

在多自主体系统的研究中，代数图论是一类常用的数学工具。通常使用图$\mathcal{G}=\{\mathcal{V},\mathcal{E}\}$来描述多自主体系统的通信拓扑，其中，$\mathcal{V}=\{v_1,v_2,\cdots,v_N\}$代表节点的集合。如果状态信息可以从节点$v_i$传输到节点$v_j$，则认为边$(v_j,v_i)$属于集合$\mathcal{E}$。从节点$v_j$到节点$v_i$的路径由一组边$(v_j,v_{l1}),\cdots,(v_{lk},v_i)$组成。若节点$v_i$和节点$v_j$均能从对方获取信息，则称$(v_j,v_i)$为无向边，而如果图$\mathcal{G}$中所有的边都是无向边，则称图$\mathcal{G}$为无向图，否则称其为有向图。若存在一个根节点，该根节点具有通往所有其他节点的有向路径，则称一个图包含有向生成树。

在代数图论中，经常使用邻接矩阵$\mathcal{A}=[a_{ij}]_{N\times N}$来描述各节点之间的通信关系，当$(v_j,v_i)\in\mathcal{E}$时，$a_{ij}=1$；否则，为$a_{ij}=0$。此外，还可以用拉普拉斯矩阵$\mathcal{L}=[l_{ij}]_{(N+1)\times(N+1)}$来描述图$\mathcal{G}$各节点之间的通信关系，其中，$l_{ij}=\sum_{j=0}^{N}a_{ij}$，同时当$i\neq j$时，$l_{ij}=-a_{ij}$。当且仅当$\sum_{j=1}^{N}a_{ij}=\sum_{j=1}^{N}a_{ji}$成立时，有向图被认为是平衡图。使用$\mathcal{G}_M=\{\mathcal{V},\mathcal{E}_M\}$表示$\mathcal{G}$的镜像，其中，$\mathcal{E}_M=\mathcal{E}\cup\mathcal{E}_r$，$\mathcal{E}_r$表示$\mathcal{G}$的镜像边的集合。$\mathcal{E}_M$的邻接矩阵描述为$\mathcal{A}_M=[a_{M_{ij}}]_{N\times N}$，其中，$a_{M_{ij}}=0.5(a_{ij}+a_{ji})$，当且仅当$\mathcal{G}$是平衡图时，其对应的拉普拉斯矩阵为$\mathcal{L}_M=0.5(\mathcal{L}+\mathcal{L}^{\mathrm{T}})$。

2.1.2　矩阵的 Kronecker 积

在多自主体系统协同控制问题的研究中，经常用到矩阵的克罗内克（Kronecker）积，下面给出 Kronecker 积的定义和基本运算法则。

对于如下矩阵：

$$\boldsymbol{A}=\begin{bmatrix} a_{11} & a_{12} & \cdots & a_{1n} \\ a_{21} & a_{22} & \cdots & a_{2n} \\ \vdots & \vdots & & \vdots \\ a_{m1} & a_{m2} & \cdots & a_{mn} \end{bmatrix},\quad \boldsymbol{B}=\begin{bmatrix} b_{11} & b_{12} & \cdots & b_{1q} \\ b_{21} & b_{22} & \cdots & b_{2q} \\ \vdots & \vdots & & \vdots \\ b_{p1} & b_{p2} & \cdots & b_{pq} \end{bmatrix} \tag{2-1}$$

定义 $\boldsymbol{A}\otimes\boldsymbol{B}$ 为两矩阵的 Kronecker 积，其表达式为

$$\boldsymbol{A}\otimes\boldsymbol{B}=\begin{bmatrix} a_{11}b_{11} & a_{11}b_{12} & \cdots & a_{11}b_{1q} & \cdots & \cdots & a_{1n}b_{11} & a_{1n}b_{12} & \cdots & a_{1n}b_{1q} \\ a_{11}b_{21} & a_{11}b_{22} & \cdots & a_{11}b_{2q} & \cdots & \cdots & a_{1n}b_{21} & a_{1n}b_{22} & \cdots & a_{1n}b_{2q} \\ \vdots & \vdots & & \vdots & & & \vdots & \vdots & & \vdots \\ a_{11}b_{p1} & a_{11}b_{p2} & \cdots & a_{11}b_{pq} & \cdots & \cdots & a_{1n}b_{p1} & a_{1n}b_{p2} & \cdots & a_{1n}b_{pq} \\ \vdots & \vdots & & \vdots & & & \vdots & \vdots & & \vdots \\ \vdots & \vdots & & \vdots & & & \vdots & \vdots & & \vdots \\ a_{m1}b_{11} & a_{m1}b_{12} & \cdots & a_{m1}b_{1q} & \cdots & \cdots & a_{mn}b_{11} & a_{mn}b_{12} & \cdots & a_{mn}b_{1q} \\ a_{m1}b_{21} & a_{m1}b_{22} & \cdots & a_{m1}b_{2q} & \cdots & \cdots & a_{mn}b_{21} & a_{mn}b_{22} & \cdots & a_{mn}b_{2q} \\ \vdots & \vdots & & \vdots & & & \vdots & \vdots & & \vdots \\ a_{m1}b_{p1} & a_{m1}b_{p2} & \cdots & a_{m1}b_{pq} & \cdots & \cdots & a_{mn}b_{p1} & a_{mn}b_{p2} & \cdots & a_{mn}b_{pq} \end{bmatrix} \tag{2-2}$$

对于矩阵 $\boldsymbol{A}$、$\boldsymbol{B}$、$\boldsymbol{C}$、$\boldsymbol{D}$ 和标量 k，有如下基本运算法则[163]：

（1）$\boldsymbol{A}\otimes(\boldsymbol{B}+\boldsymbol{C})=\boldsymbol{A}\otimes\boldsymbol{B}+\boldsymbol{A}\otimes\boldsymbol{C}$（其中，矩阵 $\boldsymbol{B}$ 和矩阵 $\boldsymbol{C}$ 行数、列数对应相等）；

（2）$(\boldsymbol{B}+\boldsymbol{C})\otimes\boldsymbol{A}=\boldsymbol{B}\otimes\boldsymbol{A}+\boldsymbol{C}\otimes\boldsymbol{A}$（其中，矩阵 $\boldsymbol{A}$ 和矩阵 $\boldsymbol{B}$ 行数、列数对应相等）；

（3）$(k\boldsymbol{A})\otimes\boldsymbol{B}=\boldsymbol{A}\otimes k\boldsymbol{B}=k(\boldsymbol{A}\otimes\boldsymbol{B})$；

（4）$(\boldsymbol{A}\otimes\boldsymbol{B})\otimes\boldsymbol{C}=\boldsymbol{A}\otimes(\boldsymbol{B}\otimes\boldsymbol{C})$；

（5）$(\boldsymbol{A}\otimes\boldsymbol{B})(\boldsymbol{C}\otimes\boldsymbol{D})=(\boldsymbol{AC})\otimes(\boldsymbol{BD})$（其中，矩阵乘积 $\boldsymbol{AC}$ 和 $\boldsymbol{BD}$ 存在）；

（6）$(\boldsymbol{A}\otimes\boldsymbol{B})^{-1}=\boldsymbol{A}^{-1}\otimes\boldsymbol{B}^{-1}$；

（7）$(\boldsymbol{A}\otimes\boldsymbol{B})^{\mathrm{T}}=\boldsymbol{A}^{\mathrm{T}}\otimes\boldsymbol{B}^{\mathrm{T}}$。

2.2　本书使用的符号

$\Re^{m\times n}$ 表示 $m\times n$ 维的实数域。

$\boldsymbol{I}_n$ 表示 n 阶单位矩阵和 $m\times n$ 阶零矩阵。

$\boldsymbol{O}_{m\times n}$ 表示 n 阶单位矩阵和 $m\times n$ 阶零矩阵。

$\boldsymbol{1}_n=[1,\cdots,1]^{\mathrm{T}}$ 表示元素全部为 1 的 n 维向量。

$\boldsymbol{A}^{\mathrm{T}}$ 表示矩阵 $\boldsymbol{A}$ 的转置。

$\boldsymbol{A}^{-1}$ 表示非奇异（可逆）矩阵 $\boldsymbol{A}$ 的逆。

$\boldsymbol{A}>0$（$\boldsymbol{A}\geqslant 0$）表示对称矩阵 $\boldsymbol{A}$ 是正定（半正定）的；$\boldsymbol{A}<0$（$\boldsymbol{A}\leqslant 0$）表示对称矩阵 $\boldsymbol{A}$ 是负定（半负定）的。

$\lambda_{\min}\{\boldsymbol{A}\}$ 表示矩阵 $\boldsymbol{A}$ 的最小特征值；$\lambda_{\max}\{\boldsymbol{A}\}$ 表示矩阵 $\boldsymbol{A}$ 的最大特征值。

$\sigma_{\min}\{\boldsymbol{A}\}$ 表示矩阵 $\boldsymbol{A}$ 的最小奇异值；$\sigma_{\max}\{\boldsymbol{A}\}$ 表示矩阵 $\boldsymbol{A}$ 的最大奇异值；$\sigma_{p\min}\{\boldsymbol{A}\}$ 表示矩阵 $\boldsymbol{A}$ 的最小正奇异值。

$\mathrm{sgn}(a)$ 表示变量 a 的符号函数，具体表达式如下：

$$\mathrm{sgn}(a)=\begin{cases} 1, & a>0 \\ -1, & a<0 \\ 0, & a=0 \end{cases}$$

$\mathrm{diag}\{\boldsymbol{A}_1, \boldsymbol{A}_2, \cdots, \boldsymbol{A}_n\}$ 表示第 i 个主对角矩阵为 $\boldsymbol{A}_i$，其余位置元素均为零的分块对角矩阵。

$\|\boldsymbol{x}\|$ 表示向量 $\boldsymbol{x}$ 的 2 范数，其定义为 $\|\boldsymbol{x}\| = \sqrt{\boldsymbol{x}^{\mathrm{T}}\boldsymbol{x}}$；$\|\boldsymbol{A}\|$ 表示矩阵 $\boldsymbol{A}$ 的 2 范数，其定义为 $\|\boldsymbol{A}\| = \lambda_{\max}((\boldsymbol{A}^{\mathrm{T}}\boldsymbol{A})^{1/2}) = \lambda_{\max}((\boldsymbol{A}\boldsymbol{A}^{\mathrm{T}})^{1/2})$。

$*$表示对称矩阵中的对称部分，例如，对于如下对称矩阵

$$\begin{bmatrix} \boldsymbol{A}_{11} & \boldsymbol{A}_{12} \\ * & \boldsymbol{A}_{22} \end{bmatrix}$$

$*$则表示与 $\boldsymbol{A}_{12}$ 对称的部分，即 $* = \boldsymbol{A}_{12}^{\mathrm{T}}$。

$\det\{\boldsymbol{A}\}$ 表示矩阵 $\boldsymbol{A}$ 的行列式。

$\dot{\boldsymbol{x}}$ 表示变量对时间的一阶导数；$\ddot{\boldsymbol{x}}$ 表示变量对时间的二阶导数；$\boldsymbol{x}^{(n)}$ 表示变量对时间的 n 阶导数。

$\boldsymbol{x}^{\times}$ 表示向量 $\boldsymbol{x} = [\boldsymbol{x}_1\ \boldsymbol{x}_2\ \boldsymbol{x}_3]^{\mathrm{T}}$ 的斜对称矩阵，具体表达式如下：

$$\boldsymbol{x}^{\times} = \begin{bmatrix} 0 & -\boldsymbol{x}_3 & \boldsymbol{x}_2 \\ \boldsymbol{x}_3 & 0 & -\boldsymbol{x}_1 \\ -\boldsymbol{x}_2 & \boldsymbol{x}_1 & 0 \end{bmatrix}$$

第 3 章　基于领航-跟随的线性连续多自主体系统分布式优化控制

分布式优化控制是有限能源配置下多自主体系统执行各类复杂任务的基础，领航-跟随作为多自主体系统协同控制中的一类重要作用机制，在诸多工程领域有广泛应用，如无人机组网、水下机器人集群探测、卫星编队等。本章基于领航-跟随机制研究一般线性化连续系统的分布式优化控制问题。

3.1　优 化 控 制

考虑一组具有 $N+1$ 个自主体的连续时间线性系统，可以表示为以下方程：

$$\begin{cases} \dot{\boldsymbol{x}}_i = \boldsymbol{A}\boldsymbol{x}_i(t) + \boldsymbol{B}\boldsymbol{u}_i(t), \quad i=1,2,\cdots,N \\ \dot{\boldsymbol{x}}_0 = \boldsymbol{A}\boldsymbol{x}_0(t) \end{cases} \tag{3-1}$$

其中，领航者被标记为 0； N 个跟随者被标记为 $1,2,\cdots,N$ ； $\boldsymbol{x}_i(t)\in\Re^p$ 表示系统状态量；$\boldsymbol{u}_i(t)\in\Re^q$ 表示控制输入；$\boldsymbol{A}$ 和 $\boldsymbol{B}$ 是具有适当维数的系统矩阵。此外，为了简单起见，接下来将省略时间索引 t 。本章的目标是设计一个分布式最优控制协议，保证 N 个跟随者实现领航-跟随一致性，即 $\lim\limits_{t\to\infty}\|\boldsymbol{x}_i-\boldsymbol{x}_0\|=0$，同时实现能耗指标的优化。

假设 3.1：有向图 $\mathcal{G}$ 包含一个有向生成树，其领航者为根节点。根据文献[164]可将图的拉普拉斯矩阵改写成

$$\mathcal{L}=\begin{bmatrix} 0 & \boldsymbol{O}_{1\times N} \\ \mathcal{L}_2 & \mathcal{L}_1 \end{bmatrix}$$

由假设 3.1 可知 $\mathcal{L}_1$ 是非奇异矩阵。

引理 3.1[165]：对于非奇异矩阵 $\mathcal{L}_1$ ，存在一个矩阵 $\boldsymbol{G}=\mathrm{diag}\{g_1,g_2,\cdots,g_N\}$ 使得 $\boldsymbol{G}\mathcal{L}_1+\mathcal{L}_1^{\mathrm{T}}\boldsymbol{G}>0$，其中， $g_i>0$ ， $i=1,2,\cdots,N$ 。

3.2　局部控制协议设计

定义误差变量 $\boldsymbol{\xi}_i=g_i\sum\limits_{j=0}^{N}a_{ij}(\boldsymbol{x}_i-\boldsymbol{x}_j)$，其全局形式可写为

$$\boldsymbol{\xi}=(\boldsymbol{G}\mathcal{L}_1\otimes\boldsymbol{I}_p)(\boldsymbol{X}-\boldsymbol{1}_N\otimes\boldsymbol{x}_0) \tag{3-2}$$

其中， $\boldsymbol{\xi}=[\boldsymbol{\xi}_1^{\mathrm{T}},\boldsymbol{\xi}_2^{\mathrm{T}},\cdots,\boldsymbol{\xi}_N^{\mathrm{T}}]^{\mathrm{T}}$ ； $\boldsymbol{X}=[\boldsymbol{x}_1^{\mathrm{T}},\boldsymbol{x}_2^{\mathrm{T}},\cdots,\boldsymbol{x}_N^{\mathrm{T}}]^{\mathrm{T}}$ 。由引理 3.1 可知，矩阵 $\mathcal{L}_1$ 是非奇异的，当 $\lim\limits_{t\to\infty}\|\boldsymbol{x}_i-\boldsymbol{x}_0\|=0$ $(\forall i\in\{1,2,\cdots,N\})$ 成立时，有 $\lim\limits_{t\to\infty}\|\boldsymbol{\xi}\|=0$ 成立。式（3-2）对时间求导可得

$$\dot{\boldsymbol{\xi}}=(\boldsymbol{I}_N\otimes\boldsymbol{A})\boldsymbol{\xi}+(\boldsymbol{G}\mathcal{L}_1\otimes\boldsymbol{B})\boldsymbol{U} \tag{3-3}$$

其中，$\boldsymbol{U}=[\boldsymbol{u}_1^{\mathrm{T}},\boldsymbol{u}_2^{\mathrm{T}},\cdots,\boldsymbol{u}_N^{\mathrm{T}}]^{\mathrm{T}}$。注意到当且仅当式（3-3）中的跟踪误差系统稳定时，可实现领航-跟随一致性。第 i 个自主体的本地控制协议设计如下：

$$\boldsymbol{u}_i=\left(g_i\sum_{j=0}^{N}a_{ij}\right)^{-1}\cdot\left(g_i\sum_{j=1}^{N}a_{ij}\boldsymbol{u}_j-\boldsymbol{K}\boldsymbol{\xi}_i\right) \tag{3-4}$$

其中，当 $i=0$ 时，$y_i=0$，$a_{ij}=0$；$\boldsymbol{K}$ 为待设计的控制增益矩阵。

定理 3.1：当引理 3.1 成立时，给定矩阵 $\boldsymbol{Q}_1=\boldsymbol{Q}_1^{\mathrm{T}}\geqslant 0$，$\boldsymbol{R}=\boldsymbol{R}^{\mathrm{T}}>0$，且 $\boldsymbol{P}=\boldsymbol{P}^{\mathrm{T}}>0$ 是如下代数黎卡提方程（algebraic Riccati equation，ARE）的正定解：

$$\boldsymbol{PA}+\boldsymbol{A}^{\mathrm{T}}\boldsymbol{P}+\boldsymbol{Q}_1-\boldsymbol{PBR}^{-1}\boldsymbol{B}^{\mathrm{T}}\boldsymbol{P}=0 \tag{3-5}$$

则误差系统（3-3）是指数稳定的，且式（3-4）中的控制增益矩阵为 $\boldsymbol{K}=\boldsymbol{R}^{-1}\boldsymbol{B}^{\mathrm{T}}\boldsymbol{P}$。

证明：令 $\mathcal{D}=\mathrm{diag}\left\{\sum_{j=0}^{N}a_{1j},\sum_{j=0}^{N}a_{2j},\cdots,\sum_{j=0}^{N}a_{Nj}\right\}$ 且 $\mathcal{A}=[a_{ij}]_{N\times N}$，则有 $\mathcal{L}_1=\mathcal{D}-\mathcal{A}$。基于 $\boldsymbol{G}$、$\mathcal{D}$、$\mathcal{A}$ 和 $\mathcal{L}_1$ 的表达式，式（3-4）中的本地控制协议 $\boldsymbol{u}_i$ 的全局形式可写为

$$\boldsymbol{U}=\left((\boldsymbol{G}\mathcal{D})^{-1}\otimes\boldsymbol{I}_q\right)\left((\boldsymbol{G}\mathcal{A}\otimes\boldsymbol{I}_q)\boldsymbol{U}-(\boldsymbol{I}_N\otimes\boldsymbol{K})\boldsymbol{\xi}\right) \tag{3-6}$$

注意到式（3-6）可重写为

$$\left(\boldsymbol{I}_{qN}-\left((\boldsymbol{G}\mathcal{D})^{-1}\otimes\boldsymbol{I}_q\right)(\boldsymbol{G}\mathcal{A}\otimes\boldsymbol{I}_q)\right)\boldsymbol{U}=-\left((\boldsymbol{G}\mathcal{D})^{-1}\otimes\boldsymbol{I}_q\right)(\boldsymbol{I}_N\otimes\boldsymbol{K})\boldsymbol{\xi} \tag{3-7}$$

当假设 3.1 和 $g_i>0$ 成立时，有 $\det\{\boldsymbol{G}\mathcal{D}\otimes\boldsymbol{I}_q\}\neq 0$ 且 $\det\{\boldsymbol{G}\mathcal{L}_1\otimes\boldsymbol{I}_q\}\neq 0$，易得到 $\det\{\boldsymbol{I}_{qN}-((\boldsymbol{G}\mathcal{D})^{-1}\otimes\boldsymbol{I}_q)(\boldsymbol{G}\mathcal{A}\otimes\boldsymbol{I}_q)\}\neq 0$。因此，有

$$\begin{aligned}\boldsymbol{U}&=-\left(\boldsymbol{I}_{qN}-\left((\boldsymbol{G}\mathcal{D})^{-1}\otimes\boldsymbol{I}_q\right)(\boldsymbol{G}\mathcal{A}\otimes\boldsymbol{I}_q)\right)^{-1}\left((\boldsymbol{G}\mathcal{D})^{-1}\otimes\boldsymbol{I}_q\right)(\boldsymbol{I}_N\otimes\boldsymbol{K})\boldsymbol{\xi}\\&=-(\boldsymbol{G}\mathcal{D}\otimes\boldsymbol{I}_q-\boldsymbol{G}\mathcal{A}\otimes\boldsymbol{I}_q)^{-1}(\boldsymbol{I}_N\otimes\boldsymbol{K})\boldsymbol{\xi}\\&=-(\boldsymbol{G}\mathcal{L}_1\otimes\boldsymbol{I}_q)^{-1}(\boldsymbol{I}_N\otimes\boldsymbol{K})\boldsymbol{\xi}\\&=-(\mathcal{L}_1^{-1}\boldsymbol{G}^{-1}\otimes\boldsymbol{K})\boldsymbol{\xi}\end{aligned} \tag{3-8}$$

令 $\boldsymbol{V}_b=0.5\boldsymbol{\xi}^{\mathrm{T}}(\boldsymbol{I}_N\otimes\boldsymbol{P})\boldsymbol{\xi}$，使用式（3-8）中的全局控制协议，$\boldsymbol{V}_b$ 对时间的导数可以写成

$$\begin{aligned}\dot{\boldsymbol{V}}_b&=\boldsymbol{\xi}^{\mathrm{T}}(\boldsymbol{I}_N\otimes\boldsymbol{P})\dot{\boldsymbol{\xi}}\\&=\boldsymbol{\xi}^{\mathrm{T}}(\boldsymbol{I}_N\otimes\boldsymbol{P})\left((\boldsymbol{I}_N\otimes\boldsymbol{A})\boldsymbol{\xi}+(\boldsymbol{G}\mathcal{L}_1\otimes\boldsymbol{B})\boldsymbol{U}\right)\\&=0.5\boldsymbol{\xi}^{\mathrm{T}}\left(\boldsymbol{I}_N\otimes(\boldsymbol{PA}+\boldsymbol{A}^{\mathrm{T}}\boldsymbol{P})\right)\boldsymbol{\xi}-\boldsymbol{\xi}^{\mathrm{T}}(\boldsymbol{I}_N\otimes\boldsymbol{PBR}^{-1}\boldsymbol{B}^{\mathrm{T}}\boldsymbol{P})\boldsymbol{\xi}\end{aligned} \tag{3-9}$$

基于 ARE[式（3-5）]，有

$$\begin{aligned}\dot{\boldsymbol{V}}_b&=0.5\boldsymbol{\xi}^{\mathrm{T}}\left(\boldsymbol{I}_N\otimes(\boldsymbol{PBR}^{-1}\boldsymbol{B}^{\mathrm{T}}\boldsymbol{P}-\boldsymbol{Q}_1)\right)\boldsymbol{\xi}-\boldsymbol{\xi}^{\mathrm{T}}(\boldsymbol{I}_N\otimes\boldsymbol{PBR}^{-1}\boldsymbol{B}^{\mathrm{T}}\boldsymbol{P})\boldsymbol{\xi}\\&=-0.5\boldsymbol{\xi}^{\mathrm{T}}\left(\boldsymbol{I}_N\otimes(\boldsymbol{PBR}^{-1}\boldsymbol{B}^{\mathrm{T}}\boldsymbol{P}+\boldsymbol{Q}_1)\right)\boldsymbol{\xi}\end{aligned} \tag{3-10}$$

因此，由文献[166]和文献[167]可推断出式（3-3）中的系统是指数稳定的。定理 3.1 中的所有条件都满足，证明完毕。

3.3 全局性能指标优化性分析

定义与跟踪误差系统（3-3）相关的全局能耗指标函数为

$$J=\int_0^{\infty}L(\boldsymbol{\xi},\boldsymbol{U})\mathrm{d}t \tag{3-11}$$

其中，$L(\boldsymbol{\xi},\boldsymbol{U})=0.5(\boldsymbol{\xi}^{\mathrm{T}}\boldsymbol{\mathcal{Q}}\boldsymbol{\xi}+\boldsymbol{U}^{\mathrm{T}}\boldsymbol{\mathcal{R}}\boldsymbol{U})$ 表示代价函数，$\boldsymbol{\mathcal{Q}}=\boldsymbol{\mathcal{Q}}^{\mathrm{T}}\geqslant 0$ 和 $\boldsymbol{\mathcal{R}}=\boldsymbol{\mathcal{R}}^{\mathrm{T}}>0$ 是加权矩阵。此外，给定矩阵 $\boldsymbol{\mathcal{Q}}=(\boldsymbol{G}\boldsymbol{\mathcal{L}}_1+\boldsymbol{\mathcal{L}}_1^{\mathrm{T}}\boldsymbol{G})\otimes\boldsymbol{Q}_1$ 和 $\boldsymbol{\mathcal{R}}=\boldsymbol{\mathcal{L}}_1^{\mathrm{T}}\boldsymbol{G}(\boldsymbol{G}\boldsymbol{\mathcal{L}}_1+\boldsymbol{\mathcal{L}}_1^{\mathrm{T}}\boldsymbol{G})\boldsymbol{G}\boldsymbol{\mathcal{L}}_1\otimes\boldsymbol{R}$。注意到当假设 3.1 成立时，$\boldsymbol{\mathcal{L}}_1$ 是非奇异的。因此，由 $\boldsymbol{Q}_1\geqslant 0$ 和 $\boldsymbol{R}>0$ 可以保证 $\boldsymbol{\mathcal{Q}}\geqslant 0$ 和 $\boldsymbol{\mathcal{R}}>0$ 成立。

此外，根据文献[168]和文献[169]中的相关结果，若矩阵 $\boldsymbol{G}$ 被设计为

$$\boldsymbol{G}=\mathrm{diag}\{g_1,g_2,\cdots,g_N\}=\mathrm{diag}\left\{\frac{\beta_1}{\alpha_1},\frac{\beta_2}{\alpha_2},\cdots,\frac{\beta_N}{\alpha_N}\right\} \tag{3-12}$$

其中，$\boldsymbol{\alpha}=[\alpha_1,\alpha_2,\cdots,\alpha_N]^{\mathrm{T}}=\boldsymbol{\mathcal{L}}_1^{-1}\boldsymbol{a}$；$\boldsymbol{\beta}=[\beta_1,\beta_2,\cdots,\beta_N]^{\mathrm{T}}=\boldsymbol{\mathcal{L}}_1^{-\mathrm{T}}\boldsymbol{b}$，$\boldsymbol{a}\in\Re^N$ 和 $\boldsymbol{b}\in\Re^N$ 是正向量，则 $\boldsymbol{G}>0$ 和 $\boldsymbol{G}\boldsymbol{\mathcal{L}}_1+\boldsymbol{\mathcal{L}}_1^{\mathrm{T}}\boldsymbol{G}>0$ 可以同时满足。

定义与全局能耗指标函数 J 相关的哈密顿方程为

$$H(\boldsymbol{\xi},\boldsymbol{U})=-L(\boldsymbol{\xi},\boldsymbol{U})+\boldsymbol{\varrho}^{\mathrm{T}}f(\boldsymbol{\xi},\boldsymbol{U}) \tag{3-13}$$

其中，$\boldsymbol{\varrho}\in\Re^{pN}$ 是协态变量，且 $f(\boldsymbol{\xi},\boldsymbol{U})=(\boldsymbol{I}_N\otimes\boldsymbol{A})\boldsymbol{\xi}+(\boldsymbol{G}\boldsymbol{\mathcal{L}}_1\otimes\boldsymbol{B})\boldsymbol{U}$。接下来的结果将给出能够保证 J 最优化的相关条件。

定理 3.2： 当且仅当定理 3.1 成立时，可实现全局能耗指标函数[式（3-11）]的最优化。

证明： 接下来将分别证明全局能耗指标 J 最优化的必要性和充分性。

1）必要性

$H(\boldsymbol{\xi},\boldsymbol{U})$ 关于 $\boldsymbol{U}$ 的求偏导数为

$$\frac{\partial H}{\partial\boldsymbol{U}}=-\frac{\partial L}{\partial\boldsymbol{U}}+\frac{\partial f^{\mathrm{T}}}{\partial\boldsymbol{U}}\boldsymbol{\varrho}=-\boldsymbol{\mathcal{R}}\boldsymbol{U}+(\boldsymbol{\mathcal{L}}_1^{\mathrm{T}}\boldsymbol{G}\otimes\boldsymbol{B}^{\mathrm{T}})\boldsymbol{\varrho} \tag{3-14}$$

因此，通过求解极值条件 $\partial H/\partial\boldsymbol{U}=0$ 方程，可以得到以下全局最优控制协议：

$$\begin{aligned}\boldsymbol{U}^{*}&=\boldsymbol{\mathcal{R}}^{-1}(\boldsymbol{\mathcal{L}}_1^{\mathrm{T}}\boldsymbol{G}\otimes\boldsymbol{B}^{\mathrm{T}})\boldsymbol{\varrho}\\&=\left(\boldsymbol{\mathcal{L}}_1^{-1}\boldsymbol{G}^{-1}(\boldsymbol{G}\boldsymbol{\mathcal{L}}_1+\boldsymbol{\mathcal{L}}_1^{\mathrm{T}}\boldsymbol{G})^{-1}\otimes\boldsymbol{R}^{-1}\boldsymbol{B}^{\mathrm{T}}\right)\boldsymbol{\varrho}\end{aligned} \tag{3-15}$$

令 $\boldsymbol{\varrho}=-((\boldsymbol{G}\boldsymbol{\mathcal{L}}_1+\boldsymbol{\mathcal{L}}_1^{\mathrm{T}}\boldsymbol{G})\otimes\boldsymbol{P})\boldsymbol{\xi}$，有

$$\begin{aligned}\frac{\partial H}{\partial\boldsymbol{\xi}}&=-\frac{\partial L}{\partial\boldsymbol{\xi}}+\frac{\partial f^{\mathrm{T}}}{\partial\boldsymbol{\xi}}\boldsymbol{\varrho}\\&=-\boldsymbol{\mathcal{Q}}\boldsymbol{\xi}-\left((\boldsymbol{G}\boldsymbol{\mathcal{L}}_1+\boldsymbol{\mathcal{L}}_1^{\mathrm{T}}\boldsymbol{G})\otimes\boldsymbol{A}^{\mathrm{T}}\boldsymbol{P}\right)\boldsymbol{\xi}\end{aligned} \tag{3-16}$$

$\boldsymbol{\varrho}$ 对时间求导，有

$$\begin{aligned}\dot{\boldsymbol{\varrho}}&=-\left((\boldsymbol{G}\boldsymbol{\mathcal{L}}_1+\boldsymbol{\mathcal{L}}_1^{\mathrm{T}}\boldsymbol{G})\otimes\boldsymbol{P}\right)\dot{\boldsymbol{\xi}}\\&=-\left((\boldsymbol{G}\boldsymbol{\mathcal{L}}_1+\boldsymbol{\mathcal{L}}_1^{\mathrm{T}}\boldsymbol{G})\otimes\boldsymbol{P}\boldsymbol{A}\right)\boldsymbol{\xi}+\left((\boldsymbol{G}\boldsymbol{\mathcal{L}}_1+\boldsymbol{\mathcal{L}}_1^{\mathrm{T}}\boldsymbol{G})\otimes\boldsymbol{P}\boldsymbol{B}\boldsymbol{R}^{-1}\boldsymbol{B}^{\mathrm{T}}\boldsymbol{P}\right)\boldsymbol{\xi}\end{aligned} \tag{3-17}$$

根据协态方程 $\dot{\boldsymbol{\varrho}}=-\partial H/\partial\boldsymbol{\xi}$，由式（3-16）和式（3-17）可推断出

$$(\boldsymbol{G}\boldsymbol{\mathcal{L}}_1+\boldsymbol{\mathcal{L}}_1^{\mathrm{T}}\boldsymbol{G})\otimes(\boldsymbol{P}\boldsymbol{A}+\boldsymbol{A}^{\mathrm{T}}\boldsymbol{P}-\boldsymbol{P}\boldsymbol{B}\boldsymbol{R}^{-1}\boldsymbol{B}^{\mathrm{T}}\boldsymbol{P})+\boldsymbol{\mathcal{Q}}=0 \tag{3-18}$$

由引理 3.1 可得：当假设 3.1 成立时，$\boldsymbol{G}\boldsymbol{\mathcal{L}}_1+\boldsymbol{\mathcal{L}}_1^{\mathrm{T}}\boldsymbol{G}$ 是正定的。因此，基于 $\boldsymbol{\mathcal{Q}}$ 的表达式 $\boldsymbol{\mathcal{Q}}=(\boldsymbol{G}\boldsymbol{\mathcal{L}}_1+\boldsymbol{\mathcal{L}}_1^{\mathrm{T}}\boldsymbol{G})\otimes\boldsymbol{Q}_1$，式（3-18）等价于如下方程：

$$\boldsymbol{I}_N\otimes(\boldsymbol{PA}+\boldsymbol{A}^{\mathrm{T}}\boldsymbol{P}+\boldsymbol{Q}_1-\boldsymbol{PBR}^{-1}\boldsymbol{B}^{\mathrm{T}}\boldsymbol{P})=0 \tag{3-19}$$

这意味着 ARE[式（3-5）]是成立的。

进一步地，基于协态变量 $\boldsymbol{\varrho}$ 和控制增益矩阵 $\boldsymbol{K}$ 的表达式，式（3-15）中的全局最优控制协议可以写为

$$\boldsymbol{U}^*=-(\boldsymbol{\mathcal{L}}_1^{-1}\boldsymbol{G}^{-1}\otimes\boldsymbol{K})\boldsymbol{\xi} \tag{3-20}$$

注意到式（3-20）与式（3-4）中局部控制协议是等价的。

2）充分性

根据 $\boldsymbol{\varrho}$ 和 $f(\boldsymbol{\xi},\boldsymbol{U})$ 的表达式，有

$$\begin{aligned}\boldsymbol{\varrho}^{\mathrm{T}}f(\boldsymbol{\xi},\boldsymbol{U})&=-\boldsymbol{\xi}^{\mathrm{T}}\left((\boldsymbol{G}\boldsymbol{\mathcal{L}}_1+\boldsymbol{\mathcal{L}}_1^{\mathrm{T}}\boldsymbol{G})\otimes\boldsymbol{P}\right)((\boldsymbol{I}_N\otimes\boldsymbol{A})\boldsymbol{\xi}+(\boldsymbol{G}\boldsymbol{\mathcal{L}}_1\otimes\boldsymbol{B})\boldsymbol{U})\\&=-0.5\boldsymbol{\xi}^{\mathrm{T}}\left((\boldsymbol{G}\boldsymbol{\mathcal{L}}_1+\boldsymbol{\mathcal{L}}_1^{\mathrm{T}}\boldsymbol{G})\otimes(\boldsymbol{PA}+\boldsymbol{A}^{\mathrm{T}}\boldsymbol{P})\right)\boldsymbol{\xi}-\boldsymbol{\xi}^{\mathrm{T}}\left(\left((\boldsymbol{G}\boldsymbol{\mathcal{L}}_1)^2+\boldsymbol{\mathcal{L}}_1^{\mathrm{T}}\boldsymbol{G}^2\boldsymbol{\mathcal{L}}_1\right)\otimes\boldsymbol{PB}\right)\boldsymbol{U}\end{aligned} \tag{3-21}$$

由上述证明可知，当且仅当式（3-5）成立时，式（3-18）成立。因此，式（3-21）可改写为

$$\begin{aligned}\boldsymbol{\varrho}^{\mathrm{T}}f(\boldsymbol{\xi},\boldsymbol{U})=&\,0.5\boldsymbol{\xi}^{\mathrm{T}}\boldsymbol{\mathcal{Q}}\boldsymbol{\xi}-0.5\boldsymbol{\xi}^{\mathrm{T}}\left((\boldsymbol{G}\boldsymbol{\mathcal{L}}_1+\boldsymbol{\mathcal{L}}_1^{\mathrm{T}}\boldsymbol{G})\otimes\boldsymbol{PBR}^{-1}\boldsymbol{B}^{\mathrm{T}}\boldsymbol{P}\right)\boldsymbol{\xi}\\&-\boldsymbol{\xi}^{\mathrm{T}}\left(\left((\boldsymbol{G}\boldsymbol{\mathcal{L}}_1)^2+\boldsymbol{\mathcal{L}}_1^{\mathrm{T}}\boldsymbol{G}^2\boldsymbol{\mathcal{L}}_1\right)\otimes\boldsymbol{PB}\right)\boldsymbol{U}\end{aligned} \tag{3-22}$$

因此，哈密顿方程可重写为

$$\begin{aligned}H(\boldsymbol{\xi},\boldsymbol{U})&=-L(\boldsymbol{\xi},\boldsymbol{U})+\boldsymbol{\varrho}^{\mathrm{T}}f(\boldsymbol{\xi},\boldsymbol{U})\\&=-0.5(\boldsymbol{\xi}^{\mathrm{T}}\boldsymbol{\mathcal{Q}}\boldsymbol{\xi}+\boldsymbol{U}^{\mathrm{T}}\boldsymbol{\mathcal{R}}\boldsymbol{U})+0.5\boldsymbol{\xi}^{\mathrm{T}}\boldsymbol{\mathcal{Q}}\boldsymbol{\xi}-0.5\boldsymbol{\xi}^{\mathrm{T}}((\boldsymbol{G}\boldsymbol{\mathcal{L}}_1+\boldsymbol{\mathcal{L}}_1^{\mathrm{T}}\boldsymbol{G})\otimes\boldsymbol{PBR}^{-1}\boldsymbol{B}^{\mathrm{T}}\boldsymbol{P})\boldsymbol{\xi}\\&\quad-\boldsymbol{\xi}^{\mathrm{T}}\left(\left((\boldsymbol{G}\boldsymbol{\mathcal{L}}_1)^2+\boldsymbol{\mathcal{L}}_1^{\mathrm{T}}\boldsymbol{G}^2\boldsymbol{\mathcal{L}}_1\right)\otimes\boldsymbol{PB}\right)\boldsymbol{U}\\&=-0.5\left(\boldsymbol{U}^{\mathrm{T}}+\boldsymbol{\xi}^{\mathrm{T}}(\boldsymbol{G}^{-1}\boldsymbol{\mathcal{L}}_1^{-\mathrm{T}}\otimes\boldsymbol{K}^{\mathrm{T}})\right)\boldsymbol{\mathcal{R}}\left(\boldsymbol{U}+(\boldsymbol{\mathcal{L}}_1^{-1}\boldsymbol{G}^{-1}\otimes\boldsymbol{K})\boldsymbol{\xi}\right)\end{aligned} \tag{3-23}$$

由式（3-23）易得哈密顿方程是半负定的，即 $H(\boldsymbol{\xi},\boldsymbol{U})\leqslant 0$，且最优值 $H^*(\boldsymbol{\xi},\boldsymbol{U})=0$ 可以通过控制协议式（3-4）获得。

令 $\boldsymbol{V}_a=0.5\boldsymbol{\xi}^{\mathrm{T}}((\boldsymbol{G}\boldsymbol{\mathcal{L}}_1+\boldsymbol{\mathcal{L}}_1^{\mathrm{T}}\boldsymbol{G})\otimes\boldsymbol{P})\boldsymbol{\xi}$，则 $\boldsymbol{V}_a$ 对时间的导数为

$$\begin{aligned}\dot{\boldsymbol{V}}_a&=\boldsymbol{\xi}^{\mathrm{T}}\left((\boldsymbol{G}\boldsymbol{\mathcal{L}}_1+\boldsymbol{\mathcal{L}}_1^{\mathrm{T}}\boldsymbol{G})\otimes\boldsymbol{P}\right)((\boldsymbol{I}_N\otimes\boldsymbol{A})\boldsymbol{\xi}+(\boldsymbol{G}\boldsymbol{\mathcal{L}}_1\otimes\boldsymbol{B})\boldsymbol{U})\\&=-\boldsymbol{\varrho}^{\mathrm{T}}f(\boldsymbol{\xi},\boldsymbol{U})\end{aligned} \tag{3-24}$$

则基于式（3-13），有

$$\dot{\boldsymbol{V}}_a=-H(\boldsymbol{\xi},\boldsymbol{U})-L(\boldsymbol{\xi},\boldsymbol{U}) \tag{3-25}$$

因此，全局能耗指标函数可以被重写为

$$\begin{aligned}J&=\int_0^{\infty}L(\boldsymbol{\xi},\boldsymbol{U})\mathrm{d}t\\&=-\int_0^{\infty}\dot{\boldsymbol{V}}_a\mathrm{d}t-\int_0^{\infty}H(\boldsymbol{\xi},\boldsymbol{U})\mathrm{d}t\\&\geqslant-\int_0^{\infty}\dot{\boldsymbol{V}}_a\mathrm{d}t\end{aligned} \tag{3-26}$$

且当 $H^*(\boldsymbol{\xi},\boldsymbol{U})=0$ 时，可得最优（最小）能耗指标值为 $J^*=-\int_0^{\infty}\dot{\boldsymbol{V}}_a\mathrm{d}t$。

此外，由于误差系统（3-3）的稳定性可由式（3-4）中的控制协议保证，即 $\lim_{t\to\infty}\|\boldsymbol{\xi}\|=0$，因此最优能耗指标值可通过

$$J^*=\boldsymbol{V}_a(0)-\lim_{t\to\infty}\boldsymbol{V}_a=\boldsymbol{V}_a(0) \tag{3-27}$$

计算得到，其中，$\boldsymbol{V}_a(0)$ 代表 $\boldsymbol{V}_a$ 的初始值。

定理 3.2 中的所有条件都满足，证明完毕。

注 3.1：值得指出的是，在文献[170]中，定义矩阵 $\boldsymbol{R}_1\boldsymbol{\mathcal{L}}_1$ 用于解决多自主体的全局优化问题，其中，$\boldsymbol{R}_1=\boldsymbol{R}_1^{\mathrm{T}}>0$，并且假设矩阵 $\boldsymbol{R}_1\boldsymbol{\mathcal{L}}_1$ 在无向拓扑图和强连通拓扑图上是对称的。此外，在文献[170]中引入了一类有向拓扑图，其中，对应的拉普拉斯矩阵 $\boldsymbol{\mathcal{L}}_1$ 是可对角化的，并且证明了矩阵 $\boldsymbol{R}_1\boldsymbol{\mathcal{L}}_1$ 在这类拓扑图上是对称的。在本章中，求解全局优化问题不需要利用矩阵 $\boldsymbol{R}_1\boldsymbol{\mathcal{L}}_1$，即不需要 $\boldsymbol{R}_1\boldsymbol{\mathcal{L}}_1$ 的对称性，这表明自主体之间的拓扑图可以是一般有向图，因此本章取消了拓扑图必须是无向的、强连通的、具有可对角化的拉普拉斯矩阵的假设。

注 3.2：由于拉普拉斯矩阵和系统动力学之间的相互作用，多自主体系统的最优控制比传统的单系统更复杂，主要体现在以下两个方面：①在单个系统中研究的集中式优化策略难以直接应用到多自主体系统当中；②优化方程的求解一般需要知道通信图的全局信息。因此，解决多自主体系统分布式最优控制问题的关键可以归纳为以下两点：①如何设计一个最优协议，使每个自主体都能以分布式方式而不是集中方式进行控制；②如何选择合适的加权矩阵和协态变量，使优化方程的解可以在不知道通信图全局信息的情况下进行求解。

注 3.3：值得一提的是，式（3-4）中的控制协议需要利用自主体邻居的输入信息，这使得所设计的控制协议难以应用到实际问题中。

3.4　无邻居控制输入的分布式最优控制

在本节中，设计如下分布式控制协议：

$$\boldsymbol{u}_i=-c\boldsymbol{K}\boldsymbol{\xi}_i \tag{3-28}$$

其中，$c>0$ 表示耦合增益。与式（3-4）中提出的协议不同的是，式（3-28）中不再需要邻居的控制输入信息。

定义全局能耗指标函数为

$$\hat{J}=\int_0^{\infty}\hat{L}(\boldsymbol{\xi},\boldsymbol{U})\mathrm{d}t \tag{3-29}$$

其中，$\hat{L}(\boldsymbol{\xi},\boldsymbol{U})=0.5(\boldsymbol{\xi}^{\mathrm{T}}\hat{\boldsymbol{\mathcal{Q}}}\boldsymbol{\xi}+\boldsymbol{U}^{\mathrm{T}}\hat{\boldsymbol{\mathcal{R}}}\boldsymbol{U})$。此外，权重矩阵选择为 $\hat{\boldsymbol{\mathcal{Q}}}=c\boldsymbol{G}\boldsymbol{\mathcal{L}}_1\otimes\boldsymbol{PBR}^{-1}\boldsymbol{B}^{\mathrm{T}}\boldsymbol{P}-\boldsymbol{I}_N\otimes\boldsymbol{PBR}^{-1}\boldsymbol{B}^{\mathrm{T}}\boldsymbol{P}+\boldsymbol{I}_N\otimes\boldsymbol{Q}_1$，$\hat{\boldsymbol{\mathcal{R}}}=c^{-1}\boldsymbol{G}\boldsymbol{\mathcal{L}}_1\otimes\boldsymbol{R}$，其中，$\boldsymbol{R}=\boldsymbol{R}^{\mathrm{T}}>0$，$\boldsymbol{Q}_1=\boldsymbol{Q}_1^{\mathrm{T}}\geqslant 0$，且 $\boldsymbol{P}$ 为式（3-5）所示 ARE 的正定解。注意到，尽管 $\hat{\boldsymbol{\mathcal{Q}}}$ 和 $\hat{\boldsymbol{\mathcal{R}}}$ 不再是对称矩阵，但通过设计满足 $c\geqslant 1/\lambda_{\min}\{0.5(\boldsymbol{G}\boldsymbol{\mathcal{L}}_1+\boldsymbol{\mathcal{L}}_1^{\mathrm{T}}\boldsymbol{G})\}$ 的耦合增益，仍然可以保证 $\boldsymbol{\xi}^{\mathrm{T}}\hat{\boldsymbol{\mathcal{Q}}}\boldsymbol{\xi}$ 和 $\boldsymbol{U}^{\mathrm{T}}\hat{\boldsymbol{\mathcal{R}}}\boldsymbol{U}$ 的半正定性，具体步骤如下。

$$
\begin{aligned}
\boldsymbol{\xi}^{\mathrm{T}}\hat{\boldsymbol{Q}}\boldsymbol{\xi} &= 0.5\boldsymbol{\xi}^{\mathrm{T}}(\hat{\boldsymbol{Q}}+\hat{\boldsymbol{Q}}^{\mathrm{T}})\boldsymbol{\xi} \\
&= \boldsymbol{\xi}^{\mathrm{T}}\left(0.5c(\boldsymbol{G}\boldsymbol{\mathcal{L}}_1+\boldsymbol{\mathcal{L}}_1^{\mathrm{T}}\boldsymbol{G})\otimes \boldsymbol{P}\boldsymbol{B}\boldsymbol{R}^{-1}\boldsymbol{B}^{\mathrm{T}}\boldsymbol{P}-\boldsymbol{I}_N\otimes \boldsymbol{P}\boldsymbol{B}\boldsymbol{R}^{-1}\boldsymbol{B}^{\mathrm{T}}\boldsymbol{P}+\boldsymbol{I}_N\otimes \boldsymbol{Q}_1\right)\boldsymbol{\xi} \\
&\geqslant \boldsymbol{\xi}^{\mathrm{T}}(\boldsymbol{I}_N\otimes \boldsymbol{Q}_1)\boldsymbol{\xi}
\end{aligned} \tag{3-30}
$$

$$
\begin{aligned}
\boldsymbol{U}^{\mathrm{T}}\hat{\boldsymbol{\mathcal{R}}}\boldsymbol{U} &= 0.5\boldsymbol{U}^{\mathrm{T}}(\hat{\boldsymbol{R}}+\hat{\boldsymbol{R}}^{\mathrm{T}})\boldsymbol{U} \\
&= 0.5\boldsymbol{U}^{\mathrm{T}}\left(c^{-1}(\boldsymbol{G}\boldsymbol{\mathcal{L}}_1+\boldsymbol{\mathcal{L}}_1^{\mathrm{T}}\boldsymbol{G})\otimes \boldsymbol{R}\right)\boldsymbol{U}
\end{aligned} \tag{3-31}
$$

由式（3-30）和式（3-31）可知，由于$\boldsymbol{Q}_1\geqslant 0$，$\boldsymbol{R}>0$，$c>0$和$\boldsymbol{G}\boldsymbol{\mathcal{L}}_1+\boldsymbol{\mathcal{L}}_1^{\mathrm{T}}\boldsymbol{G}>0$成立，因此有$\boldsymbol{\xi}^{\mathrm{T}}\hat{\boldsymbol{Q}}\boldsymbol{\xi}\geqslant 0$和$\boldsymbol{U}^{\mathrm{T}}\hat{\boldsymbol{\mathcal{R}}}\boldsymbol{U}>0$。

定理 3.3：当$\boldsymbol{K}=\boldsymbol{R}^{-1}\boldsymbol{B}^{\mathrm{T}}\boldsymbol{P}$，且$\boldsymbol{P}$为 ARE[式（3-5）]的正定解时，控制协议（3-28）能够保证全局能耗指标$\hat{J}$的最优化和误差系统（3-3）的渐近稳定性。

证明：令$\varphi(\boldsymbol{\xi},\boldsymbol{U})=0.5(\boldsymbol{U}^{\mathrm{T}}+\boldsymbol{\xi}^{\mathrm{T}}(\boldsymbol{I}_N\otimes c\boldsymbol{K}^{\mathrm{T}}))\hat{\boldsymbol{\mathcal{R}}}(\boldsymbol{U}+(\boldsymbol{I}_N\otimes c\boldsymbol{K})\boldsymbol{\xi})$，有

$$
\begin{aligned}
\varphi(\boldsymbol{\xi},\boldsymbol{U}) &= 0.5\boldsymbol{U}^{\mathrm{T}}\hat{\boldsymbol{\mathcal{R}}}\boldsymbol{U}+0.5\boldsymbol{\xi}^{\mathrm{T}}(c\boldsymbol{G}\boldsymbol{\mathcal{L}}_1\otimes \boldsymbol{P}\boldsymbol{B}\boldsymbol{R}^{-1}\boldsymbol{B}^{\mathrm{T}}\boldsymbol{P})\boldsymbol{\xi}+\boldsymbol{\xi}^{\mathrm{T}}(\boldsymbol{G}\boldsymbol{\mathcal{L}}_1\otimes \boldsymbol{P}\boldsymbol{B})\boldsymbol{U} \\
&= 0.5\boldsymbol{U}^{\mathrm{T}}\hat{\boldsymbol{\mathcal{R}}}\boldsymbol{U}+0.5\boldsymbol{\xi}^{\mathrm{T}}\hat{\boldsymbol{Q}}\boldsymbol{\xi}+0.5\boldsymbol{\xi}^{\mathrm{T}}(\boldsymbol{I}_N\otimes(\boldsymbol{P}\boldsymbol{B}\boldsymbol{R}^{-1}\boldsymbol{B}^{\mathrm{T}}\boldsymbol{P}-\boldsymbol{Q}_1))\boldsymbol{\xi} \\
&\quad +\boldsymbol{\xi}^{\mathrm{T}}(\boldsymbol{G}\boldsymbol{\mathcal{L}}_1\otimes \boldsymbol{P}\boldsymbol{B})\boldsymbol{U}
\end{aligned} \tag{3-32}
$$

将式（3-5）代入式（3-32）中有

$$
\begin{aligned}
\varphi(\boldsymbol{\xi},\boldsymbol{U}) &= 0.5\boldsymbol{U}^{\mathrm{T}}\hat{\boldsymbol{\mathcal{R}}}\boldsymbol{U}+0.5\boldsymbol{\xi}^{\mathrm{T}}\hat{\boldsymbol{Q}}\boldsymbol{\xi}+0.5\boldsymbol{\xi}^{\mathrm{T}}(\boldsymbol{I}_N\otimes(\boldsymbol{P}\boldsymbol{A}+\boldsymbol{A}^{\mathrm{T}}\boldsymbol{P}))\boldsymbol{\xi}+\boldsymbol{\xi}^{\mathrm{T}}(\boldsymbol{G}\boldsymbol{\mathcal{L}}_1\otimes \boldsymbol{P}\boldsymbol{B})\boldsymbol{U} \\
&= 0.5\boldsymbol{U}^{\mathrm{T}}\hat{\boldsymbol{\mathcal{R}}}\boldsymbol{U}+0.5\boldsymbol{\xi}^{\mathrm{T}}\hat{\boldsymbol{Q}}\boldsymbol{\xi}+\boldsymbol{\xi}^{\mathrm{T}}(\boldsymbol{I}_N\otimes \boldsymbol{P})((\boldsymbol{I}_N\otimes \boldsymbol{A})\boldsymbol{\xi}+(\boldsymbol{G}\boldsymbol{\mathcal{L}}_1\otimes \boldsymbol{B})\boldsymbol{U}) \\
&= 0.5\boldsymbol{U}^{\mathrm{T}}\hat{\boldsymbol{\mathcal{R}}}\boldsymbol{U}+0.5\boldsymbol{\xi}^{\mathrm{T}}\hat{\boldsymbol{Q}}\boldsymbol{\xi}+\boldsymbol{\xi}^{\mathrm{T}}(\boldsymbol{I}_N\otimes \boldsymbol{P})\dot{\boldsymbol{\xi}} \\
&= 0.5\boldsymbol{U}^{\mathrm{T}}\hat{\boldsymbol{\mathcal{R}}}\boldsymbol{U}+0.5\boldsymbol{\xi}^{\mathrm{T}}\hat{\boldsymbol{Q}}\boldsymbol{\xi}+\dot{V}_b
\end{aligned} \tag{3-33}
$$

其中，$\dot{V}_b$是李雅普诺夫函数$V_b=0.5\boldsymbol{\xi}^{\mathrm{T}}(\boldsymbol{I}_N\otimes \boldsymbol{P})\boldsymbol{\xi}$对时间的导数。

由式（3-33）可推断出

$$
\hat{J}=\int_0^{\infty}(0.5\boldsymbol{U}^{\mathrm{T}}\hat{\boldsymbol{\mathcal{R}}}\boldsymbol{U}+0.5\boldsymbol{\xi}^{\mathrm{T}}\hat{\boldsymbol{Q}}\boldsymbol{\xi})\mathrm{d}t=\int_0^{\infty}\varphi(\boldsymbol{\xi},\boldsymbol{U})\mathrm{d}t+V_b(0)-\lim_{t\to\infty}V_b \tag{3-34}
$$

其中，$V_b(0)$是V_b的初始值。由于$\varphi(\boldsymbol{\xi},\boldsymbol{U})\geqslant 0$对于任意的$\boldsymbol{U}$成立，当且仅当全局控制输入$\boldsymbol{U}=-(\boldsymbol{I}_N\otimes c\boldsymbol{K})\boldsymbol{\xi}$时，$\varphi(\boldsymbol{\xi},\boldsymbol{U})=0$，因此，由式（3-34）可得

$$
\hat{J}\geqslant V_b(0)-\lim_{t\to\infty}V_b \tag{3-35}
$$

因此，当且仅当控制协议设计为式（3-28）时，可获得最优（最小）能耗指标值$\hat{J}^*=V_b(0)-\lim\limits_{t\to\infty}V_b$。接下来，将分析式（3-3）中误差系统的渐近稳定性。

由式（3-33）可知，若控制协议被设计为式（3-28），即$\varphi(\boldsymbol{\xi},\boldsymbol{U})=0$，则有

$$
\begin{aligned}
\dot{V}_b &= -0.5\boldsymbol{\xi}^{\mathrm{T}}\hat{\boldsymbol{Q}}\boldsymbol{\xi}-0.5\boldsymbol{U}^{\mathrm{T}}\hat{\boldsymbol{\mathcal{R}}}\boldsymbol{U} \\
&= -0.5\boldsymbol{\xi}^{\mathrm{T}}\hat{\boldsymbol{Q}}\boldsymbol{\xi}-0.5\boldsymbol{\xi}^{\mathrm{T}}(\boldsymbol{I}_N\otimes c\boldsymbol{K}^{\mathrm{T}})\hat{\boldsymbol{\mathcal{R}}}(\boldsymbol{I}_N\otimes c\boldsymbol{K})\boldsymbol{\xi} \\
&= -0.5\boldsymbol{\xi}^{\mathrm{T}}(c(\boldsymbol{G}\boldsymbol{\mathcal{L}}_1+\boldsymbol{\mathcal{L}}_1^{\mathrm{T}}\boldsymbol{G})\otimes \boldsymbol{P}\boldsymbol{B}\boldsymbol{R}^{-1}\boldsymbol{B}^{\mathrm{T}}\boldsymbol{P})\boldsymbol{\xi} \\
&\quad +0.5\boldsymbol{\xi}^{\mathrm{T}}(\boldsymbol{I}_N\otimes(\boldsymbol{P}\boldsymbol{B}\boldsymbol{R}^{-1}\boldsymbol{B}^{\mathrm{T}}\boldsymbol{P}-\boldsymbol{Q}_1))\boldsymbol{\xi} \\
&\leqslant -0.5\boldsymbol{\xi}^{\mathrm{T}}(\boldsymbol{I}_N\otimes(\boldsymbol{P}\boldsymbol{B}\boldsymbol{R}^{-1}\boldsymbol{B}^{\mathrm{T}}\boldsymbol{P}+\boldsymbol{Q}_1))\boldsymbol{\xi}
\end{aligned} \tag{3-36}
$$

其中，$c\geqslant 1/\lambda_{\min}\{0.5(\boldsymbol{G}\boldsymbol{\mathcal{L}}_1+\boldsymbol{\mathcal{L}}_1^{\mathrm{T}}\boldsymbol{G})\}$。

基于文献[167]和文献[171]，在满足矩阵 $\boldsymbol{R}>0$ 和矩阵 $\boldsymbol{Q}_1\geqslant 0$ 时误差系统（3-3）是渐近稳定的，且具有指数收敛速率。值得指出的是，由于误差系统（3-3）是渐近稳定的，则最优能耗性能指标可写成 $\hat{J}^*=V_b(0)$。

定理 3.3 中的所有条件都满足，证明完毕。

注 3.4：参考文献[171]中的讨论是若 $(\boldsymbol{A},\boldsymbol{B})$ 是可稳定的，$(\boldsymbol{C},\boldsymbol{A})$ 是可观测的，式（3-5）正定解存在的唯一性是可以保证的，其中，$\boldsymbol{C}$ 是通过计算 $\boldsymbol{Q}_1$ 的楚列斯基（Cholesky）分解得到的，即 $\boldsymbol{Q}_1=\boldsymbol{C}\boldsymbol{C}^{\mathrm{T}}$。

3.5　线性连续多自主体系统仿真算例

本节将给出相关仿真算例证明所提出的理论方法的有效性。

考虑由 5 个跟随者和 1 个领航者组成的多自主体系统，图 3-1 所示为它们之间的交互拓扑结构。

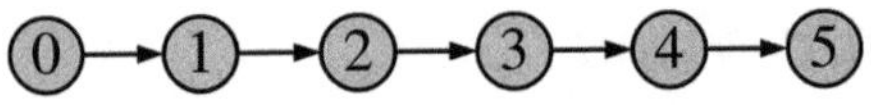

图 3-1　多自主体系统之间的交互拓扑结构

3.5.1　算例 1

以多航天器编队跟踪问题为例，其中，每个航天器的模型参数如下：

$$\boldsymbol{A}=\begin{bmatrix}\boldsymbol{O}_{3\times3} & \boldsymbol{I}_3\\ \boldsymbol{A}_{21} & \boldsymbol{A}_{22}\end{bmatrix},\ \boldsymbol{B}=\begin{bmatrix}\boldsymbol{O}_{3\times3}\\ \boldsymbol{I}_3\end{bmatrix},\ \boldsymbol{A}_{21}=\begin{bmatrix}3\omega^2 & 0 & 0\\ 0 & 0 & 0\\ 0 & 0 & -\omega^2\end{bmatrix},\ \boldsymbol{A}_{22}=\begin{bmatrix}0 & 2\omega & 0\\ -2\omega & 0 & 0\\ 0 & 0 & 0\end{bmatrix}$$

其中，$\omega=\sqrt{\mu/r_0^3}$ 为参考点的轨道角速度，$\mu=3.986\times10^{14}\,\mathrm{m^3/s^2}$ 为地心引力常数，r_0 为航天器的地心距离。根据式（3-12），有 $g_1=5$，$g_2=2$，$g_3=1$，$g_4=0.5$，$g_5=0.2$，其中，正向量选择为 $\boldsymbol{a}=\boldsymbol{b}=[1,1,1,1,1]^{\mathrm{T}}$。令 $r_0=3\times10^4\,\mathrm{km}$，$\boldsymbol{R}=1\times10^7\boldsymbol{I}_3$，$\boldsymbol{Q}_1=10\boldsymbol{I}_6$，则通过求解 ARE，可得到矩阵 $\boldsymbol{P}$ 和控制增益矩阵 $\boldsymbol{K}$ 分别如下：

$$\boldsymbol{P}=\begin{bmatrix}\boldsymbol{P}_{11} & \boldsymbol{P}_{12}\\ \boldsymbol{P}_{12}^{\mathrm{T}} & \boldsymbol{P}_{22}\end{bmatrix}$$

$$\boldsymbol{P}_{11}=\begin{bmatrix}447.33 & 0 & 0\\ 0 & 447.33 & 0\\ 0 & 0 & 447.32\end{bmatrix}$$

$$\boldsymbol{P}_{12}=\begin{bmatrix}10000.29 & 54.32 & 0\\ -54.32 & 9999.85 & 0\\ 0 & 0 & 9999.85\end{bmatrix}$$

$$\boldsymbol{P}_{22}=\begin{bmatrix}447331.99 & 0 & 0\\ 0 & 447322.09 & 0\\ 0 & 0 & 447322.08\end{bmatrix}$$

$$K=\begin{bmatrix}1 & 0 & 0 & 44.73 & 0 & 0\\ 0 & 1 & 0 & 0 & 44.73 & 0\\ 0 & 0 & 1 & 0 & 0 & 44.73\end{bmatrix}\times 10^{-3}$$

注意到 $(\boldsymbol{A},\boldsymbol{B})$ 是可控的，同时 $(\boldsymbol{C},\boldsymbol{A})$ 是可观测的，其中，$\boldsymbol{C}=\sqrt{\boldsymbol{Q}_1}$，这意味着 $(\boldsymbol{A},\boldsymbol{B})$ 是可正定的且 $(\boldsymbol{C},\boldsymbol{A})$ 是可检测的。因此 $\boldsymbol{P}$ 的解是唯一的。

初始条件给定为

$$\boldsymbol{x}_0(0)=\begin{bmatrix}200\\200\\200\\-0.5\\-0.5\\-0.5\end{bmatrix},\ \boldsymbol{x}_1(0)=\begin{bmatrix}500\\500\\500\\1\\1\\1\end{bmatrix},\ \boldsymbol{x}_2(0)=\begin{bmatrix}-700\\-700\\-700\\-1.5\\-1.5\\-1.5\end{bmatrix},$$

$$\boldsymbol{x}_3(0)=\begin{bmatrix}800\\800\\800\\2\\2\\2\end{bmatrix},\ \boldsymbol{x}_4(0)=\begin{bmatrix}1000\\1000\\1000\\4\\4\\4\end{bmatrix},\ \boldsymbol{x}_5(0)=\begin{bmatrix}1200\\1200\\1200\\5\\5\\5\end{bmatrix}$$

当采用本地控制协议[式（3-4）]时，系统的状态范数演化轨迹如图 3-2 所示。仿真结果表明，利用式（3-4）中的协议，5 个跟随者可以有效地实现对领航者的跟踪，跟踪误差在大约 250s 内接近于 0。此外，全局能耗指标函数 J 的演化轨迹如图 3-3 所示，可以看出，能耗性能指标值最终会逼近最优值 5.5671×10^{10}。

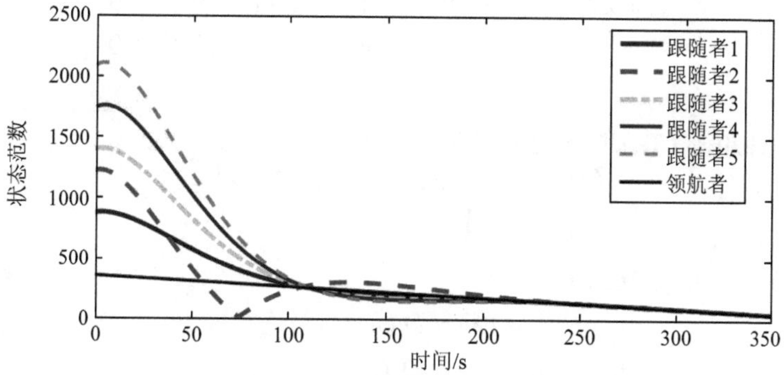

彩图 3-2

图 3-2　算例 1 中 5 个跟随者和领航者的状态范数演化轨迹示意图

此外，根据式（3-27），最优能耗指标 J^* 的理论值计算如下：

$$J^*=V_a(0)=5.5671\times10^{10}$$

因此，最优能耗指标的模拟值与理论值基本等价。

值得指出的是，使用文献[36]、文献[52]和文献[170]中提出的方法无法在一般有向图下实现能耗指标的优化。在文献[36]和文献[52]中假设拓扑图是强连通的，而在本章中，图 3-1 中的拓扑图不是强连通的，只包含有向生成树。因此，文献[36]和文献[52]中

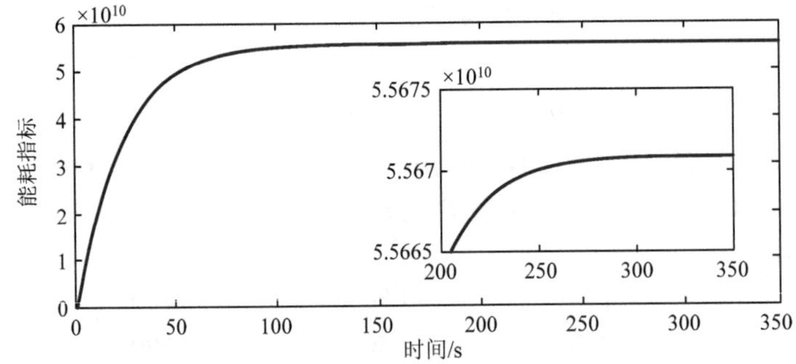

图 3-3　算例 1 中的全局能耗指标函数 J 的演化轨迹示意图

提出的方法不适用于本章中使用的拓扑图情况。在文献[170]中，拓扑图对应的拉普拉斯矩阵要求是可对角化的（或简单的），但本章所提出的控制方法不需要拉普拉斯矩阵可对角化，即取消拉普拉斯矩阵必须可对角化的假设。注意到图 3-1 中描述的有向图的拉普拉斯矩阵 $\mathcal{L}_1$ 是不可对角化的，具体证明如下。

根据图 3-1 有

$$\mathcal{L}_1=\begin{bmatrix}1&0&0&0&0\\-1&1&0&0&0\\0&-1&1&0&0\\0&0&-1&1&0\\0&0&0&-1&1\end{bmatrix}\tag{3-37}$$

式（3-37）中拉普拉斯矩阵的特征矩阵可以计算如下：

$$\boldsymbol{C}(\lambda)=\lambda\boldsymbol{I}_5-\mathcal{L}_1=\begin{bmatrix}\lambda-1&0&0&0&0\\1&\lambda-1&0&0&0\\0&1&\lambda-1&0&0\\0&0&1&\lambda-1&0\\0&0&0&1&\lambda-1\end{bmatrix}\tag{3-38}$$

因此，特征矩阵 $\boldsymbol{C}(\lambda)$ 的决定因子可计算为

$$\begin{cases}D_1(\lambda)=D_2(\lambda)=D_3(\lambda)=D_4(\lambda)=1\\D_5(\lambda)=(\lambda-1)^5\end{cases}\tag{3-39}$$

则 $\boldsymbol{C}(\lambda)$ 的不变因子可计算如下：

$$\begin{cases}d_1(\lambda)=D_1(\lambda)=1\\d_2(\lambda)=\dfrac{D_2(\lambda)}{D_1(\lambda)}=1\\d_3(\lambda)=\dfrac{D_3(\lambda)}{D_2(\lambda)}=1\\d_4(\lambda)=\dfrac{D_4(\lambda)}{D_3(\lambda)}=1\\d_5(\lambda)=\dfrac{D_5(\lambda)}{D_4(\lambda)}=(\lambda-1)^5\end{cases}\tag{3-40}$$

因此，$\boldsymbol{C}(\lambda)$的初等因子为$(\lambda-1)^5$。注意到当且仅当一个矩阵可对角化的条件是其特征矩阵的所有初等因子都是简单因子，它是可对角化的[172]。因此，$\mathcal{L}_1$是不可对角化的，因为它的初等因子有五次幂。此外，还可以根据矩阵$\mathcal{L}_1$的线性无关特征向量的个数来分析矩阵$\mathcal{L}_1$的对角化性。可以很容易地得出$\mathcal{L}_1$的 5 个特征向量都是线性相关的，这表明$\mathcal{L}_1$是不可对角化的。

3.5.2　算例 2

以三阶积分器的一致性跟踪问题为例，有

$$\boldsymbol{A}=\begin{bmatrix}0&1&0\\0&0&1\\0&0&0\end{bmatrix},\quad \boldsymbol{B}=\begin{bmatrix}0\\0\\1\end{bmatrix}$$

令向量$\boldsymbol{a}=\boldsymbol{b}=[1,1,1,1,1]^{\mathrm{T}}$，可得$g_1=5$，$g_2=2$，$g_3=1$，$g_4=0.5$，$g_5=0.2$。令矩阵$\boldsymbol{R}=1000$且矩阵$\boldsymbol{Q}_1=10\boldsymbol{I}_3$，则矩阵$\boldsymbol{P}$和控制增益矩阵$\boldsymbol{K}$可以通过求解式（3-5）得到，具体如下：

$$\boldsymbol{P}=\begin{bmatrix}44.75&95.13&100\\95.13&325.73&447.51\\100&447.51&951.33\end{bmatrix},\quad \boldsymbol{K}=\begin{bmatrix}0.1&0.45&0.95\end{bmatrix}$$

系统的初始条件给定如下：

$$\boldsymbol{x}_0(0)=\begin{bmatrix}20\\0.2\\-0.2\end{bmatrix},\quad \boldsymbol{x}_1(0)=\begin{bmatrix}80\\0.8\\-0.8\end{bmatrix},\quad \boldsymbol{x}_2(0)=\begin{bmatrix}-100\\-1\\1\end{bmatrix},$$

$$\boldsymbol{x}_3(0)=\begin{bmatrix}120\\1.2\\-1.2\end{bmatrix},\quad \boldsymbol{x}_4(0)=\begin{bmatrix}150\\1.5\\-1.5\end{bmatrix},\quad \boldsymbol{x}_5(0)=\begin{bmatrix}200\\-2\\-2\end{bmatrix}$$

采用式（3-28）控制协议得到的系统状态范数演化轨迹如图 3-4 所示。结果表明，采用式（3-28）中的控制协议可以成功实现系统的领航-跟随一致性，并且在大约 25s 时跟踪误差接近于零。此外，全局能耗指标函数$\hat{J}$的演化轨迹如图 3-5 所示，可以看出，能耗性能指标的值为5.9983×10^6。

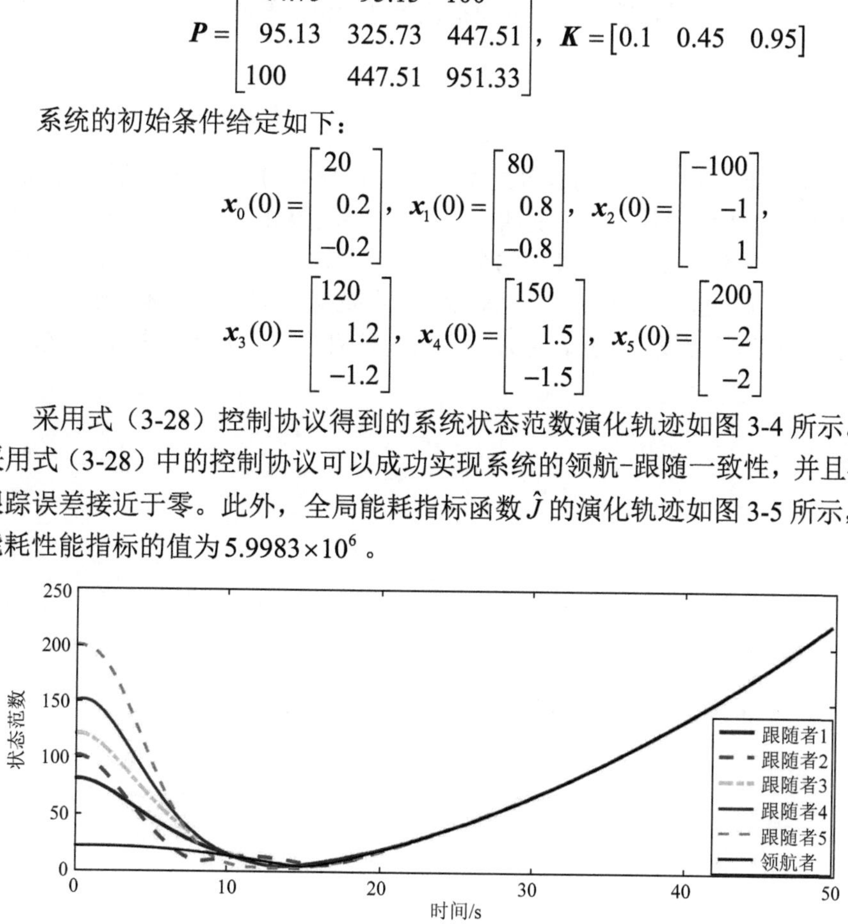

彩图 3-4

图 3-4　算例 2 中 5 个跟随者和领航者的状态范数演化轨迹示意图

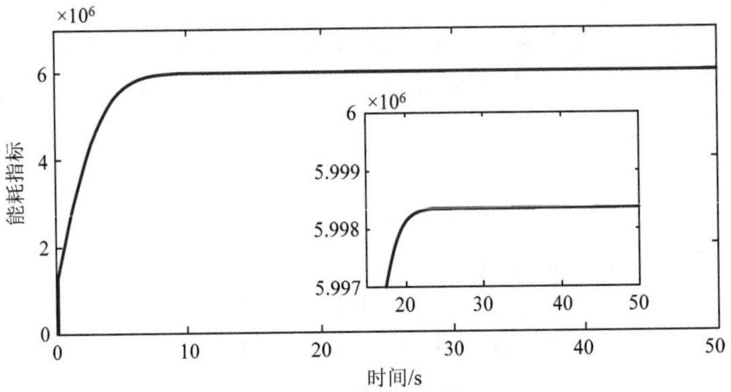

图 3-5　全局能耗指标函数 $\hat{J}$ 的轨迹演化示意图

此外，利用定理 3.2 中得到的结果，能耗指标函数 $\hat{J}^*$ 的理论最优值为

$$\hat{J}^* = V_b(0) = 5.9983 \times 10^6$$

从图 3-5 中可以看出，最优能耗指标的模拟值与理论值是基本一致的。

本 章 小 结

本章研究了具有最优能耗性能的多自主体系统领航-跟随分布式一致性控制问题。采用基于 LQR 的优化方法设计了保证能耗性能指标全局最优的分布式最优控制协议，其中，优化方程的求解不需要通信拓扑图的全局信息。与现有文献结果不同的是，在本章中，交互拓扑可以是一般的有向图，并且取消了拓扑必须是无向的、强连通的、具有可对角化拉普拉斯矩阵的假设。最后，通过两个仿真算例验证了所提方法的有效性。

第 4 章　基于领航-跟随的线性离散多自主体系统分布式优化控制

实际机器人控制系统的核心多为具有离散结构的计算机单元，因此离散时间多自主体系统的理论分析和研究近年来受到了广大研究者的关注。与线性连续多自主体系统相比，线性离散系统在模型构建和系统稳定性分析方面有所不同。本章将针对基于领航-跟随的线性离散多自主体系统，提出基于 LQR 的全分布式优化控制方法。

4.1　分布式优化控制协议设计

考虑一组具有 $N+1$ 个自主体的离散时间线性系统，其动力学方程如下：

$$\begin{cases}\boldsymbol{x}_i(k+1)=\boldsymbol{A}\boldsymbol{x}_i(k)+\boldsymbol{B}\boldsymbol{u}_i(k),\ \ i=1,2,\cdots,N\\ \boldsymbol{x}_0(k+1)=\boldsymbol{A}\boldsymbol{x}_0(k)\end{cases}\tag{4-1}$$

其中，$\boldsymbol{x}_i(k)\in\Re^p$ 表示系统状态量；$\boldsymbol{u}_i(k)\in\Re^q$ 表示控制输入；$\boldsymbol{A}$ 和 $\boldsymbol{B}$ 是具有适当维数的系统矩阵。本章的目标是设计一个合适分布式优化控制协议，保证式（4-1）中的 $N+1$ 个自主体的状态实现一致性，即 $\lim\limits_{k\to\infty}\|\boldsymbol{x}_i(k)-\boldsymbol{x}_0(k)\|=0$，同时实现能耗指标的优化。

假设 4.1：领航者自主体的标记索引为 0，跟随者自主体的标记索引分别为 $1,2,\cdots,N$。有向图 $\mathcal{G}$ 包含一个有向生成树且领航者为根节点。

引理 4.1（矩阵求逆引理[173]）：对于任意非奇异矩阵 $\boldsymbol{E}\in C^{N\times N}$，$\boldsymbol{G}\in C^{N\times M}$，一般矩阵 $\boldsymbol{F}\in C^{N\times N}$，$\boldsymbol{H}\in C^{N\times M}$，$\boldsymbol{E}+\boldsymbol{F}\boldsymbol{G}\boldsymbol{H}$ 的逆矩阵如下：

$$(\boldsymbol{E}+\boldsymbol{F}\boldsymbol{G}\boldsymbol{H})^{-1}=\boldsymbol{E}^{-1}-\boldsymbol{E}^{-1}\boldsymbol{F}(\boldsymbol{H}\boldsymbol{E}^{-1}\boldsymbol{F}+\boldsymbol{G}^{-1})^{-1}\boldsymbol{H}\boldsymbol{E}^{-1}\tag{4-2}$$

本节设计了一个分布式优化控制协议用于解决式（4-1）中系统的领航-跟随一致性问题，同时实现了能耗指标的最优化。

基于假设 4.1，有向图的拉普拉斯矩阵 $\boldsymbol{\mathcal{L}}$ 可以重写为[168]

$$\boldsymbol{\mathcal{L}}=\begin{bmatrix}0 & \boldsymbol{O}_{1\times n}\\ \boldsymbol{\mathcal{L}}_2 & \boldsymbol{\mathcal{L}}_1\end{bmatrix}\tag{4-3}$$

其中，$\boldsymbol{\mathcal{L}}_1$ 是非奇异矩阵。

令 $\boldsymbol{\xi}_i(k)=\sum\limits_{j=0}^{N}a_{ij}(\boldsymbol{x}_i(k)-\boldsymbol{x}_j(k))$，则有

$$\boldsymbol{\xi}(k)=(\boldsymbol{\mathcal{L}}_1\otimes\boldsymbol{I}_p)(\boldsymbol{x}(k)-\tilde{\boldsymbol{x}}_0(k))\tag{4-4}$$

其中，$\tilde{\boldsymbol{x}}_0(k)=\boldsymbol{1}_N\otimes\boldsymbol{x}_0(k)$；$\boldsymbol{x}(k)=[\boldsymbol{x}_1^{\mathrm{T}}(k),\boldsymbol{x}_2^{\mathrm{T}}(k),\cdots,\boldsymbol{x}_N^{\mathrm{T}}(k)]^{\mathrm{T}}$；$\boldsymbol{\xi}(k)=[\boldsymbol{\xi}_1^{\mathrm{T}}(k),\boldsymbol{\xi}_2^{\mathrm{T}}(k),\cdots,\boldsymbol{\xi}_N^{\mathrm{T}}(k)]^{\mathrm{T}}$。这意味着当且仅当 $\lim\limits_{k\to\infty}\|\boldsymbol{\xi}(k)\|=0$ 成立时，可以实现系统（4-1）的领航-跟随一致性，即 $\lim\limits_{k\to\infty}\|\boldsymbol{x}_i(k)-\boldsymbol{x}_0(k)\|=0$（$i\in\{1,\cdots,N\}$）。

设计如下分布式最优控制协议：

$$\boldsymbol{u}_i(k)=\left(\sum_{j=0}^{N}a_{ij}\right)^{-1}\left(\sum_{j=1}^{N}a_{ij}\boldsymbol{u}_j(k)-c\boldsymbol{K}\boldsymbol{\xi}_i(k)\right)\quad i=1,2,\cdots,N;j=0,1,2,\cdots,N \tag{4-5}$$

其中，c 为加权参数；$\boldsymbol{K}$ 为控制增益矩阵。

对式（4-4）进行差分可得误差系统如下：

$$\boldsymbol{\xi}(k+1)=(\boldsymbol{I}_N\otimes\boldsymbol{A})\boldsymbol{\xi}(k)+(\boldsymbol{\mathcal{L}}_1\otimes\boldsymbol{B})\boldsymbol{U}(k) \tag{4-6}$$

其中，$\boldsymbol{U}(k)=[\boldsymbol{u}_1^{\mathrm{T}}(k),\boldsymbol{u}_2^{\mathrm{T}}(k),\cdots,\boldsymbol{u}_N^{\mathrm{T}}(k)]^{\mathrm{T}}$。

受文献[174]的启发，设计代价函数为

$$L(k)=0.5\boldsymbol{\xi}^{\mathrm{T}}(k)\boldsymbol{\mathcal{Q}}\boldsymbol{\xi}(k)+0.5\boldsymbol{U}^{\mathrm{T}}(k)\boldsymbol{\mathcal{R}}\boldsymbol{U}(k) \tag{4-7}$$

其中，$\boldsymbol{\mathcal{Q}}=\boldsymbol{\mathcal{Q}}^{\mathrm{T}}>0$ 和 $\boldsymbol{\mathcal{R}}=\boldsymbol{\mathcal{R}}^{\mathrm{T}}>0$ 代表合适的加权矩阵。此外，定义系统的能耗指标函数如下：

$$J=\sum_{k=0}^{\infty}L(k)=\sum_{k=0}^{\infty}0.5\left(\boldsymbol{\xi}^{\mathrm{T}}(k)\boldsymbol{\mathcal{Q}}\boldsymbol{\xi}(k)+\boldsymbol{U}^{\mathrm{T}}(k)\boldsymbol{\mathcal{R}}\boldsymbol{U}(k)\right) \tag{4-8}$$

式中，$0.5\boldsymbol{\xi}^{\mathrm{T}}(k)\boldsymbol{\mathcal{Q}}\boldsymbol{\xi}(k)$ 表示误差成本；$0.5\boldsymbol{U}^{\mathrm{T}}(k)\boldsymbol{\mathcal{R}}\boldsymbol{U}(k)$ 表示控制成本。因此，能耗指标函数 J 可以认为是控制能量和误差量综合优化的目标。可利用如下哈密顿方程对代价函数 $L(k)$ 进行优化：

$$H(k)=-L(k)+\boldsymbol{\lambda}^{\mathrm{T}}(k+1)\boldsymbol{f}(k) \tag{4-9}$$

其中，$\boldsymbol{\lambda}^{\mathrm{T}}(k+1)$ 为协态变量；$\boldsymbol{f}(k)=(\boldsymbol{I}_N\otimes\boldsymbol{A})+(\boldsymbol{\mathcal{L}}_1\otimes\boldsymbol{B})\boldsymbol{U}(K)$。

接下来证明式（4-5）中提出的协议能够保证式（4-6）中系统的稳定性和式（4-8）中能耗指标函数的最优化。

4.2　全局性能指标优化分析

定理 4.1：对于给定矩阵 $\boldsymbol{Q}=\boldsymbol{Q}^{\mathrm{T}}>0$ 和 $\boldsymbol{R}=\boldsymbol{R}^{\mathrm{T}}>0$，当且仅当矩阵 $\boldsymbol{P}$ 是满足以下 ARE 的唯一正定解时，式（4-6）中的系统才是渐近稳定的，且能耗指标函数 J 能够实现最优化。

$$\boldsymbol{P}=\boldsymbol{A}^{\mathrm{T}}\boldsymbol{P}\boldsymbol{A}-\boldsymbol{A}^{\mathrm{T}}\boldsymbol{P}\boldsymbol{B}(\boldsymbol{R}+\boldsymbol{B}^{\mathrm{T}}\boldsymbol{P}\boldsymbol{B})^{-1}\boldsymbol{B}^{\mathrm{T}}\boldsymbol{P}\boldsymbol{A}+\boldsymbol{Q} \tag{4-10}$$

其中，控制增益矩阵为 $\boldsymbol{K}=(\boldsymbol{R}+c\boldsymbol{B}^{\mathrm{T}}\boldsymbol{P}\boldsymbol{B})^{-1}\boldsymbol{B}^{\mathrm{T}}\boldsymbol{P}\boldsymbol{A}$，加权参数 c 满足条件 $c>1$。

证明：1）能耗指标函数的最优化

首先证明必要性。

式（4-9）的最优控制输入可由下式求解：

$$\frac{\partial H(k)}{\partial \boldsymbol{U}(k)}=-\boldsymbol{\mathcal{R}}\boldsymbol{U}(k)+(\boldsymbol{\mathcal{L}}_1^{\mathrm{T}}\otimes\boldsymbol{B}^{\mathrm{T}})\boldsymbol{\lambda}(k+1)=0 \tag{4-11}$$

令 $\boldsymbol{\lambda}(k)=-(\boldsymbol{I}_N\otimes\boldsymbol{P})\boldsymbol{\xi}(k)$，则最优控制协议可以写为

$$\boldsymbol{U}^*=\boldsymbol{\mathcal{R}}^{-1}(\boldsymbol{\mathcal{L}}_1^{\mathrm{T}}\otimes\boldsymbol{B}^{\mathrm{T}})\boldsymbol{\lambda}(k+1)=-\boldsymbol{\mathcal{R}}^{-1}(\boldsymbol{\mathcal{L}}_1^{\mathrm{T}}\otimes\boldsymbol{B}^{\mathrm{T}}\boldsymbol{P})\boldsymbol{\xi}(k+1) \tag{4-12}$$

令 $\boldsymbol{\mathcal{R}}=c^{-1}(\boldsymbol{\mathcal{L}}_1^{\mathrm{T}}\boldsymbol{\mathcal{L}}_1\otimes\boldsymbol{R})$，且 $\boldsymbol{R}=\boldsymbol{R}^{\mathrm{T}}>0$。由于式（4-12）成立，式（4-6）可以改写为

$$\begin{aligned}\boldsymbol{\xi}(k+1)&=(\boldsymbol{I}_N\otimes\boldsymbol{A})\boldsymbol{\xi}(k)-(\boldsymbol{\mathcal{L}}_1\otimes\boldsymbol{B})\boldsymbol{\mathcal{R}}^{-1}(\boldsymbol{\mathcal{L}}_1^{\mathrm{T}}\otimes\boldsymbol{B}^{\mathrm{T}}\boldsymbol{P})\boldsymbol{\xi}(k+1)\\&=(\boldsymbol{I}_N\otimes\boldsymbol{A})\boldsymbol{\xi}(k)-c(\boldsymbol{\mathcal{L}}_1\otimes\boldsymbol{B})(\boldsymbol{\mathcal{L}}_1^{-1}\boldsymbol{\mathcal{L}}_1^{-\mathrm{T}}\otimes\boldsymbol{R}^{-1})(\boldsymbol{\mathcal{L}}_1^{\mathrm{T}}\otimes\boldsymbol{B}^{\mathrm{T}}\boldsymbol{P})\boldsymbol{\xi}(k+1)\\&=(\boldsymbol{I}_N\otimes(\boldsymbol{I}_p+c\boldsymbol{B}\boldsymbol{R}^{-1}\boldsymbol{B}^{\mathrm{T}}\boldsymbol{P})^{-1}\boldsymbol{A})\boldsymbol{\xi}(k)\end{aligned}\tag{4-13}$$

由引理 4.1 可知，$\boldsymbol{U}^*$ 的表达式可改写为

$$\begin{aligned}\boldsymbol{U}^*&=-c(\boldsymbol{\mathcal{L}}_1^{-1}\boldsymbol{\mathcal{L}}_1^{\mathrm{T}}\otimes\boldsymbol{R}^{-1})(\boldsymbol{\mathcal{L}}_1^{\mathrm{T}}\otimes\boldsymbol{B}^{\mathrm{T}}\boldsymbol{P})\boldsymbol{\xi}(k+1)\\&=-c\left(\boldsymbol{\mathcal{L}}_1^{-1}\otimes\boldsymbol{R}^{-1}\boldsymbol{B}^{\mathrm{T}}\boldsymbol{P}(\boldsymbol{I}_p+c\boldsymbol{B}\boldsymbol{R}^{-1}\boldsymbol{B}^{\mathrm{T}}\boldsymbol{P})^{-1}\boldsymbol{A}\right)\boldsymbol{\xi}(k)\\&=-c(\boldsymbol{\mathcal{L}}_1^{-1}\otimes\boldsymbol{K})\boldsymbol{\xi}(k)\end{aligned}\tag{4-14}$$

其中，$\boldsymbol{K}=(\boldsymbol{R}+c\boldsymbol{B}^{\mathrm{T}}\boldsymbol{P}\boldsymbol{B})^{-1}\boldsymbol{B}^{\mathrm{T}}\boldsymbol{P}\boldsymbol{A}$ 是式（4-5）中最优控制协议的控制增益矩阵。

考虑协态变量 $\boldsymbol{\lambda}(k)=-(\boldsymbol{I}_N\otimes\boldsymbol{P})\boldsymbol{\xi}(k)$，且有

$$\begin{aligned}\boldsymbol{\lambda}(k)&=\frac{\partial H(k)}{\partial\boldsymbol{\xi}(k)}\\&=-\boldsymbol{\mathcal{Q}}\boldsymbol{\xi}(k)-\left(\boldsymbol{I}_N\otimes\boldsymbol{A}^{\mathrm{T}}\boldsymbol{P}(\boldsymbol{I}_p+c\boldsymbol{B}\boldsymbol{R}^{-1}\boldsymbol{B}^{\mathrm{T}}\boldsymbol{P})^{-1}\boldsymbol{A}\right)\boldsymbol{\xi}(k)\end{aligned}\tag{4-15}$$

这意味着

$$\boldsymbol{I}_N\otimes\boldsymbol{P}=\boldsymbol{\mathcal{Q}}+\boldsymbol{I}_N\otimes\boldsymbol{A}^{\mathrm{T}}\boldsymbol{P}\boldsymbol{B}(c^{-1}\boldsymbol{R}+\boldsymbol{B}^{\mathrm{T}}\boldsymbol{P}\boldsymbol{B})\boldsymbol{B}^{\mathrm{T}}\boldsymbol{P}\boldsymbol{A}+\boldsymbol{I}_N\otimes\boldsymbol{A}^{\mathrm{T}}\boldsymbol{P}\boldsymbol{A}\tag{4-16}$$

令 $\boldsymbol{\mathcal{Q}}=\boldsymbol{I}_N\otimes\boldsymbol{A}^{\mathrm{T}}\boldsymbol{P}\boldsymbol{B}(c^{-1}\boldsymbol{R}+\boldsymbol{B}^{\mathrm{T}}\boldsymbol{P}\boldsymbol{B})\boldsymbol{B}^{\mathrm{T}}\boldsymbol{P}\boldsymbol{A}-\boldsymbol{I}_N\otimes\boldsymbol{A}^{\mathrm{T}}\boldsymbol{P}\boldsymbol{B}(\boldsymbol{R}+\boldsymbol{B}^{\mathrm{T}}\boldsymbol{P}\boldsymbol{B})\boldsymbol{B}^{\mathrm{T}}\boldsymbol{P}\boldsymbol{A}+\boldsymbol{I}_N\otimes\boldsymbol{Q}$ 为正定矩阵，且 $\boldsymbol{Q}=\boldsymbol{Q}^{\mathrm{T}}>0$ 成立，则有

$$\boldsymbol{P}=\boldsymbol{A}^{\mathrm{T}}\boldsymbol{P}\boldsymbol{A}-\boldsymbol{A}^{\mathrm{T}}\boldsymbol{P}\boldsymbol{B}(\boldsymbol{R}+\boldsymbol{B}^{\mathrm{T}}\boldsymbol{P}\boldsymbol{B})^{-1}\boldsymbol{B}^{\mathrm{T}}\boldsymbol{P}\boldsymbol{A}+\boldsymbol{Q}\tag{4-17}$$

易得式（4-17）与式（4-10）所示的 ARE 是等价的。

值得注意的是，若 $c\geqslant 1$ 成立，有 $(c^{-1}\boldsymbol{R}+\boldsymbol{B}^{\mathrm{T}}\boldsymbol{P}\boldsymbol{B})^{-1}\geqslant(\boldsymbol{R}+\boldsymbol{B}^{\mathrm{T}}\boldsymbol{P}\boldsymbol{B})^{-1}$ 成立，这意味着 $\boldsymbol{\mathcal{Q}}\geqslant 0$。那么，当 $c>1$ 时，$\boldsymbol{\mathcal{Q}}\geqslant 0$ 成立。

下面证明充分性。

基于 $\boldsymbol{K}=(\boldsymbol{R}+c\boldsymbol{B}^{\mathrm{T}}\boldsymbol{P}\boldsymbol{B})^{-1}\boldsymbol{B}^{\mathrm{T}}\boldsymbol{P}\boldsymbol{A}$ 和 $\boldsymbol{U}(k)=\boldsymbol{U}^*(k)=-c(\boldsymbol{\mathcal{L}}_1^{-1}\otimes\boldsymbol{K})\boldsymbol{\xi}(k)$ 成立，有

$$\begin{aligned}&(\boldsymbol{U}^{\mathrm{T}}(k)+\boldsymbol{\xi}^{\mathrm{T}}(k)(\boldsymbol{\mathcal{L}}_1^{-\mathrm{T}}\otimes c\boldsymbol{K}^{\mathrm{T}}))(\boldsymbol{\mathcal{L}}_1^{\mathrm{T}}\boldsymbol{\mathcal{L}}_1\otimes(\boldsymbol{R}/c+\boldsymbol{B}^{\mathrm{T}}\boldsymbol{P}\boldsymbol{B}))(\boldsymbol{U}(k)+(\boldsymbol{\mathcal{L}}_1^{-1}\otimes c\boldsymbol{K})\boldsymbol{\xi}(k))\\&=\boldsymbol{U}^{\mathrm{T}}(k)(\boldsymbol{\mathcal{L}}_1^{-\mathrm{T}}\boldsymbol{\mathcal{L}}_1\otimes\boldsymbol{R}/c)\boldsymbol{U}(k)+\boldsymbol{U}^{\mathrm{T}}(k)(\boldsymbol{\mathcal{L}}_1^{-\mathrm{T}}\boldsymbol{\mathcal{L}}_1\otimes\boldsymbol{B}^{\mathrm{T}}\boldsymbol{P}\boldsymbol{B})\boldsymbol{U}(k)\\&\quad+\boldsymbol{\xi}^{\mathrm{T}}(k)\left(\boldsymbol{I}_N\otimes c\boldsymbol{K}^{\mathrm{T}}(\boldsymbol{R}+c\boldsymbol{B}^{\mathrm{T}}\boldsymbol{P}\boldsymbol{B})\boldsymbol{K}\right)\boldsymbol{\xi}(k)+2\boldsymbol{\xi}^{\mathrm{T}}(k)(\boldsymbol{\mathcal{L}}_1\otimes\boldsymbol{K}^{\mathrm{T}}(\boldsymbol{R}+c\boldsymbol{B}^{\mathrm{T}}\boldsymbol{P}\boldsymbol{B}))\\&=\boldsymbol{U}^{\mathrm{T}}(k)\boldsymbol{\mathcal{R}}\boldsymbol{U}(k)+\boldsymbol{\xi}^{\mathrm{T}}(k)(\boldsymbol{I}_N\otimes c^2\boldsymbol{K}^{\mathrm{T}}\boldsymbol{B}^{\mathrm{T}}\boldsymbol{P}\boldsymbol{B}\boldsymbol{K})+\boldsymbol{\xi}^{\mathrm{T}}(k)(\boldsymbol{I}_N\otimes c\boldsymbol{K}^{\mathrm{T}}(\boldsymbol{R}+c\boldsymbol{B}^{\mathrm{T}}\boldsymbol{P}\boldsymbol{B})\boldsymbol{K})\boldsymbol{\xi}(k)\\&\quad-2\boldsymbol{\xi}^{\mathrm{T}}(k)(\boldsymbol{I}_N\otimes c\boldsymbol{K}^{\mathrm{T}}\boldsymbol{B}^{\mathrm{T}}\boldsymbol{P}\boldsymbol{A})\boldsymbol{\xi}(k)\end{aligned}\tag{4-18}$$

根据式（4-6）和式（4-16），可得

$$\begin{aligned}&\boldsymbol{\xi}^{\mathrm{T}}(k+1)(\boldsymbol{I}_N\otimes\boldsymbol{P})\boldsymbol{\xi}(k+1)-\boldsymbol{\xi}^{\mathrm{T}}(k)(\boldsymbol{I}_N\otimes\boldsymbol{P})\boldsymbol{\xi}(k)+\boldsymbol{\xi}^{\mathrm{T}}(k)\boldsymbol{\mathcal{Q}}\boldsymbol{\xi}(k)\\&=\boldsymbol{\xi}^{\mathrm{T}}(k)(\boldsymbol{I}_N\otimes c^2\boldsymbol{K}^{\mathrm{T}}\boldsymbol{B}^{\mathrm{T}}\boldsymbol{P}\boldsymbol{B}\boldsymbol{K})\boldsymbol{\xi}(k)-2\boldsymbol{\xi}^{\mathrm{T}}(k)(\boldsymbol{I}_N\otimes c\boldsymbol{K}^{\mathrm{T}}\boldsymbol{B}^{\mathrm{T}}\boldsymbol{P}\boldsymbol{A})\\&\quad+\boldsymbol{\xi}^{\mathrm{T}}(k)\left[\boldsymbol{I}_N\otimes\boldsymbol{A}^{\mathrm{T}}\boldsymbol{P}\boldsymbol{B}(\boldsymbol{R}/c+\boldsymbol{B}^{\mathrm{T}}\boldsymbol{P}\boldsymbol{B})^{-1}\boldsymbol{B}^{\mathrm{T}}\boldsymbol{P}\boldsymbol{A}\right]\boldsymbol{\xi}(k)\end{aligned}\tag{4-19}$$

根据如下条件方程：

$$
\begin{aligned}
c\boldsymbol{K}^{\mathrm{T}}(\boldsymbol{R}+c\boldsymbol{B}^{\mathrm{T}}\boldsymbol{P}\boldsymbol{B})\boldsymbol{K} &= c\boldsymbol{A}^{\mathrm{T}}\boldsymbol{P}\boldsymbol{B}(\boldsymbol{R}+c\boldsymbol{B}^{\mathrm{T}}\boldsymbol{P}\boldsymbol{B})^{-1}(\boldsymbol{R}+c\boldsymbol{B}^{\mathrm{T}}\boldsymbol{P}\boldsymbol{B})(\boldsymbol{R}+c\boldsymbol{B}^{\mathrm{T}}\boldsymbol{P}\boldsymbol{B})^{-1}\boldsymbol{B}^{\mathrm{T}}\boldsymbol{P}\boldsymbol{A} \\
&= c\boldsymbol{A}^{\mathrm{T}}\boldsymbol{P}\boldsymbol{B}(\boldsymbol{R}+c\boldsymbol{B}^{\mathrm{T}}\boldsymbol{P}\boldsymbol{B})^{-1}\boldsymbol{B}^{\mathrm{T}}\boldsymbol{P}\boldsymbol{A} \\
&= \boldsymbol{A}^{\mathrm{T}}\boldsymbol{P}\boldsymbol{B}(\boldsymbol{R}/c+\boldsymbol{B}^{\mathrm{T}}\boldsymbol{P}\boldsymbol{B})^{-1}\boldsymbol{B}^{\mathrm{T}}\boldsymbol{P}\boldsymbol{A}
\end{aligned} \tag{4-20}
$$

式（4-19）可以改写为

$$
\begin{aligned}
&\boldsymbol{\xi}^{\mathrm{T}}(k)(\boldsymbol{I}_N\otimes c^2\boldsymbol{K}^{\mathrm{T}}\boldsymbol{B}^{\mathrm{T}}\boldsymbol{P}\boldsymbol{B}\boldsymbol{K})\boldsymbol{\xi}(k)-2\boldsymbol{\xi}^{\mathrm{T}}(k)(\boldsymbol{I}_N\otimes c\boldsymbol{K}^{\mathrm{T}}\boldsymbol{B}^{\mathrm{T}}\boldsymbol{P}\boldsymbol{A})\boldsymbol{\xi}(k) \\
&+\boldsymbol{\xi}^{\mathrm{T}}(k)(\boldsymbol{I}_N\otimes c\boldsymbol{K}^{\mathrm{T}}(\boldsymbol{R}+c\boldsymbol{B}^{\mathrm{T}}\boldsymbol{P}\boldsymbol{B})\boldsymbol{K}) \\
&=\boldsymbol{\xi}^{\mathrm{T}}(k+1)(\boldsymbol{I}_N\otimes\boldsymbol{P})\boldsymbol{\xi}(k+1)-\boldsymbol{\xi}^{\mathrm{T}}(k)(\boldsymbol{I}_N\otimes\boldsymbol{P})\boldsymbol{\xi}(k)+\boldsymbol{\xi}^{\mathrm{T}}(k)\mathcal{Q}\boldsymbol{\xi}(k)
\end{aligned} \tag{4-21}
$$

选择李雅普诺夫函数为$V(k)=0.5\boldsymbol{\xi}^{\mathrm{T}}(k)(\boldsymbol{I}_N\otimes\boldsymbol{P})\boldsymbol{\xi}(k)$，将式（4-21）代入式（4-18）有

$$
\begin{aligned}
&\left(\boldsymbol{U}^{\mathrm{T}}(k)+\boldsymbol{\xi}^{\mathrm{T}}(k)(\mathcal{L}_1^{\mathrm{T}}\otimes c\boldsymbol{K}^{\mathrm{T}})\right)\left(\mathcal{L}_1^{\mathrm{T}}\mathcal{L}_1\otimes(\boldsymbol{R}/c+\boldsymbol{B}^{\mathrm{T}}\boldsymbol{P}\boldsymbol{B})\right)\left(\boldsymbol{U}(k)+(\mathcal{L}_1^{-1}\otimes c\boldsymbol{K})\boldsymbol{\xi}(k)\right) \\
&=\underbrace{\boldsymbol{U}^{\mathrm{T}}(k)\mathcal{R}\boldsymbol{U}(k)+\boldsymbol{\xi}^{\mathrm{T}}(k)\mathcal{R}\boldsymbol{\xi}(k)}_{2L(k)}+\underbrace{\boldsymbol{\xi}^{\mathrm{T}}(k+1)(\boldsymbol{I}_N\otimes\boldsymbol{P})\boldsymbol{\xi}(k+1)-\boldsymbol{\xi}^{\mathrm{T}}(k)(\boldsymbol{I}_N\otimes\boldsymbol{P})\boldsymbol{\xi}(k)}_{2\Delta V(k)}
\end{aligned} \tag{4-22}
$$

令$\phi=\left(\boldsymbol{U}^{\mathrm{T}}(k)+\boldsymbol{\xi}^{\mathrm{T}}(k)(\mathcal{L}_1^{\mathrm{T}}\otimes c\boldsymbol{K}^{\mathrm{T}})\right)\left(\mathcal{L}_1^{\mathrm{T}}\mathcal{L}_1\otimes(\boldsymbol{R}/c+\boldsymbol{B}^{\mathrm{T}}\boldsymbol{P}\boldsymbol{B})\right)\left(\boldsymbol{U}(k)+(\mathcal{L}_1\otimes c\boldsymbol{K})\boldsymbol{\xi}(k)\right)$，当且仅当$\boldsymbol{U}(k)=\boldsymbol{U}^*(k)$时有$\phi=0$成立。此外，代价函数$L(k)$可以重写为

$$
L(k)=-\Delta V(k)+0.5\phi \tag{4-23}
$$

这意味着代价函数可以在控制协议$\boldsymbol{U}^*(k)=-c(\mathcal{L}_1^{-1}\otimes\boldsymbol{K})\boldsymbol{\xi}(k)$的作用下达到的最优值为$L^*(k)=-\Delta V(k)$。

因此，最优能耗指标函数J^*可写为

$$
J^*=\sum_{k=0}^{\infty}L^*(k)=-\sum_{k=0}^{\infty}\Delta V(k)=-\lim_{k\to\infty}V(k)+V(0) \tag{4-24}
$$

其中，$V(0)$是$V(k)$的初始值。

2）系统的稳定性

基于$U^*(k)$的表达式有

$$
\begin{aligned}
\Delta V(k)&=-L(k) \\
&=-0.5\boldsymbol{\xi}^{\mathrm{T}}(k)(\mathcal{L}_1^{-\mathrm{T}}\otimes c\boldsymbol{K}^{\mathrm{T}})(\mathcal{L}_1^{-\mathrm{T}}\mathcal{L}_1\otimes\boldsymbol{R}/c)(\mathcal{L}_1^{-1}\otimes c\boldsymbol{K})\boldsymbol{\xi}(k) \\
&\quad-0.5\boldsymbol{\xi}^{\mathrm{T}}(k)\mathcal{Q}\boldsymbol{\xi}(k) \\
&=-0.5\boldsymbol{\xi}^{\mathrm{T}}(k)(\mathcal{Q}+\boldsymbol{I}_N\otimes c\boldsymbol{K}^{\mathrm{T}}\boldsymbol{R}\boldsymbol{K})\boldsymbol{\xi}(k) \\
&\leqslant 0
\end{aligned} \tag{4-25}
$$

由式（4-25）可知，$-\lim_{k\to\infty}V(k)=0$。那么，最优能耗指标函数J^*可以改写为

$$
J^*=-\lim_{k\to\infty}V(k)+V(0)=V(0) \tag{4-26}
$$

定理 4.1 中的条件全部满足，证明完毕。

注 4.1：由定理 4.1 可知，控制增益矩阵$\boldsymbol{K}$的值主要取决于矩阵$\boldsymbol{P}$和加权参数c，其中，$\boldsymbol{P}$的值由式（4-10）直接求解，而c为满足条件$c>1$的常数值。因此，控制协议$\boldsymbol{u}_i(k)$的设计仅依赖于自主体自身动力学信息和相邻自主体的相对状态信息，而不需要全局通信拓扑信息。即每个自主体以全分布式的方式管理其控制协议$\boldsymbol{u}_i(k)$。

4.3　线性离散多自主体系统仿真算例

本节通过一个仿真算例来证明所提出控制协议的有效性。

考虑具有 7 个自主体的多自主体系统，其通信拓扑结构如图 4-1 所示。

$$\boldsymbol{A}=\begin{bmatrix}1.0052 & 0.0102 & -0.0998\\ 0.0461 & 1.0411 & 0.0998\\ -0.1049 & -0.2047 & 0.9950\end{bmatrix},\ \boldsymbol{B}=\begin{bmatrix}-0.0677\\ -0.0246\\ 0.1559\end{bmatrix} \tag{4-27}$$

图 4-1　7 个自主体之间的通信拓扑结构

各自主体的系统参数如下[175]：

令 $\boldsymbol{R}=10$，$\boldsymbol{Q}=10\boldsymbol{I}_3$，加权参数选择为 $c=2$，则可根据定理 4.1 计算出矩阵 $\boldsymbol{P}$ 和控制增益矩阵 $\boldsymbol{K}$ 。各自主体的初始条件选择为

$$\boldsymbol{x}_0(0)=\begin{bmatrix}0.2\\ -0.2\\ 0.3\end{bmatrix},\ \boldsymbol{x}_1(0)=\begin{bmatrix}0.1\\ 0.2\\ 0.2\end{bmatrix},\ \boldsymbol{x}_2(0)=\begin{bmatrix}-0.15\\ -0.1\\ 0.1\end{bmatrix},$$

$$\boldsymbol{x}_3(0)=\begin{bmatrix}0.3\\ 0.2\\ 0.1\end{bmatrix},\ \boldsymbol{x}_4(0)=\begin{bmatrix}-0.2\\ 0.2\\ -1.1\end{bmatrix},\ \boldsymbol{x}_5(0)=\begin{bmatrix}1.3\\ 0.1\\ -0.1\end{bmatrix},\ \boldsymbol{x}_6(0)=\begin{bmatrix}1.0\\ 0.5\\ 1.5\end{bmatrix}$$

则各自主体的状态范数演化轨迹和跟踪误差范数演化轨迹如图 4-2 和图 4-3 所示。

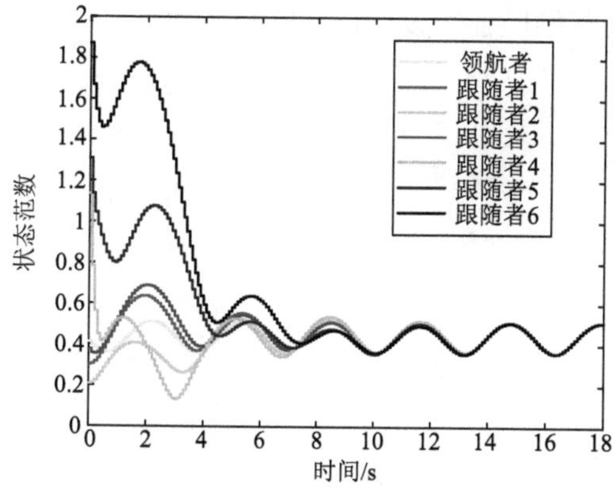

图 4-2　7 个自主体的状态范数演化轨迹示意图

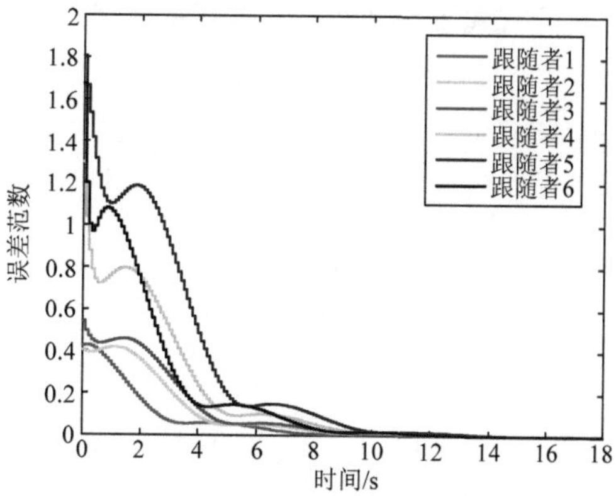

图 4-3　6 个跟随者的跟踪误差范数演化轨迹示意图

由图 4-2 和图 4-3 可以看出，采用本章所提出的最优控制协议，6 个跟随者可以在大约 11s 内成功跟踪领航者，且稳态跟踪误差小于 2.0。此外，图 4-4 表明在 13s 左右，6 个自主体的控制输入范数将接近于零。

彩图 4-2　　彩图 4-3

此外，能耗指标函数 J 的演化轨迹如图 4-5 所示，可以看出 J 的最优值约为 924。由定理 4.1 可计算出 $J^* = V(0) = 0.5\boldsymbol{\xi}^{\mathrm{T}}(0)(\boldsymbol{I}_N \otimes \boldsymbol{P})\,\boldsymbol{\xi}(0) = 924.066$。因此，$J^*$ 的模拟值与其理论计算值基本一致，证明了本章所提出的控制协议满足最优性要求。

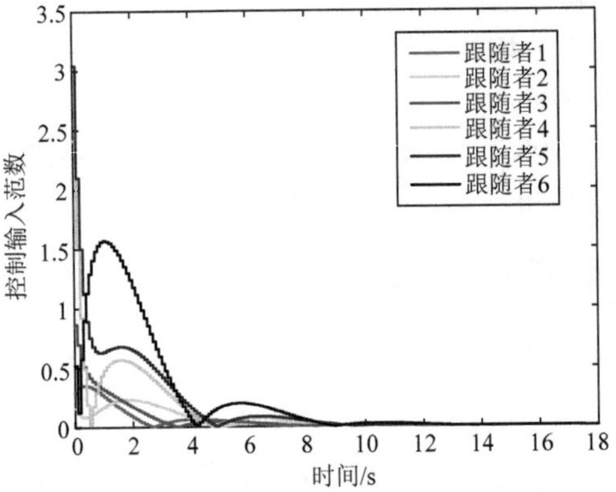

图 4-4　6 个自主体的控制输入演化轨迹示意图

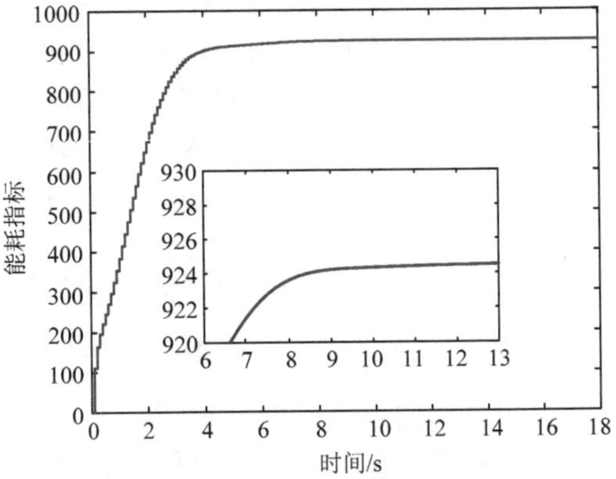

图 4-5　能耗指标函数 J 的演化轨迹示意图

本章小结

彩图 4-4

本章研究了仅包含有向生成树的离散时间线性多自主体系统分布式最优控制，提出一个分布式优化一致性控制协议，同时保证了多个跟随者能够成功跟踪领航者和能耗指标函数的最优化，其中，控制增益矩阵参数可以通过求解 ARE 获得。此外，控制协议的设计过程不需要用到拓扑结构的全局信息，这表明每个代理以完全分布式的方式管理其协议。最后提供了一个仿真算例验证所设计协议的有效性。

第 5 章　基于无领航者的线性多自主体系统分布式平均一致性优化控制

第 3 章和第 4 章集中探究了基于领航-跟随机制的线性多自主体系统在分布式优化控制问题上的应用。然而，面对灾后救援等复杂且未知的工作环境，领航者可能无法提供有效的跟踪轨迹，导致基于领航-跟随机制的控制算法不再具备可行性。因此，本章将主要探讨在无领航者的条件下，如何实现线性多自主体系统的分布式平均一致性优化控制，并分别针对一般线性多自主体系统和高阶线性多自主体系统的优化控制协议进行设计。

5.1　基于无领航者的一般线性多自主体系统的最优一致性协议

考虑一组具有一般线性动力学的自主体，每个自主体的动力学方程描述如下：

$$\dot{\boldsymbol{x}}_i = \boldsymbol{A}\boldsymbol{x}_i + \boldsymbol{B}\boldsymbol{u}_i,\ i = 1,2,\cdots,N \tag{5-1}$$

其中，$\boldsymbol{x}_i \in \Re^p$ 表示状态变量；$\boldsymbol{u}_i \in \Re^q$ 表示控制输入；$\boldsymbol{A}$ 和 $\boldsymbol{B}$ 是具有适当维度的系统矩阵。本节的目标是设计一个控制协议，保证式（5-1）中的 N 个自主体的状态达到渐近一致，即 $\lim\limits_{t\to\infty}\|\boldsymbol{x}_i - \boldsymbol{x}_j\| = 0$，同时实现能耗指标函数的全局最优化。

5.1.1　主要结果

本节提出一种同时保证多自主体系统无领航者一致性和能耗指标函数全局最优化的分布式优化控制协议。

假设 5.1：拓扑图 $\mathcal{G}$ 是一个包含有向生成树的有向平衡图。

引理 5.1[5]：当且仅当 $\mathcal{G}$ 包含有向生成树时，有向图 $\mathcal{G}$ 的拉普拉斯矩阵 $\boldsymbol{\mathcal{L}}$ 具有一个简单的零特征值，其余的 $N-1$ 个特征值具有正的实部。

令 $\boldsymbol{\xi}_i = \sum\limits_{j=1}^{N} 0.5(a_{ij} + a_{ji})(\boldsymbol{x}_i - \boldsymbol{x}_j)$，并设计如下分布式控制协议：

$$\boldsymbol{u}_i = -c\boldsymbol{K}\boldsymbol{\xi}_i,\ i = 1,2,\cdots,N \tag{5-2}$$

其中，$c > 0$ 表示加权参数；$\boldsymbol{K}$ 表示待设计的控制增益矩阵。

在假设 5.1 成立的前提下，由引理 5.1 可知，镜像图 $\mathcal{G}_M$ 的拉普拉斯矩阵 $\boldsymbol{\mathcal{L}}_M$ 有一个简单的零特征值，其余 $N-1$ 个特征值为正实数。同时存在一个酉矩阵 $\boldsymbol{Y} \in \Re^{N\times N}$，使得 $\boldsymbol{Y}^{\mathrm{T}}\boldsymbol{\mathcal{L}}_M\boldsymbol{Y} = \boldsymbol{\Lambda}_N = \mathrm{diag}\{\lambda_1, \lambda_2, \cdots, \lambda_N\}$ 成立，其中，参数 $\lambda_1 = 0$，且 $\lambda_i > 0$，$i = 2,3,\cdots,N$ 是矩阵 $\boldsymbol{\mathcal{L}}$ 特征值的实部。

令$\boldsymbol{\xi}=[\boldsymbol{\xi}_1^{\mathrm{T}},\boldsymbol{\xi}_2^{\mathrm{T}},\cdots,\boldsymbol{\xi}_N^{\mathrm{T}}]^{\mathrm{T}}$，$\boldsymbol{\varepsilon}=[\boldsymbol{\varepsilon}_1^{\mathrm{T}},\boldsymbol{\varepsilon}_2^{\mathrm{T}},\cdots,\boldsymbol{\varepsilon}_N^{\mathrm{T}}]^{\mathrm{T}}=(\boldsymbol{Y}^{\mathrm{T}}\otimes\boldsymbol{I}_p)\boldsymbol{\xi}$。选择与$\mathcal{L}_M$零特征值相关的左、右特征向量分别为$k\boldsymbol{1}_N^{\mathrm{T}}$和$k\boldsymbol{1}_N$，其中，$k\neq 0$是一个任意的非零实数，那么$\boldsymbol{Y}$和$\boldsymbol{Y}^{\mathrm{T}}$可以选择为

$$\boldsymbol{Y}=\begin{bmatrix}\dfrac{\boldsymbol{1}_N}{\sqrt{N}} & \boldsymbol{M}_1\end{bmatrix},\quad \boldsymbol{Y}^{\mathrm{T}}=\begin{bmatrix}\dfrac{\boldsymbol{1}_N^{\mathrm{T}}}{\sqrt{N}}\\ \boldsymbol{M}_2\end{bmatrix} \tag{5-3}$$

其中，$\boldsymbol{M}_1\in\Re^{N\times(N-1)}$；$\boldsymbol{M}_2\in\Re^{(N-1)\times N}$。接下来将给出保证式（5-1）中系统的无领航者一致性的条件。

定理 5.1：令$\tilde{\boldsymbol{\varepsilon}}=[\boldsymbol{\varepsilon}_2^{\mathrm{T}},\boldsymbol{\varepsilon}_3^{\mathrm{T}},\cdots,\boldsymbol{\varepsilon}_N^{\mathrm{T}}]^{\mathrm{T}}$，当$\tilde{\boldsymbol{\varepsilon}}=0$成立时，控制协议（5-2）能够实现式（5-1）中多自主体系统无领航者一致性，即$x_1=x_2=\cdots=x_N$。

证明：由于假设 5.1 成立，即拓扑图$\mathcal{G}$是一个平衡有向图，显然$\boldsymbol{\xi}_i$可以看成是$\boldsymbol{\xi}_i=\sum_{j=1}^{N}a_{M_{ij}}(\boldsymbol{x}_i-\boldsymbol{x}_j)$，这意味着

$$\boldsymbol{\xi}=(\mathcal{L}_M\otimes\boldsymbol{I}_p)\boldsymbol{X} \tag{5-4}$$

其中，$\mathcal{L}_M=0.5(\mathcal{L}+\mathcal{L}^{\mathrm{T}})$；$\boldsymbol{X}=[\boldsymbol{x}_1^{\mathrm{T}},\boldsymbol{x}_2^{\mathrm{T}},\cdots,\boldsymbol{x}_N^{\mathrm{T}}]^{\mathrm{T}}$。式（5-4）对时间求导有

$$\dot{\boldsymbol{\xi}}=(\mathcal{L}_M\otimes\boldsymbol{I}_p)((\boldsymbol{I}_N\otimes\boldsymbol{A})\boldsymbol{X}+(\boldsymbol{I}_N\otimes\boldsymbol{B})\boldsymbol{U})=(\boldsymbol{I}_N\otimes\boldsymbol{A}-c\mathcal{L}_M\otimes\boldsymbol{BK})\boldsymbol{\xi} \tag{5-5}$$

其中，$\boldsymbol{U}=[\boldsymbol{u}_1^{\mathrm{T}},\boldsymbol{u}_2^{\mathrm{T}},\cdots,\boldsymbol{u}_N^{\mathrm{T}}]^{\mathrm{T}}=-(\boldsymbol{I}_N\otimes c\boldsymbol{K})\boldsymbol{\xi}$。由于$\boldsymbol{\varepsilon}=(\boldsymbol{Y}^{\mathrm{T}}\otimes\boldsymbol{I}_p)\boldsymbol{\xi}$，可得

$$\dot{\boldsymbol{\varepsilon}}=(\boldsymbol{I}_N\otimes\boldsymbol{A}-c\boldsymbol{\Lambda}_N\otimes\boldsymbol{BK})\boldsymbol{\varepsilon} \tag{5-6}$$

基于文献[4]、文献[176]和假设 5.1，$\boldsymbol{\varepsilon}_1$可以写为$\boldsymbol{\varepsilon}_1=\left((\boldsymbol{1}_N^{\mathrm{T}}N^{-1/2})\otimes\boldsymbol{I}_p\right)\boldsymbol{\xi}=0$。因此，当且仅当$\tilde{\boldsymbol{\varepsilon}}=[\boldsymbol{\varepsilon}_2^{\mathrm{T}},\boldsymbol{\varepsilon}_3^{\mathrm{T}},\cdots,\boldsymbol{\varepsilon}_N^{\mathrm{T}}]^{\mathrm{T}}=0$成立时，有$\boldsymbol{\xi}=0$。进一步地，易得$x_1=x_2=\cdots=x_N$成立的前提条件是$\boldsymbol{\xi}=0$成立。因此，当且仅当$\tilde{\boldsymbol{\varepsilon}}=0$时，有$x_1=x_2=\cdots=x_N$成立，证明完毕。

注 5.1：值得注意的是，当$\boldsymbol{\varepsilon}_1=0$时，式（5-6）中的系统可看成

$$\dot{\tilde{\boldsymbol{\varepsilon}}}=(\boldsymbol{I}_{N-1}\otimes\boldsymbol{A}-c\boldsymbol{\Lambda}_{N-1}\otimes\boldsymbol{BK})\tilde{\boldsymbol{\varepsilon}} \tag{5-7}$$

其中，$\boldsymbol{\Lambda}_{N-1}=\mathrm{diag}\{\lambda_2,\lambda_3,\cdots,\lambda_N\}$。因此，基于定理 5.1 可推断出，当且仅当式（5-7）中的系统是渐近稳定时，式（5-1）中多自主体系统的无领航者渐近一致性是可以实现的，即$\lim_{t\to\infty}\|\boldsymbol{x}_i-\boldsymbol{x}_j\|=0(\forall i,j=1,2,\cdots,N)$。

定义式（5-7）中系统的能耗指标函数为

$$J=\int_0^{\infty}L(\tilde{\boldsymbol{\varepsilon}})\mathrm{d}t \tag{5-8}$$

其中，$L(\tilde{\boldsymbol{\varepsilon}})=0.5\tilde{\boldsymbol{\varepsilon}}^{\mathrm{T}}(\boldsymbol{\mathcal{Q}}+c^2\boldsymbol{\Lambda}_{N-1}^2\otimes\boldsymbol{K}^{\mathrm{T}}\boldsymbol{RK})\tilde{\boldsymbol{\varepsilon}}$表示代价函数，$\boldsymbol{\mathcal{Q}}=\boldsymbol{\mathcal{Q}}^{\mathrm{T}}\in\Re^{(N-1)p\times(N-1)p}$和$\boldsymbol{R}=\boldsymbol{R}^{\mathrm{T}}\in\Re^{q\times q}$表示正定加权矩阵。定义与$J$相关的哈密顿函数如下：

$$H(\tilde{\boldsymbol{\varepsilon}})=-L(\tilde{\boldsymbol{\varepsilon}})+\boldsymbol{\mu}^{\mathrm{T}}(\tilde{\boldsymbol{\varepsilon}})\boldsymbol{f}(\tilde{\boldsymbol{\varepsilon}}) \tag{5-9}$$

其中，$\boldsymbol{\mu}^{\mathrm{T}}(\tilde{\boldsymbol{\varepsilon}})\in\Re^{(N-1)p}$代表协态变量；$\boldsymbol{f}(\tilde{\boldsymbol{\varepsilon}})=(\boldsymbol{I}_{N-1}\otimes\boldsymbol{A}-c\boldsymbol{\Lambda}_{N-1}\otimes\boldsymbol{BK})\tilde{\boldsymbol{\varepsilon}}$。接下来证明式（5-2）中提出的控制协议可以同时保证式（5-7）中系统的渐近稳定性和能耗指标函数J的全局最优化。

定理 5.2：给定矩阵$\boldsymbol{Q}>0$和$\boldsymbol{R}>0$，若如下 ARE 存在一个正定解$\boldsymbol{P}=\boldsymbol{P}^{\mathrm{T}}>0$：

$$\boldsymbol{PA}+\boldsymbol{A}^{\mathrm{T}}\boldsymbol{P}+\boldsymbol{Q}-\boldsymbol{PBR}^{-1}\boldsymbol{B}^{\mathrm{T}}\boldsymbol{P}=0 \tag{5-10}$$

则式（5-7）中系统渐近稳定，且能耗指标函数 J 是最优的。此外，控制增益矩阵 $\boldsymbol{K}=\boldsymbol{R}^{-1}\boldsymbol{B}^{\mathrm{T}}\boldsymbol{P}$。

证明：系统（5-7）的渐近稳定性和能耗指标函数 J 的最优化分别证明如下。

1）渐近稳定性

选择李雅普诺夫函数为 $V_1=0.5\tilde{\boldsymbol{\varepsilon}}^{\mathrm{T}}(\boldsymbol{I}_{N-1}\otimes\boldsymbol{P})\tilde{\boldsymbol{\varepsilon}}$，则 V_1 对时间求导如下：

$$\begin{aligned}\dot{V}_1&=\tilde{\boldsymbol{\varepsilon}}^{\mathrm{T}}(\boldsymbol{I}_{N-1}\otimes\boldsymbol{P})\dot{\tilde{\boldsymbol{\varepsilon}}}\\&=\tilde{\boldsymbol{\varepsilon}}^{\mathrm{T}}(\boldsymbol{I}_{N-1}\otimes\boldsymbol{P})(\boldsymbol{I}_{N-1}\otimes\boldsymbol{A}-c\boldsymbol{\Lambda}_{N-1}\otimes\boldsymbol{BK})\tilde{\boldsymbol{\varepsilon}}\\&=0.5\tilde{\boldsymbol{\varepsilon}}^{\mathrm{T}}(\boldsymbol{I}_{N-1}\otimes(\boldsymbol{PA}+\boldsymbol{A}^{\mathrm{T}}\boldsymbol{P}))\tilde{\boldsymbol{\varepsilon}}-\tilde{\boldsymbol{\varepsilon}}^{\mathrm{T}}(c\boldsymbol{\Lambda}_{N-1}\otimes\boldsymbol{PBR}^{-1}\boldsymbol{B}^{\mathrm{T}}\boldsymbol{P})\tilde{\boldsymbol{\varepsilon}}\end{aligned}\tag{5-11}$$

令 $\bar{\boldsymbol{Q}}=\boldsymbol{I}_{N-1}\otimes\boldsymbol{Q}+(c\boldsymbol{\Lambda}_{N-1}-\boldsymbol{I}_{N-1})\otimes\boldsymbol{PBR}^{-1}\boldsymbol{B}^{\mathrm{T}}\boldsymbol{P}$ 为正定矩阵，基于 ARE［式（5-10）］有

$$\begin{aligned}\dot{V}_1&=0.5\tilde{\boldsymbol{\varepsilon}}^{\mathrm{T}}(\boldsymbol{I}_{N-1}\otimes(\boldsymbol{PBR}^{-1}\boldsymbol{B}^{\mathrm{T}}\boldsymbol{P}-\boldsymbol{Q}))\tilde{\boldsymbol{\varepsilon}}-\tilde{\boldsymbol{\varepsilon}}^{\mathrm{T}}(c\boldsymbol{\Lambda}_{N-1}\otimes\boldsymbol{PBR}^{-1}\boldsymbol{B}^{\mathrm{T}}\boldsymbol{P})\tilde{\boldsymbol{\varepsilon}}\\&=0.5\tilde{\boldsymbol{\varepsilon}}^{\mathrm{T}}(-\bar{\boldsymbol{Q}}+c\boldsymbol{\Lambda}_{N-1}\otimes\boldsymbol{PBR}^{-1}\boldsymbol{B}^{\mathrm{T}}\boldsymbol{P})\tilde{\boldsymbol{\varepsilon}}-\tilde{\boldsymbol{\varepsilon}}^{\mathrm{T}}(c\boldsymbol{\Lambda}_{N-1}\otimes\boldsymbol{PBR}^{-1}\boldsymbol{B}^{\mathrm{T}}\boldsymbol{P})\tilde{\boldsymbol{\varepsilon}}\\&=-0.5\tilde{\boldsymbol{\varepsilon}}^{\mathrm{T}}(\bar{\boldsymbol{Q}}+c\boldsymbol{\Lambda}_{N-1}\otimes\boldsymbol{PBR}^{-1}\boldsymbol{B}^{\mathrm{T}}\boldsymbol{P})\tilde{\boldsymbol{\varepsilon}}\end{aligned}\tag{5-12}$$

基于文献[166]和文献[167]，可得式（5-7）中系统是渐近稳定的。

2）能耗指标函数最优化

令加权矩阵为 $\mathcal{Q}=(c\boldsymbol{\Lambda}_{N-1}\otimes\boldsymbol{I}_p)\bar{\boldsymbol{Q}}$，协态变量为 $\boldsymbol{\mu}(\tilde{\varepsilon})=-(c\boldsymbol{\Lambda}_{N-1}\otimes\boldsymbol{P})\tilde{\boldsymbol{\varepsilon}}$，则哈密顿方程（5-9）可重写为

$$\begin{aligned}H(\tilde{\boldsymbol{\varepsilon}})&=-0.5\tilde{\boldsymbol{\varepsilon}}^{\mathrm{T}}\mathcal{Q}\tilde{\boldsymbol{\varepsilon}}-0.5\tilde{\boldsymbol{\varepsilon}}^{\mathrm{T}}(c^2\boldsymbol{\Lambda}_{N-1}^2\otimes\boldsymbol{K}^{\mathrm{T}}\boldsymbol{RK})\tilde{\boldsymbol{\varepsilon}}\\&\quad-\tilde{\boldsymbol{\varepsilon}}^{\mathrm{T}}(c\boldsymbol{\Lambda}_{N-1}\otimes\boldsymbol{P})(\boldsymbol{I}_{N-1}\otimes\boldsymbol{A}-c\boldsymbol{\Lambda}_{N-1}\otimes\boldsymbol{BK})\tilde{\boldsymbol{\varepsilon}}\\&=-0.5\tilde{\boldsymbol{\varepsilon}}^{\mathrm{T}}\left(c\boldsymbol{\Lambda}_{N-1}\otimes(\boldsymbol{PA}+\boldsymbol{A}^{\mathrm{T}}\boldsymbol{P}-\boldsymbol{PBR}^{-1}\boldsymbol{B}^{\mathrm{T}}\boldsymbol{P}+\boldsymbol{Q})\right)\tilde{\boldsymbol{\varepsilon}}\\&\quad-0.5\tilde{\boldsymbol{\varepsilon}}^{\mathrm{T}}\left(c\boldsymbol{\Lambda}_{N-1}\otimes(\boldsymbol{K}^{\mathrm{T}}-\boldsymbol{PBR}^{-1})\right)(\boldsymbol{I}_{N-1}\otimes\boldsymbol{R})\left(c\boldsymbol{\Lambda}_{N-1}\otimes(\boldsymbol{K}-\boldsymbol{R}^{-1}\boldsymbol{B}^{\mathrm{T}}\boldsymbol{P})\right)\tilde{\boldsymbol{\varepsilon}}\end{aligned}\tag{5-13}$$

结合 ARE［式（5-10）］，式（5-13）可重写为

$$H(\tilde{\boldsymbol{\varepsilon}})=-0.5\tilde{\boldsymbol{\varepsilon}}^{\mathrm{T}}\left(c\boldsymbol{\Lambda}_{N-1}\otimes(\boldsymbol{K}^{\mathrm{T}}-\boldsymbol{PBR}^{-1})\right)(\boldsymbol{I}_{N-1}\otimes\boldsymbol{R})\left(c\boldsymbol{\Lambda}_{N-1}\otimes(\boldsymbol{K}-\boldsymbol{R}^{-1}\boldsymbol{B}^{\mathrm{T}}\boldsymbol{P})\right)\tilde{\boldsymbol{\varepsilon}}\leqslant 0\tag{5-14}$$

可以看出当控制增益矩阵 $\boldsymbol{K}=\boldsymbol{R}^{-1}\boldsymbol{B}^{\mathrm{T}}\boldsymbol{P}$ 时，有 $H^*(\tilde{\boldsymbol{\varepsilon}})=0$。

此外，令李雅普诺夫函数为 $V_2=0.5\tilde{\boldsymbol{\varepsilon}}^{\mathrm{T}}(c\boldsymbol{\Lambda}_{N-1}\otimes\boldsymbol{P})\tilde{\boldsymbol{\varepsilon}}$，则 V_2 对时间的导数为

$$\begin{aligned}\dot{V}_2&=\tilde{\boldsymbol{\varepsilon}}^{\mathrm{T}}(c\boldsymbol{\Lambda}_{N-1}\otimes\boldsymbol{P})\dot{\tilde{\boldsymbol{\varepsilon}}}\\&=\tilde{\boldsymbol{\varepsilon}}^{\mathrm{T}}(c\boldsymbol{\Lambda}_{N-1}\otimes\boldsymbol{P})(\boldsymbol{I}_{N-1}\otimes\boldsymbol{A}-c\boldsymbol{\Lambda}_{N-1}\otimes\boldsymbol{BK})\tilde{\boldsymbol{\varepsilon}}\end{aligned}\tag{5-15}$$

基于 $\boldsymbol{\mu}(\tilde{\boldsymbol{\varepsilon}})$ 和 $f(\tilde{\boldsymbol{\varepsilon}})$ 的表达式，有

$$\dot{V}_2=-\boldsymbol{\mu}^{\mathrm{T}}(\tilde{\boldsymbol{\varepsilon}})f(\tilde{\boldsymbol{\varepsilon}})\tag{5-16}$$

由式（5-9）可得

$$L(\tilde{\boldsymbol{\varepsilon}})=-H(\tilde{\boldsymbol{\varepsilon}})-\dot{V}_2\tag{5-17}$$

则式（5-8）中的能耗指标函数 J 可以改写为

$$J=\int_0^{\infty}L(\tilde{\boldsymbol{\varepsilon}})\mathrm{d}t=-\int_0^{\infty}(H(\tilde{\boldsymbol{\varepsilon}})+\dot{V}_2)\mathrm{d}t\geqslant-\int_0^{\infty}\dot{V}_2\mathrm{d}t\tag{5-18}$$

进一步地，最优能耗指标可表示为

$$J^*=V_2(0)-\lim_{t\to\infty}V_2=V_2(0)\tag{5-19}$$

其中，$V_2(0)$ 为 V_2 的初始值。

定理 5.2 中的所有条件都满足，证明完毕。

注 5.2：值得注意的是，当且仅当 $\bar{\mathcal{Q}} > 0$ 成立时，有 $\mathcal{Q} > 0$ 成立。根据矩阵 $\bar{\mathcal{Q}}$ 的表达式可以推断出，如下不等式成立时，矩阵 $\bar{\mathcal{Q}}$ 的正定性可以保证。

$$c\boldsymbol{\Lambda}_{N-1} \geqslant \boldsymbol{I}_{N-1} \tag{5-20}$$

值得指出的是，当加权参数选择为 $c \geqslant 1/\lambda_2$ 时，其中，λ_2 代表 $\boldsymbol{\mathcal{L}}_M$ 的最小非零特征值，式（5-20）成立。因此，在加权参数满足 $c \geqslant 1/\lambda_2$ 的情况下，可以保证加权矩阵 $\mathcal{Q}$ 和 $\bar{\mathcal{Q}}$ 的正定性。此外，由于加权参数 c 的值与拓扑结构的拉普拉斯矩阵有关，因此所提出的控制协议不是完全分布式的[177-179]。

注 5.3：能耗指标函数 J 的计算需要用到变量 $\tilde{\boldsymbol{\varepsilon}}$，而 $\tilde{\boldsymbol{\varepsilon}}$ 是难以直接测量的辅助变量。因此，需要使用可测量的变量 $\boldsymbol{\xi}$ 来表示变量 $\tilde{\boldsymbol{\varepsilon}}$。值得指出的是，若采用变量 $\boldsymbol{\xi}$ 来表示变量 $\tilde{\boldsymbol{\varepsilon}}$，则需要酉矩阵 $\boldsymbol{Y}$ 的相关信息，这表明需要计算出与 $\boldsymbol{\mathcal{L}}_M$ 的所有特征值相关的特征向量，并将这些特征向量正交。因此，难以直接使用变量 $\boldsymbol{\xi}$ 来表示 $\tilde{\boldsymbol{\varepsilon}}$。接下来将给出一种等效变换方法，将成本函数 $L(\tilde{\boldsymbol{\varepsilon}})$ 转换为一个等价的表达式，通过上述变换可以更容易地计算能耗指标函数 J。

令 $L(\tilde{\boldsymbol{\varepsilon}}) = L_1(\tilde{\boldsymbol{\varepsilon}}) + L_2(\tilde{\boldsymbol{\varepsilon}})$，且 $L_1(\tilde{\boldsymbol{\varepsilon}}) = 0.5\tilde{\boldsymbol{\varepsilon}}^{\mathrm{T}}\mathcal{Q}\tilde{\boldsymbol{\varepsilon}}$，$L_2(\tilde{\boldsymbol{\varepsilon}}) = 0.5\tilde{\boldsymbol{\varepsilon}}^{\mathrm{T}}(c^2\boldsymbol{\Lambda}_{N-1}^2 \otimes \boldsymbol{K}^{\mathrm{T}}\boldsymbol{R}\boldsymbol{K})\tilde{\boldsymbol{\varepsilon}}$。基于加权矩阵 $\mathcal{Q}$ 的表达式，有

$$\begin{aligned} L_1(\tilde{\boldsymbol{\varepsilon}}) &= 0.5\boldsymbol{\varepsilon}_1\left(c\lambda_1 \otimes (\boldsymbol{Q} - \boldsymbol{PBR}^{-1}\boldsymbol{B}^{\mathrm{T}}\boldsymbol{P}) + c^2\lambda_1^2 \otimes \boldsymbol{PBR}^{-1}\boldsymbol{B}^{\mathrm{T}}\boldsymbol{P}\right)\boldsymbol{\varepsilon}_1 \\ &\quad + 0.5\tilde{\boldsymbol{\varepsilon}}^{\mathrm{T}}(c\boldsymbol{\Lambda}_{N-1} \otimes (\boldsymbol{Q} - \boldsymbol{PBR}^{-1}\boldsymbol{B}^{\mathrm{T}}\boldsymbol{P}) + c^2\boldsymbol{\Lambda}_{N-1}^2 \otimes \boldsymbol{PBR}^{-1}\boldsymbol{B}^{\mathrm{T}}\boldsymbol{P})\tilde{\boldsymbol{\varepsilon}} \\ &= 0.5\boldsymbol{\varepsilon}^{\mathrm{T}}\left(\begin{bmatrix} c\lambda_1 & 0 \\ 0 & c\boldsymbol{\Lambda}_{N-1} \end{bmatrix} \otimes (\boldsymbol{Q} - \boldsymbol{PBR}^{-1}\boldsymbol{B}^{\mathrm{T}}\boldsymbol{P}) + \begin{bmatrix} c^2\lambda_1^2 & 0 \\ 0 & c^2\boldsymbol{\Lambda}_{N-1}^2 \end{bmatrix} \otimes \boldsymbol{PBR}^{-1}\boldsymbol{B}^{\mathrm{T}}\boldsymbol{P}\right)\boldsymbol{\varepsilon} \\ &= 0.5\boldsymbol{\varepsilon}^{\mathrm{T}}\left(c\boldsymbol{\Lambda}_N \otimes (\boldsymbol{Q} - \boldsymbol{PBR}^{-1}\boldsymbol{B}^{\mathrm{T}}\boldsymbol{P}) + c^2\boldsymbol{\Lambda}_N^2 \otimes \boldsymbol{PBR}^{-1}\boldsymbol{B}^{\mathrm{T}}\boldsymbol{P}\right)\boldsymbol{\varepsilon} \end{aligned} \tag{5-21}$$

根据 $\boldsymbol{\varepsilon} = (\boldsymbol{Y}^{\mathrm{T}} \otimes \boldsymbol{I}_p)\boldsymbol{\xi}$，式（5-21）可重写为

$$L_1(\tilde{\boldsymbol{\varepsilon}}) = 0.5\boldsymbol{\xi}^{\mathrm{T}}(c\boldsymbol{Y}\boldsymbol{\Lambda}_N\boldsymbol{Y}^{\mathrm{T}} \otimes (\boldsymbol{Q} - \boldsymbol{PBR}^{-1}\boldsymbol{B}^{\mathrm{T}}\boldsymbol{P}) + c^2\boldsymbol{Y}\boldsymbol{\Lambda}_N^2\boldsymbol{Y}^{\mathrm{T}} \otimes \boldsymbol{PBR}^{-1}\boldsymbol{B}^{\mathrm{T}}\boldsymbol{P})\boldsymbol{\xi} \tag{5-22}$$

由 $\boldsymbol{\mathcal{L}}_M = \boldsymbol{Y}\boldsymbol{\Lambda}_N\boldsymbol{Y}^{\mathrm{T}}$ 和 $\boldsymbol{Y}^{\mathrm{T}}\boldsymbol{\mathcal{L}}_M\boldsymbol{Y} = \boldsymbol{\Lambda}_N$ 可得

$$\begin{aligned} L_1(\tilde{\boldsymbol{\varepsilon}}) &= 0.5\boldsymbol{\xi}^{\mathrm{T}}(c\boldsymbol{\mathcal{L}}_M \otimes (\boldsymbol{Q} - \boldsymbol{PBR}^{-1}\boldsymbol{B}^{\mathrm{T}}\boldsymbol{P}) + c^2\boldsymbol{Y}\boldsymbol{\Lambda}_N\boldsymbol{Y}^{\mathrm{T}}\boldsymbol{Y}\boldsymbol{\Lambda}_N\boldsymbol{Y}^{\mathrm{T}} \otimes \boldsymbol{PBR}^{-1}\boldsymbol{B}^{\mathrm{T}}\boldsymbol{P})\boldsymbol{\xi} \\ &= 0.5\boldsymbol{\xi}^{\mathrm{T}}(c\boldsymbol{\mathcal{L}}_M \otimes (\boldsymbol{Q} - \boldsymbol{PBR}^{-1}\boldsymbol{B}^{\mathrm{T}}\boldsymbol{P}) + c^2\boldsymbol{\mathcal{L}}_M^2 \otimes \boldsymbol{PBR}^{-1}\boldsymbol{B}^{\mathrm{T}}\boldsymbol{P})\boldsymbol{\xi} \\ &= 0.5\boldsymbol{\xi}^{\mathrm{T}}\mathcal{Q}_T\boldsymbol{\xi} \end{aligned} \tag{5-23}$$

其中，$\mathcal{Q}_T = (c\boldsymbol{\mathcal{L}}_M \otimes \boldsymbol{I}_p)\boldsymbol{Q}_T$，$\boldsymbol{Q}_T = \boldsymbol{I}_N \otimes \boldsymbol{Q} + (c\boldsymbol{\mathcal{L}}_M - \boldsymbol{I}_N) \otimes \boldsymbol{PBR}^{-1}\boldsymbol{B}^{\mathrm{T}}\boldsymbol{P}$。注意到当加权参数满足 $c \geqslant 1/\lambda_2$ 时，$\mathcal{Q}_T$ 和 $\boldsymbol{Q}_T$ 为半正定矩阵。

类似地，$L_2(\tilde{\boldsymbol{\varepsilon}})$ 可表示为

$$L_2(\tilde{\boldsymbol{\varepsilon}}) = 0.5\boldsymbol{\xi}^{\mathrm{T}}(c^2\boldsymbol{\mathcal{L}}_M^2 \otimes \boldsymbol{K}^{\mathrm{T}}\boldsymbol{R}\boldsymbol{K})\boldsymbol{\xi} \tag{5-24}$$

此外，从式（5-2）中可以得出 $\boldsymbol{U} = [\boldsymbol{u}_1^{\mathrm{T}}, \boldsymbol{u}_2^{\mathrm{T}}, \cdots, \boldsymbol{u}_N^{\mathrm{T}}]^{\mathrm{T}} = (\boldsymbol{I}_N \otimes c\boldsymbol{K})\boldsymbol{\xi}$，则有

$$L_2(\tilde{\boldsymbol{\varepsilon}}) = 0.5\boldsymbol{U}^{\mathrm{T}}\mathcal{R}\boldsymbol{U} \tag{5-25}$$

其中，$\mathcal{R} = \boldsymbol{\mathcal{L}}_M^2 \otimes \boldsymbol{R}$。

进一步地，由于变量 $\tilde{\boldsymbol{\varepsilon}}$ 已被 $\boldsymbol{\xi}$ 和 $\boldsymbol{U}$ 所取代，代价函数 $L(\tilde{\boldsymbol{\varepsilon}})$ 可以写成 $L(\boldsymbol{\xi},\boldsymbol{U})$。因此，

代价函数的等效表达式为

$$L(\boldsymbol{\xi},\boldsymbol{U}) = 0.5(\boldsymbol{\xi}^{\mathrm{T}}\boldsymbol{\mathcal{Q}}_T\boldsymbol{\xi} + \boldsymbol{U}^{\mathrm{T}}\boldsymbol{\mathcal{R}}\boldsymbol{U}) \tag{5-26}$$

值得指出的是，由于变量 $\boldsymbol{\xi}$ 和 $\boldsymbol{U}$ 是可直接测量的分量，因此能耗指标函数 J 的计算将不再需要酉矩阵 $\boldsymbol{Y}$ 的相关信息。此外，从式（5-26）可以看出，等价表达式 $L(\boldsymbol{\xi},\boldsymbol{U})$ 是由状态变量和控制输入变量组成的正定线性二次型函数，其中，$\boldsymbol{\xi}^{\mathrm{T}}\boldsymbol{\mathcal{Q}}_T\boldsymbol{\xi}$ 是相对状态误差的函数，$\boldsymbol{U}^{\mathrm{T}}\boldsymbol{\mathcal{R}}\boldsymbol{U}$ 是控制输入的函数。因此，能耗指标函数 J 的优化可以看作对多自主体系统的相对状态误差和控制输入的综合优化。

5.1.2　无领航者线性多自主体系统仿真算例

本节利用质量-弹簧系统的一致性问题来说明 5.1.1 节中所提出的控制协议的有效性。质量-弹簧系统的模型取自文献[180]，如下所示：

$$\boldsymbol{A} = \begin{bmatrix} 0 & 0 & 1 & 0 \\ 0 & 0 & 0 & 1 \\ -\dfrac{k_1+k_2}{m_1} & \dfrac{k_2}{m_1} & -\dfrac{g}{m_1} & 0 \\ \dfrac{k_2}{m_2} & -\dfrac{k_2}{m_2} & 0 & \dfrac{g}{m_2} \end{bmatrix},\quad \boldsymbol{B} = \begin{bmatrix} 0 \\ 1 \\ \dfrac{1}{m_1} \\ 0 \end{bmatrix} \tag{5-27}$$

其中，$m_1 = 1$ 和 $m_2 = 0.5$ 表示质量系数；$k_1 = 1$ 和 $k_2 = 1$ 表示弹簧常量；$g = 0.5$ 表示黏性摩擦系数。

考虑由 6 个自主体组成的多自主体网络的无领航者一致性问题，其通信拓扑结构如图 5-1 所示。因此，加权参数选择为 $c = 0.5$。

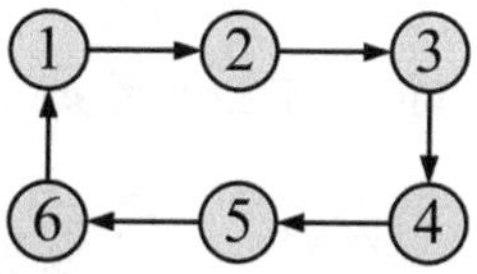

图 5-1　无领航者一致性的多自主体通信拓扑结构

选择加权矩阵 $\boldsymbol{R} = 10$，$\boldsymbol{Q} = 10\boldsymbol{I}_4$，则矩阵 $\boldsymbol{P}$ 和控制增益矩阵 $\boldsymbol{K}$ 可由定理 5.2 求解如下。

$$\boldsymbol{P} = \begin{bmatrix} 37.45 & -6.87 & 9.79 & 7.51 \\ -6.87 & 12.35 & -5.03 & -1.36 \\ 9.79 & -5.03 & 16.48 & 1.88 \\ 7.51 & -1.36 & 1.88 & 7.26 \end{bmatrix} \tag{5-28}$$

$$\boldsymbol{K} = \begin{bmatrix} 0.29 & 0.73 & 1.14 & 0.05 \end{bmatrix} \tag{5-29}$$

初始条件给定为

$$\boldsymbol{x}_1(0) = \begin{bmatrix} 0.1 \\ 0.1 \\ 0.1 \\ 0.1 \end{bmatrix},\ \boldsymbol{x}_2(0) = \begin{bmatrix} 0.3 \\ 0.3 \\ 0.3 \\ 0.3 \end{bmatrix},\ \boldsymbol{x}_3(0) = \begin{bmatrix} 0.5 \\ 0.5 \\ 0.5 \\ 0.5 \end{bmatrix},\ \boldsymbol{x}_4(0) = \begin{bmatrix} 0.8 \\ 0.8 \\ 0.8 \\ 0.8 \end{bmatrix},\ \boldsymbol{x}_5(0) = \begin{bmatrix} 1.2 \\ 1.2 \\ 1.2 \\ 1.2 \end{bmatrix},\ \boldsymbol{x}_6(0) = \begin{bmatrix} 1.5 \\ 1.5 \\ 1.5 \\ 1.5 \end{bmatrix}$$

则系统的状态范数$\|\boldsymbol{x}_i\|$和控制输入范数$\boldsymbol{u}_i(i=1,2,\cdots,6)$的演化轨迹如图 5-2 和图 5-3 所示。

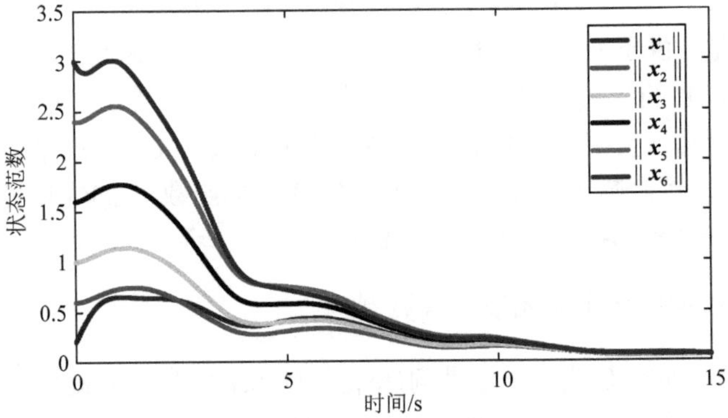

彩图 5-2

图 5-2 6 个自主体的状态范数$\|\boldsymbol{x}_i\|$的演化轨迹示意图

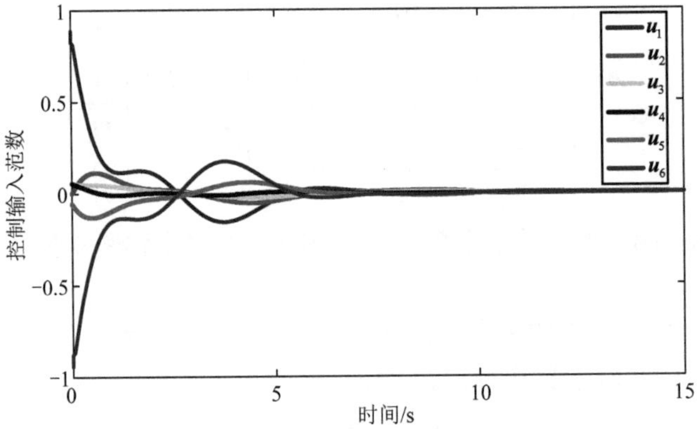

彩图 5-3

图 5-3 6 个自主体的控制输入范数$\boldsymbol{u}_i$的演化轨迹示意图

由图 5-2 可以看出，采用 5.1.1 节提出的一致性协议，6 个自主体的状态可以在大约 12s 内有效达成一致。由图 5-3 可以看出，6 个自主体的控制输入在大约 12s 时接近于零，控制输入的最大值小于 1。另外，能耗指标函数 J 的演化轨迹如图 5-4 所示。

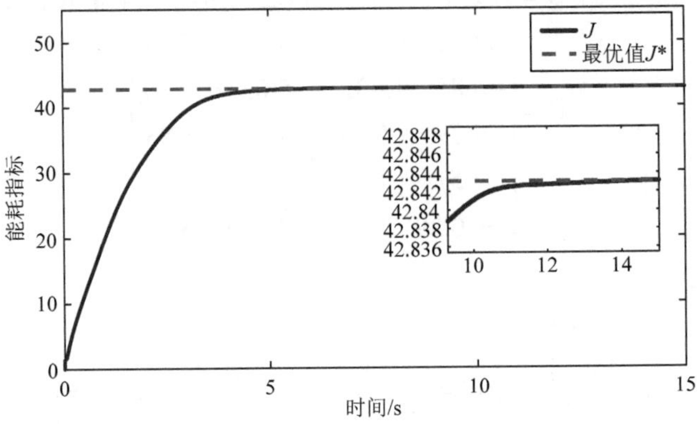

图 5-4 能耗指标函数 J 的演化轨迹示意图

基于式（5-19），能耗指标函数的理论最优值 J^* 为

$$J^* = V_2(0) = 0.5\tilde{\boldsymbol{\varepsilon}}^{\mathrm{T}}(0)(c\boldsymbol{\Lambda}_{N-1} \otimes \boldsymbol{P})\tilde{\boldsymbol{\varepsilon}}(0) = 0.5\boldsymbol{\xi}^{\mathrm{T}}(0)(c\boldsymbol{\mathcal{L}}_M \otimes \boldsymbol{P})\boldsymbol{\xi}(0) = 42.843$$

其中，$\tilde{\boldsymbol{\varepsilon}}(0)$ 和 $\boldsymbol{\xi}(0)$ 分别表示 $\tilde{\boldsymbol{\varepsilon}}$ 和 $\boldsymbol{\xi}$ 的初始值。从图 5-4 中可以看出，能耗指标函数的仿真最优值与理论最优值 J^* 一致。

选择加权矩阵为 $\boldsymbol{Q} = \alpha \boldsymbol{I}_4$，其中，$\alpha$ 为正实数。给定不同的加权矩阵 $\boldsymbol{R}$，最优能耗指标 J^* 随参数 α 的演化轨迹如图 5-5 所示。此外，给定不同的参数 α，J^* 的演化轨迹随加权矩阵 $\boldsymbol{R}$ 的变化如图 5-6 所示。

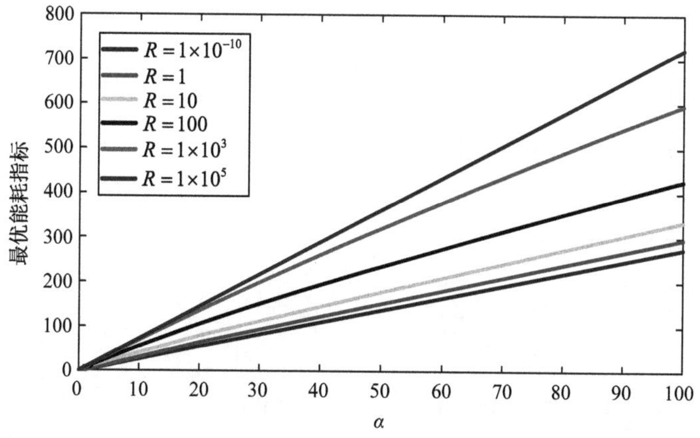

彩图 5-5

图 5-5　最优能耗指标 J^* 随 α 的变化轨迹示意图

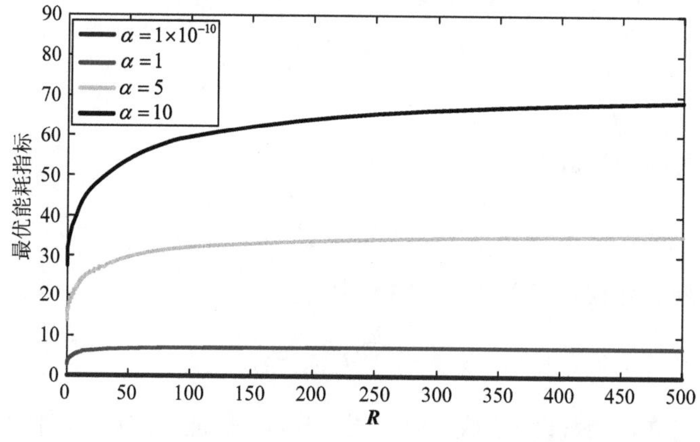

彩图 5-6

图 5-6　最优能耗指标 J^* 随 $\boldsymbol{R}$ 的演化轨迹示意图

5.2　基于无领航者的高阶线性多自主体系统的最优一致性协议

考虑如下一组由高阶线性动力学方程控制的 N 个自主体：

$$\begin{cases} \dot{x}_{i,l} = x_{i,l+1}, & l = 1,2,\cdots,n-1 \\ \dot{x}_{i,n} = u_i \end{cases}, \quad i = 1,2,\cdots,N \tag{5-30}$$

其中，$x_{i,1},x_{i,2},\cdots,x_{i,n}\in\Re$ 表示状态；$u_i\in\Re$ 表示控制输入。本节的主要目标是设计合适的一致性协议 u_i，使得

$$\begin{cases}\lim\limits_{t\to\infty}x_{i,1}=\lim\limits_{t\to\infty}x_{j,1}=x_a,\ \ i,j\in\{1,2,\cdots,N\}\\ \lim\limits_{t\to\infty}x_{i,l}=0,\ \ i\in\{1,2,\cdots,N\},l\in\{2,3,\cdots,n\}\end{cases} \tag{5-31}$$

5.2.1　主要结果

1. 一致性行为

令 $s_i=\sum\limits_{l=1}^{n-1}k_l x_{i,l}+x_{i,n}$，其中，增益参数 k_l 的选择使得以下特征方程的根具有负实部：

$$p^{n-1}+k_{n-1}p^{n-2}+\cdots+k_2 p+k_1=0 \tag{5-32}$$

同时 $k_1\neq 0$。

设计如下的分布式控制协议：

$$u_i=-\sum_{l=1}^{n-1}k_l x_{i,l+1}-k\sum_{j=1}^{N}a_{ij}(s_i-s_j) \tag{5-33}$$

其中，$k>0$。

假设 5.2：各自主体之间的拓扑图 $\mathcal{G}$ 是无向连通的。

定理 5.3：若假设 5.2 成立，分布式控制协议（5-33）可保证系统（5-30）实现式（5-31）中的一致性行为，且最终的一致性状态为

$$x_a=k_1^{-1}N^{-1}\sum_{j=1}^{N}s_j(0) \tag{5-34}$$

其中，$s_j(0)$ 表示初始条件。

证明：s_i 对时间的导数为

$$\dot{s}_i=\sum_{l=1}^{n-1}k_l\dot{x}_{i,l}+\dot{x}_{i,n}=\sum_{l=1}^{n-1}k_l x_{i,l+1}+u_i \tag{5-35}$$

将所设计的控制协议 u_i 代入式（5-35）中有

$$\dot{s}_i=-k\sum_{j=1}^{N}a_{ij}(s_i-s_j) \tag{5-36}$$

由文献[181]可知，当假设 5.2 成立时，式（5-36）保证 s_i 在 $k>0$ 时的一致性行为，即

$$\lim_{t\to\infty}s_i=N^{-1}\sum_{j=1}^{N}s_j(0) \tag{5-37}$$

当 $s_i=N^{-1}\sum\limits_{j=1}^{N}s_j(0)$ 时，有如下 $n-1$ 阶非齐次线性微分方程成立：

$$x_{i,1}^{(n-1)}+k_{n-1}x_{i,1}^{(n-2)}+\cdots+k_2\dot{x}_{i,1}+k_1 x_{i,1}=\frac{1}{N}\sum_{j=1}^{N}s_j(0) \tag{5-38}$$

它的解为 $x_{i,1}=X_{i,1}+\overline{x}_{i,1}$，其中，$\overline{x}_{i,1}$ 为式（5-38）的特解，$X_{i,1}$ 表示下列齐次微分方程的通解：

$$x_{i,1}^{(n-1)} + k_{n-1}x_{i,1}^{(n-2)} + \cdots + k_2\dot{x}_{i,1} + k_1 x_{i,1} = 0 \tag{5-39}$$

注意到式（5-32）是微分方程（5-39）的特征方程，因此，若式（5-32）的根有负实部，则式（5-39）的通解将收敛为零，即 $\lim\limits_{t\to\infty} X_{i,1} = 0$。此外，当式（5-38）中的非齐次项为常数 $N^{-1}\sum\limits_{j=1}^{N} s_j(0)$（$i \in \{1,2,\cdots,N\}$）时，式（5-38）的特解可选为

$$\overline{x}_{i,1} = a_0 + a_1 t + a_2 t^2 + \cdots + a_{n-1}t^{n-1} \tag{5-40}$$

由于 $k_1 \neq 0$，采用待定系数法可以计算出 $a_1 = a_2 = \cdots = a_{n-1} = 0$，$a_0 = k_1^{-1}N^{-1}\sum\limits_{j=1}^{N} s_j(0)$，这意味着 $\overline{x}_{i,1} = k_1^{-1}N^{-1}\sum\limits_{j=1}^{N} s_j(0)$，因此当 $t\to\infty$ 时，$x_{i,1} \to k_1^{-1}N^{-1}\sum\limits_{j=1}^{N} s_j(0)$。

对于 $l = 2,3,\cdots,n$，有 $x_{i,l} = x_{i,1}^{(l-1)} = X_{i,1}^{(l-1)} + \overline{x}_{i,1}^{(l-1)}$。根据高阶齐次微分方程解的形式，可得 $\lim\limits_{t\to\infty} X_{i,1}^{(l-1)} = 0$。进一步地，由于 $\overline{x}_{i,1} = k_1^{-1}N^{-1}\sum\limits_{j=1}^{N} s_j(0)$，易得 $\overline{x}_{i,1}^{(l-1)} = 0$。

因此，式（5-33）中设计的控制协议能够保证式（5-31）中描述的一致性行为，且一致性状态为 $\overline{x}_{i,1} = k_1^{-1}N^{-1}\sum\limits_{j=1}^{N} s_j(0)$，证明完毕。

2. 最优性分析

本节旨在对式（5-33）中设计的控制协议的优化性进行分析。注意到协议（5-33）由两项组成，其中 $-\sum\limits_{l=1}^{n-1} k_l x_{i,l+1}$（令其表示为 $\tilde{u}_i$）用于补偿 $\dot{s}_i$ 中的局部信息，$-k\sum\limits_{j=1}^{N} a_{ij}(s_i - s_j)$（令其表示为 $\hat{u}_i$）用于实现一致性。值得指出的是，通过对单个自主体使用传统的优化方法，可以很容易地获得协议 $\tilde{u}_i$ 中的最优控制参数，但由于通信拓扑和自主体动态的相互作用，对多自主体系统分布式一致性协议 $\hat{u}_i$ 的优化分析相当复杂。

令 $\varepsilon_i = s_i - k_1^{-1}N^{-1}\sum\limits_{j=1}^{N} s_j(0)$，则一致性误差系统可以写成

$$\dot{\varepsilon}_i = \dot{s}_i = \hat{u}_i \tag{5-41}$$

定义全局能耗指标函数为

$$\hat{J} = \int_0^\infty (\boldsymbol{\varepsilon}^{\mathrm{T}}\hat{\boldsymbol{\mathcal{Q}}}\boldsymbol{\varepsilon} + \hat{\boldsymbol{u}}^{\mathrm{T}}\hat{\boldsymbol{\mathcal{R}}}\hat{\boldsymbol{u}})\mathrm{d}t \tag{5-42}$$

其中，$\boldsymbol{\varepsilon} = [\varepsilon_1, \varepsilon_2, \cdots, \varepsilon_N]^{\mathrm{T}} \in \Re^N$；$\hat{\boldsymbol{u}} = [\hat{u}_1, \hat{u}_2, \cdots, \hat{u}_N]^{\mathrm{T}} \in \Re^N$；$\hat{\boldsymbol{\mathcal{Q}}} = \hat{\boldsymbol{Q}}_0 \boldsymbol{\mathcal{L}}^2 \in \Re^{N\times N}$，$\hat{\boldsymbol{Q}}_0 \in \Re$；$\hat{\boldsymbol{\mathcal{R}}} = \hat{\boldsymbol{R}}_0 \boldsymbol{I}_N \in \Re^{N\times N}$，$\hat{\boldsymbol{R}}_0 \in \Re$。

定理 5.4：给定加权矩阵 $\hat{\boldsymbol{Q}}_0 > 0$ 和 $\hat{\boldsymbol{R}}_0 > 0$，当 $\hat{u}_i = -k\sum\limits_{j=1}^{N} a_{ij}(s_i - s_j)$ 且 $k = (\hat{\boldsymbol{Q}}_0\hat{\boldsymbol{R}}_0^{-1})^{1/2}$ 成立时，式（5-42）中的全局能耗指标函数 $\hat{J}$ 可实现最优化。

1）必要性

定义哈密顿函数为

$$\hat{H}=\boldsymbol{\varepsilon}^{\mathrm{T}}\hat{\boldsymbol{\mathcal{Q}}}\boldsymbol{\varepsilon}+\hat{\boldsymbol{u}}^{\mathrm{T}}\hat{\boldsymbol{\mathcal{R}}}\hat{\boldsymbol{u}}+\nabla\hat{\boldsymbol{V}}^{\mathrm{T}}\hat{\boldsymbol{u}} \tag{5-43}$$

其中，$\nabla\hat{\boldsymbol{V}}=\partial\hat{\boldsymbol{V}}/\partial\boldsymbol{\varepsilon}$，$\hat{\boldsymbol{V}}$ 表示值函数。使用极值条件 $\partial\hat{H}/\partial\hat{\boldsymbol{u}}=0$，即 $\nabla\hat{\boldsymbol{V}}+2\hat{\boldsymbol{\mathcal{R}}}\hat{\boldsymbol{u}}=0$，得到全局最优控制输入为

$$\hat{\boldsymbol{u}}^{*}=-0.5\hat{\boldsymbol{\mathcal{R}}}^{-1}\nabla\hat{V} \tag{5-44}$$

将式（5-44）代入式（5-43），得到如下哈密顿-雅可比（Hamilton-Jacobi，HJ）方程：

$$\nabla\hat{\boldsymbol{V}}^{\mathrm{T}}\nabla\hat{\boldsymbol{V}}=4\hat{\boldsymbol{R}}_0\hat{\boldsymbol{Q}}_0\boldsymbol{\varepsilon}^{\mathrm{T}}\boldsymbol{\mathcal{L}}^2\boldsymbol{\varepsilon} \tag{5-45}$$

则有

$$\nabla\hat{\boldsymbol{V}}=2(\hat{\boldsymbol{Q}}_0\hat{\boldsymbol{R}}_0^{-1})^{1/2}\boldsymbol{\mathcal{L}}\boldsymbol{\varepsilon} \tag{5-46}$$

因此，全局最优控制输入可写成 $\hat{\boldsymbol{u}}^{*}=-(\hat{\boldsymbol{Q}}_0\hat{\boldsymbol{R}}_0^{-1})^{1/2}\boldsymbol{\mathcal{L}}\boldsymbol{\varepsilon}$，即每个自主体的最优分布式控制协议为

$$\hat{u}_i=-k\sum_{j=1}^{N}a_{ij}(\varepsilon_i-\varepsilon_j)=-k\sum_{j=1}^{N}a_{ij}(s_i-s_j) \tag{5-47}$$

其中，$k=(\hat{\boldsymbol{Q}}_0\hat{\boldsymbol{R}}_0^{-1})^{1/2}$。

2）充分性

基于全局能耗指标函数[式（5-42）]，选择控制增益参数 $k=(\hat{\boldsymbol{Q}}_0\hat{\boldsymbol{R}}_0^{-1})^{1/2}$，则哈密顿函数可写成

$$\hat{H}=\hat{R}_0k^2\boldsymbol{\varepsilon}^{\mathrm{T}}\boldsymbol{\mathcal{L}}\boldsymbol{\varepsilon}+\hat{R}_0\hat{\boldsymbol{u}}^{\mathrm{T}}\hat{\boldsymbol{u}}+\nabla\hat{\boldsymbol{V}}^{\mathrm{T}}\hat{\boldsymbol{u}} \tag{5-48}$$

令值函数 $\hat{\boldsymbol{V}}=\hat{P}_0\boldsymbol{\varepsilon}^{\mathrm{T}}\boldsymbol{\mathcal{L}}\boldsymbol{\varepsilon}$，其中，$\hat{P}_0=(\hat{\boldsymbol{R}}_0\hat{\boldsymbol{Q}}_0)^{1/2}$，则有 $\nabla\hat{\boldsymbol{V}}=\partial\hat{\boldsymbol{V}}/\partial\boldsymbol{\varepsilon}=2\hat{P}_0\boldsymbol{\mathcal{L}}\boldsymbol{\varepsilon}$。因此，式（5-48）可以重写为

$$\begin{aligned}\hat{H}&=\hat{\boldsymbol{R}}_0k^2\boldsymbol{\varepsilon}^{\mathrm{T}}\boldsymbol{\mathcal{L}}\boldsymbol{\varepsilon}+\hat{\boldsymbol{R}}_0\hat{\boldsymbol{u}}^{\mathrm{T}}\hat{\boldsymbol{u}}+2\hat{P}_0\boldsymbol{\varepsilon}^{\mathrm{T}}\boldsymbol{\mathcal{L}}\hat{\boldsymbol{u}}\\&=\hat{\boldsymbol{R}}_0k^2\boldsymbol{\varepsilon}^{\mathrm{T}}\boldsymbol{\mathcal{L}}\boldsymbol{\varepsilon}+\hat{\boldsymbol{R}}_0\hat{\boldsymbol{u}}^{\mathrm{T}}\hat{\boldsymbol{u}}+2\hat{R}_0k\boldsymbol{\varepsilon}^{\mathrm{T}}\boldsymbol{\mathcal{L}}\hat{\boldsymbol{u}}\\&=\hat{\boldsymbol{R}}_0(\hat{\boldsymbol{u}}^{\mathrm{T}}+k\boldsymbol{\varepsilon}^{\mathrm{T}}\boldsymbol{\mathcal{L}})(\hat{\boldsymbol{u}}+k\boldsymbol{\mathcal{L}}\boldsymbol{\varepsilon})\end{aligned} \tag{5-49}$$

由式（5-49）可得：当 $\hat{\boldsymbol{u}}=-k\boldsymbol{\mathcal{L}}\boldsymbol{\varepsilon}$ 时，即 $\hat{u}_i=-k\sum_{j=1}^{N}a_{ij}(s_i-s_j)$ 且 $k=(\hat{\boldsymbol{Q}}_0\hat{\boldsymbol{R}}_0^{-1})^{1/2}$ 时，哈密顿函数最小值为 $\hat{H}=0$。因此，全局能耗指标函数可重写为

$$\begin{aligned}\hat{J}&=\int_0^{\infty}(\boldsymbol{\varepsilon}^{\mathrm{T}}\hat{\boldsymbol{\mathcal{Q}}}\boldsymbol{\varepsilon}+\hat{\boldsymbol{u}}^{\mathrm{T}}\hat{\boldsymbol{\mathcal{R}}}\hat{\boldsymbol{u}})\mathrm{d}t\\&=\int_0^{\infty}(\hat{H}-\nabla\hat{\boldsymbol{V}}^{\mathrm{T}}\hat{\boldsymbol{u}})\mathrm{d}t\\&=\int_0^{\infty}(\hat{H}-2\hat{P}_0\boldsymbol{\varepsilon}^{\mathrm{T}}\boldsymbol{\mathcal{L}}\dot{\boldsymbol{\varepsilon}})\mathrm{d}t\\&\geqslant-\int_0^{\infty}\dot{\hat{\boldsymbol{V}}}\mathrm{d}t\end{aligned} \tag{5-50}$$

同时当 $\hat{u}_i=-k\sum_{j=1}^{N}a_{ij}(s_i-s_j)$ 时，最优能耗指标函数 $\hat{J}^{*}=-\int_0^{\infty}\dot{\hat{\boldsymbol{V}}}\mathrm{d}t$。

值得注意的是，由于所提出的分布式控制协议（5-33）可保证式（5-37）中的一致性行为，这意味着 $\lim\limits_{t\to\infty}\hat{\boldsymbol{V}}=0$，则有 $\hat{J}^{*}=\hat{\boldsymbol{V}}(0)-\lim\limits_{t\to\infty}\hat{\boldsymbol{V}}=\hat{\boldsymbol{V}}(0)$，其中，$\hat{\boldsymbol{V}}(0)$ 是 $\hat{\boldsymbol{V}}$ 的初始值，证明完毕。

进一步地，令

$$\tilde{\boldsymbol{A}}=\begin{bmatrix}\boldsymbol{O}_{(n-2)\times 1} & \boldsymbol{I}_{n-2}\\ 0 & \boldsymbol{O}_{1\times(n-2)}\end{bmatrix},\quad \tilde{\boldsymbol{B}}=\begin{bmatrix}\boldsymbol{O}_{(n-2)\times 1}\\ 1\end{bmatrix}$$

然后，利用传统的单系统优化方法，易得最优协议为 $\tilde{u}_i=-\sum_{l=1}^{n-1}k_l x_{i,l+1}$ 且 $[k_1,k_2,\cdots,k_{n-1}]=\tilde{\boldsymbol{R}}^{-1}\tilde{\boldsymbol{B}}^{\mathrm{T}}\tilde{\boldsymbol{P}}$，其中，矩阵 $\tilde{\boldsymbol{P}}$ 为满足下列 ARE 的唯一正定解：

$$\tilde{\boldsymbol{P}}\tilde{\boldsymbol{A}}+\tilde{\boldsymbol{A}}^{\mathrm{T}}\tilde{\boldsymbol{P}}+\tilde{\boldsymbol{Q}}-\tilde{\boldsymbol{P}}\tilde{\boldsymbol{B}}\tilde{\boldsymbol{R}}^{-1}\tilde{\boldsymbol{B}}^{\mathrm{T}}\tilde{\boldsymbol{P}}=0 \tag{5-51}$$

其中，矩阵 $\tilde{\boldsymbol{Q}}\geqslant 0$，$\tilde{\boldsymbol{R}}>0$。值得注意的是，由于 $(\tilde{\boldsymbol{A}},\tilde{\boldsymbol{B}})$ 是稳定的，$(\tilde{\boldsymbol{Q}}^{1/2},\tilde{\boldsymbol{A}})$ 是可检测的，式（5-51）存在唯一解 $\tilde{\boldsymbol{P}}>0$ [171]。此外，若 $[k_1,k_2,\cdots,k_{n-1}]=\tilde{\boldsymbol{R}}^{-1}\tilde{\boldsymbol{B}}^{\mathrm{T}}\tilde{\boldsymbol{P}}$ 成立，特征方程（5-32）有负实部，证明如下。

证明： 根据矩阵 $\tilde{\boldsymbol{A}}-\tilde{\boldsymbol{B}}\tilde{\boldsymbol{R}}^{-1}\tilde{\boldsymbol{B}}^{\mathrm{T}}\tilde{\boldsymbol{P}}$ 是赫尔维茨（Hurwitz）的，可推断出矩阵 $\boldsymbol{M}=\tilde{\boldsymbol{A}}-\tilde{\boldsymbol{B}}[k_1,k_2,\cdots,k_{n-1}]$ 是赫尔维茨的，即它的 $n-1$ 个特征值 $\lambda\{\boldsymbol{M}\}$ 的实部均为负。注意到矩阵 $\lambda\{\boldsymbol{M}\}I_{n-1}-\boldsymbol{M}$ 可转化为一个下三角矩阵，并且这个下三角矩阵的对角线元素为

$$\frac{\sum_{l=0}^{n-i}k_{n-l}\lambda\{\boldsymbol{M}\}^{n-i-l}}{\sum_{l=0}^{n-i-1}k_{n-l}\lambda\{\boldsymbol{M}\}^{n-i-1-l}},\quad l=1,2,\cdots,n-1;k_n=1 \tag{5-52}$$

则有

$$\begin{aligned}\det\{\lambda\{\boldsymbol{M}\}I_{n-1}-\boldsymbol{M}\}&=\prod_{i=1}^{n-1}\frac{\sum_{l=0}^{n-i}k_{n-l}\lambda\{\boldsymbol{M}\}^{n-i-l}}{\sum_{l=0}^{n-i-1}k_{n-l}\lambda\{\boldsymbol{M}\}^{n-i-1-l}}\\&=k_n^{-1}\sum_{l=0}^{n-1}k_{n-l}\lambda\{\boldsymbol{M}\}^{n-1-l}\\&=\lambda\{\boldsymbol{M}\}^{n-1}+k_{n-1}\lambda\{\boldsymbol{M}\}^{n-2}+\cdots+k_2\lambda\{\boldsymbol{M}\}+k_1\end{aligned} \tag{5-53}$$

式（5-53）表明如下方程的根实部为负：

$$\lambda\{\boldsymbol{M}\}^{n-1}+k_{n-1}\lambda\{\boldsymbol{M}\}^{n-2}+\cdots+k_2\lambda\{\boldsymbol{M}\}+k_1=0 \tag{5-54}$$

由于式（5-54）与特征方程（5-32）是等价的，因此，式（5-32）的根具有负实部。

注 5.4： 对于高阶系统，通常假设其阶数满足 $n\geqslant 3$，对于阶数 $n=1$ 和 $n=2$ 的特殊情况，需要对控制协议做出一些微小的修改。当 $n=1$ 时，式（5-33）中的分布式控制协议应写成 $u_i=-k\sum_{j=1}^{N}a_{ij}(s_i-s_j)$，其中，$s_i=x_{i,1}$。当 $n=2$ 时，有 $\tilde{\boldsymbol{A}}=0$ 和 $\tilde{\boldsymbol{B}}=1$。

注 5.5： 当假设 5.2 成立时，$\mathcal{L}$ 的所有特征值都是非负的，即 $\mathcal{L}\geqslant 0$。因此，易观察到，权重矩阵 $\hat{\boldsymbol{Q}}=\hat{Q}_0\mathcal{L}^2\geqslant 0$。

5.2.2 无领航者高阶线性多自主体系统仿真算例

本节提供相应的仿真算例以验证所提出的一致性优化控制协议的有效性。

考虑一个由 8 个高阶自主体组成的网络，其通信拓扑结构如图 5-7 所示。

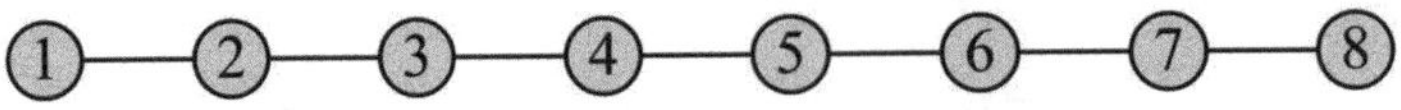

图 5-7　8 个高阶自主体的通信拓扑结构

每个自主体的动力学过程由式（5-30）建模，其中，$n=4$，$i\in\{1,2,\cdots,8\}$，且 $x_{i,1}(0)=0.5(i+1)$，$x_{i,2}(0)=0.2\ (i-4)$，$x_{i,3}(0)=0.1(i-2)$，$x_{i,4}(0)=0.1(i-4)$。令 $\hat{R}_0=1$ 和 $\hat{Q}_0=2$，则控制增益参数 k 可计算为 $k=\sqrt{\hat{Q}_0/\hat{R}_0}=1.41$。令 $\tilde{\boldsymbol{R}}=1$ 和 $\tilde{\boldsymbol{Q}}=\boldsymbol{I}_3$，则 k_1，k_2 和 k_3 可通过计算式（5-51）得到，即 $[k_1,k_2,k_3]=\tilde{\boldsymbol{R}}^{-1}\tilde{\boldsymbol{B}}^{\mathrm{T}}\tilde{\boldsymbol{P}}=[1,2.41,2.41]$。

在文献[182]中，分布式一致性协议被设计为

$$u_{ci}=-\sum_{l=1}^{n-1}\breve{k}_l x_{i,l+1}-\breve{k}\sum_{j=1}^{N}a_{ij}(x_{i,1}-x_{j,1}) \tag{5-55}$$

其中，控制增益参数的选择使得特征方程的根

$$p^n+\breve{k}_{n-1}p^{n-1}+\cdots+\breve{k}_1 p+\breve{k}=0 \tag{5-56}$$

为实数和负数。令式（5-56）的根为−1，则控制增益参数为 $\breve{k}=1$，$\breve{k}_1=4$，$\breve{k}_2=6$，$\breve{k}_3=4$。

通过分别使用本节和文献[182]中提出的协议，状态范数 $x_{i,1}$ 和控制输入范数的演化轨迹如图 5-8 和图 5-9 所示。图中，实线表示使用本节提出的协议 u_i 的情况，虚线表

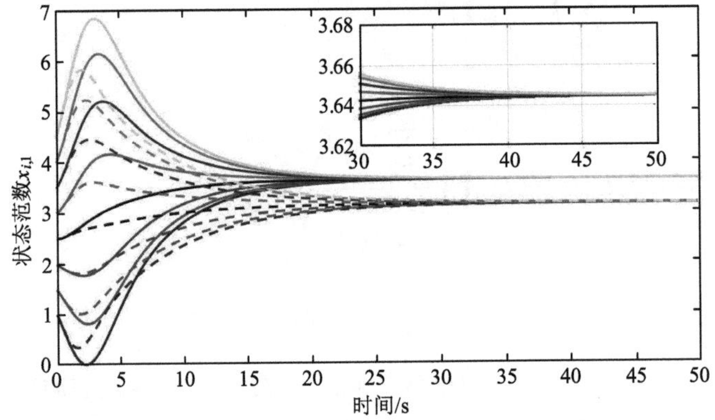

彩图 5-8

图 5-8　8 个自主体的状态 $x_{i,1}$ 范数演化轨迹示意图

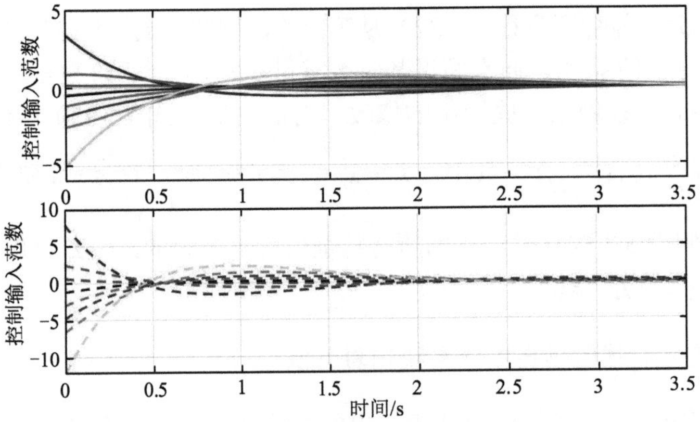

彩图 5-9

图 5-9　8 个自主体的控制输入范数演化轨迹示意图

示使用文献中提出的协议 u_{ci} 的情况。可以看出，通过使用协议 u_i，系统达成一致性的速度比协议 u_{ci} 略快，此外，u_i 的最大值明显小于 u_{ci}。因此，本节提出的协议性能优于文献[182]中的协议。由式（5-34）计算得到最终一致性状态的理论值为 $x_a = 3.645$，与图 5-8 的结果一致。

5.3　基于无领航者的高阶线性多自主体的分布式博弈优化控制

考虑一个由 N 个自主体组成的系统：

$$\begin{aligned}\dot{\boldsymbol{x}}_i &= \begin{bmatrix} 0 & 1 & \cdots & 0 \\ \vdots & \vdots & & \vdots \\ 0 & 0 & \cdots & 1 \\ a_1 & a_2 & \cdots & a_n \end{bmatrix} \boldsymbol{x}_i + \begin{bmatrix} 0 \\ \vdots \\ 0 \\ 1 \end{bmatrix} \boldsymbol{u}_i \\ &= \boldsymbol{A}\boldsymbol{x}_i + \boldsymbol{B}\boldsymbol{u}_i,\ \ i = 1,2,\cdots,N \end{aligned} \tag{5-57}$$

其中，$\boldsymbol{x}_i = [x_{i,l}]_{l\in\{1,2,\cdots,n\}} \in \Re^n$ 表示系统状态量，$\boldsymbol{u}_i \in \Re$ 表示控制输入。值得指出的是，任意可控的单输入线性系统都可以转化为式（5-57）所描述的可控标准型。

在无领航者的高阶线性多自主体系统的一致性问题中，主要目标是为每个自主体设计一个分布式协议 u_i，使得如下等式成立：

$$\begin{cases} \lim\limits_{t\to\infty} x_{i,1} = \lim\limits_{t\to\infty} x_{j,1} = x_c,\ \ i,j \in \{1,2,\cdots,N\} \\ \lim\limits_{t\to\infty} x_{i,l} = 0,\ \ i \in \{1,2,\cdots,N\}, l \in \{2,3,\cdots,n\} \end{cases} \tag{5-58}$$

假设 5.3：系统的通信拓扑图包含一个有向生成树。

当假设 5.3 成立时，存在一个非负向量 $\boldsymbol{\alpha} = [\alpha_i]_{i\in\{1,2,\cdots,N\}}$ 使得 $\boldsymbol{\alpha}^{\mathrm{T}}\boldsymbol{\mathcal{L}} = \boldsymbol{O}_N^{\mathrm{T}}$，且 $\sum\limits_{j=1}^{N}\alpha_j = 1$。

令 $\varphi_i = \sum\limits_{l=1}^{n-1} c_l x_{i,1} + x_{i,n}$，其中，$c_l$ 的选取使得下列方程的根具有负实部：

$$r^{n-1} + c_{n-1}r^{n-2} + \cdots + c_2 r + c_1 = 0 \tag{5-59}$$

设计如下分布式控制协议：

$$u_i = -\sum_{l=1}^{n} a_l x_{i,l} - \sum_{l=1}^{n-1} c_l x_{i,l+1} + \tau_i \tag{5-60}$$

其中，τ_i 是待设计的能够同时实现式（5-58）一致性和最小化代价函数的控制策略；u_i 中的其余项用于补偿 $\dot{\varphi}_i$ 中的局部信息。受文献[183]的启发，设计修正的能耗指标函数如下：

$$J_i(\tau_i, \tau_{\mathcal{N}_i}) = \int_0^\infty \left(R_i \tau_i^2 + \sum_{j=1}^{N} a_{ij} (\boldsymbol{\varepsilon}_{ij}^{\mathrm{T}} \boldsymbol{Q}_{ij} \boldsymbol{\varepsilon}_{ij} - R_j \tau_j^2) \right) \mathrm{d}t \tag{5-61}$$

其中，$\boldsymbol{\varepsilon}_{ij} = \left[\varepsilon_i, \varepsilon_j, \times\sum\limits_{l=1}^{N} a_{il}\varepsilon_l, \sum\limits_{l=1}^{N} a_{jl}\varepsilon_l \right]^{\mathrm{T}}$，$\varepsilon_i = \varphi_i - \sum\limits_{j=1}^{N}\alpha_j\varphi_j(0)$，$\varphi_j(0)$ 是 φ_j 的初始值；$R_i > 0$，$R_j > 0$；$\tau_{\mathcal{N}_i} = \{u_j \mid v_j \in \mathcal{N}_i\}$；

$$\boldsymbol{Q}_{ij}=\begin{bmatrix} Q_i & Q_{ij}^{12} & Q_{ij}^{13} & Q_{ij}^{14} \\ Q_{ij}^{12} & Q_{ij}^{22} & Q_{ij}^{23} & Q_{ij}^{24} \\ Q_{ij}^{13} & Q_{ij}^{23} & Q_{ij}^{33} & Q_{ij}^{34} \\ Q_{ij}^{14} & Q_{ij}^{24} & Q_{ij}^{34} & Q_{ij}^{44} \end{bmatrix}$$

其中，$Q_i>0$，$\boldsymbol{Q}_{ij}$ 中的其余项将在后面确定。

定义 5.1[184]：第 i 个自主体对其邻居策略 τ_{N_i} 的最优响应策略 τ_i^* 应满足 $J_i(\tau_i^*,\tau_{N_i})\leqslant J_i(\tau_i,\tau_{N_i})$（$\forall i\in\{1,2,\cdots,N\}$）。

定义 5.2[184]：若策略 $\{\tau_1^*,\tau_2^*,\cdots,\tau_N^*\}$ 满足

$$J_i(\tau_i^*,\tau_{-i}^*)\leqslant J_i(\tau_i,\tau_{-i}^*),\quad i=1,2,\cdots,N \tag{5-62}$$

其中，$\tau_{-i}=\{\tau_l\mid v_l\in\mathcal{V},l\neq i\}$ 表示除第 i 个自主体外其他所有自主体策略的集合，则称策略 $\{\tau_1^*,\tau_2^*,\cdots,\tau_N^*\}$ 满足 N 个自主体博弈的纳什均衡。

5.3.1 主要结果

本节的主要目标是设计策略 τ_i 来保证式（5-58）中的一致性和式（5-62）N 个自主体博弈的纳什均衡。

定义与能耗指标函数式（5-61）相对应的代价函数为

$$V_i(\tau_i,\tau_{N_i})=\int_t^\infty\left(R_i\tau_i^2+\sum_{j=1}^N a_{ij}(\boldsymbol{\varepsilon}_{ij}^{\mathrm{T}}\boldsymbol{Q}_{ij}\boldsymbol{\varepsilon}_{ij}-R_j\tau_j^2)\right)\mathrm{d}t \tag{5-63}$$

那么，哈密顿函数可以选择如下形式：

$$H_i(\tau_i,\tau_{N_i})=R_i\tau_i^2+\sum_{j=1}^N a_{ij}\left(\boldsymbol{\varepsilon}_{ij}^{\mathrm{T}}\boldsymbol{Q}_{ij}\boldsymbol{\varepsilon}_{ij}-R_j\tau_j^2\right)+\nabla V_i\dot{\varepsilon}_i \tag{5-64}$$

其中，$\nabla V_i=\partial V_i/\partial\varepsilon_i$。若每个自主体都采用最优响应策略，则式（5-62）中的纳什均衡可以实现[184]。利用极值条件 $\partial H_i/\partial\tau_i=0$，可得最优响应策略为

$$\tau_i^*=-\frac{1}{2}R_i^{-1}\nabla V_i \tag{5-65}$$

将式（5-65）代入式（5-64）可以得到如下 HJ 方程：

$$\sum_{j=1}^N a_{ij}\boldsymbol{\varepsilon}_{ij}^{\mathrm{T}}\boldsymbol{Q}_{ij}\boldsymbol{\varepsilon}_{ij}-\frac{1}{4}R_i^{-1}\nabla V_i^2-\frac{1}{4}\sum_{j=1}^N a_{ij}R_j^{-1}\nabla V_j^2=0 \tag{5-66}$$

引理 5.2：令 $V_i=P_i\sum_{j=1}^N a_{ij}(\varepsilon_i-\varepsilon_j)^2$ 为价值函数，若加权矩阵 $\boldsymbol{Q}_{ij}$ 选择为

$$\begin{cases} Q_{ij}^{12}=0 & Q_{ij}^{13}=-R_i^{-1}P_i^2 & Q_{ij}^{14}=0 \\ Q_{ij}^{22}=R_j^{-1}P_j^2l_{jj}^2 & Q_{ij}^{23}=0 & Q_{ij}^{24}=-R_j^{-1}P_j^2l_{jj} \\ Q_{ij}^{33}=R_i^{-1}P_i^2/l_{ii} & Q_{ij}^{34}=0 & Q_{ij}^{44}=R_j^{-1}P_j^2 \end{cases} \tag{5-67}$$

则 HJ 方程（5-66）对任意的 ε_i 和 ε_j 都成立。其中，$P_i=(Q_iR_il_{ii}^{-1})^{1/2}$，$P_j=(Q_jR_jl_{jj}^{-1})^{1/2}$。同时最优响应策略可以表示为

$$\tau_i^*=-R_i^{-1}P_i\sum_{j=1}^N a_{ij}(\varphi_i-\varphi_j) \tag{5-68}$$

证明：对 V_i 关于 ε_i 求偏导数可得 $\nabla V_i = 2P_i\sum_{j=1}^{N}a_{ij}(\varepsilon_i - \varepsilon_j)$。将 ∇V_i 代入式（5-66）有

$$\begin{aligned}
&\sum_{j=1}^{N}a_{ij}\boldsymbol{\varepsilon}_{ij}^{\mathrm{T}}\boldsymbol{Q}_{ij}\boldsymbol{\varepsilon}_{ij} - 0.25R_i^{-1}\left(4P_i^2l_{ii}^2\varepsilon_i^2 + 4P_i^2\left(\sum_{l=1}^{N}a_{il}\varepsilon_l\right)^2 - 8P_i^2l_{ii}\varepsilon_i\sum_{l=1}^{N}a_{il}\varepsilon_l\right) \\
&-0.25\sum_{j=1}^{N}a_{ij}R_j^{-1}\left(4P_j^2l_{jj}^2\varepsilon_j^2 + 4P_j^2\left(\sum_{l=1}^{N}a_{jl}\varepsilon_l\right)^2 - 8P_j^2l_{jj}\varepsilon_j\sum_{l=1}^{N}a_{jl}\varepsilon_l\right) \\
=&\sum_{j=1}^{N}a_{ij}\boldsymbol{\varepsilon}_{ij}^{\mathrm{T}}\boldsymbol{Q}_{ij}\boldsymbol{\varepsilon}_{ij} - R_i^{-1}P_i^2l_{ii}^2\varepsilon_i^2 - \sum_{j=1}^{N}a_{ij}R_j^{-1}P_j^2l_{jj}^2\varepsilon_j^2 - R_i^{-1}P_i^2\left(\sum_{l=1}^{N}a_{il}\varepsilon_l\right)^2 \\
&-\sum_{j=1}^{N}a_{ij}R_j^{-1}P_j^2\left(\sum_{l=1}^{N}a_{jl}\varepsilon_l\right)^2 + 2R_i^{-1}P_i^2l_{ii}\varepsilon_i\sum_{l=1}^{N}a_{il}\varepsilon_l + 2\sum_{j=1}^{N}a_{ij}R_j^{-1}P_j^2l_{jj}\varepsilon_j\sum_{l=1}^{N}a_{jl}\varepsilon_l \\
=&0
\end{aligned} \tag{5-69}$$

式（5-69）可进一步改写为

$$\sum_{j=1}^{N}a_{ij}\boldsymbol{\varepsilon}_{ij}^{\mathrm{T}}(\boldsymbol{Q}_{ij} - \boldsymbol{\Lambda}_{ij})\boldsymbol{\varepsilon}_{ij} = 0 \tag{5-70}$$

其中，

$$\boldsymbol{\Lambda}_{ij} = \begin{bmatrix} R_i^{-1}P_i^2l_{ii} & 0 & -R_i^{-1}P_i^2 & 0 \\ 0 & R_j^{-1}P_j^2l_{jj}^2 & 0 & -R_j^{-1}P_j^2l_{jj} \\ -R_i^{-1}P_i^2 & 0 & \dfrac{R_i^{-1}P_i^2}{l_{ii}} & 0 \\ 0 & -R_j^{-1}P_j^2l_{jj} & 0 & R_j^{-1}P_j^2 \end{bmatrix}$$

由式（5-70）可知，当加权矩阵 $\boldsymbol{Q}_{ij}$ 中的参数项与式（5-67）一致时，则式（5-66）对任意的 ε_i 和 ε_j 均成立。

进一步地，将 $\nabla V_i = 2P_i\sum_{j=1}^{N}a_{ij}(\varepsilon_i - \varepsilon_j)$ 代入式（5-65）可得最优响应策略如下：

$$\tau_i^* = -R_i^{-1}P_i\sum_{j=1}^{N}a_{ij}(\varepsilon_i - \varepsilon_j) = -R_i^{-1}P_i\sum_{j=1}^{N}a_{ij}(\varphi_i - \varphi_j) \tag{5-71}$$

证明完毕。

注 5.6：值得注意的是，代价函数式（5-61）中的加权矩阵 $\boldsymbol{Q}_{ij}$ 需要满足 $\boldsymbol{Q}_{ij} \geqslant 0$。令 $\boldsymbol{Q}_{ij}$ 如式（5-67）所示，即

$$\boldsymbol{Q}_{ij} = \begin{bmatrix} Q_i & 0 & -R_i^{-1}P_i^2 & 0 \\ 0 & R_j^{-1}P_j^2l_{jj}^2 & 0 & -R_j^{-1}P_j^2l_{jj} \\ -R_i^{-1}P_i^2 & 0 & R_i^{-1}P_i^2l_{ii}^{-1} & 0 \\ 0 & -R_j^{-1}P_j^2l_{jj} & 0 & R_j^{-1}P_j^2 \end{bmatrix} \tag{5-72}$$

然后利用 $Q_i = R_i^{-1}P_i^2l_{ii}$，计算出 $\boldsymbol{Q}_{ij}$ 的特征值如下：

$$\{0, 0, Q_i + R_i^{-1}P_i^2 / l_{ii}, R_j^{-1}P_j^2l_{jj}^2 + R_j^{-1}P_j^2\} \tag{5-73}$$

由式（5-73）可知，对于所有可能的 $R_i > 0$ 和 $Q_i > 0$，矩阵 $\boldsymbol{Q}_{ij}$ 的特征值都是非负的，这表明 $\boldsymbol{Q}_{ij} \geqslant 0$ 成立。

注 5.7：若拓扑图中只包含以自主体 i 为根的有向生成树，则 $l_{ii} = 0$。在这种情况下，HJ 方程[式（5-66）]对自主体 i 始终成立，即 $H_i(\tau_i^*, \tau_{N_i}^*) \equiv 0$。因此，$\boldsymbol{Q}_{ij}$ 的元素可以选择为任意满足 $\boldsymbol{Q}_{ij} \geqslant 0$ 的值，不需要满足式（5-67）中的条件。此外，参数 P_i 可以选择为任意正常数。值得一提的是，领航-跟随一致性可以看作无领航者一致性的一种特殊情况。当拓扑图中只包含一个以自主体 i 为根的有向生成树，且自主体 i 作为领航者时，无领航者的一致性可以转化为领航-跟随一致性。

注 5.8：由式（5-60）和式（5-68）可知，a_l 和 c_l 依赖于个体自主体的动力学过程和维数，R_i 可以是任意的正实数，P_i 依赖于自主体 i 与邻居之间的通信信息。因此，控制协议中的增益参数与通信拓扑的全局信息无关，每个自主体以完全分布式的方式管理其各自的控制协议。

注 5.9：本节所研究的多自主体图博弈可以看作一个多自主体追逃博弈问题，每个逃避者都以最小化式（5-63）中的代价函数为目标。对于第 i 个逃避者，第一项 $R_i \tau_i^2$ 用于最小化自身控制代价，第二项 $\sum_{j=1}^{N} a_{ij} \boldsymbol{\varepsilon}_{ij}^{\mathrm{T}} \boldsymbol{Q}_{ij} \boldsymbol{\varepsilon}_{ij}$ 用于最小化与其他逃避者的距离以避免被孤立，第三项 $\sum_{j=1}^{N} a_{ij} R_j \tau_j^2$ 用于最大化其他逃避者的控制代价，以使得第 i 个逃避者有更多的机会逃离追捕者。因此，本节所提出的控制策略在导弹制导和自动驾驶车辆的竞争博弈方面有很大的应用潜力[183]。

接下来将证明使用所提出的协议可以同时实现式（5-58）中的一致性和式（5-62）中 N 个自主体博弈的纳什均衡。

定理 5.5：当拓扑图有一个有向生成树时，式（5-60）和式（5-68）中设计的协议可以同时实现式（5-58）中的一致性和式（5-62）中的纳什均衡，并且最终的一致性状态为

$$x_c = c_1^{-1} \sum_{j=1}^{N} \alpha_j \varphi_j(0) \tag{5-74}$$

证明：将 φ_i 对时间求导有

$$\dot{\varphi}_i = \sum_{l=1}^{n-1} c_l \dot{x}_{i,l} + \dot{x}_{i,n} = \sum_{l=1}^{n-1} c_l x_{i,l+1} + \sum_{l=1}^{n} a_l x_{i,l} + u_i \tag{5-75}$$

将式（5-60）和式（5-68）代入式（5-75）可得

$$\dot{\varphi}_i = -R_i^{-1} P_i \sum_{j=1}^{N} a_{ij} (\varphi_i - \varphi_j) \tag{5-76}$$

由式（5-76）可知，若拓扑图有一个有向生成树，则 φ_i 可以达成一致性[181]，即

$$\lim_{t \to \infty} \varphi_i = \sum_{j=1}^{N} \alpha_j \varphi_j(0) \tag{5-77}$$

令 $\varphi_c = \sum_{j=1}^{N} \alpha_j \varphi_j(0)$，则当 $\varphi_i = \varphi_c$ 时，可以得到如下非齐次线性微分方程：

$$x_{i,1}^{(n-1)} + c_{n-1}x_{i,1}^{(n-2)} + \cdots + c_2\dot{x}_{i,1} + c_1 x_{i,1} = \varphi_c \tag{5-78}$$

式（5-78）的解为 $x_{i,1} = g_{i,1} + p_{i,1}$，其中，$p_{i,1}$ 表示式（5-78）的特解，$g_{i,1}$ 是如下齐次线性微分方程的通解：

$$g_{i,1}^{(n-1)} + c_{n-1}g_{i,1}^{(n-2)} + \cdots + c_2\dot{g}_{i,1} + c_1 g_{i,1} = 0 \tag{5-79}$$

值得注意的是，式(5-79)的特征方程可以表示成式(5-59)的形式。由于 $c_l(l=1,2,\cdots,n-1)$ 的选取，式（5-59）的所有根都有负实部，这表明 $\lim\limits_{t\to\infty} g_{i,1} = 0$。注意到非齐次项 φ_c 是常数，因此，式（5-78）中的特解 $p_{i,1}$ 可以定义为

$$p_{i,1} = d_0 + d_1 t + d_2 t^2 + \cdots + d_{n-1}t^{n-1} \tag{5-80}$$

利用待定系数法，令 $d_0 = c_1^{-1}\varphi_c$；对于 $l = 1,2,\cdots,n-1$，令 $d_l = 0$，则式（5-78）的特解为 $p_{i,1} = c_1^{-1}\varphi_c$。因此有 $x_{i,1} = g_{i,1} + p_{i,1} = g_{i,1} + c_1^{-1}\varphi_c$，这意味着 $\lim\limits_{t\to\infty} x_{i,1} = c_1^{-1}\varphi_c$，即最终的一致性状态为 $x_c = c_1^{-1}\varphi_c = c_1^{-1}\sum\limits_{j=1}^{N}\alpha_j\varphi_j(0)$。此外，因为 $x_{i,l} = x_{i,1}^{(l-1)}(l = 2,3,\cdots,n)$，由此可得 $\lim\limits_{t\to\infty} x_{i,l} = 0$。因此，式（5-58）中的一致性行为可由式（5-74）给出的最终一致性状态保证。

由于值函数 V_i 二次连续可微，且其梯度 ∇V_i 是严格单调的，因此当且仅当 $\nabla V_i = 0$ $(\forall i \in \{1,2,\cdots,N\})$ 成立时，N 个自主体博弈在策略 $\{\tau_1^*, \tau_2^*, \cdots, \tau_N^*\}$ 上存在唯一的纳什均衡解[185]。此外，基于 $\lim\limits_{t\to\infty}\varepsilon_i = \lim\limits_{t\to\infty}\varepsilon_j = 0$，可得 $\lim\limits_{t\to\infty}\nabla V_i = 0$ $(\forall i \in \{1,2,\cdots,N\})$。因此，当 $t\to\infty$ 时，就能达到式（5-62）中的纳什均衡。

证明完毕。

为了进一步说明控制协议式（5-60）和式（5-71）的设计过程，在图 5-10 中给出了相应的控制框图。

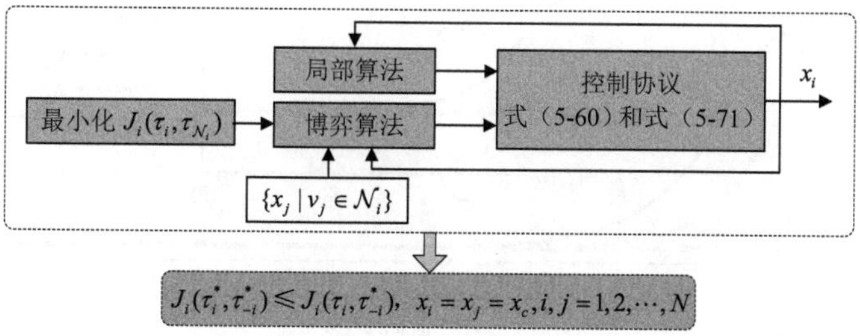

图 5-10　协议的控制框图

5.3.2　无领航者高阶线性多自主体系统分布式博弈仿真算例

考虑一个由 5 个自主体组成的多自主体系统，其通信拓扑结构如图 5-11 所示。

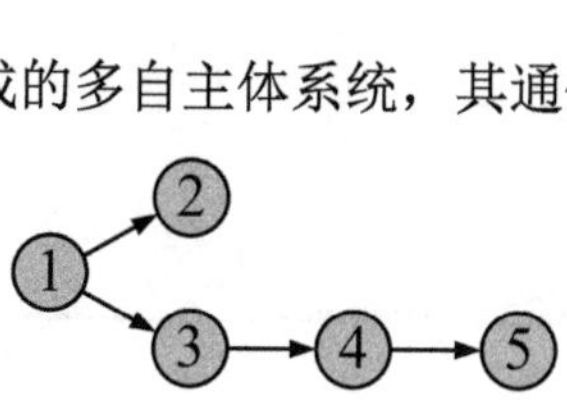

图 5-11　5 个自主体之间的通信拓扑结构

每个自主体由式（5-57）建模，其中，$n=4$，$a_1=a_2=1$，$a_3=a_4=2$。初始条件给定为$x_{i,1}(0)=0.3(i+2)$，$x_{i,2}(0)=0.4(i-3)$，$x_{i,3}(0)=0.2(i-1)$，$x_{i,4}(0)=0.2(i-2)$（$i=1,2,\cdots,5$）。令特征方程（5-59）为$(r+1)^3=0$，可以计算出$c_1=1$，$c_2=c_3=3$。由图 5-11 可以看出，拓扑图中只包含一个以自主体 1 为根的有向生成树，即$l_{11}=0$。根据注 5.7，对于$j=1,2,\cdots,5$，可以选择$\boldsymbol{Q}_{1j}=\boldsymbol{I}_4$。此外，对于$i=1,2,\cdots,5$的情形，可以选择$Q_i=1$和$R_i=10$。

$x_{i,1}$和$\overline{x}_i=\sqrt{x_{i,2}^2+x_{i,3}^2+x_{i,4}^2}$的状态范数演化轨迹如图 5-12 和图 5-13 所示。由图 5-12 和图 5-13 可以看出，式（5-58）中的一致性行为可以通过所提出的协议来实现，即$\lim\limits_{t\to\infty}x_{i,1}=x_c$和$\lim\limits_{t\to\infty}x_{i,l}=0$（$l=2,3,4$）。选取非负向量$\boldsymbol{\alpha}=[1,0,0,0,0]^{\mathrm{T}}$，根据式（5-74）可计算出理论上的最终一致性状态为$x_c=-1.7$，这与图 5-12 中的结果一致。

为了进一步说明式（5-68）中设计最优响应策略τ_i^*的优势，将其与非纳什均衡的策略进行比较。令自主体 2 的非纳什均衡策略为$\tau_2=-k\sum\limits_{j=1}^{N}a_{ij}(\varphi_i-\varphi_j)$（$k\in\{0.2,0.4,0.6\}$），其他自主体的策略采用式（5-68）计算得出。上述情况下的策略集可表示为$\{\tau_1^*,\tau_2,\tau_3^*,\tau_4^*,\tau_5^*\}$。图 5-14 给出了自主体 2 分别采用纳什均衡策略和非纳什均衡策略时能耗指标函数的轨迹示意图。图中，实线表示采用纳什均衡策略$\{\tau_1^*,\tau_2^*,\tau_3^*,\tau_4^*,\tau_5^*\}$的情况，虚线表示采用非纳什均衡策略$\{\tau_1^*,\tau_2,\tau_3^*,\tau_4^*,\tau_5^*\}$的情况（红线：$k=0.2$，绿线：$k=0.4$，棕线：$k=0.6$）。从图 5-14 中可以看出，相对于非纳什均衡策略的情况，使用纳什均衡的策略集的能耗指标函数的最大值明显小于使用非纳什均衡的策略集的能耗指标函数的最大值。

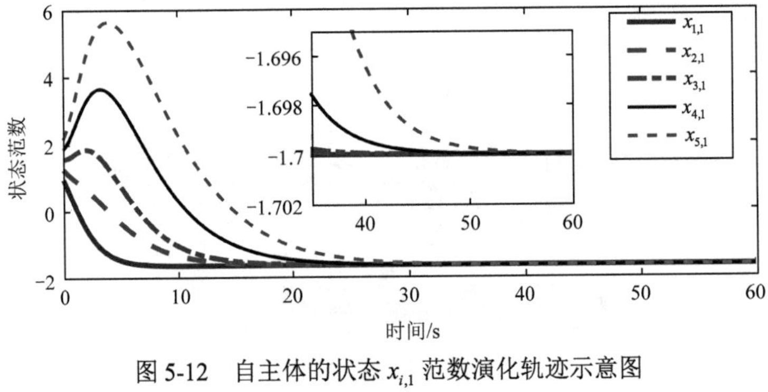

图 5-12　自主体的状态 $x_{i,1}$ 范数演化轨迹示意图

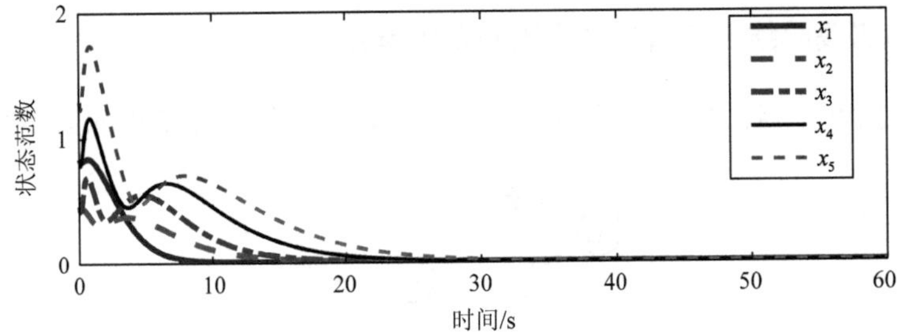

图 5-13　自主体的状态 $\overline{x}_i$ 范数演化轨迹示意图

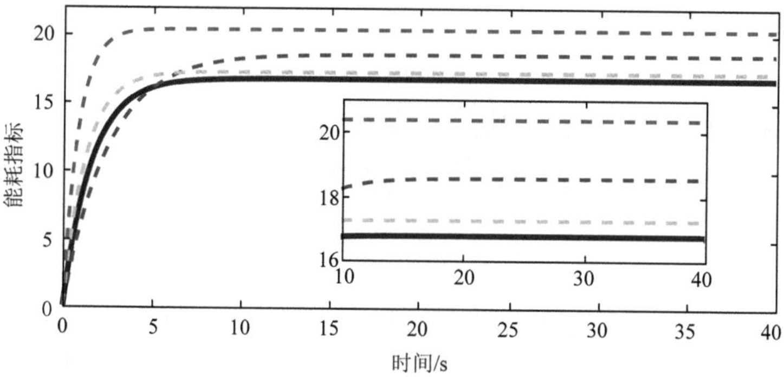

彩图 5-14

图 5-14　自主体 2 的能耗指标函数演化轨迹示意图

本 章 小 结

本章主要研究了基于无领航者的多自主体系统分布式优化控制问题。首先利用自主体及其邻居之间的相对信息，设计能够保证一般线性多自主体系统一致性的分布式控制协议，并证明了所提出的协议可以保证能耗指标函数在特定的最优控制增益下的全局优化。进一步地，针对高阶线性多自主体系统的分布式平均一致性最优控制问题，设计了不依赖通信拓扑信息的全分布式最优一致性控制协议，其中，协议的控制增益矩阵参数可通过求解标准的 ARE 获得。针对高阶线性多自主体系统的分布式博弈优化控制问题，提出一种描述微分图博弈的修正能耗指标函数，设计了能够同时保证高阶线性多自主体系统的一致性和全局纳什均衡的全分布式优化控制策略。最后通过不同的仿真算例验证了所提出方法的有效性。

第 6 章　线性连续多自主体系统鲁棒分布式优化控制

在实际作业工况中，未知的外部环境分量能够给多自主体控制系统带来不可避免的动态干扰。此外，传感器系统元器件在机械制作工艺上存在误差，导致控制系统存在模型结构或参数不确定性。本章将分别针对存在系统模型不确定和外部扰动不确定的线性多自主体系统，设计能够实现系统领航-跟随一致性的鲁棒优化控制策略。

6.1　不确定线性多自主体系统的鲁棒分布式优化控制

假设 6.1：系统由 1 个领航者（标记为节点 v_{N+1}）和 N 个跟随者（标记为节点 $v_1,v_2,\cdots,v_N$）组成，其通信拓扑图包含一个以节点 v_{N+1} 为根的有向生成树，以及由节点 $v_1,v_2,\cdots,v_N$ 组成的子图（子图是无向的）。

基于假设 6.1，通信拓扑图的拉普拉斯矩阵 $\mathcal{L}$ 可重写为

$$\mathcal{L}=\begin{bmatrix}\mathcal{L}_1 & \mathcal{L}_2\\ \mathcal{L}_3 & \mathcal{L}_4\end{bmatrix} \tag{6-1}$$

其中，$\mathcal{L}_1\in\Re^{N\times N}$，$\mathcal{L}_2\in\Re^{N\times 1}$，$\mathcal{L}_3\in\Re^{1\times N}$ 和 $\mathcal{L}_4\in\Re^{1\times 1}$。基于文献[5]、文献[165]和文献[186]，易得矩阵 $\mathcal{L}$ 是正定的。

考虑一组具有不确定线性动力学的 N+1 个自主体，其动力学方程如下：

$$\dot{\boldsymbol{x}}_i=(\boldsymbol{A}_0+\Delta\boldsymbol{A})\boldsymbol{x}_i(t)+\boldsymbol{B}\boldsymbol{u}_i(t),\ i=1,2,\cdots,N+1 \tag{6-2}$$

其中，$\boldsymbol{x}_i(t)\in\Re^p$ 和 $\boldsymbol{u}_i(t)\in\Re^q$ 分别表示系统状态量和控制输入；$\boldsymbol{A}_0$ 和 $\boldsymbol{B}$ 表示参数已知的系统矩阵；$\Delta\boldsymbol{A}$ 表示系统的不确定参数矩阵。为了便于描述，令矩阵 $\boldsymbol{A}=\boldsymbol{A}_0+\Delta\boldsymbol{A}$。本节的目标是设计一类控制协议，以保证多自主体系统的领航-跟随一致性，即 $\lim\limits_{t\to\infty}\|\boldsymbol{x}_i(t)-\boldsymbol{x}_{N+1}(t)\|=0$（$i=1,2,\cdots,N$），同时实现全局能耗指标函数的鲁棒最优化。此外，假设领航者的控制输入为 $\boldsymbol{u}_{N+1}=0$。

6.1.1　主要结果

本节旨在设计分布式控制协议，以保证式（6-2）中多自主体系统的领航-跟随的一致性和全局能耗指标函数的鲁棒最优化。

令 $\boldsymbol{\epsilon}_i=\sum\limits_{j=1}^{N+1}a_{ij}(\boldsymbol{x}_i-\boldsymbol{x}_j)$（$i=1,2,\cdots,N$），其全局形式可表示为

$$\boldsymbol{\epsilon}=(\mathcal{L}_1\otimes\boldsymbol{I}_p)(\boldsymbol{X}-\boldsymbol{1}_N\otimes\boldsymbol{x}_{N+1}) \tag{6-3}$$

其中，$\boldsymbol{\epsilon}=[\boldsymbol{\epsilon}_1^{\mathrm{T}},\boldsymbol{\epsilon}_2^{\mathrm{T}},\cdots,\boldsymbol{\epsilon}_N^{\mathrm{T}}]^{\mathrm{T}}$，$\boldsymbol{X}=[\boldsymbol{x}_1^{\mathrm{T}},\boldsymbol{x}_2^{\mathrm{T}},\cdots,\boldsymbol{x}_N^{\mathrm{T}}]^{\mathrm{T}}$。基于$\boldsymbol{u}_{N+1}=0$的假设，可推导出式（6-3）对时间的导数为

$$\dot{\boldsymbol{\epsilon}}=(\boldsymbol{I}_N\otimes\boldsymbol{A})\boldsymbol{\epsilon}+(\boldsymbol{\mathcal{L}}_1\otimes\boldsymbol{B})\boldsymbol{U}\tag{6-4}$$

其中，$\boldsymbol{U}=[\boldsymbol{u}_1^{\mathrm{T}},\boldsymbol{u}_2^{\mathrm{T}},\cdots,\boldsymbol{u}_N^{\mathrm{T}}]^{\mathrm{T}}$。注意到当且仅当式（6-4）中的系统渐近稳定时，可实现系统的领航-跟随一致性，即$\lim\limits_{t\to\infty}\|\boldsymbol{x}_i-\boldsymbol{x}_{N+1}\|=0$（$i=1,2,\cdots,N$）。

1. 鲁棒分布式最优控制

假设 6.2[187]：不确定参数矩阵$\Delta\boldsymbol{A}$满足$\Delta\boldsymbol{A}=\boldsymbol{D\Sigma E}$，其中，$\boldsymbol{D}$和$\boldsymbol{E}$是已知的常数矩阵，$\boldsymbol{\Sigma}$是满足$\|\boldsymbol{\Sigma}\|\leqslant 1$的未知参数矩阵。

基于假设 6.2，不确定参数矩阵$\Delta\boldsymbol{A}$的上确界可用矩阵$\boldsymbol{D}$和$\boldsymbol{E}$来描述。

设计如下分布式控制协议：

$$\boldsymbol{u}_i=-c\boldsymbol{K}\boldsymbol{\epsilon}_i,\quad i=1,2,\cdots,N\tag{6-5}$$

其中，加权参数c为大于零的常数；$\boldsymbol{K}$为待设计的控制增益矩阵。接下来证明式（6-5）中提出的协议能够保证多自主体系统的领航-跟随的一致性和全局能耗指标函数的鲁棒最优化。

定理 6.1：给定矩阵$\boldsymbol{R}=\boldsymbol{R}^{\mathrm{T}}>0$和$\boldsymbol{Q}=\boldsymbol{Q}^{\mathrm{T}}\geqslant 0$，加权参数和控制增益矩阵分别设计为$c\geqslant 1/\sigma_{\min}\{\boldsymbol{\mathcal{L}}_1\}$和$\boldsymbol{K}=\boldsymbol{R}^{-1}\boldsymbol{B}^{\mathrm{T}}\boldsymbol{P}$，当如下 ARE

$$\boldsymbol{PA}_0+\boldsymbol{A}_0^{\mathrm{T}}\boldsymbol{P}+\boldsymbol{Q}+\boldsymbol{E}^{\mathrm{T}}\boldsymbol{E}-\boldsymbol{P}(\boldsymbol{BR}^{-1}\boldsymbol{B}^{\mathrm{T}}-\boldsymbol{DD}^{\mathrm{T}})\boldsymbol{P}=0\tag{6-6}$$

存在唯一可行解$\boldsymbol{P}=\boldsymbol{P}^{\mathrm{T}}>0$时，控制协议（6-5）能够保证系统（6-4）的渐近稳定性，同时全局能耗指标函数

$$J=\int_0^{\infty}0.5(\boldsymbol{\epsilon}^{\mathrm{T}}\boldsymbol{\mathcal{Q}}\boldsymbol{\epsilon}+\boldsymbol{U}^{\mathrm{T}}\boldsymbol{\mathcal{R}}\boldsymbol{U})\mathrm{d}t\tag{6-7}$$

可实现最优化。其中加权矩阵分别选择为

$$\boldsymbol{\mathcal{R}}=c^{-1}\boldsymbol{\mathcal{L}}_1\otimes\boldsymbol{R},\boldsymbol{\mathcal{Q}}=\boldsymbol{I}_N\otimes(\boldsymbol{Q}-\boldsymbol{PBR}^{-1}\boldsymbol{B}^{\mathrm{T}}\boldsymbol{P}+\boldsymbol{Q}_{un})+c\boldsymbol{\mathcal{L}}_1\otimes\boldsymbol{PBR}^{-1}\boldsymbol{B}^{\mathrm{T}}\boldsymbol{P}$$
$$\boldsymbol{Q}_{un}=\boldsymbol{PDDP}+\boldsymbol{E}^{\mathrm{T}}\boldsymbol{E}-\boldsymbol{PD\Sigma E}-\boldsymbol{E}^{\mathrm{T}}\boldsymbol{\Sigma}^{\mathrm{T}}\boldsymbol{D}^{\mathrm{T}}\boldsymbol{P}$$

证明：接下来分别证明式（6-4）中的系统渐近稳定性和式（6-7）中的全局能耗指标函数的最优化。

1）系统稳定性

选择$\boldsymbol{V}_1=0.5\boldsymbol{\epsilon}^{\mathrm{T}}(\boldsymbol{I}_N\otimes\boldsymbol{P})\boldsymbol{\epsilon}$为系统（6-4）的李雅普诺夫函数，基于控制协议（6-5），$\boldsymbol{V}_1$对时间导数可表示为

$$\begin{aligned}\dot{\boldsymbol{V}}_1&=\boldsymbol{\epsilon}^{\mathrm{T}}(\boldsymbol{I}_N\otimes\boldsymbol{P})\dot{\boldsymbol{\epsilon}}\\&=\boldsymbol{\epsilon}^{\mathrm{T}}(\boldsymbol{I}_N\otimes\boldsymbol{P})\big((\boldsymbol{I}_N\otimes\boldsymbol{A})\boldsymbol{\epsilon}+(\boldsymbol{\mathcal{L}}_1\otimes\boldsymbol{B})\boldsymbol{U}\big)\\&=\boldsymbol{\epsilon}^{\mathrm{T}}\big(\boldsymbol{I}_N\otimes\boldsymbol{P}(\boldsymbol{A}_0+\boldsymbol{D\Sigma E})\big)\boldsymbol{\epsilon}-\boldsymbol{\epsilon}^{\mathrm{T}}(c\boldsymbol{\mathcal{L}}_1\otimes\boldsymbol{PBK})\boldsymbol{\epsilon}\\&=0.5\boldsymbol{\epsilon}^{\mathrm{T}}\big(\boldsymbol{I}_N\otimes(\boldsymbol{PA}_0+\boldsymbol{A}_0^{\mathrm{T}}\boldsymbol{P})\big)\boldsymbol{\epsilon}-\boldsymbol{\epsilon}^{\mathrm{T}}(c\boldsymbol{\mathcal{L}}_1\otimes\boldsymbol{PBK})\boldsymbol{\epsilon}\\&\quad+0.5\boldsymbol{\epsilon}^{\mathrm{T}}\big(\boldsymbol{I}_N\otimes(\boldsymbol{PD\Sigma E}+\boldsymbol{E}^{\mathrm{T}}\boldsymbol{\Sigma}^{\mathrm{T}}\boldsymbol{D}^{\mathrm{T}}\boldsymbol{P})\big)\boldsymbol{\epsilon}\end{aligned}\tag{6-8}$$

将控制增益矩阵$\boldsymbol{K}=\boldsymbol{R}^{-1}\boldsymbol{B}^{\mathrm{T}}\boldsymbol{P}$和式（6-6）代入式（6-8）有

$$\begin{aligned}\dot{V}_1 &= 0.5\epsilon^{\mathrm{T}}\left(I_N \otimes (PBR^{-1}B^{\mathrm{T}}P - Q - E^{\mathrm{T}}E - PDD^{\mathrm{T}}P)\right)\epsilon \\ &\quad + 0.5\epsilon^{\mathrm{T}}\left(I_N \otimes (PD\Sigma E + E^{\mathrm{T}}\Sigma^{\mathrm{T}}D^{\mathrm{T}}P)\right)\epsilon - \epsilon^{\mathrm{T}}(c\mathcal{L}_1 \otimes PBR^{-1}B^{\mathrm{T}}P)\epsilon \\ &= -0.5\epsilon^{\mathrm{T}}(I_N \otimes Q)\epsilon - 0.5\epsilon^{\mathrm{T}}(I_N \otimes Q_{un})\epsilon + 0.5\epsilon^{\mathrm{T}}(I_N \otimes PBR^{-1}B^{\mathrm{T}}P)\epsilon \\ &\quad - \epsilon^{\mathrm{T}}(c\mathcal{L}_1 \otimes PBR^{-1}B^{\mathrm{T}}P)\epsilon\end{aligned} \tag{6-9}$$

基于 Q_{un} 的表达式有

$$\begin{aligned}Q_{un} &= PDD^{\mathrm{T}}P + E^{\mathrm{T}}E - PD\Sigma E - E^{\mathrm{T}}\Sigma^{\mathrm{T}}D^{\mathrm{T}}P \\ &\geqslant PDD^{\mathrm{T}}P + E^{\mathrm{T}}\Sigma^{\mathrm{T}}\Sigma E - PD\Sigma E - E^{\mathrm{T}}\Sigma^{\mathrm{T}}D^{\mathrm{T}}P \\ &= (PD - E^{\mathrm{T}}\Sigma^{\mathrm{T}})(D^{\mathrm{T}}P - \Sigma E) \\ &\geqslant 0\end{aligned} \tag{6-10}$$

因此，式（6-9）可看作

$$\begin{aligned}\dot{V}_1 &\leqslant -0.5\epsilon^{\mathrm{T}}(I_N \otimes Q)\epsilon + 0.5\epsilon^{\mathrm{T}}(I_N \otimes PBR^{-1}B^{\mathrm{T}}P)\epsilon - \epsilon^{\mathrm{T}}(c\mathcal{L}_1 \otimes PBR^{-1}B^{\mathrm{T}}P)\epsilon \\ &\leqslant -0.5\epsilon^{\mathrm{T}}\left(I_N \otimes (Q + PBR^{-1}B^{\mathrm{T}}P)\right)\epsilon\end{aligned} \tag{6-11}$$

基于文献[166]和文献[167]，由式（6-11）可知式（6-4）在加权矩阵满足 $R>0$ 和 $Q\geqslant 0$ 时渐近稳定。

2）全局能耗指标函数的最优化

令 $\phi(\epsilon,U) = 0.5\left(U^{\mathrm{T}} + \epsilon^{\mathrm{T}}(I_N \otimes cK^{\mathrm{T}})\right)\mathcal{R}\left(U + (I_N \otimes cK)\epsilon\right)$，则有

$$\begin{aligned}\phi(\epsilon,U) &= 0.5U^{\mathrm{T}}\mathcal{R}U + v\epsilon^{\mathrm{T}}(c\mathcal{L}_1 \otimes PBR^{-1}B^{\mathrm{T}}P)\epsilon + \epsilon^{\mathrm{T}}(\mathcal{L}_1 \otimes PB)U \\ &= 0.5U^{\mathrm{T}}\mathcal{R}U + 0.5\epsilon^{\mathrm{T}}\mathcal{Q}\epsilon - 0.5\epsilon^{\mathrm{T}}(I_N \otimes Q_{un})\epsilon \\ &\quad + 0.5\epsilon^{\mathrm{T}}\left(I_N \otimes (PBR^{-1}B^{\mathrm{T}}P - Q)\right)\epsilon + \epsilon^{\mathrm{T}}(\mathcal{L}_1 \otimes PB)U\end{aligned} \tag{6-12}$$

将 ARE[式（6-6）]代入式（6-12）中得到

$$\begin{aligned}\phi(\epsilon,U) &= 0.5U^{\mathrm{T}}\mathcal{R}U + 0.5\epsilon^{\mathrm{T}}\mathcal{Q}\epsilon - 0.5\epsilon^{\mathrm{T}}(I_N \otimes Q_{un})\epsilon + 0.5\epsilon^{\mathrm{T}}(I_N \otimes (PA_0 + A_0^{\mathrm{T}}P))\epsilon \\ &\quad + \epsilon^{\mathrm{T}}(\mathcal{L}_1 \otimes PB)U + 0.5\epsilon^{\mathrm{T}}(I_N \otimes (PDD^{\mathrm{T}}P + E^{\mathrm{T}}E))\epsilon \\ &= 0.5U^{\mathrm{T}}\mathcal{R}U + 0.5\epsilon^{\mathrm{T}}\mathcal{Q}\epsilon + \epsilon^{\mathrm{T}}(I_N \otimes P)\left((I_N \otimes A)\epsilon + (\mathcal{L}_1 \otimes B)U\right)\end{aligned} \tag{6-13}$$

其中，$Q_{un} = PDD^{\mathrm{T}}P + E^{\mathrm{T}}E - PD\Sigma E - E^{\mathrm{T}}\Sigma^{\mathrm{T}}D^{\mathrm{T}}P$，$A = A_0 + \Delta A$。式（6-13）可进一步写为

$$\begin{aligned}\phi(\epsilon,U) &= 0.5U^{\mathrm{T}}\mathcal{R}U + 0.5\epsilon^{\mathrm{T}}\mathcal{Q}\epsilon + \epsilon^{\mathrm{T}}(I_N \otimes P)\dot{\epsilon} \\ &= 0.5U^{\mathrm{T}}\mathcal{R}U + 0.5\epsilon^{\mathrm{T}}\mathcal{Q}\epsilon + \dot{V}_1\end{aligned} \tag{6-14}$$

这表明

$$J = \int_0^{\infty} 0.5(U^{\mathrm{T}}\mathcal{R}U + \epsilon^{\mathrm{T}}\mathcal{Q}\epsilon)\mathrm{d}t = \int_0^{\infty}\phi(\epsilon,U)\mathrm{d}t - \int_0^{\infty}\dot{V}_1\mathrm{d}t \tag{6-15}$$

此外，由于 $c>0$ 和 $R>0$ 成立，因此 $\phi(\epsilon,U)\geqslant 0$ 成立。进一步地，当控制协议具有如式（6-5）的形式时，$\phi^*(\epsilon,U)=0$ 成立。因此，由式（6-15）可知全局能耗指标函数满足 $J\geqslant -\int_0^{\infty}\dot{V}_1\mathrm{d}t$，可得最优（最小）能耗指标函数值 $J^* = -\int_0^{\infty}\dot{V}_1\mathrm{d}t$。同时，由于式（6-4）中的系统是渐近稳定的，可得 $\lim\limits_{t\to\infty}V_1 = 0$，则能耗指标函数的最优值可表示为

$$J^{*}=V_1(0)-\lim_{t\to\infty}V_1=V_1(0) \tag{6-16}$$

其中，$V_1(0)$ 表示函数 V_1 的初始值。

基于 $c>0$，$R>0$ 和假设 6.1，权重矩阵满足 $\mathcal{R}>0$。此外，由于矩阵 $Q\geqslant 0$ 和 $Q_{un}\geqslant 0$ 成立，则有

$$\mathcal{Q}\geqslant(c\mathcal{L}_1-I_N)\otimes PBR^{-1}B^{\mathrm{T}}P \tag{6-17}$$

因此，条件 $c\geqslant 1/\sigma_{\min}\{\mathcal{L}_1\}$ 可以保证矩阵 $\mathcal{Q}$ 的半正定性。

定理 6.1 中的所有条件均满足，证明完毕。

注 6.1：值得指出的是，ARE［式（6-6）］可以改写为

$$PA_0+A_0^{\mathrm{T}}P+CC^{\mathrm{T}}-P\Phi P=0 \tag{6-18}$$

其中，$C=[Q^{1/2},E^{\mathrm{T}}]$，$\Phi=BR^{-1}B^{\mathrm{T}}-DD^{\mathrm{T}}$。利用谱分解方法，对称矩阵 Φ 可以写成 $\Phi=B_{\Phi}S_{\Phi}B_{\Phi}^{\mathrm{T}}$，其中，$S_{\Phi}$ 是一个对角矩阵，它的元素是 Φ 的特征值；B_{Φ} 是一个正交矩阵。注意到当且仅当 $DD^{\mathrm{T}}\leqslant BR^{-1}B^{\mathrm{T}}$ 成立时，Φ 是非负的。因此，基于文献[171]，若 (A_0,B_{Φ}) 是可稳定的，(C,A_0) 是可检测的，且 $DD^{\mathrm{T}}\leqslant BR^{-1}B^{\mathrm{T}}$ 成立时，ARE［式（6-6）］具有唯一正定解 $P>0$。

接下来给出满足 $DD^{\mathrm{T}}\leqslant BR^{-1}B^{\mathrm{T}}$ 的容许矩阵 D 的计算方法。

步骤 1：对矩阵 $BR^{-1}B^{\mathrm{T}}$ 进行谱分解，得到 $BR^{-1}B^{\mathrm{T}}=vSv^{\mathrm{T}}$，其中，$S=\mathrm{diag}\{\lambda_1,\lambda_2,\cdots,\lambda_p\}$ 表示一个对角矩阵，其元素为矩阵 $BR^{-1}B^{\mathrm{T}}$ 的特征值；v 为正交矩阵。

步骤 2：令 $S=\mathrm{diag}\{\lambda_1-\delta_1,\lambda_2-\delta_2,\cdots,\lambda_p-\delta_p\}$，其中，$0\leqslant\delta_n<\lambda_n(n=1,2,\cdots,p)$。矩阵 S_δ 是正定的且满足 $S_\delta\leqslant S$，因此可以对二阶方程 $vS_\delta v^{\mathrm{T}}$ 进行 Cholesky 分解，得到满足 $DD^{\mathrm{T}}\leqslant BR^{-1}B^{\mathrm{T}}$ 的矩阵 D，即 $DD^{\mathrm{T}}=vS_\delta v^{\mathrm{T}}$。

此外，矩阵 $BR^{-1}B^{\mathrm{T}}$ 在控制输入 u_i 的阶数比状态 x_i 阶数低的情况下具有零特征值。值得注意的是，在这种情况下，S_δ 是非负的，而不是正定的，这表明 Cholesky 分解方法不能应用于矩阵 $vS_\delta v^{\mathrm{T}}$。在这种情况下，可通过选择 $D=BR_1^{1/2}$ 计算满足 $DD^{\mathrm{T}}\leqslant BR^{-1}B^{\mathrm{T}}$ 的容许矩阵 D，其中，R_1 为满足 $R_1<R^{-1}$ 的正定矩阵。

注 6.2：在定理 6.1 中，P 的求解需要依赖于矩阵 D 和 E，因此由式（6-16）得出的全局最优能耗指标函数的值依赖于不确定性的界限。

2. 与不确定性无关的最优解

本节旨在设计一种满足全局能耗指标函数最优解与不确定性的界限无关的分布式优化协议。

设计如下分布式控制协议：

$$u_i=-\hat{c}\hat{K}\epsilon_i,\ i=1,2,\cdots,N \tag{6-19}$$

其中，加权参数 $\hat{c}>0$ 和控制增益矩阵 $\hat{K}$ 将在后续的内容中设计。

定理 6.2：选择 $\hat{c}$ 满足式（6-19）中的条件，控制增益矩阵 $\hat{K}=R^{-1}B^{\mathrm{T}}\hat{P}$，且加权矩阵满足 $R=R^{\mathrm{T}}>0$ 且 $Q=Q^{\mathrm{T}}>0$，当如下 ARE

$$\hat{P}A_0+A_0^{\mathrm{T}}\hat{P}+Q-\hat{P}BR^{-1}B^{\mathrm{T}}\hat{P}=0 \tag{6-20}$$

有唯一正定解 $\hat{P}$ 时，分布式控制协议（6-19）能够保证系统（6-4）的渐近稳定性，同时

实现如下全局能耗指标函数的最优化：

$$\hat{J} = \int_0^{\infty} 0.5(\boldsymbol{\epsilon}^{\mathrm{T}}\hat{\boldsymbol{\mathcal{Q}}}\boldsymbol{\epsilon} + \boldsymbol{U}^{\mathrm{T}}\hat{\boldsymbol{\mathcal{R}}}\boldsymbol{U})\mathrm{d}t \tag{6-21}$$

其中，$\hat{\boldsymbol{\mathcal{Q}}} = \boldsymbol{I}_N \otimes (\boldsymbol{Q} - \hat{\boldsymbol{P}}\boldsymbol{B}\boldsymbol{R}^{-1}\boldsymbol{B}^{\mathrm{T}}\hat{\boldsymbol{P}} - \hat{\boldsymbol{Q}}_{un}) + \hat{c}\boldsymbol{\mathcal{L}}_1 \otimes \hat{\boldsymbol{P}}\boldsymbol{B}\boldsymbol{R}^{-1}\boldsymbol{B}^{\mathrm{T}}\hat{\boldsymbol{P}}$；$\hat{\boldsymbol{\mathcal{R}}} = \hat{c}^{-1}\boldsymbol{\mathcal{L}}_1 \otimes \boldsymbol{R}$；$\hat{\boldsymbol{Q}}_{un} = \hat{\boldsymbol{P}}\Delta\boldsymbol{A} + \Delta\boldsymbol{A}^{\mathrm{T}}\hat{\boldsymbol{P}}$。

证明：接下来将分别证明系统（6-4）的稳定性和全局能耗指标函数（6-21）的最优化。

1）稳定性证明

选择$\boldsymbol{V}_2 = 0.5\boldsymbol{\epsilon}^{\mathrm{T}}(\boldsymbol{I}_N \otimes \hat{\boldsymbol{P}})\boldsymbol{\epsilon}$为李雅普诺夫函数，与式（6-9）类似，基于式（6-20），$\boldsymbol{V}_2$对时间导数可写为

$$\begin{aligned}\dot{\boldsymbol{V}}_2 &= \boldsymbol{\epsilon}^{\mathrm{T}}(\boldsymbol{I}_N \otimes \hat{\boldsymbol{P}})\dot{\boldsymbol{\epsilon}} \\ &= 0.5\boldsymbol{\epsilon}^{\mathrm{T}}\left(\boldsymbol{I}_N \otimes (\hat{\boldsymbol{P}}\boldsymbol{B}\boldsymbol{R}^{-1}\boldsymbol{B}^{\mathrm{T}}\hat{\boldsymbol{P}} - \boldsymbol{Q})\right)\boldsymbol{\epsilon} + 0.5\boldsymbol{\epsilon}^{\mathrm{T}}\left(\boldsymbol{I}_N \otimes (\hat{\boldsymbol{P}}\Delta\boldsymbol{A} + \Delta\boldsymbol{A}^{\mathrm{T}}\hat{\boldsymbol{P}})\right)\boldsymbol{\epsilon} \\ &\quad - \boldsymbol{\epsilon}^{\mathrm{T}}(\hat{c}\boldsymbol{\mathcal{L}}_1 \otimes \hat{\boldsymbol{P}}\boldsymbol{B}\boldsymbol{R}^{-1}\boldsymbol{B}^{\mathrm{T}}\hat{\boldsymbol{P}})\boldsymbol{\epsilon}\end{aligned} \tag{6-22}$$

将$\hat{\boldsymbol{\mathcal{Q}}}$代入式（6-22）得到

$$\dot{\boldsymbol{V}}_2 = -0.5\boldsymbol{\epsilon}^{\mathrm{T}}(\hat{\boldsymbol{\mathcal{Q}}} + \hat{c}\boldsymbol{\mathcal{L}}_1 \otimes \hat{\boldsymbol{P}}\boldsymbol{B}\boldsymbol{R}^{-1}\boldsymbol{B}^{\mathrm{T}}\hat{\boldsymbol{P}})\boldsymbol{\epsilon} \tag{6-23}$$

因此，基于$\hat{c} > 0$，$\boldsymbol{R} > 0$，$\hat{\boldsymbol{\mathcal{Q}}} \geqslant 0$以及假设 6.1，可推导出系统（6-4）是渐近稳定的。此外，保证矩阵$\hat{\boldsymbol{\mathcal{Q}}} \geqslant 0$的条件将在后续内容中给出。

2）最优化证明

令$\hat{\phi}(\boldsymbol{\epsilon},\boldsymbol{U}) = 0.5(\boldsymbol{U}^{\mathrm{T}} + \boldsymbol{\epsilon}^{\mathrm{T}}(\boldsymbol{I}_N \otimes \hat{c}\hat{\boldsymbol{K}}^{\mathrm{T}}))\hat{\boldsymbol{\mathcal{R}}}(\boldsymbol{U} + (\boldsymbol{I}_N \otimes \hat{c}\hat{\boldsymbol{K}})\boldsymbol{\epsilon})$，与式（6-12）～式（6-14）的推导步骤类似，由于式（6-20）成立，可得

$$\begin{aligned}\hat{\phi}(\boldsymbol{\epsilon},\boldsymbol{U}) &= 0.5\boldsymbol{U}^{\mathrm{T}}\hat{\boldsymbol{\mathcal{R}}}\boldsymbol{U} + 0.5\boldsymbol{\epsilon}^{\mathrm{T}}\hat{\boldsymbol{\mathcal{Q}}}\boldsymbol{\epsilon} + \boldsymbol{\epsilon}^{\mathrm{T}}(\boldsymbol{I}_N \otimes \hat{\boldsymbol{P}})\dot{\boldsymbol{\epsilon}} \\ &= 0.5\boldsymbol{U}^{\mathrm{T}}\hat{\boldsymbol{\mathcal{R}}}\boldsymbol{U} + 0.5\boldsymbol{\epsilon}^{\mathrm{T}}\hat{\boldsymbol{\mathcal{Q}}}\boldsymbol{\epsilon} + \dot{\boldsymbol{V}}_2\end{aligned} \tag{6-24}$$

由于式（6-4）中的系统是渐近稳定的，因此有

$$\begin{aligned}\hat{J} &= \int_0^{\infty} 0.5(\boldsymbol{\epsilon}^{\mathrm{T}}\hat{\boldsymbol{\mathcal{Q}}}\boldsymbol{\epsilon} + \boldsymbol{U}^{\mathrm{T}}\hat{\boldsymbol{\mathcal{R}}}\boldsymbol{U})\mathrm{d}t \\ &= \int_0^{\infty} \hat{\phi}(\boldsymbol{\epsilon},\boldsymbol{U})\mathrm{d}t + \boldsymbol{V}_2(0)\end{aligned} \tag{6-25}$$

注意到$\hat{c} > 0$，$\boldsymbol{R} > 0$和假设 6.1 成立，所以有$\hat{\phi}(\boldsymbol{\epsilon},\boldsymbol{U}) \geqslant 0$。基于控制协议（6-19）可得最优能耗指标函数值$\hat{J}^* = \boldsymbol{V}_2(0)$。

接下来给出满足权重矩阵$\hat{\boldsymbol{\mathcal{R}}}$正定性和$\hat{\boldsymbol{\mathcal{Q}}}$半正定性的条件。

基于假设 6.1 可得$\boldsymbol{\mathcal{L}}_1 > 0$，因此加权参数$\hat{c} > 0$和加权矩阵$\boldsymbol{R} > 0$保证$\hat{\boldsymbol{\mathcal{R}}} > 0$成立。

注意到矩阵$\hat{\boldsymbol{\mathcal{Q}}} \geqslant 0$等价于

$$\sigma_{\min}\{\boldsymbol{Q}\} + \hat{c}\sigma_{\min}\{\boldsymbol{\mathcal{L}}_1 \otimes \hat{\boldsymbol{P}}\boldsymbol{B}\boldsymbol{R}^{-1}\boldsymbol{B}^{\mathrm{T}}\hat{\boldsymbol{P}}\} \geqslant \left\|\hat{\boldsymbol{Q}}_{un}\right\| + \left\|\hat{\boldsymbol{P}}\boldsymbol{B}\boldsymbol{R}^{-1}\boldsymbol{B}^{\mathrm{T}}\hat{\boldsymbol{P}}\right\| \tag{6-26}$$

然后，根据$\hat{\boldsymbol{Q}}_{un}$的表达式$\hat{\boldsymbol{Q}}_{un} = \hat{\boldsymbol{P}}\Delta\boldsymbol{A} + \Delta\boldsymbol{A}^{\mathrm{T}}\hat{\boldsymbol{P}}$，有

$$\left\|\hat{\boldsymbol{Q}}_{un}\right\| \leqslant 2\left\|\hat{\boldsymbol{P}}\right\|\left\|\Delta\boldsymbol{A}\right\| \tag{6-27}$$

因此，式（6-26）中的条件成立的前提条件可表述为

$$\sigma_{\min}\{\boldsymbol{Q}\} + \hat{c}\sigma_{\min}\{\boldsymbol{\mathcal{L}}_1 \otimes \hat{\boldsymbol{P}}\boldsymbol{B}\boldsymbol{R}^{-1}\boldsymbol{B}^{\mathrm{T}}\hat{\boldsymbol{P}}\} \geqslant 2\left\|\hat{\boldsymbol{P}}\right\|\left\|\Delta\boldsymbol{A}\right\| + \left\|\hat{\boldsymbol{P}}\boldsymbol{B}\boldsymbol{R}^{-1}\boldsymbol{B}^{\mathrm{T}}\hat{\boldsymbol{P}}\right\| \tag{6-28}$$

注意到不等式（6-28）可由下列条件保证：

$$\hat{c} \geqslant \max\left\{\frac{2\left\|\hat{\boldsymbol{P}}\right\|\left\|\Delta\boldsymbol{A}\right\| + \left\|\hat{\boldsymbol{P}}\boldsymbol{B}\boldsymbol{R}^{-1}\boldsymbol{B}^{\mathrm{T}}\hat{\boldsymbol{P}}\right\| - \sigma_{\min}\{\boldsymbol{Q}\}}{\sigma_{\min}\{\mathcal{L}_1 \otimes \hat{\boldsymbol{P}}\boldsymbol{B}\boldsymbol{R}^{-1}\boldsymbol{B}^{\mathrm{T}}\hat{\boldsymbol{P}}\}}, \alpha_1\right\} \tag{6-29}$$

其中，α_1是常数且满足

$$0 < \alpha_1 < \left|\left(2\left\|\hat{\boldsymbol{P}}\right\|\left\|\Delta\boldsymbol{A}\right\| + \left\|\hat{\boldsymbol{P}}\boldsymbol{B}\boldsymbol{R}^{-1}\boldsymbol{B}^{\mathrm{T}}\hat{\boldsymbol{P}}\right\| - \sigma_{\min}\{\boldsymbol{Q}\}\right)\left(\sigma_{\min}\{\mathcal{L}_1 \otimes \hat{\boldsymbol{P}}\boldsymbol{B}\boldsymbol{R}^{-1}\boldsymbol{B}^{\mathrm{T}}\hat{\boldsymbol{P}}\}\right)^{-1}\right|$$

因此，式（6-29）中的条件保证了权重矩阵 $\hat{\boldsymbol{Q}}$ 的半正定性。

定理 6.2 中的所有条件都满足，证明完毕。

注 6.3：在矩阵 $\boldsymbol{B}\boldsymbol{R}^{-1}\boldsymbol{B}^{\mathrm{T}}$ 特征值为零的情况下，矩阵 $\hat{\boldsymbol{Q}}$ 的半正定性由式（6-26）中的条件保证，则有

$$\begin{cases} \sigma_{\min}\{\boldsymbol{Q}\} \geqslant \left\|\hat{\boldsymbol{Q}}_{un}\right\| \\ \sigma_{\min}\{\boldsymbol{Q}\} + \hat{c}\sigma_{p\min}\{\mathcal{L}_1 \otimes \hat{\boldsymbol{P}}\boldsymbol{B}\boldsymbol{R}^{-1}\boldsymbol{B}^{\mathrm{T}}\hat{\boldsymbol{P}}\} \geqslant \left\|\hat{\boldsymbol{Q}}_{un}\right\| + \left\|\hat{\boldsymbol{P}}\boldsymbol{B}\boldsymbol{R}^{-1}\boldsymbol{B}^{\mathrm{T}}\hat{\boldsymbol{P}}\right\| \end{cases} \tag{6-30}$$

基于不等式（6-28），当式（6-30）中的第一个条件成立时，有

$$\left\|\Delta\boldsymbol{A}\right\| \leqslant 0.5\sigma_{\min}\{\boldsymbol{Q}\}\left\|\hat{\boldsymbol{P}}\right\| \tag{6-31}$$

与式（6-26）～式（6-29）的推导过程类似，当如下不等式成立时，式（6-30）中的第二个条件成立。

$$\hat{c} \geqslant \max\left\{\frac{2\left\|\hat{\boldsymbol{P}}\right\|\left\|\Delta\boldsymbol{A}\right\| + \left\|\hat{\boldsymbol{P}}\boldsymbol{B}\boldsymbol{R}^{-1}\boldsymbol{B}^{\mathrm{T}}\hat{\boldsymbol{P}}\right\| - \sigma_{\min}\{\boldsymbol{Q}\}}{\sigma_{p\min}\{\mathcal{L}_1 \otimes \hat{\boldsymbol{P}}\boldsymbol{B}\boldsymbol{R}^{-1}\boldsymbol{B}^{\mathrm{T}}\hat{\boldsymbol{P}}\}}, \alpha_2\right\} \tag{6-32}$$

其中，α_2 是常数且满足

$$0 < \alpha_2 < \left|\frac{2\left\|\hat{\boldsymbol{P}}\right\|\left\|\Delta\boldsymbol{A}\right\| + \left\|\hat{\boldsymbol{P}}\boldsymbol{B}\boldsymbol{R}^{-1}\boldsymbol{B}^{\mathrm{T}}\hat{\boldsymbol{P}}\right\| - \sigma_{\min}\{\boldsymbol{Q}\}}{\sigma_{p\min}\{\mathcal{L}_1 \otimes \hat{\boldsymbol{P}}\boldsymbol{B}\boldsymbol{R}^{-1}\boldsymbol{B}^{\mathrm{T}}\hat{\boldsymbol{P}}\}}\right|$$

因此，对于矩阵 $\boldsymbol{B}\boldsymbol{R}^{-1}\boldsymbol{B}^{\mathrm{T}}$ 具有零特征值的情况，若满足式（6-31）和式（6-32）中的条件，则有 $\hat{\boldsymbol{Q}} \geqslant 0$。

注 6.4：由文献[171]可知当 $(\boldsymbol{A}_0, \boldsymbol{B})$ 是可稳定的，且 $(\boldsymbol{Q}^{1/2}, \boldsymbol{A}_0)$ 是可检测的，则式（6-20）存在唯一正定解 $\hat{\boldsymbol{P}}$。值得一提的是，式（6-20）的解 $\hat{\boldsymbol{P}}$ 与模型不确定性的界限无关。因此，在给定的初始条件下，即使在不同的不确定性下，最优能耗指标函数 $\hat{J}^*$ 也将保持相同的值。

注 6.5：文献[188]～文献[194]中主要研究单个系统的鲁棒最优控制，而不是多自主体系统，并且上述文献主要关注的是成本鲁棒控制问题，这意味着得到的是次优性能而不是最优性能。本节中提出的多自主体系统的鲁棒分布式最优控制协议可以使全局能耗指标函数最小化，即可以获得最优性能。

6.1.2　不确定线性多自主体系统仿真算例

本节提供仿真算例验证所提方法的有效性。考虑一个由 1 个领航者（标记为 4）和 3 个跟随者（标记为 1、2、3）组成的网络，它们之间的通信拓扑结构如图 6-1 所示。

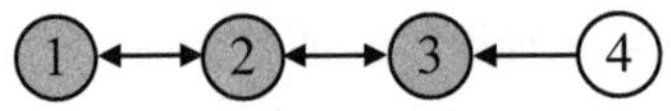

图 6-1　4 个自主体的网络通信拓扑结构

1. 算例 1：常规不确定线性系统

下面以文献[195]中给出的经过修改的常规不确定线性系统动力学为例，验证 3.1 节所述方法的有效性，其中，系统参数选择为

$$\boldsymbol{A}=\begin{bmatrix}0.1 & -0.1\\ 0.1 & -3\end{bmatrix},\ \boldsymbol{B}=\begin{bmatrix}5 & 0\\ 0 & 1\end{bmatrix},\ \Delta\boldsymbol{A}=\begin{bmatrix}0.1\sin(t) & 0\\ 0 & \sin(t)\end{bmatrix}$$

设 $\boldsymbol{R}=0.1\boldsymbol{I}_2$，则根据注 6.1 的方法，通过以下步骤保证 ARE［式（6-6）］有唯一可行解的容许矩阵 $\boldsymbol{D}$。

步骤 1：对矩阵 $\boldsymbol{B}\boldsymbol{R}^{-1}\boldsymbol{B}^{\mathrm{T}}$ 进行谱分解，得到

$$\boldsymbol{v}=\begin{bmatrix}0 & 1\\ 1 & 0\end{bmatrix},\ \boldsymbol{S}=\begin{bmatrix}10 & 0\\ 0 & 250\end{bmatrix}$$

步骤 2：令 $\delta_1=\delta_2=1$，则得到 $\boldsymbol{S}_\delta=\mathrm{diag}\{9,249\}$，说明 $\boldsymbol{v}\boldsymbol{S}_\delta\boldsymbol{v}^{\mathrm{T}}=\mathrm{diag}\{249,9\}$。然后，对 $\boldsymbol{v}\boldsymbol{S}_\delta\boldsymbol{v}^{\mathrm{T}}$ 进行 Cholesky 分解，得到 $\boldsymbol{D}=\mathrm{diag}\{15.7797,3\}$。此外，令 $\boldsymbol{\Sigma}=\sin(t)\boldsymbol{I}_2$，通过解方程 $\boldsymbol{D}\boldsymbol{\Sigma}\boldsymbol{E}=\Delta\boldsymbol{A}$，得到 $\boldsymbol{E}=\mathrm{diag}\{0.0063,0.3333\}$。

令加权矩阵 $\boldsymbol{Q}=10\boldsymbol{I}_2$，通过求解 ARE［式（6-6）］可计算出矩阵 $\boldsymbol{P}$ 和控制增益矩阵 $\boldsymbol{K}$ 分别为

$$\boldsymbol{P}=\begin{bmatrix}3.263 & -0.0251\\ -0.0251 & 1.3721\end{bmatrix},\ \boldsymbol{K}=\begin{bmatrix}163.1486 & -1.2547\\ -0.2509 & 13.7213\end{bmatrix}$$

根据定理 6.1，加权参数应满足 $c\geqslant 1/\sigma_{\min}\{\mathcal{L}_1\}=5.0489$。因此，选择 $c=5.1$。

系统的初始条件选择为 $\boldsymbol{x}_1(0)=[4,4]^{\mathrm{T}}$，$\boldsymbol{x}_2(0)=[3,-3]^{\mathrm{T}}$，$\boldsymbol{x}_3(0)=[-2,-2]^{\mathrm{T}}$，$\boldsymbol{x}_4(0)=[1,-5]^{\mathrm{T}}$。采用式（6-5）协议得到的 4 个自主体的状态范数演化轨迹如图 6-2 所示。从图 6-2 中可以看出，3 个跟随者可以在 0.4s 内有效跟踪上领航者的状态，说明所提出的协议能够保证多个自主体的领航-跟随一致性。

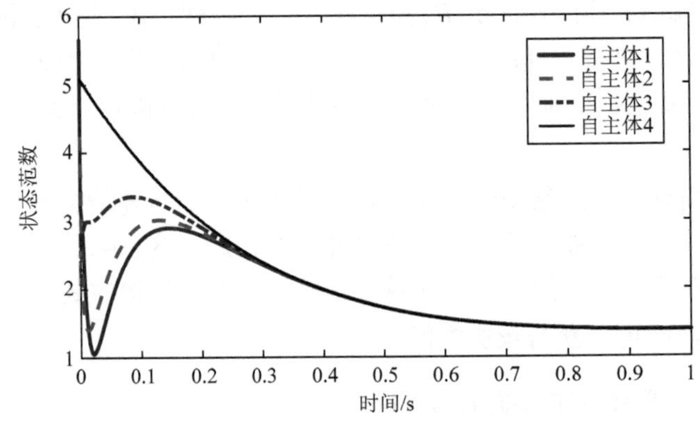

图 6-2　在式（6-5）控制协议下 4 个自主体的状态范数演化轨迹示意图

此外，全局能耗指标函数 J 在式（6-5）的作用下的演化轨迹如图 6-3 所示。可以看

出，J 的最终值为 222.083。此外，根据定理 6.1 中的式（6-16），最优值 J^* 的理论计算如下：$J^* = V_1(0) = 0.5\epsilon^{\mathrm{T}}(0)(I_3 \otimes P)\epsilon(0) = 222.083$。因此，可以很容易地看出，使用所提出的协议（6-5），全局能耗指标函数可以被最优化。

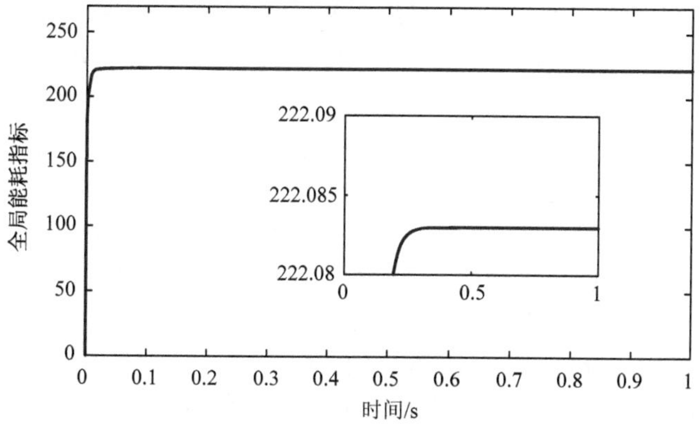

图 6-3　在式（6-5）作用下的全局能耗指标函数演化轨迹示意图

2. 算例 2：多水面无人船（unmanned surface vehicle，USV）应用

考虑如下一组多 USV 系统动力学模型[196]：

$$\begin{cases} \mathcal{I}\dot{\boldsymbol{v}}_i + \mathcal{D}\boldsymbol{v}_i + \mathcal{F}\boldsymbol{r}_i = \boldsymbol{u}_i \\ \dot{\boldsymbol{r}}_i = \mathcal{M}(\psi_i)\boldsymbol{v}_i \end{cases}, \quad i = 1, 2, \cdots, N+1 \tag{6-33}$$

其中，

$$\boldsymbol{r}_i = \begin{bmatrix} r_{ix} \\ r_{iy} \\ \psi_i \end{bmatrix}; \quad \boldsymbol{v}_i = \begin{bmatrix} v_{ix} \\ v_{iy} \\ \omega_i \end{bmatrix}; \quad \mathcal{M}(\psi_i) = \begin{bmatrix} \cos(\psi_i) & -\sin(\psi_i) & 0 \\ \sin(\psi_i) & \cos(\psi_i) & 0 \\ 0 & 0 & 1 \end{bmatrix};$$

$\mathcal{I}$、$\mathcal{D}$、$\mathcal{F}$ 分别代表惯性矩阵、阻尼力和系泊力；r_{ix} 和 v_{ix} 表示涌浪位置和速度；r_{iy} 和 v_{iy} 代表摇摆位置和速度；ψ_i 和 ω_i 分别表示偏航角和角速度；$\mathcal{M}(\psi_i)$ 为旋转矩阵。

令状态变量为 $\boldsymbol{x}_i = [\boldsymbol{r}_i^{\mathrm{T}}\ \boldsymbol{v}_i^{\mathrm{T}}]^{\mathrm{T}}$，假设所有 USV 的偏航角相同，即 $\psi_i = \psi$，其中，ψ 为变量。因此，每个 USV 的状态空间方程可以构造如下：

$$\dot{\boldsymbol{x}}_i = \boldsymbol{A}\boldsymbol{x}_i + \boldsymbol{B}\boldsymbol{u}_i \tag{6-34}$$

其中，

$$\boldsymbol{A} = \begin{bmatrix} \boldsymbol{O}_{3\times3} & \mathcal{M}(\psi) \\ -\mathcal{I}^{-1}\mathcal{F} & -\mathcal{I}^{-1}\mathcal{D} \end{bmatrix}, \quad \boldsymbol{B} = \begin{bmatrix} \boldsymbol{O}_{3\times3} \\ \mathcal{I}^{-1} \end{bmatrix}$$

注意到系统矩阵 $\boldsymbol{A}$ 中涉及偏航角，因此式（6-34）中描述的系统是非线性的。设 ψ_0 为定常数，且 $\psi_t = \psi - \psi_0$，式（6-34）中的非线性系统可改写为

$$\dot{\boldsymbol{x}}_i = (\boldsymbol{A}_0 + \Delta\boldsymbol{A})\boldsymbol{x}_i + \boldsymbol{B}\boldsymbol{u}_i \tag{6-35}$$

其中，

$$\boldsymbol{A}_0 = \begin{bmatrix} \boldsymbol{O}_{3\times3} & \mathcal{M}(\psi_0) \\ -\mathcal{I}^{-1}\mathcal{F} & -\mathcal{I}^{-1}\mathcal{D} \end{bmatrix}$$

$$\Delta A=\begin{bmatrix} O_{2\times 3} & \begin{matrix}\Delta_1 & -\Delta_2 & 0\\ \Delta_2 & \Delta_1 & 0\end{matrix} \\ O_{4\times 3} & O_{4\times 3}\end{bmatrix}$$

$\Delta_1=\cos(\psi_0)\cos(\psi_t)-\sin(\psi_0)\sin(\psi_t)-\cos(\psi_0)$，$\Delta_2=\sin(\psi_0)\cos(\psi_t)+\cos(\psi_0)\sin(\psi_t)-\sin(\psi_0)$。值得一提的是，由于$\Delta_1$和$\Delta_2$的表达式只涉及正弦和余弦函数，因此它们是范数有界的，则ΔA可以看作一个有界的不确定矩阵。此外，由于ψ_0是时不变的，因此A_0是一个常数矩阵。因此，式（6-35）中的系统可视为具有有界不确定性的线性系统。

注 6.6：引入所有 USV 具有相同偏航角的假设的目的是确保式（6-34）中描述的非线性系统可以被视为具有不确定性的齐次线性系统。当上述假设不成立时，式（6-34）中的系统将被视为具有不确定性的异构线性多自主体系统，本节所提出的方法将不再适用。

各 USV 系统动力学模型参数如下：

$$\mathcal{I}=\begin{bmatrix}4 & 0 & 0\\ 0 & 3.5 & 0.5\\ 0 & 0.5 & 0.45\end{bmatrix},\ \mathcal{D}=\begin{bmatrix}0.5 & 0 & 0\\ 0 & 0.4 & 0\\ 0 & 0 & 0.45\end{bmatrix},\ \mathcal{F}=\begin{bmatrix}0.08 & 0 & 0\\ 0 & 0.1 & 0\\ 0 & 0 & 0.1\end{bmatrix}$$

设$\psi_0=0$，R=I_3，$Q=1000I_6$，则通过求解 ARE［式（6-20）］可得控制增益矩阵$\hat{K}$和矩阵$\hat{P}$分别如下：

$$\hat{K}=\begin{bmatrix}31.54 & 0 & 0 & 34.89 & 0 & 0\\ 0 & 31.52 & 0.0035 & 0 & 34.54 & 0.46\\ 0 & -0.0035 & 31.52 & 0 & 0.45 & 34.03\end{bmatrix}$$

$$\hat{P}=\begin{bmatrix}1.12 & 0 & 0 & 0.13 & 0 & 0\\ 0 & 1.11 & 0.014 & 0 & 0.11 & 0.016\\ 0 & 0.014 & 1.09 & 0 & 0.016 & 0.095\\ 0.13 & 0 & 0 & 0.14 & 0 & 0\\ 0 & 0.11 & 0.016 & 0 & 0.12 & 0.019\\ 0 & 0.016 & 0.095 & 0 & 0.019 & 0.10\end{bmatrix}\times 10^3$$

根据注 6.3，得出不确定参数矩阵应满足$\|\Delta A\|\leqslant 0.4405$，使用定理 6.2 中提出的方法，表明加权参数$\hat{c}$应满足$\hat{c}\geqslant 5.2349$。根据式（6-29）中的条件，选择$\hat{c}$=5.5。

系统的初始条件选择为

$$x_1(0)=\begin{bmatrix}1\\ 1.5\\ \dfrac{\pi}{8}\\ 0.1\\ 0.15\\ 0\end{bmatrix},\ x_2(0)=\begin{bmatrix}2\\ 2.5\\ \dfrac{\pi}{8}\\ 0.2\\ 0.25\\ 0\end{bmatrix},\ x_3(0)=\begin{bmatrix}3\\ 3.5\\ \dfrac{\pi}{8}\\ 0.3\\ 0.35\\ 0\end{bmatrix},\ x_4(0)=\begin{bmatrix}2.5\\ 2\\ \dfrac{\pi}{8}\\ 0.25\\ 0.2\\ 0\end{bmatrix}$$

在式（6-19）给出的协议的作用下，系统的状态范数演化轨迹和全局能耗指标函数演化轨迹分别如图 6-4 和图 6-5 所示。从图 6-4 中可以看出，领航者 USV 和跟随者 USV 在大约 5s 时达成状态一致。从图 6-5 中可以看出，全局能耗指标函数$\hat{J}$的最优值为

5951.1。此外，根据定理 6.1，全局最优能耗指标函数的理论值可计算为 $\hat{J}^* = V_2(0) = 0.5\epsilon^{\mathrm{T}}(0)\quad(I_3 \otimes \hat{P})\epsilon(0) = 5.9511\times10^3$。因此，仿真得到的全局最优能耗指标函数最优值与理论最优值基本一致。

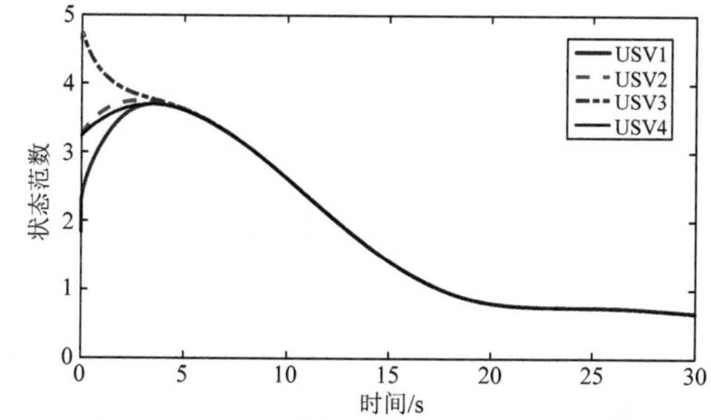

图 6-4　使用式（6-19）所给协议的 4 个 USV 的状态范数演化轨迹示意图

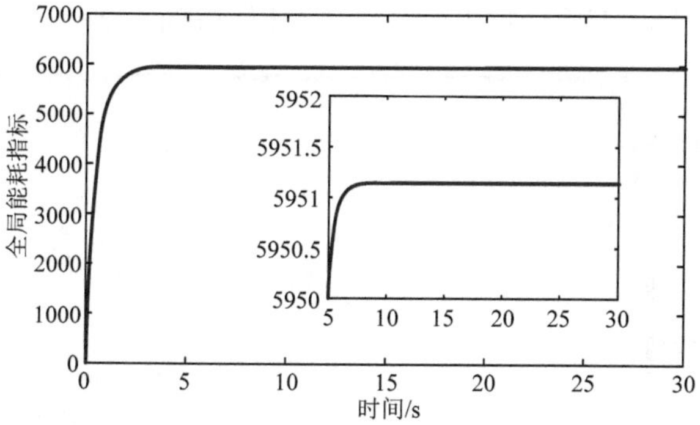

图 6-5　使用式（6-19）所给协议的全局能耗指标函数演化轨迹示意图

此外，4 艘 USV 的偏航角演化轨迹如图 6-6 所示。可以看出，4 艘 USV 的偏航角几乎相同，这与假设的情况相同。此外，不确定矩阵范数$\|\Delta A\|$的演化轨迹如图 6-7 所示，它表明不确定矩阵的范数不会超过计算的理论上限 0.4405。

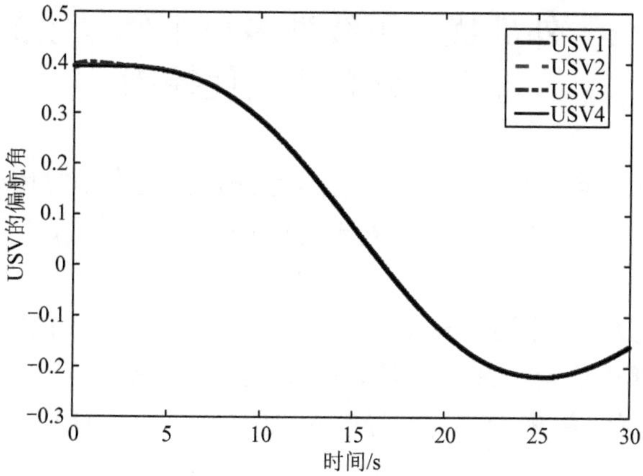

图 6-6　使用式（6-19）所给协议的 4 个 USV 的偏航角演化轨迹示意图

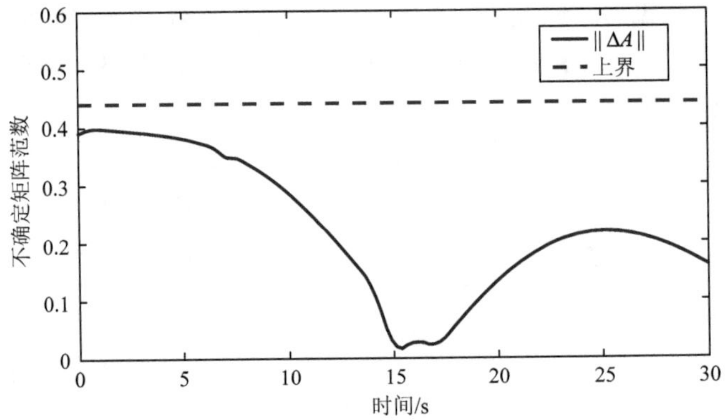

图 6-7　使用式（6-19）所给协议的不确定矩阵范数的演化轨迹示意图

当选择不同的不确定性范数 $\|\Delta \boldsymbol{A}\| = 0.4$，$\|\Delta \boldsymbol{A}\| = 0.3$、$\|\Delta \boldsymbol{A}\| = 0.2$ 时，全局能耗指标函数的演化轨迹如图 6-8 所示。结果表明，在不同的 $\|\Delta \boldsymbol{A}\|$，采用式（6-19）所给的协议，全局能耗指标函数的最优值将保持不变，与注 6.4 所得到的结论一致。

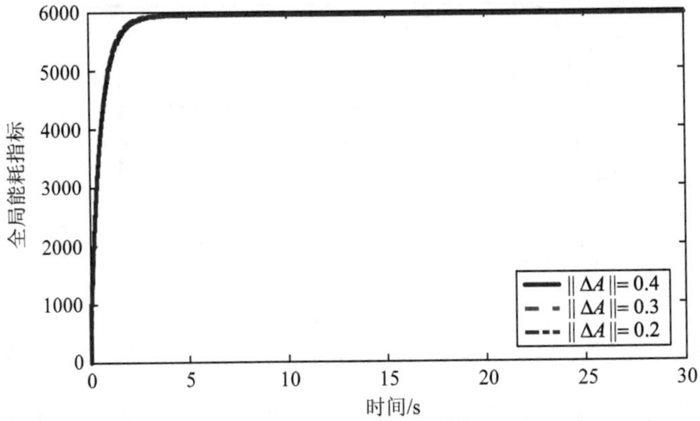

彩图 6-8

图 6-8　不同不确定性下的全局能耗指标函数轨迹

6.2　外部扰动下线性多自主体系统的鲁棒全分布式最优控制

考虑一组具有 N 个自主体的线性多自主体系统，其动力学方程如下：

$$\dot{\boldsymbol{x}}_i = \boldsymbol{A}\boldsymbol{x}_i + \boldsymbol{B}(\boldsymbol{u}_i + \boldsymbol{w}_i),\ i = 2,3,\cdots,N \tag{6-36}$$

$$\dot{\boldsymbol{x}}_1 = \boldsymbol{A}\boldsymbol{x}_1 \tag{6-37}$$

其中，领航者被标记为 1，跟随者被标记为 $2,3,\cdots,N$；$\boldsymbol{x}_i$ 为系统的状态量；$\boldsymbol{u}_i$ 和 $\boldsymbol{w}_i$ 分别表示控制输入和外部扰动量；$\boldsymbol{A}$ 和 $\boldsymbol{B}$ 是具有适当维数的常数矩阵。

假设 6.3：外部扰动量 $\boldsymbol{w}_i$ 及其时间导数 $\dot{\boldsymbol{w}}_i$ 是有界的，即 $\|\boldsymbol{w}_i\| \leqslant d_1$，$\|\dot{\boldsymbol{w}}_i\| \leqslant d_2$，其中，$d_1$ 和 d_2 是正实数。

假设 6.4：系统的通信拓扑 $\mathcal{G}$ 包含一个有向生成树，其中，领航者节点为拓扑的根节点。

当假设 6.4 成立时，图的拉普拉斯矩阵可以被重写为 $\boldsymbol{\mathcal{L}}=[0\ \boldsymbol{O}_{1\times(N-1)};\boldsymbol{\mathcal{L}}_l\ \boldsymbol{\mathcal{L}}_f]$，其中，$\det(\boldsymbol{\mathcal{L}}_f)\neq 0$ [168]。

本节的目标是设计一个全分布式的滑模控制协议，以保证多自主体系统的领航-跟随一致性和全局能耗指标函数的最优化。

6.2.1　主要结果

本节提出一种全分布式的滑模控制协议，以确保在存在外部干扰的情况下，$N-1$ 个跟随者能够成功跟随领航者。此外，设计最优标称控制协议以保证系统的全局能耗指标函数最优化。

1. 滑模流形设计

定义第 i 个跟随者的滑模流形为

$$\boldsymbol{s}_i=\boldsymbol{G}\dot{\boldsymbol{x}}_i-\boldsymbol{G}(\boldsymbol{A}\boldsymbol{x}_i+\boldsymbol{B}\boldsymbol{u}_{i\text{n}}),\ \ i=2,3,\cdots,N \tag{6-38}$$

其中，$\boldsymbol{G}$ 表示满足 $\det(\boldsymbol{GB})\neq 0$ 的常数矩阵；$\boldsymbol{u}_{i\text{n}}$ 是待设计的标称控制协议。

将式（6-36）代入式（6-38），得到

$$\boldsymbol{s}_i=\boldsymbol{GB}(\boldsymbol{u}_i+\boldsymbol{w}_i-\boldsymbol{u}_{i\text{n}}) \tag{6-39}$$

由于 $\det(\boldsymbol{GB})\neq 0$，通过求解方程 $\boldsymbol{s}_i=0$，可得到如下等效控制协议：

$$\boldsymbol{u}_{i\text{eq}}=\boldsymbol{u}_{i\text{n}}-\boldsymbol{w}_i \tag{6-40}$$

值得注意的是，可以将 $\boldsymbol{u}_{i\text{eq}}$ 视为式（6-36）中系统在滑模面 $\boldsymbol{s}_i=0$ 上的等效控制输入。因此，当 $\boldsymbol{s}_i=0$ 时，式（6-36）中的系统可重写为

$$\dot{\boldsymbol{x}}_i=\boldsymbol{A}\boldsymbol{x}_i+\boldsymbol{B}\boldsymbol{u}_{i\text{n}},\ \ i=2,3,\cdots,N \tag{6-41}$$

令 $\boldsymbol{\xi}_i=\sum_{j=1}^{N}a_{ij}(\boldsymbol{x}_i-\boldsymbol{x}_j)\ (i=2,3,\cdots,N)$，则有

$$\boldsymbol{\xi}=(\boldsymbol{\mathcal{L}}_f\otimes\boldsymbol{I}_p)(\boldsymbol{X}-\boldsymbol{1}_{N-1}\otimes\boldsymbol{x}_1) \tag{6-42}$$

其中，$\boldsymbol{\xi}=[\boldsymbol{\xi}_2^{\mathrm{T}},\boldsymbol{\xi}_3^{\mathrm{T}},\cdots,\boldsymbol{\xi}_N^{\mathrm{T}}]^{\mathrm{T}}$；$\boldsymbol{X}=[\boldsymbol{x}_2^{\mathrm{T}},\boldsymbol{x}_3^{\mathrm{T}},\cdots,\boldsymbol{x}_N^{\mathrm{T}}]^{\mathrm{T}}$。基于假设 6.4，当且仅当 $\lim_{t\to\infty}\|\boldsymbol{x}_i-\boldsymbol{x}_1\|=0$ $(\forall i\in\{2,3,\cdots,N\})$ 成立时，有 $\lim_{t\to\infty}\|\boldsymbol{\xi}\|=0$ 成立，即系统实现领航-跟随的一致性。通过使用式（6-37）和式（6-41），$\boldsymbol{\xi}$ 对时间的导数可以写成

$$\dot{\boldsymbol{\xi}}=(\boldsymbol{I}_{N-1}\otimes\boldsymbol{A})\boldsymbol{\xi}+(\boldsymbol{\mathcal{L}}_f\otimes\boldsymbol{B})\boldsymbol{U}_{\text{n}} \tag{6-43}$$

其中，$\boldsymbol{U}_{\text{n}}=[\boldsymbol{u}_{2\text{n}}^{\mathrm{T}},\boldsymbol{u}_{3\text{n}}^{\mathrm{T}},\cdots,\boldsymbol{u}_{N\text{n}}^{\mathrm{T}}]^{\mathrm{T}}$。值得一提的是，在滑模面 $\boldsymbol{s}_i=0$ 上，当且仅当式（6-43）中的系统稳定时，能够实现多自主体系统的领航-跟随一致性。

2. 滑模控制协议设计

设计动态滑模控制协议如下：

$$\begin{cases}\boldsymbol{u}_i=\boldsymbol{u}_{i\text{n}}+\boldsymbol{u}_{i\text{k}},\ \boldsymbol{u}_{i\text{k}}=(\boldsymbol{GB})^{-1}\boldsymbol{\epsilon}_i\\ \dot{\boldsymbol{\epsilon}}_i=-k_1\boldsymbol{\epsilon}_i-k_2\operatorname{sgn}(\boldsymbol{s}_i)\end{cases},\ \ i=2,3,\cdots,N \tag{6-44}$$

其中，$\boldsymbol{s}_i=[s_{i1},s_{i2},\cdots,s_{iq}]^{\mathrm{T}}$，$\mathrm{sgn}(\boldsymbol{s}_i)=[\mathrm{sgn}(s_{i1}),\mathrm{sgn}(s_{i2}),\cdots,\mathrm{sgn}(s_{iq})]^{\mathrm{T}}$。此外，正实数 k_1 和 k_2 是有待设计的控制增益参数。

引理 6.1[197]：给定一个可微函数 $V(\boldsymbol{x})>0$，若存在实数 $a>0$ 和 $0<b<1$ 使得 $\dot{V}\leqslant -aV^b$ 成立，则称系统 $\dot{\boldsymbol{x}}=\varphi(\boldsymbol{x},\boldsymbol{t})$ 是有限时间收敛的。

定理 6.3：当参数设计为 $k_1>0$ 和 $k_2=k_1d_1\|\boldsymbol{GB}\|+d_2\|\boldsymbol{GB}\|+k_3$ 时，其中，k_3 是一个任意的正实数，使用式（6-44）提出的控制协议，滑模面 $\boldsymbol{s}_i=0$ 可以在有限时间内达到。

证明：将所提出的控制协议 $\boldsymbol{u}_i$ 代入滑模面 $\boldsymbol{s}_i$，有

$$\boldsymbol{s}_i=\boldsymbol{GB}(\boldsymbol{u}_{ik}+\boldsymbol{w}_i)=\epsilon_i+\boldsymbol{GBw}_i \tag{6-45}$$

对于滑模面 $\boldsymbol{s}_i=0$，选择李雅普诺夫函数为 $\boldsymbol{V}_1=\sum_{i=2}^{N}V_{1i}$，其中，$V_{1i}=0.5\boldsymbol{s}_i^{\mathrm{T}}\boldsymbol{s}_i$，则根据式（6-45），$\boldsymbol{V}_1$ 对时间导数可写成

$$\begin{aligned}\dot{\boldsymbol{V}}_1&=\sum_{i=2}^{N}\boldsymbol{s}_i^{\mathrm{T}}\dot{\boldsymbol{s}}_i\\&=\sum_{i=2}^{N}\boldsymbol{s}_i^{\mathrm{T}}(\dot{\epsilon}_i+\boldsymbol{GB}\dot{\boldsymbol{w}}_i)\\&=\sum_{i=2}^{N}\left(-k_1\boldsymbol{s}_i^{\mathrm{T}}\epsilon_i-k_2\boldsymbol{s}_i^{\mathrm{T}}\mathrm{sgn}(\boldsymbol{s}_i)+\boldsymbol{s}_i^{\mathrm{T}}\boldsymbol{GB}\dot{\boldsymbol{w}}_i\right)\end{aligned} \tag{6-46}$$

由式（6-45）推出

$$\boldsymbol{s}_i^{\mathrm{T}}\epsilon_i+\boldsymbol{s}_i^{\mathrm{T}}\boldsymbol{GBw}_i=\boldsymbol{s}_i^{\mathrm{T}}\boldsymbol{s}_i\geqslant 0 \tag{6-47}$$

这表明

$$-\boldsymbol{s}_i^{\mathrm{T}}\epsilon_i\leqslant \boldsymbol{s}_i^{\mathrm{T}}\boldsymbol{GBw}_i \tag{6-48}$$

因此，式（6-46）可改写为

$$\begin{aligned}\dot{\boldsymbol{V}}_1&\leqslant\sum_{i=2}^{N}\left(k_1\boldsymbol{s}_i^{\mathrm{T}}\boldsymbol{GBw}_i-k_2\boldsymbol{s}_i^{\mathrm{T}}\mathrm{sgn}(\boldsymbol{s}_i)+\boldsymbol{s}_i^{\mathrm{T}}\boldsymbol{GB}\dot{\boldsymbol{w}}_i\right)\\&\leqslant\sum_{i=2}^{N}(k_1\|\boldsymbol{s}_i\|\|\boldsymbol{GB}\|\|\boldsymbol{w}_i\|-k_2\|\boldsymbol{s}_i\|+\|\boldsymbol{s}_i\|\|\boldsymbol{GB}\|\|\dot{\boldsymbol{w}}_i\|)\\&\leqslant\sum_{i=2}^{N}\|\boldsymbol{s}_i\|(-k_2+k_1d_1\|\boldsymbol{GB}\|+d_2\|\boldsymbol{GB}\|)\\&=-\sum_{i=2}^{N}k_3\|\boldsymbol{s}_i\|\\&\leqslant-\sqrt{2}k_3(\sum_{i=2}^{N}V_{1i})^{\frac{1}{2}}\\&=-\sqrt{2}k_3\boldsymbol{V}_1^{\frac{1}{2}}\end{aligned} \tag{6-49}$$

因此，由引理 6.1 得出滑模面 $\boldsymbol{s}_i=0$ 可以在有限时间内到达，证明完毕。

注 6.7：定理 6.3 证明了在 $t\geqslant T_1$ 时刻 $\boldsymbol{s}_i=0$，若标称控制协议 $\boldsymbol{u}_{in}$ 能够保证系统（6-43）的渐近稳定性，则表明控制协议（6-44）能够实现多自主体系统的领航-跟随一致性。

3. 标称控制协议设计

在本节将设计一种能够同时保证系统（6-43）渐近稳定性和全局能耗指标函数最优化的分布式标称控制协议。

对于式（6-43）中的跟踪误差系统，定义其全局能耗指标函数为

$$J=\int_0^\infty L(\boldsymbol{\xi},\boldsymbol{U}_{\mathrm{n}})\mathrm{d}t \tag{6-50}$$

其中，$L(\boldsymbol{\xi},\boldsymbol{U}_{\mathrm{n}})=0.5(\boldsymbol{\xi}^{\mathrm{T}}\boldsymbol{\mathcal{Q}}\boldsymbol{\xi}+\boldsymbol{U}_{\mathrm{n}}^{\mathrm{T}}\boldsymbol{\mathcal{R}}\boldsymbol{U}_{\mathrm{n}})$，$\boldsymbol{\mathcal{Q}}=\boldsymbol{I}_{N-1}\otimes\boldsymbol{Q}$，$\boldsymbol{\mathcal{R}}=\boldsymbol{\mathcal{L}}_f^{\mathrm{T}}\boldsymbol{\mathcal{L}}_f\otimes\boldsymbol{R}$。

设计如下分布式标称控制协议：

$$\boldsymbol{u}_{i\mathrm{n}}=\left(\sum_{j=1}^{N}a_{ij}\right)^{-1}\left(\sum_{j=2}^{N}a_{ij}\boldsymbol{u}_{j\mathrm{n}}-\boldsymbol{K}\boldsymbol{\xi}_i\right),\ i=2,3,\cdots,N \tag{6-51}$$

其中，$\boldsymbol{K}$ 表示待设计的控制增益矩阵。值得注意的是，由于假设 6.4 成立，因此有 $\sum_{j=1}^{N}a_{ij}\neq 0$。接下来的结果将表明式（6-51）中设计的标称控制协议 $\boldsymbol{u}_{i\mathrm{n}}$ 能够保证式（6-43）的渐近稳定和全局能耗指标函数 J 的最优化。

定理 6.4：设 $\boldsymbol{Q}\geqslant 0$ 和 $\boldsymbol{R}>0$ 是实对称矩阵，若如下 ARE

$$\boldsymbol{PA}+\boldsymbol{A}^{\mathrm{T}}\boldsymbol{P}+\boldsymbol{Q}-\boldsymbol{PBR}^{-1}\boldsymbol{B}^{\mathrm{T}}\boldsymbol{P}=0 \tag{6-52}$$

存在唯一正定解 $\boldsymbol{P}$，则系统（6-43）是渐近稳定的，且能够实现全局能耗指标函数 J 的最优化。此外，控制增益矩阵 $\boldsymbol{K}=\boldsymbol{R}^{-1}\boldsymbol{B}^{\mathrm{T}}\boldsymbol{P}$。

证明：接下来将分别证明系统（6-43）的渐近稳定性和全局能耗指标函数 J 的最优化。

1）系统的稳定性

对于式（6-43）中的跟踪误差系统，选择李雅普诺夫函数 $\boldsymbol{V}_2=0.5\boldsymbol{\xi}^{\mathrm{T}}(\boldsymbol{I}_{N-1}\otimes\boldsymbol{P})\boldsymbol{\xi}$，其对时间的导数为

$$\begin{aligned}\dot{\boldsymbol{V}}_2&=\boldsymbol{\xi}^{\mathrm{T}}(\boldsymbol{I}_{N-1}\otimes\boldsymbol{P})\dot{\xi}\\&=\boldsymbol{\xi}^{\mathrm{T}}(\boldsymbol{I}_{N-1}\otimes\boldsymbol{P})\big((\boldsymbol{I}_{N-1}\otimes\boldsymbol{A})\boldsymbol{\xi}+(\boldsymbol{\mathcal{L}}_f\otimes\boldsymbol{B})\boldsymbol{U}_{\mathrm{n}}\big)\end{aligned} \tag{6-53}$$

值得指出的是，利用式（6-51）中提出的分布式控制协议，得到的全局标称控制协议 $\boldsymbol{U}_{\mathrm{n}}$ 如下：

$$\boldsymbol{U}_{\mathrm{n}}=(\boldsymbol{\mathcal{D}}_f^{-1}\otimes\boldsymbol{I}_q)\big((\boldsymbol{\mathcal{A}}_f\otimes\boldsymbol{I}_q)\boldsymbol{U}_{\mathrm{n}}-(\boldsymbol{I}_{N-1}\otimes\boldsymbol{K})\boldsymbol{\xi}\big) \tag{6-54}$$

其中，$\boldsymbol{\mathcal{D}}_f=\mathrm{diag}\left\{\sum_{j=1}^{N}a_{2j},\sum_{j=1}^{N}a_{3j},\cdots,\sum_{j=1}^{N}a_{Nj}\right\}$；$\boldsymbol{\mathcal{A}}_f=[a_{ij}]_{(N-1)\times(N-1)}(i,j=2,3,\cdots,N)$。由于假设 6.4 成立，则有 $\det(\boldsymbol{\mathcal{D}}_f)\neq 0$，因此式（6-54）可以改写为

$$(\boldsymbol{I}_{(N-1)q}-\boldsymbol{\mathcal{D}}_f^{-1}\boldsymbol{\mathcal{A}}_f\otimes\boldsymbol{I}_q)\boldsymbol{U}_{\mathrm{n}}=-(\boldsymbol{\mathcal{D}}_f^{-1}\otimes\boldsymbol{I}_q)(\boldsymbol{I}_{N-1}\otimes\boldsymbol{K})\boldsymbol{\xi} \tag{6-55}$$

此外，由于 $\det(\boldsymbol{\mathcal{D}}_f)\neq 0$，易得

$$\begin{aligned}\boldsymbol{\mathcal{L}}_f\otimes\boldsymbol{I}_q&=\boldsymbol{\mathcal{D}}_f\otimes\boldsymbol{I}_q-\boldsymbol{\mathcal{A}}_f\otimes\boldsymbol{I}_q\\&=(\boldsymbol{\mathcal{D}}_f\otimes\boldsymbol{I}_q)(\boldsymbol{I}_{(N-1)q}-\boldsymbol{\mathcal{D}}_f^{-1}\boldsymbol{\mathcal{A}}_f\otimes\boldsymbol{I}_q)\end{aligned} \tag{6-56}$$

这表明

$$\det(\mathcal{L}_f \otimes \boldsymbol{I}_q) = \det(\boldsymbol{I}_{(N-1)q} - \mathcal{D}_f^{-1}\mathcal{A}_f \otimes \boldsymbol{I}_q) \times \det(\mathcal{D}_f \otimes \boldsymbol{I}_q) \tag{6-57}$$

由 $\det(\mathcal{L}_f) \neq 0$ 可得 $\det(\boldsymbol{I}_{(N-1)q} - \mathcal{D}_f^{-1}\mathcal{A}_f \otimes \boldsymbol{I}_q) \neq 0$。因此，式（6-55）可表示为

$$\begin{aligned}
\boldsymbol{U}_{\mathrm{n}} &= -(\boldsymbol{I}_{(N-1)q} - \mathcal{D}_f^{-1}\mathcal{A}_f \otimes \boldsymbol{I}_q)^{-1}(\mathcal{D}_f^{-1} \otimes \boldsymbol{I}_q)(\boldsymbol{I}_{N-1} \otimes \boldsymbol{K})\boldsymbol{\xi} \\
&= -(\mathcal{D}_f \otimes \boldsymbol{I}_q - \mathcal{A}_f \otimes \boldsymbol{I}_q)^{-1}(\boldsymbol{I}_{N-1} \otimes \boldsymbol{K})\boldsymbol{\xi} \\
&= -(\mathcal{L}_f \otimes \boldsymbol{I}_q)^{-1}(\boldsymbol{I}_{N-1} \otimes \boldsymbol{K})\boldsymbol{\xi} \\
&= -(\mathcal{L}_f^{-1} \otimes \boldsymbol{K})\boldsymbol{\xi}
\end{aligned} \tag{6-58}$$

将式（6-58）代入式（6-53）得到

$$\begin{aligned}
\dot{V}_2 &= \boldsymbol{\xi}^{\mathrm{T}}(\boldsymbol{I}_{N-1} \otimes \boldsymbol{P})\big((\boldsymbol{I}_{N-1} \otimes \boldsymbol{A})\boldsymbol{\xi} - (\mathcal{L}_f \otimes \boldsymbol{B})(\mathcal{L}_f^{-1} \otimes \boldsymbol{K})\boldsymbol{\xi}\big) \\
&= \boldsymbol{\xi}^{\mathrm{T}}(\boldsymbol{I}_{N-1} \otimes \boldsymbol{PA} - \boldsymbol{I}_{N-1} \otimes \boldsymbol{PBK})\boldsymbol{\xi} \\
&= 0.5\boldsymbol{\xi}^{\mathrm{T}}\left(\boldsymbol{I}_{N-1} \otimes (\boldsymbol{PA} + \boldsymbol{A}^{\mathrm{T}}\boldsymbol{P})\right)\boldsymbol{\xi} - \boldsymbol{\xi}^{\mathrm{T}}(\boldsymbol{I}_{N-1} \otimes \boldsymbol{PBR}^{-1}\boldsymbol{B}^{\mathrm{T}}\boldsymbol{P})\boldsymbol{\xi}
\end{aligned} \tag{6-59}$$

基于 ARE[式（6-52）]，式（6-59）可进一步写为

$$\begin{aligned}
\dot{V}_2 &= 0.5\boldsymbol{\xi}^{\mathrm{T}}\left(\boldsymbol{I}_{N-1} \otimes (\boldsymbol{PBR}^{-1}\boldsymbol{B}^{\mathrm{T}}\boldsymbol{P} - \boldsymbol{Q})\right)\boldsymbol{\xi} - \boldsymbol{\xi}^{\mathrm{T}}(\boldsymbol{I}_{N-1} \otimes \boldsymbol{PBR}^{-1}\boldsymbol{B}^{\mathrm{T}}\boldsymbol{P})\boldsymbol{\xi} \\
&= -0.5\boldsymbol{\xi}^{\mathrm{T}}\left(\boldsymbol{I}_{N-1} \otimes (\boldsymbol{PBR}^{-1}\boldsymbol{B}^{\mathrm{T}}\boldsymbol{P} + \boldsymbol{Q})\right)\boldsymbol{\xi}
\end{aligned} \tag{6-60}$$

根据文献[166]可得系统（6-43）是渐近稳定的。

2）全局能耗指标函数 J 的最优化

由于系统（6-43）是渐近稳定的，即 $\lim\limits_{t\to\infty}\boldsymbol{\xi}^{\mathrm{T}}(\boldsymbol{I}_{N-1} \otimes \boldsymbol{P})\boldsymbol{\xi} = 0$，则有

$$\begin{aligned}
-0.5\boldsymbol{\xi}^{\mathrm{T}}(0)(\boldsymbol{I}_{N-1} \otimes \boldsymbol{P})\boldsymbol{\xi}(0) &= 0.5\int_0^{\infty}\frac{\mathrm{d}}{\mathrm{d}t}\boldsymbol{\xi}^{\mathrm{T}}(\boldsymbol{I}_{N-1} \otimes \boldsymbol{P})\boldsymbol{\xi}\mathrm{d}t \\
&= \int_0^{\infty}\boldsymbol{\xi}^{\mathrm{T}}(\boldsymbol{I}_{N-1} \otimes \boldsymbol{P})\dot{\boldsymbol{\xi}}\mathrm{d}t
\end{aligned} \tag{6-61}$$

其中，$\boldsymbol{\xi}(0)$ 表示 $\boldsymbol{\xi}$ 的初始值。

设 $\phi = \boldsymbol{\xi}^{\mathrm{T}}(\boldsymbol{I}_{N-1} \otimes \boldsymbol{P})\dot{\boldsymbol{\xi}}$，则利用式（6-43）和式（6-52）可得

$$\begin{aligned}
\phi &= \boldsymbol{\xi}^{\mathrm{T}}(\boldsymbol{I}_{N-1} \otimes \boldsymbol{P})\big((\boldsymbol{I}_{N-1} \otimes \boldsymbol{A})\boldsymbol{\xi} + (\mathcal{L}_f \otimes \boldsymbol{B})\boldsymbol{U}_{\mathrm{n}}\big) \\
&= 0.5\boldsymbol{\xi}^{\mathrm{T}}\left(\boldsymbol{I}_{N-1} \otimes (\boldsymbol{PA} + \boldsymbol{A}^{\mathrm{T}}\boldsymbol{P})\right)\boldsymbol{\xi} + \boldsymbol{\xi}^{\mathrm{T}}(\mathcal{L}_f \otimes \boldsymbol{PB})\boldsymbol{U}_{\mathrm{n}} \\
&= -0.5\boldsymbol{\xi}^{\mathrm{T}}(\boldsymbol{I}_{N-1} \otimes \boldsymbol{Q})\boldsymbol{\xi} + 0.5\boldsymbol{\xi}^{\mathrm{T}}(\boldsymbol{I}_{N-1} \otimes \boldsymbol{PBR}^{-1}\boldsymbol{B}^{\mathrm{T}}\boldsymbol{P})\boldsymbol{\xi} + \boldsymbol{\xi}^{\mathrm{T}}(\mathcal{L}_f \otimes \boldsymbol{PB})\boldsymbol{U}_{\mathrm{n}} \\
&= -0.5\boldsymbol{\xi}^{\mathrm{T}}(\boldsymbol{I}_{N-1} \otimes \boldsymbol{Q})\boldsymbol{\xi} - 0.5\boldsymbol{U}_{\mathrm{n}}^{\mathrm{T}}(\mathcal{L}_f^{\mathrm{T}}\mathcal{L}_f \otimes \boldsymbol{R})\boldsymbol{U}_{\mathrm{n}} + 0.5\boldsymbol{U}_{\mathrm{n}}^{\mathrm{T}}(\mathcal{L}_f^{\mathrm{T}}\mathcal{L}_f \otimes \boldsymbol{R})\boldsymbol{U}_{\mathrm{n}} \\
&\quad + \boldsymbol{\xi}^{\mathrm{T}}(\mathcal{L}_f \otimes \boldsymbol{PB})\boldsymbol{U}_{\mathrm{n}} + 0.5\boldsymbol{\xi}^{\mathrm{T}}(\boldsymbol{I}_{N-1} \otimes \boldsymbol{PBR}^{-1}\boldsymbol{B}^{\mathrm{T}}\boldsymbol{P})\boldsymbol{\xi} \\
&= -0.5\boldsymbol{\xi}^{\mathrm{T}}(\boldsymbol{I}_{N-1} \otimes \boldsymbol{Q})\boldsymbol{\xi} - 0.5\boldsymbol{U}_{\mathrm{n}}^{\mathrm{T}}(\mathcal{L}_f^{\mathrm{T}}\mathcal{L}_f \otimes \boldsymbol{R})\boldsymbol{U}_{\mathrm{n}} + 0.5\big(\boldsymbol{U}_{\mathrm{n}} + (\mathcal{L}_f^{-1} \otimes \boldsymbol{K})\boldsymbol{\xi}\big)^{\mathrm{T}} \\
&\quad \times (\mathcal{L}_f^{\mathrm{T}}\mathcal{L}_f \otimes \boldsymbol{R})\big(\boldsymbol{U}_{\mathrm{n}} + (\mathcal{L}_f^{-1} \otimes \boldsymbol{K})\boldsymbol{\xi}\big) \\
&\geqslant -0.5\boldsymbol{\xi}^{\mathrm{T}}(\boldsymbol{I}_{N-1} \otimes \boldsymbol{Q})\boldsymbol{\xi} - 0.5\boldsymbol{U}_{\mathrm{n}}^{\mathrm{T}}(\mathcal{L}_f^{\mathrm{T}}\mathcal{L}_f \otimes \boldsymbol{R})\boldsymbol{U}_{\mathrm{n}}
\end{aligned} \tag{6-62}$$

因此，由式（6-62）可得

$$\phi \geqslant -0.5\boldsymbol{\xi}^{\mathrm{T}}\mathcal{Q}\boldsymbol{\xi} - 0.5\boldsymbol{U}_{\mathrm{n}}^{\mathrm{T}}\mathcal{R}\boldsymbol{U}_{\mathrm{n}} \tag{6-63}$$

这表明

$$L(\boldsymbol{\xi}, \boldsymbol{U}_{\mathrm{n}}) \geqslant -\boldsymbol{\xi}^{\mathrm{T}}(\boldsymbol{I}_{N-1} \otimes \boldsymbol{P})\dot{\boldsymbol{\xi}} \tag{6-64}$$

根据式（6-61）和不等式（6-64），全局能耗指标函数可表示为

$$
\begin{aligned}
J &= \int_0^{\infty} L(\boldsymbol{\xi},\boldsymbol{U}_{\mathrm{n}})\mathrm{d}t \\
&\geqslant -\int_0^{\infty} \boldsymbol{\xi}^{\mathrm{T}}(\boldsymbol{I}_{N-1}\otimes \boldsymbol{P})\dot{\boldsymbol{\xi}}\mathrm{d}t \\
&= 0.5\boldsymbol{\xi}(0)^{\mathrm{T}}(\boldsymbol{I}_{N-1}\otimes \boldsymbol{P})\boldsymbol{\xi}(0)
\end{aligned} \tag{6-65}
$$

注意到当且仅当$\boldsymbol{U}_{\mathrm{n}} = -(\boldsymbol{\mathcal{L}}_f^{-1}\otimes \boldsymbol{K})\boldsymbol{\xi}$时，$J^* = 0.5\boldsymbol{\xi}(0)^{\mathrm{T}}(\boldsymbol{I}_{N-1}\otimes \boldsymbol{P})\boldsymbol{\xi}(0)$。此外，由式(6-58)可推断出$\boldsymbol{U}_{\mathrm{n}} = -(\boldsymbol{\mathcal{L}}_f^{-1}\otimes \boldsymbol{K})\boldsymbol{\xi}$是式（6-51）中提出的标称控制协议的全局形式。因此，式（6-51）中的标称控制协议可以保证全局能耗指标函数的最优化。

定理 6.4 中的所有条件都满足，证明完毕。

注 6.8：由式（6-44）和定理 6.3 可以得出控制增益参数k_1和k_2的选取与通信拓扑信息无关：k_1是任意的正实数，k_2只依赖于外部扰动的边界值和自主体自身的动力学参数。此外，根据定理 6.4，求解控制增益矩阵$\boldsymbol{K}$的值不需要通信拓扑的信息。因此，式（6-44）中提出的控制协议$\boldsymbol{u}_i$的设计与通信拓扑信息无关，其仅依赖于自主体自身的动力学过程、外部扰动的边界值以及邻居自主体的相对状态值，即每个自主体都以完全分布式的方式管理其控制协议$\boldsymbol{u}_i$。

注 6.9：值得指出的是，基于假设 6.4 可得$\det(\boldsymbol{\mathcal{L}}_f)\neq 0$，因此，有$\boldsymbol{\mathcal{L}}_f\boldsymbol{y}\neq 0$（$\forall \boldsymbol{y}\neq 0$）成立。易得$\boldsymbol{y}^{\mathrm{T}}(\boldsymbol{\mathcal{L}}_f^{\mathrm{T}}\boldsymbol{\mathcal{L}}_f)\boldsymbol{y} = \|\boldsymbol{\mathcal{L}}_f\boldsymbol{y}\|^2 > 0$，所以$\boldsymbol{\mathcal{L}}_f^{\mathrm{T}}\boldsymbol{\mathcal{L}}_f$是正定的。因此，矩阵$\boldsymbol{\mathcal{R}} = \boldsymbol{\mathcal{L}}_f^{\mathrm{T}}\boldsymbol{\mathcal{L}}_f\otimes \boldsymbol{R}$的正定性可通过条件$\boldsymbol{R}>0$保证。此外，式（6-52）所示 ARE 的正定解$\boldsymbol{P}$存在且唯一的条件式是$(\boldsymbol{A},\boldsymbol{B})$是可稳定的，$(\boldsymbol{A},\boldsymbol{Q}^{1/2})$是可观测的[171]。

6.2.2　外部扰动下线性多自主体系统仿真算例

考虑由 6 个双质量-弹簧系统[198]描述的多自主体网络，每个自主体的系统参数为

$$
\boldsymbol{A} = \begin{bmatrix} 0 & 1 & 0 & 0 \\ \dfrac{-g_1-g_2}{m_1} & 0 & \dfrac{g_2}{m_1} & 0 \\ 0 & 0 & 0 & 1 \\ \dfrac{g_2}{m_2} & 0 & \dfrac{-g_2}{m_2} & 0 \end{bmatrix},\quad \boldsymbol{B} = \begin{bmatrix} 0 \\ \dfrac{1}{m_1} \\ 0 \\ 0 \end{bmatrix} \tag{6-66}
$$

其中，$m_1 = 1.2\mathrm{kg}$；$m_2 = 1\mathrm{kg}$；$g_1 = 1.4\mathrm{N/m}$；$g_2 = 1\mathrm{N/m}$。图 6-9 所示为各自主体之间的通信拓扑结构，其中，标记为 1 的自主体为领航者，其余自主体为跟随者。

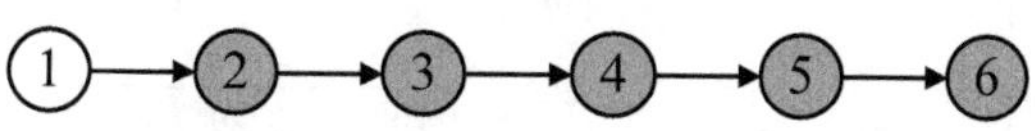

图 6-9　6 个自主体之间的通信拓扑结构

选择加权矩阵$\boldsymbol{R}$=1，$\boldsymbol{Q}$=100$\boldsymbol{I}_4$，则矩阵$\boldsymbol{P}$和控制增益矩阵$\boldsymbol{K}$ 可应用定理 6.4 求解。设外部扰动分量为$\boldsymbol{w}_2 = \boldsymbol{w}_3 = 0.05\sin(0.1t)+0.05$，$\boldsymbol{w}_4 = \boldsymbol{w}_5 = 0.1$，$\boldsymbol{w}_6 = -0.1\sin(0.1t)$，则根据假设 6.3，参数$d_1$和$d_2$可选择为$d_1 = 0.1$，$d_2 = 0.01$。此外，设$\boldsymbol{G} = [0, m_1, 0, 0]$，$k_1 = 0.01$，$k_3 = 0.001$，则由定理 6.3 计算得到$k_2 = 0.012$。系统的初始条件为

$$x_1(0)=[3,3,3,3]^{\mathrm{T}},\ x_2(0)=[5,5,5,5]^{\mathrm{T}},\ x_3(0)=[6,6,6,6]^{\mathrm{T}},$$
$$x_4(0)=[7,7,7,7]^{\mathrm{T}},\ x_5(0)=[8,8,8,8]^{\mathrm{T}},\ x_6(0)=[9,9,9,9]^{\mathrm{T}}$$

在控制协议（6-44）的作用下，系统的状态范数演化轨迹和跟踪误差范数演化轨迹如图 6-10 和图 6-11 所示。结果表明，5 个跟随者可以在 10s 内成功跟踪领航者的状态，并且稳态跟踪误差范数小于3×10^{-4}。此外，全局能耗指标函数 J 的演化轨迹如图 6-12 所示，可以看出 J 最终收敛到 4499.5。由定理 6.4 可知，全局能耗指标函数的最优理论值 $J^* = 0.5\boldsymbol{\xi}^{\mathrm{T}}(0)\ \ (\boldsymbol{I}_5\otimes \boldsymbol{P})\boldsymbol{\xi}(0) = 4499.5$。因此，$J^*$ 的仿真值与其理论值是一致的。

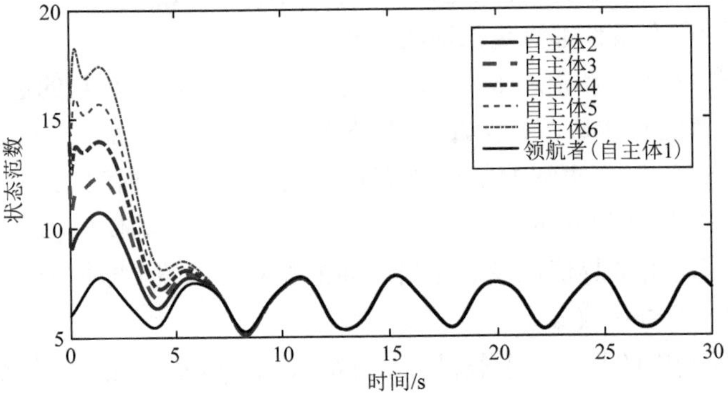

彩图 6-10

图 6-10　在控制协议（6-44）作用下 6 个自主体的状态范数演化轨迹示意图

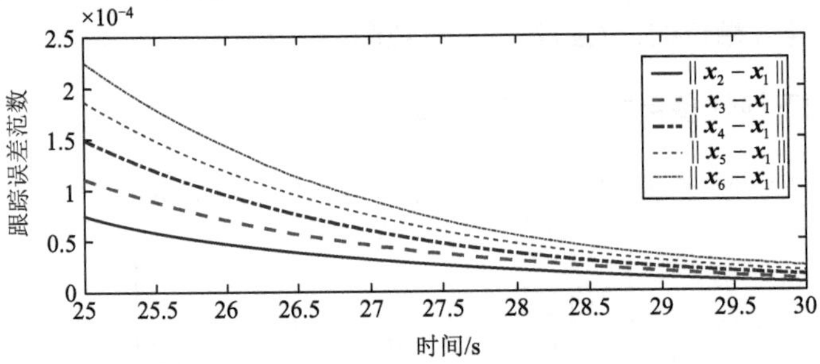

彩图 6-11

图 6-11　在控制协议（6-44）作用下 6 个自主体的状态跟踪误差范数演化轨迹示意图

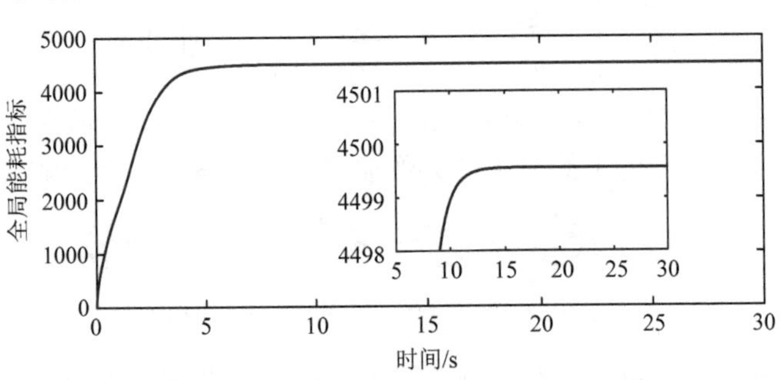

图 6-12　全局能耗指标函数演化轨迹示意图

本 章 小 结

本章首先研究具有模型不确定性的线性多自主体系统的领航-跟随的一致性鲁棒优化控制问题，提出一种能够保证多自主体系统一致性的最优协议。通过求解不依赖模型不确定信息的 ARE 实现了所设计全局能耗指标函数的最优化。进一步地，研究了一般有向拓扑结构下具有不确定外部扰动的线性多自主体系统协同优化控制问题，设计了一种具有抗干扰和抖振的滑模控制协议。通过求解不依赖通信拓扑信息的 ARE 方程，得到最优标称控制协议的控制增益参数。此外，所设计的控制协议参数仅依赖于自主体的个体动态和相邻自主体的相对信息，这表明协议可以由每个自主体以完全分布式的方式进行管理。最后给出了仿真算例，验证了所提出方法的有效性。

第 7 章　线性离散多自主体系统鲁棒分布式优化控制

第 6 章主要研究的是连续时间多自主体系统的鲁棒分布式优化控制问题。对于离散时间下的多自主体控制系统，采样频率和系统不确定信息的相互耦合，给系统的控制协议设计和稳定性分析带来了极大的挑战。本章将针对线性离散多自主体系统，给出能够保证其稳定性的鲁棒分布式优化控制方法。

7.1　控制协议设计

一组由 $N+1$ 个不确定性离散线性自主体构成的多自主体系统中，各自主体的动力学方程如下：

$$\boldsymbol{x}_i(t+1)=(\boldsymbol{A}+\Delta\boldsymbol{A})\boldsymbol{x}_i(t)+\boldsymbol{B}\boldsymbol{u}_i(t),\quad i=0,1,2,\cdots,N \tag{7-1}$$

其中，系统由1 个领航者（标记为 0）和 N 个跟随者（标记为 $1,2,\cdots N$ ）组成。$\boldsymbol{x}_i(t)\in\Re^p$ 和 $\boldsymbol{u}_i(t)\in\Re^q$ 分别代表状态变量和控制变量，t 表示离散采样时间信号。$\boldsymbol{A}$ 和 $\boldsymbol{B}$ 是已知的常数矩阵；$\Delta\boldsymbol{A}$ 表示范数有界的建模不确定性分量，即 $\|\Delta\boldsymbol{A}\|<\infty$ 。此外，假设领航者的状态不受跟随者的影响，即 $\boldsymbol{u}_0(t)=0$ 。

假设 7.1：系统的通信拓扑为有向图 $\mathcal{G}$，且其包含一个以领航者节点为根节点的有向生成树。

基于假设 7.1，图的拉普拉斯矩阵 $\boldsymbol{\mathcal{L}}$ 可重写为

$$\boldsymbol{\mathcal{L}}=\begin{bmatrix}0 & \boldsymbol{O}_{1\times N}\\ \boldsymbol{\mathcal{L}}_1 & \boldsymbol{\mathcal{L}}_2\end{bmatrix}$$

此外，当假设 7.1 成立时，由文献[164]可得矩阵 $\boldsymbol{\mathcal{L}}_2$ 是非奇异的。

本节设计了一种分布式控制协议，保证了存在建模不确定性时系统的领航-跟随一致性，即 $\lim\limits_{t\to\infty}\|\boldsymbol{x}_i(t)-\boldsymbol{x}_0(t)\|=0$ ，同时实现全局能耗指标函数的鲁棒最优化。

令 $\boldsymbol{\varepsilon}_i(t)=\sum\limits_{j=0}^{N}a_{ij}(\boldsymbol{x}_i(t)-\boldsymbol{x}_j(t))$ ，则有

$$\boldsymbol{\varepsilon}(t)=(\boldsymbol{\mathcal{L}}_2\otimes\boldsymbol{I}_p)(\boldsymbol{X}(t)-\bar{\boldsymbol{X}}_0(t)) \tag{7-2}$$

其中，$\boldsymbol{\varepsilon}(t)=[\boldsymbol{\varepsilon}_1^{\mathrm{T}}(t),\boldsymbol{\varepsilon}_2^{\mathrm{T}}(t),\cdots,\boldsymbol{\varepsilon}_N^{\mathrm{T}}(t)]^{\mathrm{T}}$ ；$\boldsymbol{X}(t)=[\boldsymbol{x}_1^{\mathrm{T}}(t),\boldsymbol{x}_2^{\mathrm{T}}(t),\cdots,\boldsymbol{x}_N^{\mathrm{T}}(t)]^{\mathrm{T}}$ ；$\bar{\boldsymbol{X}}_0(t)=\boldsymbol{1}_N\otimes\boldsymbol{x}_0(t)$ 。基于式（7-1）和式（7-2）可得

$$\boldsymbol{\varepsilon}(t+1)=\left(\boldsymbol{I}_N\otimes(\boldsymbol{A}+\Delta\boldsymbol{A})\right)\boldsymbol{\varepsilon}(t)+(\boldsymbol{\mathcal{L}}_2\otimes\boldsymbol{B})\boldsymbol{U}(t) \tag{7-3}$$

其中，$\boldsymbol{U}(t)=[\boldsymbol{u}_1^{\mathrm{T}}(t),\boldsymbol{u}_2^{\mathrm{T}}(t),\cdots,\boldsymbol{u}_N^{\mathrm{T}}(t)]^{\mathrm{T}}$ 。注意到当假设 7.1 成立时，当且仅当 $\lim\limits_{t\to\infty}\|\boldsymbol{\varepsilon}(t)\|=0$ 成立时，系统（7-3）是渐近稳定的。

引理 7.1（矩阵反演引理）[172]：对于非奇异矩阵 $\boldsymbol{A}_{11}$ 和 $\boldsymbol{A}_{22}$，有

$$(\boldsymbol{A}_{11}-\boldsymbol{A}_{12}\boldsymbol{A}_{22}^{-1}\boldsymbol{A}_{21})^{-1}=\boldsymbol{A}_{11}^{-1}+\boldsymbol{A}_{11}^{-1}\boldsymbol{A}_{12}(\boldsymbol{A}_{22}-\boldsymbol{A}_{21}\boldsymbol{A}_{11}^{-1}\boldsymbol{A}_{12})^{-1}\boldsymbol{A}_{21}\boldsymbol{A}_{11}^{-1} \tag{7-4}$$

定义与系统（7-3）相关的全局能耗指标函数如下：

$$J=\sum_{t=0}^{\infty}L(\boldsymbol{\varepsilon}(t),\boldsymbol{U}(t)) \tag{7-5}$$

其中，$L(\boldsymbol{\varepsilon}(t),\boldsymbol{U}(t))$ 表示全局目标函数，其具体形式为

$$L(\boldsymbol{\varepsilon}(t),\boldsymbol{U}(t))=0.5\left(\boldsymbol{\varepsilon}^{\mathrm{T}}(t)\boldsymbol{\mathcal{Q}}_{G}\boldsymbol{\varepsilon}(t)+\boldsymbol{U}^{\mathrm{T}}(t)\boldsymbol{\mathcal{R}}_{G}\boldsymbol{U}(t)\right) \tag{7-6}$$

由式（7-6）可以看出，全局目标函数由 $\boldsymbol{\varepsilon}^{\mathrm{T}}(t)\boldsymbol{\mathcal{Q}}_{G}\boldsymbol{\varepsilon}(t)$ 和 $\boldsymbol{U}^{\mathrm{T}}(t)\boldsymbol{\mathcal{R}}_{G}\boldsymbol{U}(t)$ 两部分组成，其中，$\boldsymbol{\varepsilon}^{\mathrm{T}}(t)\boldsymbol{\mathcal{Q}}_{G}\boldsymbol{\varepsilon}(t)$ 用于判断跟踪误差的大小，$\boldsymbol{U}^{\mathrm{T}}(t)\boldsymbol{\mathcal{R}}_{G}\boldsymbol{U}(t)$ 用于判断控制输入的大小。此外，$\boldsymbol{\mathcal{R}}_{G}=\boldsymbol{\mathcal{R}}_{G}^{\mathrm{T}}>0$ 和 $\boldsymbol{\mathcal{Q}}_{G}=\boldsymbol{\mathcal{Q}}_{G}^{\mathrm{T}}\geqslant 0$ 表示加权矩阵，定义如下：

$$\begin{cases}\boldsymbol{\mathcal{R}}_{G}=\boldsymbol{\mathcal{L}}_{2}^{\mathrm{T}}\boldsymbol{\mathcal{L}}_{2}\otimes c^{-1}\boldsymbol{R},\ \boldsymbol{\mathcal{Q}}_{G}=\boldsymbol{I}_{N}\otimes\boldsymbol{Q}\\ \boldsymbol{Q}=\boldsymbol{Q}_{1}+\boldsymbol{A}^{\mathrm{T}}\boldsymbol{PB}(c^{-1}\boldsymbol{R}+\boldsymbol{B}^{\mathrm{T}}\boldsymbol{PB})^{-1}\boldsymbol{B}^{\mathrm{T}}\boldsymbol{PA}-\boldsymbol{A}^{\mathrm{T}}\boldsymbol{PB}(\boldsymbol{R}+\boldsymbol{B}^{\mathrm{T}}\boldsymbol{PB})^{-1}\boldsymbol{B}^{\mathrm{T}}\boldsymbol{PA}\\ \quad-(\Delta\boldsymbol{A}^{\mathrm{T}}\boldsymbol{P}\Delta\boldsymbol{A}+\boldsymbol{A}^{\mathrm{T}}\boldsymbol{P}\Delta\boldsymbol{A}+\Delta\boldsymbol{A}^{\mathrm{T}}\boldsymbol{PA})+c(\Delta\boldsymbol{A}^{\mathrm{T}}\boldsymbol{PBK}+\boldsymbol{K}^{\mathrm{T}}\boldsymbol{B}^{\mathrm{T}}\boldsymbol{P}\Delta\boldsymbol{A})\end{cases} \tag{7-7}$$

其中，$\boldsymbol{R}=\boldsymbol{R}^{\mathrm{T}}>0$；$\boldsymbol{Q}_{1}=\boldsymbol{Q}_{1}^{\mathrm{T}}\geqslant 0$；$c>0$是待确定的加权参数；$\boldsymbol{P}$ 为如下离散时间 ARE 的正定解：

$$\boldsymbol{P}=\boldsymbol{Q}_{1}+\boldsymbol{A}^{\mathrm{T}}\boldsymbol{PA}-\boldsymbol{A}^{\mathrm{T}}\boldsymbol{PB}(\boldsymbol{R}+\boldsymbol{B}^{\mathrm{T}}\boldsymbol{PB})^{-1}\boldsymbol{B}^{\mathrm{T}}\boldsymbol{PA} \tag{7-8}$$

值得注意的是，由于 $\boldsymbol{R}>0$，$c>0$ 和假设 7.1 成立，因此加权矩阵 $\boldsymbol{\mathcal{R}}_{G}$ 是正定的。此外，加权矩阵 $\boldsymbol{\mathcal{Q}}_{G}$ 的半正定性将在后面进行分析。

在忽略建模不确定性的基础上，定义如下哈密顿函数：

$$H(\boldsymbol{\varepsilon}(t),\boldsymbol{U}(t))=-L(\boldsymbol{\varepsilon}(t),\boldsymbol{U}(t))+\boldsymbol{\lambda}^{\mathrm{T}}(t+1)\left((\boldsymbol{I}_{N}\otimes\boldsymbol{A})\boldsymbol{\varepsilon}(t)+(\boldsymbol{\mathcal{L}}_{2}\otimes\boldsymbol{B})\boldsymbol{U}(t)\right) \tag{7-9}$$

其中，$\boldsymbol{\lambda}(t)=-(\boldsymbol{I}_{N}\otimes\boldsymbol{P})\boldsymbol{\varepsilon}(t)$ 为协态变量，则有

$$\frac{\partial H}{\partial\boldsymbol{U}}=-\boldsymbol{\mathcal{R}}_{G}\boldsymbol{U}(t)+(\boldsymbol{\mathcal{L}}_{2}^{\mathrm{T}}\otimes\boldsymbol{B}^{\mathrm{T}})\boldsymbol{\lambda}(t+1) \tag{7-10}$$

通过求解方程 $\partial H/\partial\boldsymbol{U}=0$ 可以得到以下协议：

$$\begin{aligned}\boldsymbol{U}^{*}(t)&=\boldsymbol{\mathcal{R}}_{G}^{-1}(\boldsymbol{\mathcal{L}}_{2}^{\mathrm{T}}\otimes\boldsymbol{B}^{\mathrm{T}})\boldsymbol{\lambda}(t+1)\\&=-(\boldsymbol{\mathcal{L}}_{2}^{-1}\boldsymbol{\mathcal{L}}_{2}^{-\mathrm{T}}\otimes c\boldsymbol{R}^{-1})(\boldsymbol{\mathcal{L}}_{2}^{\mathrm{T}}\otimes\boldsymbol{B}^{\mathrm{T}})(\boldsymbol{I}_{N}\otimes\boldsymbol{P})\boldsymbol{\varepsilon}(t+1)\\&=-(\boldsymbol{\mathcal{L}}_{2}^{-1}\otimes c\boldsymbol{R}^{-1}\boldsymbol{B}^{\mathrm{T}}\boldsymbol{P})\boldsymbol{\varepsilon}(t+1)\end{aligned} \tag{7-11}$$

忽略建模不确定性，将式（7-11）代入式（7-3）有

$$\begin{aligned}\boldsymbol{\varepsilon}(t+1)&=(\boldsymbol{I}_{N}\otimes\boldsymbol{A})\boldsymbol{\varepsilon}(t)+(\boldsymbol{\mathcal{L}}_{2}\otimes\boldsymbol{B})\boldsymbol{U}^{*}(t)\\&=(\boldsymbol{I}_{N}\otimes\boldsymbol{A})\boldsymbol{\varepsilon}(t)-(\boldsymbol{I}_{N}\otimes c\boldsymbol{BR}^{-1}\boldsymbol{B}^{\mathrm{T}}\boldsymbol{P})\boldsymbol{\varepsilon}(t+1)\end{aligned} \tag{7-12}$$

这表明

$$\boldsymbol{\varepsilon}(t+1)=\left(\boldsymbol{I}_{N}\otimes(\boldsymbol{I}_{p}+c\boldsymbol{BR}^{-1}\boldsymbol{B}^{\mathrm{T}}\boldsymbol{P})^{-1}\boldsymbol{A}\right)\boldsymbol{\varepsilon}(t) \tag{7-13}$$

基于引理 7.1，控制协议（7-11）可重写为

$$
\begin{aligned}
U^*(t) &= -(\mathcal{L}_2^{-1} \otimes cR^{-1}B^{\mathrm{T}}P)\left(I_N \otimes (I_p + cBR^{-1}B^{\mathrm{T}}P)^{-1}A\right)\varepsilon(t) \\
&= -\left(\mathcal{L}_2^{-1} \otimes cR^{-1}B^{\mathrm{T}}(P^{-1} + cBR^{-1}B^{\mathrm{T}})^{-1}A\right)\varepsilon(t) \\
&= -\left(\mathcal{L}_2^{-1} \otimes cR^{-1}B^{\mathrm{T}}\left(P - PB(c^{-1}R + B^{\mathrm{T}}PB)^{-1}B^{\mathrm{T}}P\right)A\right)\varepsilon(t) \\
&= -\left(\mathcal{L}_2^{-1} \otimes c\left(R^{-1}B^{\mathrm{T}}P - R^{-1}B^{\mathrm{T}}PB(c^{-1}R + B^{\mathrm{T}}PB)^{-1}B^{\mathrm{T}}PA\right)\right)\varepsilon(t) \\
&= -\left(\mathcal{L}_2^{-1} \otimes cR^{-1}\left(I_q - B^{\mathrm{T}}PB(c^{-1}R + B^{\mathrm{T}}PB)^{-1}\right)B^{\mathrm{T}}PA\right)\varepsilon(t) \\
&= -\left(\mathcal{L}_2^{-1} \otimes cR^{-1}(I_q + cB^{\mathrm{T}}PBR^{-1})^{-1}B^{\mathrm{T}}PA\right)\varepsilon(t) \\
&= -\left(\mathcal{L}_2^{-1} \otimes cR^{-1}(I_q + cB^{\mathrm{T}}PBR^{-1})^{-1}B^{\mathrm{T}}PA\right)\varepsilon(t) \\
&= -\left(\mathcal{L}_2^{-1} \otimes c(R + cB^{\mathrm{T}}PB)^{-1}B^{\mathrm{T}}PA\right)\varepsilon(t) \\
&= -(\mathcal{L}_2^{-1} \otimes cK)\varepsilon(t)
\end{aligned} \tag{7-14}
$$

其中， $K = (R + cB^{\mathrm{T}}PB)^{-1}B^{\mathrm{T}}PA$ 。

进一步地，式（7-14）可等价为如下局部控制协议：

$$
u_i^*(t) = \left(\sum_{j=0}^{N} a_{ij}\right)^{-1}\left(\sum_{j=1}^{N} a_{ij}u_j^*(t) - cK\varepsilon_i(t)\right) \tag{7-15}
$$

7.2 鲁棒优化性与稳定性证明

本节旨在证明式（7-15）中提出的控制协议能够同时保证系统（7-3）在建模不确定性情况下的渐近稳定性，以及全局能耗指标函数（7-5）的鲁棒最优化。

定理 7.1：当控制协议（7-15）满足约束条件（7-37）时，可实现系统（7-1）的领航-跟随一致性，以及全局能耗指标函数（7-5）的鲁棒最优化。

证明：首先将分别证明全局能耗指标函数的最优化和系统的一致性行为：①证明控制协议（7-15）能够保证全局能耗指标函数（7-5）的鲁棒最优化；②证明控制协议（7-15）能够保证跟踪误差系统（7-3）的渐近稳定性。然后，给出矩阵 Q_G 满足半正定性的条件。

1）鲁棒最优化证明

若控制协议设计为式（7-15）的形式，即 $u_i(t) = u_i^*(t)$ ， $U(t) = U^*(t)$ ，则跟踪误差系统（7-3）可重写为

$$
\varepsilon(t+1) = \left(I_N \otimes (A + \Delta A - cBK)\right)\varepsilon(t) \tag{7-16}
$$

选择李雅普诺夫函数为

$$
V(t) = \varepsilon^{\mathrm{T}}(t)(I_N \otimes P)\varepsilon(t)
$$

则 $V(t)$ 的差分可以表示为

$$
\delta V(t) = \varepsilon^{\mathrm{T}}(t+1)(I_N \otimes P)\varepsilon(t+1) - \varepsilon^{\mathrm{T}}(t)(I_N \otimes P)\varepsilon(t)
$$

结合式（7-16），有

$$
\begin{aligned}
\delta V(t) = {} & \varepsilon^{\mathrm{T}}(t)\left(I_N \otimes (A + \Delta A - cBK)^{\mathrm{T}}\right)(I_N \otimes P)\left(I_N \otimes (A + \Delta A - cBK)\right)\varepsilon(t) \\
& - \varepsilon^{\mathrm{T}}(t)(I_N \otimes P)\varepsilon(t)
\end{aligned}
$$

$$
\begin{aligned}
&= \varepsilon^{\mathrm{T}}(t)\big(\boldsymbol{I}_N \otimes (\boldsymbol{A}+\Delta \boldsymbol{A})^{\mathrm{T}} \boldsymbol{P}(\boldsymbol{A}+\Delta \boldsymbol{A})\big)\boldsymbol{\varepsilon}(t) - 2\boldsymbol{\varepsilon}^{\mathrm{T}}(t)(\boldsymbol{I}_N \otimes c\boldsymbol{A}^{\mathrm{T}}\boldsymbol{PBK})\boldsymbol{\varepsilon}(t) \\
&\quad - 2\varepsilon^{\mathrm{T}}(t)(\boldsymbol{I}_N \otimes c\Delta \boldsymbol{A}^{\mathrm{T}}\boldsymbol{PBK})\boldsymbol{\varepsilon}(t) + \boldsymbol{\varepsilon}^{\mathrm{T}}(t)(\boldsymbol{I}_N \otimes c^2\boldsymbol{K}^{\mathrm{T}}\boldsymbol{B}^{\mathrm{T}}\boldsymbol{PBK})\boldsymbol{\varepsilon}(t) \\
&\quad - \varepsilon^{\mathrm{T}}(t)(\boldsymbol{I}_N \otimes \boldsymbol{P})\boldsymbol{\varepsilon}(t)
\end{aligned} \tag{7-17}
$$

此外，根据式（7-7）中 $\mathcal{Q}_G$ 的表达式，由 ARE[式（7-8）]可得

$$
\begin{aligned}
\boldsymbol{I}_N \otimes \boldsymbol{P} &= \mathcal{Q}_G + \boldsymbol{I}_N \otimes \boldsymbol{A}^{\mathrm{T}}\boldsymbol{PA} + \boldsymbol{I}_N \otimes \Delta \boldsymbol{A}^{\mathrm{T}}\boldsymbol{P}\Delta \boldsymbol{A} \\
&\quad + \boldsymbol{I}_N \otimes (\boldsymbol{A}^{\mathrm{T}}\boldsymbol{P}\Delta \boldsymbol{A} + \Delta \boldsymbol{A}^{\mathrm{T}}\boldsymbol{PA}) - I_N \otimes (c\Delta \boldsymbol{A}^{\mathrm{T}}\boldsymbol{PBK} + c\boldsymbol{K}^{\mathrm{T}}\boldsymbol{B}^{\mathrm{T}}\boldsymbol{P}\Delta \boldsymbol{A}) \\
&\quad - \boldsymbol{I}_N \otimes \boldsymbol{A}^{\mathrm{T}}\boldsymbol{PB}(c^{-1}\boldsymbol{R} + \boldsymbol{B}^{\mathrm{T}}\boldsymbol{PB})^{-1}\boldsymbol{B}^{\mathrm{T}}\boldsymbol{PA} \\
&= \mathcal{Q}_G + \boldsymbol{I}_N \otimes (\boldsymbol{A}+\Delta \boldsymbol{A})^{\mathrm{T}}\boldsymbol{P}(\boldsymbol{A}+\Delta \boldsymbol{A}) - \boldsymbol{I}_N \otimes (c\Delta \boldsymbol{A}^{\mathrm{T}}\boldsymbol{PBK} + c\boldsymbol{K}^{\mathrm{T}}\boldsymbol{B}^{\mathrm{T}}\boldsymbol{P}\Delta \boldsymbol{A}) \\
&\quad - \boldsymbol{I}_N \otimes \boldsymbol{A}^{\mathrm{T}}\boldsymbol{PB}(c^{-1}\boldsymbol{R} + \boldsymbol{B}^{\mathrm{T}}\boldsymbol{PB})^{-1}\boldsymbol{B}^{\mathrm{T}}\boldsymbol{PA}
\end{aligned} \tag{7-18}
$$

将式（7-18）代入式（7-17）中有

$$
\begin{aligned}
\delta \boldsymbol{V}(t) &= -\boldsymbol{\varepsilon}^{\mathrm{T}}(t)\mathcal{Q}_G\boldsymbol{\varepsilon}(t) + \boldsymbol{\varepsilon}^{\mathrm{T}}(t)(\boldsymbol{I}_N \otimes c^2\boldsymbol{K}^{\mathrm{T}}\boldsymbol{B}^{\mathrm{T}}\boldsymbol{PBK})\boldsymbol{\varepsilon}(t) \\
&\quad + \boldsymbol{\varepsilon}^{\mathrm{T}}(t)\big(\boldsymbol{I}_N \otimes \boldsymbol{A}^{\mathrm{T}}\boldsymbol{PB}(\boldsymbol{c}^{-1}\boldsymbol{R} + \boldsymbol{B}^{\mathrm{T}}\boldsymbol{PB})^{-1}\boldsymbol{B}^{\mathrm{T}}\boldsymbol{PA}\big)\boldsymbol{\varepsilon}(t) \\
&\quad - 2\boldsymbol{\varepsilon}^{\mathrm{T}}(t)(\boldsymbol{I}_N \otimes c\boldsymbol{A}^{\mathrm{T}}\boldsymbol{PBK})\boldsymbol{\varepsilon}(t)
\end{aligned} \tag{7-19}
$$

将 $\boldsymbol{K} = (\boldsymbol{R} + c\boldsymbol{B}^{\mathrm{T}}\boldsymbol{PB})^{-1}\boldsymbol{B}^{\mathrm{T}}\boldsymbol{PA}$ 代入式（7-19）中有

$$
\begin{aligned}
\delta \boldsymbol{V}(t) &= -\boldsymbol{\varepsilon}^{\mathrm{T}}(t)\mathcal{Q}_G\boldsymbol{\varepsilon}(t) + \boldsymbol{\varepsilon}^{\mathrm{T}}(t)(\boldsymbol{I}_N \otimes c^2\boldsymbol{K}^{\mathrm{T}}\boldsymbol{B}^{\mathrm{T}}\boldsymbol{PBK})\boldsymbol{\varepsilon}(t) \\
&\quad + \boldsymbol{\varepsilon}^{\mathrm{T}}(t)\big(\boldsymbol{I}_N \otimes c\boldsymbol{K}^{\mathrm{T}}(\boldsymbol{R} + c\boldsymbol{B}^{\mathrm{T}}\boldsymbol{PB})\boldsymbol{K}\big)\boldsymbol{\varepsilon}(t) \\
&\quad - 2\boldsymbol{\varepsilon}^{\mathrm{T}}(t)(\boldsymbol{I}_N \otimes c\boldsymbol{A}^{\mathrm{T}}\boldsymbol{PBK})\boldsymbol{\varepsilon}(t)
\end{aligned} \tag{7-20}
$$

令 $\phi(t) = \big(\boldsymbol{U}(t) + (\mathcal{L}_2^{-1} \otimes c\boldsymbol{K})\boldsymbol{\varepsilon}(t)\big)^{\mathrm{T}}\big(\mathcal{L}_2^{\mathrm{T}}\mathcal{L}_2 \otimes c^{-1}(\boldsymbol{R} + c\boldsymbol{B}^{\mathrm{T}}\boldsymbol{PB})\big)\big(\boldsymbol{U}(t) + (\mathcal{L}_2^{-1} \otimes c\boldsymbol{K})\boldsymbol{\varepsilon}(t)\big)$，则有

$$
\begin{aligned}
\phi(t) &= \boldsymbol{U}^{\mathrm{T}}(t)(\mathcal{L}_2^{\mathrm{T}}\mathcal{L}_2 \otimes c^{-1}\boldsymbol{R})\boldsymbol{U}(t) + \boldsymbol{U}^{\mathrm{T}}(t)(\mathcal{L}_2^{\mathrm{T}}\mathcal{L}_2 \otimes \boldsymbol{B}^{\mathrm{T}}\boldsymbol{PB})\boldsymbol{U}(t) \\
&\quad + \boldsymbol{\varepsilon}^{\mathrm{T}}(t)\big(\boldsymbol{I}_N \otimes c\boldsymbol{K}^{\mathrm{T}}(\boldsymbol{R} + c\boldsymbol{B}^{\mathrm{T}}\boldsymbol{PB})\boldsymbol{K}\big)\boldsymbol{\varepsilon}(t) + 2\boldsymbol{\varepsilon}^{\mathrm{T}}(t)\big(\mathcal{L}_2 \otimes \boldsymbol{K}^{\mathrm{T}}(\boldsymbol{R} + c\boldsymbol{B}^{\mathrm{T}}\boldsymbol{PB})\big)\boldsymbol{U}(t) \\
&= \boldsymbol{U}^{\mathrm{T}}(t)\mathcal{R}_G\boldsymbol{U}(t) + \boldsymbol{\varepsilon}^{\mathrm{T}}(t)(\boldsymbol{I}_N \otimes c^2\boldsymbol{K}^{\mathrm{T}}\boldsymbol{B}^{\mathrm{T}}\boldsymbol{PBK})\boldsymbol{\varepsilon}(t) \\
&\quad + \boldsymbol{\varepsilon}^{\mathrm{T}}(t)(\boldsymbol{I}_N \otimes c\boldsymbol{K}^{\mathrm{T}}(\boldsymbol{R} + c\boldsymbol{B}^{\mathrm{T}}\boldsymbol{PB})K)\boldsymbol{\varepsilon}(t) - 2\boldsymbol{\varepsilon}^{\mathrm{T}}(t)(\boldsymbol{I}_N \otimes c\boldsymbol{A}^{\mathrm{T}}\boldsymbol{PBK})\boldsymbol{\varepsilon}(t)
\end{aligned} \tag{7-21}
$$

进一步地，基于式（7-20）和式（7-14）有

$$
\delta \boldsymbol{V}(t) = -\boldsymbol{\varepsilon}^{\mathrm{T}}(t)\mathcal{Q}_G\boldsymbol{\varepsilon}(t) - \boldsymbol{U}^{\mathrm{T}}(t)\mathcal{R}_G\boldsymbol{U}(t) + \phi(t) \tag{7-22}
$$

这表明

$$
L(\boldsymbol{\varepsilon}(t), \boldsymbol{U}(t)) = -0.5\delta \boldsymbol{V}(t) + 0.5\phi(t) \tag{7-23}
$$

注意到由于 $\mathcal{L}_2$ 是非奇异的，这表明 $\mathcal{L}_2^{\mathrm{T}}\mathcal{L}_2 > 0$。进一步地，由于 $c > 0$，$\boldsymbol{R} > 0$，以及 $\boldsymbol{P} > 0$ 成立，则 $\phi(t) \geqslant 0\,(\forall \boldsymbol{u}_i(t) \in \Re^q)$ 成立。此外，$\boldsymbol{u}_i(t) = \boldsymbol{u}_i^*(t)$ 时，则有 $\phi^*(t) = 0$。因此，由式（7-23）可知，$L(\boldsymbol{\varepsilon}(t), \boldsymbol{U}(t)) \geqslant -0.5\delta V(t)$ 成立。同时，使用控制协议（7-15），则最优值 $L(\boldsymbol{\varepsilon}(t), \boldsymbol{U}^*(t)) = -0.5\delta V(t)$。因此，控制协议（7-15）能够保证全局能耗指标函数（7-5）的鲁棒最优化，且最优值 J^* 为

$$
J^* = \sum_{t=0}^{\infty} L(\boldsymbol{\varepsilon}(t), \boldsymbol{U}^*(t)) = -\sum_{t=0}^{\infty} 0.5\delta V(t) \tag{7-24}
$$

2）稳定性证明

由式（7-22）可知，基于控制协议（7-15），李雅普诺夫函数的差分可写成

$$
\begin{aligned}
\delta \boldsymbol{V}(t) &= -\boldsymbol{\varepsilon}^{\mathrm{T}}(t)\boldsymbol{\mathcal{Q}}_G\boldsymbol{\varepsilon}(t) - \boldsymbol{U}^{*\mathrm{T}}(t)\boldsymbol{\mathcal{R}}_G\boldsymbol{U}^{*}(t) \\
&= -\boldsymbol{\varepsilon}^{\mathrm{T}}(t)\boldsymbol{\mathcal{Q}}_G\boldsymbol{\varepsilon}(t) - \boldsymbol{\varepsilon}^{\mathrm{T}}(t)(\boldsymbol{\mathcal{L}}_2^{-\mathrm{T}} \otimes c\boldsymbol{K}^{\mathrm{T}})(\boldsymbol{\mathcal{L}}_2^{\mathrm{T}}\boldsymbol{\mathcal{L}}_2 \otimes c^{-1}\boldsymbol{R})(\boldsymbol{\mathcal{L}}_2^{-1} \otimes c\boldsymbol{K})\boldsymbol{\varepsilon}(t) \\
&= -\boldsymbol{\varepsilon}^{\mathrm{T}}(t)(\boldsymbol{\mathcal{Q}}_G + \boldsymbol{I}_N \otimes c\boldsymbol{K}^{\mathrm{T}}\boldsymbol{R}\boldsymbol{K})\boldsymbol{\varepsilon}(t)
\end{aligned} \tag{7-25}
$$

当 $\boldsymbol{R}>0$ 和 $\boldsymbol{\mathcal{Q}}_G \geqslant 0$ 成立时，由式（7-25）可知 $\delta\boldsymbol{V}(t)\leqslant 0$，$\delta\boldsymbol{V}(t)=0$ 成立的充要条件为 $\boldsymbol{\varepsilon}(t)=0$。因此，李雅普诺夫函数 $\boldsymbol{V}(t)$ 是单调递减的，直到 $\boldsymbol{\varepsilon}(t)=0$，这表明系统（7-3）是渐近稳定的。

接下来，给出保证加权矩阵 $\boldsymbol{\mathcal{Q}}_G \geqslant 0$ 的条件。

定义 $\boldsymbol{M}=c^{-1}\boldsymbol{R}+\boldsymbol{B}^{\mathrm{T}}\boldsymbol{P}\boldsymbol{B}$，$\boldsymbol{Q}_2=\boldsymbol{A}^{\mathrm{T}}\boldsymbol{P}\boldsymbol{B}(\boldsymbol{R}+\boldsymbol{B}^{\mathrm{T}}\boldsymbol{P}\boldsymbol{B})^{-1}\boldsymbol{B}^{\mathrm{T}}\boldsymbol{P}\boldsymbol{A}$ 和 $\boldsymbol{Q}_3=\Delta\boldsymbol{A}^{\mathrm{T}}\boldsymbol{P}\Delta\boldsymbol{A}+\boldsymbol{A}^{\mathrm{T}}\boldsymbol{P}\Delta\boldsymbol{A}+\Delta\boldsymbol{A}^{\mathrm{T}}\boldsymbol{P}\boldsymbol{A}$。注意到 $\|\boldsymbol{Q}_3\|\leqslant\|\boldsymbol{P}\|\|\Delta\boldsymbol{A}\|^2+2\|\boldsymbol{P}\|\|\Delta\boldsymbol{A}\|$，因此，$\boldsymbol{\mathcal{Q}}_G \geqslant 0$ 等价于

$$
\sigma_{\min}\{\boldsymbol{Q}_1\}+\sigma_{\min}\{\boldsymbol{A}^{\mathrm{T}}\boldsymbol{P}\boldsymbol{B}\boldsymbol{M}^{-1}\boldsymbol{B}^{\mathrm{T}}\boldsymbol{P}\boldsymbol{A}\} \geqslant \|\boldsymbol{Q}_2\|+\|\boldsymbol{P}\|\|\Delta\boldsymbol{A}\|^2+2\|\boldsymbol{P}\|\|\Delta\boldsymbol{A}\|+2\left\|c\Delta\boldsymbol{A}^{\mathrm{T}}\boldsymbol{P}\boldsymbol{B}\boldsymbol{K}\right\| \tag{7-26}
$$

此外，易观察到

$$
\begin{aligned}
\boldsymbol{A}^{\mathrm{T}}\boldsymbol{P}\boldsymbol{B}\boldsymbol{M}^{-1}\boldsymbol{B}^{\mathrm{T}}\boldsymbol{P}\boldsymbol{A} &\geqslant \sigma_{\min}\{\boldsymbol{M}^{-1}\}\boldsymbol{A}^{\mathrm{T}}\boldsymbol{P}\boldsymbol{B}\boldsymbol{B}^{\mathrm{T}}\boldsymbol{P}\boldsymbol{A} \\
&= \boldsymbol{A}^{\mathrm{T}}\boldsymbol{P}\boldsymbol{B}\boldsymbol{B}^{\mathrm{T}}\boldsymbol{P}\boldsymbol{A}\|\boldsymbol{M}\|^{-1} \\
&\geqslant \boldsymbol{A}^{\mathrm{T}}\boldsymbol{P}\boldsymbol{B}\boldsymbol{B}^{\mathrm{T}}\boldsymbol{P}\boldsymbol{A}\left(c^{-1}\|\boldsymbol{R}\|+\left\|\boldsymbol{B}^{\mathrm{T}}\boldsymbol{P}\boldsymbol{B}\right\|\right)^{-1}
\end{aligned} \tag{7-27}
$$

和

$$
\begin{aligned}
\left\|c\Delta\boldsymbol{A}^{\mathrm{T}}\boldsymbol{P}\boldsymbol{B}\boldsymbol{K}\right\| &= \left\|c\Delta\boldsymbol{A}^{\mathrm{T}}\boldsymbol{P}\boldsymbol{B}(\boldsymbol{R}+c\boldsymbol{B}^{\mathrm{T}}\boldsymbol{P}\boldsymbol{B})^{-1}\boldsymbol{B}^{\mathrm{T}}\boldsymbol{P}\boldsymbol{A}\right\| \\
&= \left\|\Delta\boldsymbol{A}^{\mathrm{T}}\boldsymbol{P}\boldsymbol{B}\boldsymbol{M}^{-1}\boldsymbol{B}^{\mathrm{T}}\boldsymbol{P}\boldsymbol{A}\right\| \\
&\leqslant \left\|M^{-1}\right\|\left\|\boldsymbol{B}^{\mathrm{T}}\boldsymbol{P}\boldsymbol{A}\right\|\|\boldsymbol{P}\boldsymbol{B}\|\|\Delta\boldsymbol{A}\| \\
&= \left\|\boldsymbol{B}^{\mathrm{T}}\boldsymbol{P}\boldsymbol{A}\right\|\|\boldsymbol{P}\boldsymbol{B}\|\|\Delta\boldsymbol{A}\|\sigma_{\min}{}^{-1}\{\boldsymbol{M}\} \\
&\leqslant \left\|\boldsymbol{B}^{\mathrm{T}}\boldsymbol{P}\boldsymbol{A}\right\|\|\boldsymbol{P}\boldsymbol{B}\|\|\Delta\boldsymbol{A}\|(c^{-1}\sigma_{\min}\{\boldsymbol{R}\}+\sigma_{\min}\{\boldsymbol{B}^{\mathrm{T}}\boldsymbol{P}\boldsymbol{B}\})^{-1}
\end{aligned} \tag{7-28}
$$

因此，满足式（7-26）的条件时，有下列不等式成立：

$$
\begin{aligned}
&\sigma_{\min}\{\boldsymbol{Q}_1\}+\sigma_{\min}\{\boldsymbol{A}^{\mathrm{T}}\boldsymbol{P}\boldsymbol{B}\boldsymbol{B}^{\mathrm{T}}\boldsymbol{P}\boldsymbol{A}\}\left(c^{-1}\|\boldsymbol{R}\|+\left\|\boldsymbol{B}^{\mathrm{T}}\boldsymbol{P}\boldsymbol{B}\right\|\right)^{-1} \\
&\geqslant \|\boldsymbol{Q}_2\|+\|\boldsymbol{P}\|\|\Delta\boldsymbol{A}\|^2+2\|\boldsymbol{P}\|\|\Delta\boldsymbol{A}\|+2\left\|c\Delta\boldsymbol{A}^{\mathrm{T}}\boldsymbol{P}\boldsymbol{B}\boldsymbol{K}\right\|(c^{-1}\sigma_{\min}\{\boldsymbol{R}\}+\sigma_{\min}\{\boldsymbol{B}^{\mathrm{T}}\boldsymbol{P}\boldsymbol{B}\})^{-1}
\end{aligned} \tag{7-29}
$$

为了进一步简化不等式（7-29），定义

$$
\begin{aligned}
\alpha_1 &= \sigma_{\min}\{\boldsymbol{A}^{\mathrm{T}}\boldsymbol{P}\boldsymbol{B}\boldsymbol{B}^{\mathrm{T}}\boldsymbol{P}\boldsymbol{A}\} \\
\alpha_2 &= 2\left\|\boldsymbol{B}^{\mathrm{T}}\boldsymbol{P}\boldsymbol{B}\right\|\|\boldsymbol{P}\boldsymbol{B}\|\|\Delta\boldsymbol{A}\| \\
\alpha_3 &= \|\boldsymbol{Q}_2\|+\|\boldsymbol{P}\boldsymbol{B}\|\|\Delta\boldsymbol{A}\|^2+2\|\boldsymbol{P}\boldsymbol{B}\|\|\Delta\boldsymbol{A}\|-\sigma_{\min}\{\boldsymbol{Q}_1\} \\
\beta_1 &= \sigma_{\min}\{\boldsymbol{R}\} \\
\beta_2 &= \sigma_{\min}\{\boldsymbol{B}^{\mathrm{T}}\boldsymbol{P}\boldsymbol{B}\} \\
\gamma_1 &= \|\boldsymbol{R}\| \\
\gamma_2 &= \left\|\boldsymbol{B}^{\mathrm{T}}\boldsymbol{P}\boldsymbol{B}\right\|
\end{aligned}
$$

因此，不等式（7-29）等价于

$$
\alpha_1(c^{-1}\beta_1+\beta_2)-\alpha_2(c^{-1}\gamma_1+\gamma_2)-\alpha_3(c^{-1}\beta_1+\beta_2)(c^{-1}\gamma_1+\gamma_2)\geqslant 0 \tag{7-30}
$$

令 $\theta = c^{-1}$，$k_1 = \alpha_3\beta_1\gamma_1$，$k_2 = \alpha_1\beta_1 - \alpha_2\gamma_1 - \alpha_3\beta_1\gamma_2 - \alpha_3\beta_2\gamma_1$，$k_3 = \alpha_1\beta_2 - \alpha_2\gamma_2 - \alpha_3\beta_2\gamma_2$，则不等式（7-30）可写成

$$-k_1\theta^2 + k_2\theta + k_3 \geqslant 0 \tag{7-31}$$

因此，不等式（7-30）成立等价于

$$\begin{cases} k_3 > 0 \\ c \geqslant \max\{0^+, -2k_1\left(-k_2 - (k_2^2 + 4k_1k_3)^{1/2}\right)^{-1}\} \end{cases} \tag{7-32}$$

其中，0^+ 表示 0 的右极限，详细证明如下。

（1）假设方程 $-k_1\theta^2 + k_2\theta + k_3 = 0$ 有两个实根 θ_1 和 θ_2，它们分别为 $\theta_1 = -k_2 + (k_2^2 + 4k_1k_3)^{1/2}(-2k_1)^{-1}$，$\theta_2 = -k_2 - (k_2^2 + 4k_1k_3)^{1/2}(-2k_1)^{-1}$。令 $k_3 > 0$，那么 k_1 和 k_2 不同符号的 4 种情况讨论如下：对于 $k_1 > 0$ 和 $k_2 > 0$ 的情况，有 $\theta_1 < 0$ 和 $\theta_2 > 0$，对于不等式（7-31），即 $0 < \theta \leqslant \theta_2$ 可以保证 $-k_1\theta^2 + k_2\theta + k_3 \geqslant 0$；对于 $k_1 > 0$ 和 $k_2 < 0$ 的情况，有 $\theta_1 < 0$ 和 $\theta_2 > 0$，$0 < \theta \leqslant \theta_2$ 可以保证不等式（7-31）成立；对于 $k_1 < 0$ 和 $k_2 > 0$ 的情况，有 $\theta_1 < 0$ 和 $\theta_2 < 0$，不等式（7-31）对于 $\forall\theta > 0$ 成立；对于 $k_1 < 0$ 和 $k_2 < 0$ 的情况，有 $\theta_1 > 0$ 和 $\theta_2 > 0$，则 $0 < \theta \leqslant \theta_2$ 可以保证不等式（7-31）成立。

综上所述，不等式（7-31）成立的充要条件为

$$k_3 > 0 \text{ 和} \begin{cases} 0 < \theta \leqslant \theta_2, & \theta_2 > 0 \\ \theta > 0, & \theta_2 \leqslant 0 \end{cases} \tag{7-33}$$

这意味着

$$\begin{cases} k_3 > 0 \\ c = \theta^{-1} \geqslant \max\{0^+, \theta_2^{-1}\} \end{cases} \tag{7-34}$$

注意到 k_1 和 k_2 的符号没有要求。

（2）假设方程 $-k_1\theta^2 + k_2\theta + k_3 = 0$ 有一个实根或者没有实根，即 $k_2^2 + 4k_1k_3 \leqslant 0$。令 $k_3 > 0$，当 $k_1 > 0$ 时，方程 $-k_1\theta^2 + k_2\theta + k_3 = 0$ 总是有两个实根。值得注意的是，若 $k_1 < 0$ 且方程 $-k_1\theta^2 + k_2\theta + k_3 = 0$ 有一个实根或者没有实根，则不等式（7-31）始终成立。因此，如果满足式（7-32）中的条件，不等式（7-31）成立。

此外，$k_3 > 0$ 可以改写为如下不等式：

$$\varphi_1\|\Delta\boldsymbol{A}\|^2 + \varphi_2\|\Delta\boldsymbol{A}\| + \varphi_3 < 0 \tag{7-35}$$

其中，

$$\varphi_1 = \sigma_{\min}\{\boldsymbol{B}^{\mathrm{T}}\boldsymbol{P}\boldsymbol{B}\}\|\boldsymbol{B}^{\mathrm{T}}\boldsymbol{P}\boldsymbol{B}\|\|\boldsymbol{P}\|$$

$$\varphi_2 = 2\|\boldsymbol{B}^{\mathrm{T}}\boldsymbol{P}\boldsymbol{A}\|\|\boldsymbol{B}^{\mathrm{T}}\boldsymbol{P}\boldsymbol{B}\|\|\boldsymbol{P}\boldsymbol{B}\| + 2\sigma_{\min}\{\boldsymbol{B}^{\mathrm{T}}\boldsymbol{P}\boldsymbol{B}\}\|\boldsymbol{B}^{\mathrm{T}}\boldsymbol{P}\boldsymbol{B}\|\|\boldsymbol{P}\boldsymbol{A}\|$$

$$\varphi_3 = \sigma_{\min}\{\boldsymbol{B}^{\mathrm{T}}\boldsymbol{P}\boldsymbol{B}\}\left(\|\boldsymbol{B}^{\mathrm{T}}\boldsymbol{P}\boldsymbol{B}\|\|\boldsymbol{Q}_2\| - \sigma_{\min}\{\boldsymbol{A}^{\mathrm{T}}\boldsymbol{P}\boldsymbol{B}\boldsymbol{B}^{\mathrm{T}}\boldsymbol{P}\boldsymbol{A}\} - \|\boldsymbol{B}^{\mathrm{T}}\boldsymbol{P}\boldsymbol{B}\|\sigma_{\min}\{\boldsymbol{Q}_1\}\right)$$

值得指出的是，不等式（7-32）成立的充要条件为

$$\begin{cases} \varphi_2^2 - 4\varphi_1\varphi_3 > 0 \\ \left(-\varphi_2 + (\varphi_2^2 - 4\varphi_1\varphi_3)^{1/2}\right)(2\varphi_1)^{-1} > 0 \\ \|\Delta\boldsymbol{A}\| < \left(-\varphi_2 + (\varphi_2^2 - 4\varphi_1\varphi_3)^{1/2}\right)(2\varphi_1)^{-1} \end{cases} \tag{7-36}$$

注意到式（7-35）中的第一个和第二个条件可以由 $\varphi_3<0$ 保证。因此，当 $\varphi_3<0$ 和 $\|\Delta A\|<\left(-\varphi_2+(\varphi_2^2-4\varphi_1\varphi_3)^{1/2}\right)(2\varphi_1)^{-1}$ 成立时，不等式（7-32）即 $k_3>0$ 成立。

因此，加权矩阵 $\boldsymbol{Q}_G\geqslant 0$ 可以由以下条件保证：

$$\begin{cases}\varphi_3<0\\ \|\Delta\boldsymbol{A}\|<\left(-\varphi_2+(\varphi_2^2-4\varphi_1\varphi_3)^{1/2}\right)(2\varphi_1)^{-1}\\ c\geqslant\max\{0^+,-2k_1\left(-k_2-(k_2^2+4k_1k_3)^{1/2}\right)^{-1}\}\end{cases}\tag{7-37}$$

证明完毕。

注 7.1：注意到当 $\sigma_{\min}\{\boldsymbol{A}^{\mathrm{T}}\boldsymbol{PBB}^{\mathrm{T}}\boldsymbol{PA}\}=0$ 时，那么保证 $\boldsymbol{Q}_G\geqslant 0$ 的条件（7-26）应替换为以下条件：

$$\begin{cases}\sigma_{\min}\{\boldsymbol{Q}_1\}\geqslant\|\boldsymbol{P}\|\|\Delta\boldsymbol{A}\|^2+2\|\boldsymbol{PA}\|\|\Delta\boldsymbol{A}\|\\ \sigma_{\min}\{\boldsymbol{Q}_1\}+\sigma_{p\min}\{\boldsymbol{A}^{\mathrm{T}}\boldsymbol{PBM}^{-1}\boldsymbol{B}^{\mathrm{T}}\boldsymbol{PA}\}\geqslant\|\boldsymbol{Q}_2\|+\|\boldsymbol{P}\|\|\Delta\boldsymbol{A}\|^2+2\|\boldsymbol{PA}\|\|\Delta\boldsymbol{A}\|+2\|c\Delta\boldsymbol{A}^{\mathrm{T}}\boldsymbol{PBK}\|\end{cases}\tag{7-38}$$

类似于不等式（7-26）到不等式（7-35）的分析，可得出式（7-37）成立的条件为

$$\begin{cases}\tilde{\varphi}_3<0\\ \|\Delta\boldsymbol{A}\|<\min\left\{\left(-\tilde{\varphi}_2+(\tilde{\varphi}_2^2-4\varphi_1\tilde{\varphi}_3)^{1/2}\right)(2\varphi_1)^{-1},\varphi_4\right\}\\ c\geqslant\max\left\{0^+,\left(-2k_1\left(-\tilde{k}_2-(\tilde{k}_2^2+4k_1\tilde{k}_3)^{1/2}\right)^{-1}\right)\right\}\end{cases}\tag{7-39}$$

其中，

$$\tilde{\varphi}_2=2\|\boldsymbol{B}^{\mathrm{T}}\boldsymbol{PA}\|\|\boldsymbol{B}^{\mathrm{T}}\boldsymbol{PB}\|\|\boldsymbol{PB}\|+2\sigma_{\min}\{\boldsymbol{B}^{\mathrm{T}}\boldsymbol{PB}\}\sigma_{p\min}\{\boldsymbol{A}^{\mathrm{T}}\boldsymbol{PBB}^{\mathrm{T}}\boldsymbol{PA}\}$$

$$\tilde{\varphi}_3=\sigma_{\min}\{\boldsymbol{B}^{\mathrm{T}}\boldsymbol{PB}\}\left(\|\boldsymbol{B}^{\mathrm{T}}\boldsymbol{PB}\|\|\boldsymbol{Q}_2\|-\sigma_{p\min}\{\boldsymbol{A}^{\mathrm{T}}\boldsymbol{PBB}^{\mathrm{T}}\boldsymbol{PA}\}-\|\boldsymbol{B}^{\mathrm{T}}\boldsymbol{PB}\|\sigma_{\min}\{\boldsymbol{Q}_1\}\right)$$

$$\varphi_4=0.5\left(-2\|\boldsymbol{PA}\|+(4\|\boldsymbol{PA}\|^2+4\sigma_{\min}\{\boldsymbol{Q}_1\}\|\boldsymbol{P}\|)^{1/2}\right)\|\boldsymbol{P}\|^{-1}$$

$$\tilde{k}_2=\tilde{\alpha}_1\beta_1-\alpha_2\gamma_1-\alpha_3\beta_1\gamma_2-\alpha_3\beta_2\gamma_1$$

$$\tilde{k}_3=\tilde{\alpha}_1\beta_2-\alpha_2\gamma_2-\alpha_3\beta_2\gamma_2$$

$$\tilde{\alpha}_1=\sigma_{p\min}\{\boldsymbol{A}^{\mathrm{T}}\boldsymbol{PBB}^{\mathrm{T}}\boldsymbol{PA}\}$$

注 7.2：由于控制协议（7-15）可以保证系统（7-3）的渐近稳定性，即 $\lim\limits_{t\to\infty}\boldsymbol{V}(t)=0$，则式（7-24）中的最优能耗指标可以改写为

$$J^*=-\sum_{t=0}^{\infty}0.5\delta\boldsymbol{V}(t)=0.5\boldsymbol{V}(0)=0.5\boldsymbol{\varepsilon}^{\mathrm{T}}(0)(\boldsymbol{I}_N\otimes\boldsymbol{P})\boldsymbol{\varepsilon}(0)\tag{7-40}$$

值得注意的是，对于给定的矩阵 $\boldsymbol{A}$，$\boldsymbol{B}$，$\boldsymbol{Q}_1\geqslant 0$ 和 $\boldsymbol{R}>0$ 满足 $(\boldsymbol{A},\boldsymbol{B})$ 可稳定的条件且 $(\boldsymbol{Q}_1^{1/2},\boldsymbol{A})$ 是可检测的，则 ARE[式（7-8）]存在唯一正定解 $\boldsymbol{P}$ [171]。由式（7-39）可知，即使在不同的上界 $\|\Delta\boldsymbol{A}\|$ 下，性能指数的最优值 J^* 也保持不变。也就是说，J^* 与建模不确定性无关。

接下来的结果给出了另一种保证系统（7-1）的领航-跟随一致性以及全局能耗指标函数（7-5）的鲁棒最优化的方法。

定理 7.2：若控制协议（7-15）满足式（7-56）中的约束条件，则能够实现系统（7-3）

的渐近稳定性，以及全局能耗指标函数（7-5）的鲁棒最优化。

证明：在定理 7.1 中已经证明了当 $\boldsymbol{Q}_G \geqslant 0$ 成立时，控制协议（7-15）可实现系统（7-1）的领航-跟随一致性以及全局能耗指标函数（7-5）的鲁棒最优化。因此，在定理 7.2 中，只需证明 $\boldsymbol{Q}_G \geqslant 0$ 成立的充要条件是式（7-56）中的条件成立。

根据式（7-7）中 $\boldsymbol{Q}_G$ 的表达式，$\boldsymbol{Q}_G \geqslant 0$ 等价于如下不等式成立：

$$\boldsymbol{A}^{\mathrm{T}}\boldsymbol{PB}(c^{-1}\boldsymbol{R}+\boldsymbol{B}^{\mathrm{T}}\boldsymbol{PB})^{-1}\boldsymbol{B}^{\mathrm{T}}\boldsymbol{PA} \geqslant \boldsymbol{A}^{\mathrm{T}}\boldsymbol{PB}(\boldsymbol{R}+\boldsymbol{B}^{\mathrm{T}}\boldsymbol{PB})^{-1}\boldsymbol{B}^{\mathrm{T}}\boldsymbol{PA} \tag{7-41}$$

$$\sigma_{\min}\{\boldsymbol{Q}_1\} \geqslant 2\left\|c\Delta\boldsymbol{A}^{\mathrm{T}}\boldsymbol{PBK}\right\| + \|\boldsymbol{P}\|\|\Delta\boldsymbol{A}\|^2 + 2\|\boldsymbol{PA}\|\|\Delta\boldsymbol{A}\| \tag{7-42}$$

注意到不等式（7-41）成立的条件为

$$\sigma_{\min}\{(c^{-1}\boldsymbol{R}+\boldsymbol{B}^{\mathrm{T}}\boldsymbol{PB})^{-1}\} \geqslant \left\|(\boldsymbol{R}+\boldsymbol{B}^{\mathrm{T}}\boldsymbol{PB})^{-1}\right\| \tag{7-43}$$

等价于

$$\left\|c^{-1}\boldsymbol{R}+\boldsymbol{B}^{\mathrm{T}}\boldsymbol{PB}\right\|^{-1} \geqslant \left\|(\boldsymbol{R}+\boldsymbol{B}^{\mathrm{T}}\boldsymbol{PB})^{-1}\right\| \tag{7-44}$$

易得

$$\left(c^{-1}\|\boldsymbol{R}\|+\left\|\boldsymbol{B}^{\mathrm{T}}\boldsymbol{PB}\right\|\right)^{-1} \geqslant \left\|(\boldsymbol{R}+\boldsymbol{B}^{\mathrm{T}}\boldsymbol{PB})^{-1}\right\| \tag{7-45}$$

不等式（7-44）成立的条件可表述为

$$\left(1-\hat{\alpha}_1\left\|\boldsymbol{B}^{\mathrm{T}}\boldsymbol{PB}\right\|\right)c \geqslant \hat{\alpha}_1\|\boldsymbol{R}\| \tag{7-46}$$

其中，$\hat{\alpha}_1 = \left\|(\boldsymbol{R}+\boldsymbol{B}^{\mathrm{T}}\boldsymbol{PB})^{-1}\right\|$。注意到不等式（7-46）成立的充要条件为

$$\begin{cases} 1-\hat{\alpha}_1\left\|\boldsymbol{B}^{\mathrm{T}}\boldsymbol{PB}\right\| > 0 \\ c \geqslant \hat{\alpha}_1\|\boldsymbol{R}\|\left(1-\hat{\alpha}_1\left\|\boldsymbol{B}^{\mathrm{T}}\boldsymbol{PB}\right\|\right)^{-1} \end{cases} \tag{7-47}$$

等价于

$$\begin{cases} \left\|\boldsymbol{B}^{\mathrm{T}}\boldsymbol{PB}\right\| < \sigma_{\min}\{\boldsymbol{R}+\boldsymbol{B}^{\mathrm{T}}\boldsymbol{PB}\} \\ c \geqslant \hat{\alpha}_1\|\boldsymbol{R}\|\left(1-\hat{\alpha}_1\left\|\boldsymbol{B}^{\mathrm{T}}\boldsymbol{PB}\right\|\right)^{-1} \end{cases} \tag{7-48}$$

此外，根据 $\boldsymbol{K}=(\boldsymbol{R}+c\boldsymbol{B}^{\mathrm{T}}\boldsymbol{PB})^{-1}\boldsymbol{B}^{\mathrm{T}}\boldsymbol{PA}$，若有

$$\sigma_{\min}\{\boldsymbol{Q}_1\} \geqslant 2\|\Delta\boldsymbol{A}\|\|\boldsymbol{PB}\|\left\|(c^{-1}\boldsymbol{R}+\boldsymbol{B}^{\mathrm{T}}\boldsymbol{PB})^{-1}\right\|\left\|\boldsymbol{B}^{\mathrm{T}}\boldsymbol{PA}\right\| + \|\boldsymbol{P}\|\|\Delta\boldsymbol{A}\|^2 + 2\|\boldsymbol{PA}\|\|\Delta\boldsymbol{A}\| \tag{7-49}$$

则不等式（7-42）成立等价于

$$\sigma_{\min}\{\boldsymbol{Q}_1\} \geqslant 2\|\Delta\boldsymbol{A}\|\|\boldsymbol{PB}\|\left\|\boldsymbol{B}^{\mathrm{T}}\boldsymbol{PA}\right\|\left(\sigma_{\min}\{c^{-1}\boldsymbol{R}+\boldsymbol{B}^{\mathrm{T}}\boldsymbol{PB}\} + \|\boldsymbol{P}\|\|\Delta\boldsymbol{A}\|^2 + 2\|\boldsymbol{PA}\|\|\Delta\boldsymbol{A}\|\right)^{-1} \tag{7-50}$$

若有

$$\sigma_{\min}\{\boldsymbol{Q}_1\} \geqslant 2\|\Delta\boldsymbol{A}\|\|\boldsymbol{PB}\|\left\|\boldsymbol{B}^{\mathrm{T}}\boldsymbol{PA}\right\|\left(\left(c^{-1}\sigma_{\min}\{\boldsymbol{R}\}+\sigma_{\min}\{\boldsymbol{B}^{\mathrm{T}}\boldsymbol{PB}\}\right) + \|\boldsymbol{P}\|\|\Delta\boldsymbol{A}\|^2 + 2\|\boldsymbol{PA}\|\|\Delta\boldsymbol{A}\|\right)^{-1} \tag{7-51}$$

意味着不等式（7-50）成立。

令 $\hat{\alpha}_3 = \sigma_{\min}\{\boldsymbol{Q}_1\} - \|\boldsymbol{P}\|\|\Delta\boldsymbol{A}\|^2 - 2\|\boldsymbol{PA}\|\|\Delta\boldsymbol{A}\|$，则不等式（7-51）可写成

$$\hat{\alpha}_3 - \alpha_2\left(c^{-1}\sigma_{\min}\{\boldsymbol{R}\}+\sigma_{\min}\{\boldsymbol{B}^{\mathrm{T}}\boldsymbol{PB}\}\right)^{-1} \geqslant 0 \tag{7-52}$$

即

$$(\hat{\alpha}_3\sigma_{\min}\{\boldsymbol{B}^{\mathrm{T}}\boldsymbol{PB}\}-\alpha_2)c \geqslant -\hat{\alpha}_3\sigma_{\min}\{\boldsymbol{R}\} \tag{7-53}$$

注意到不等式（7-53）成立的充要条件为

$$\begin{cases}\hat{\alpha}_3\sigma_{\min}\{\boldsymbol{B}^{\mathrm{T}}\boldsymbol{PB}\}-\alpha_2>0\\ c\geqslant -\hat{\alpha}_3\sigma_{\min}\{\boldsymbol{R}\}/\hat{\alpha}_3\sigma_{\min}\{\boldsymbol{B}^{\mathrm{T}}\boldsymbol{PB}\}-\alpha_2\end{cases} \tag{7-54}$$

不等式（7-54）中的第一个条件可以改写为

$$-\hat{\varphi}_1\|\Delta\boldsymbol{A}\|^2-\hat{\varphi}_2\|\Delta\boldsymbol{A}\|+\hat{\varphi}_3>0 \tag{7-55}$$

其中，

$$\hat{\varphi}_1=\sigma_{\min}\{\boldsymbol{B}^{\mathrm{T}}\boldsymbol{PB}\}\|\boldsymbol{P}\|$$

$$\hat{\varphi}_2=2\sigma_{\min}\{\boldsymbol{B}^{\mathrm{T}}\boldsymbol{PB}\}\|\boldsymbol{PA}\|+2\|\boldsymbol{PB}\|\|\boldsymbol{B}^{\mathrm{T}}\boldsymbol{PA}\|$$

$$\hat{\varphi}_3=\sigma_{\min}\{\boldsymbol{Q}_1\}\sigma_{\min}\{\boldsymbol{B}^{\mathrm{T}}\boldsymbol{PB}\}$$

当且仅当$\|\Delta\boldsymbol{A}\|<\left(\hat{\varphi}_2-\sqrt{\hat{\varphi}_2^2+4\hat{\varphi}_1\hat{\varphi}_3}\right)\Big/-2\hat{\varphi}_1$成立时，有不等式（7-55）成立。

因此，加权矩阵$\boldsymbol{Q}_G\geqslant 0$的充要条件为

$$\begin{cases}\|\boldsymbol{B}^{\mathrm{T}}\boldsymbol{PB}\|<\sigma_{\min}\{\boldsymbol{R}+\boldsymbol{B}^{\mathrm{T}}\boldsymbol{PB}\}\\ \|\Delta\boldsymbol{A}\|<\left(\hat{\varphi}_2-\sqrt{\hat{\varphi}_2^2+4\hat{\varphi}_1\hat{\varphi}_3}\right)(-2\hat{\varphi}_1)^{-1}\\ c\geqslant\max\left\{\hat{\alpha}_1\|\boldsymbol{R}\|\left(1-\hat{\alpha}_1\|\boldsymbol{B}^{\mathrm{T}}\boldsymbol{PB}\|\right)^{-1},-\hat{\alpha}_3\sigma_{\min}\{\boldsymbol{R}\}\left(\hat{\alpha}_3\sigma_{\min}\{\boldsymbol{B}^{\mathrm{T}}\boldsymbol{PB}\}-\alpha_2\right)^{-1}\right\}\end{cases} \tag{7-56}$$

证明完毕。

注 7.3：值得注意的是，加权参数c的计算与通信拓扑信息无关，其只依赖于参数矩阵$\boldsymbol{A}$和$\boldsymbol{B}$，模型不确定性$\|\Delta\boldsymbol{A}\|$的上界，以及矩阵$\boldsymbol{R}$和$\boldsymbol{Q}_1$。此外，由 ARE［式（7-8）］可得，控制增益矩阵$\boldsymbol{K}$的计算同样不需要通信拓扑信息，其只依赖于矩阵$\boldsymbol{A}$、$\boldsymbol{B}$、$\boldsymbol{R}$和$\boldsymbol{Q}_1$。因此，控制协议（7-15）的设计和实现独立于通信拓扑的全局信息，即控制协议（7-15）具有全分布式的优势。

注 7.4：图 7-1 给出了最优控制协议（7-15）设计的主要目标和基本流程。

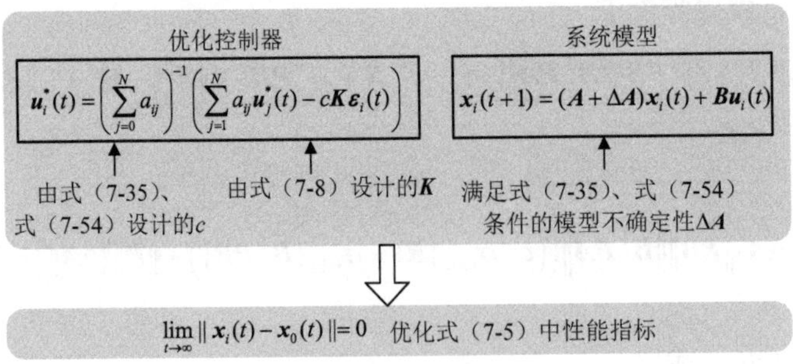

图 7-1 控制协议设计的主要目标和基本流程

7.3　线性离散不确定多自主体系统仿真算例

7.3.1　算例 1

各自主体之间的通信拓扑如图 7-2 所示，领航者标记为 0，跟随者标记为 1，2，3。

图 7-2　算例 1 的通信拓扑

对文献[199]中的系统进行离散化处理，得到各自主体的动力学方程如下：

$$\boldsymbol{x}_i(t+1)=\left(\begin{bmatrix}1.01 & -0.0087\\ 0.0087 & 0.7408\end{bmatrix}+\Delta\boldsymbol{A}\right)\boldsymbol{x}_i(t)+\begin{bmatrix}0.5025 & -0.0005\\ 0.0025 & 0.0864\end{bmatrix}\boldsymbol{u}_i(t)$$

其中，采样周期为 0.1s，建模不确定分量选择为 $\Delta\boldsymbol{A}=\|\Delta\boldsymbol{A}\|\sin(t)\boldsymbol{I}_2$。选择加权矩阵为 $\boldsymbol{R}=\mathrm{diag}\{0.001,10\}$ 和 $\boldsymbol{Q}_1=10\boldsymbol{I}_2$，则求解 ARE［式（7-8）］可得到控制参数矩阵 $\boldsymbol{P}$。根据定理 7.1 中的方法，由式（7-37）可计算出 $\|\Delta\boldsymbol{A}\|<0.0016$。此外，可以计算出 $\varphi_3=-0.2303$，满足式（7-37）中的第一个条件。同时，利用定理 7.2 中的方法，由式（7-56）得出 $\|\Delta\boldsymbol{A}\|<0.0288$。注意到 $\|\boldsymbol{B}^{\mathrm{T}}\boldsymbol{P}\boldsymbol{B}\|(\sigma_{\min}\{\boldsymbol{R}+\boldsymbol{B}^{\mathrm{T}}\boldsymbol{P}\boldsymbol{B}\})^{-1}=0.9996$，满足式（7-56）中的第一个条件。根据上述分析可知在式（7-56）计算得到的 $\|\Delta\boldsymbol{A}\|$ 大于式（7-37）的计算值。选择各自主体的初始条件为 $\boldsymbol{x}_0(0)=[0.2,-0.2]^{\mathrm{T}}$，$\boldsymbol{x}_1(0)=[0.1,0.1]^{\mathrm{T}}$，$\boldsymbol{x}_2(0)=[-0.15,-0.1]^{\mathrm{T}}$，$\boldsymbol{x}_3(0)=[0.3,0.2]^{\mathrm{T}}$。接下来将分别针对不同的 $\|\Delta\boldsymbol{A}\|$ 进行仿真分析。

（1）选择 $\|\Delta\boldsymbol{A}\|=0.0015$，满足约束条件式（7-37）和式（7-56）。为便于区分，式（7-56）计算得到的加权参数使用 c_{r} 表示，用 $\boldsymbol{K}_{\mathrm{r}}$ 表示 c_{r} 计算得到的控制增益矩阵，则根据约束条件式（7-37）和式（7-56），分别有 $c\geqslant 69.3888$ 和 $c_{\mathrm{r}}\geqslant 1.013\times10^4$。因此，选择 $c=70$，$c_{\mathrm{r}}=1.02\times10^4$。采用定理 7.1 和定理 7.2 提出的方法得到的状态范数演化轨迹 $\|\boldsymbol{x}_i(t)\|$ 和全局能耗指标函数 J 的演化轨迹分别如图 7-3～图 7-5 所示。

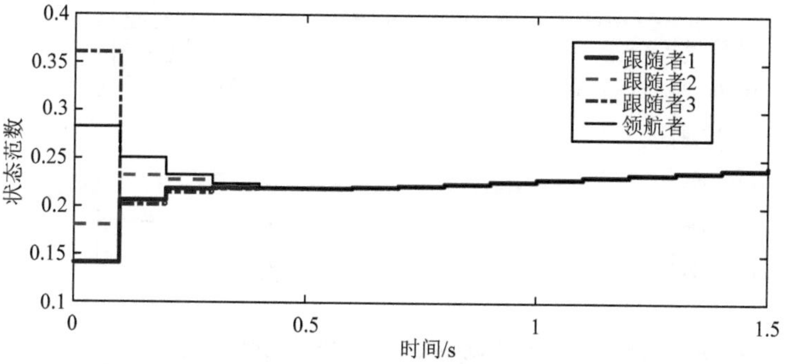

彩图 7-3

图 7-3　$\|\Delta\boldsymbol{A}\|=0.0015$ 时使用定理 7.1 中方法的状态范数演化轨迹示意图

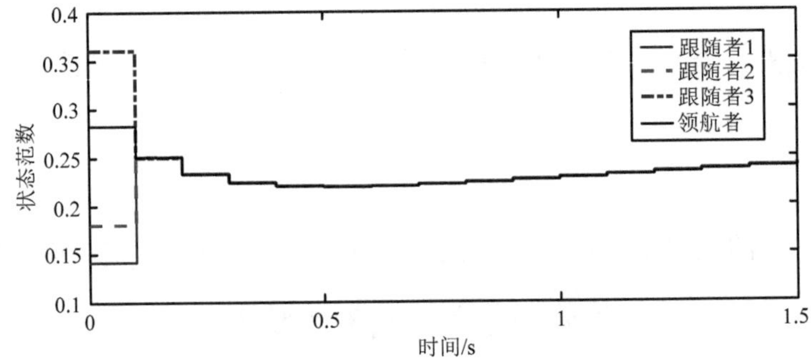

彩图 7-4

图 7-4　$\|\Delta A\|=0.0015$ 时使用定理 7.2 中方法的状态范数演化轨迹示意图

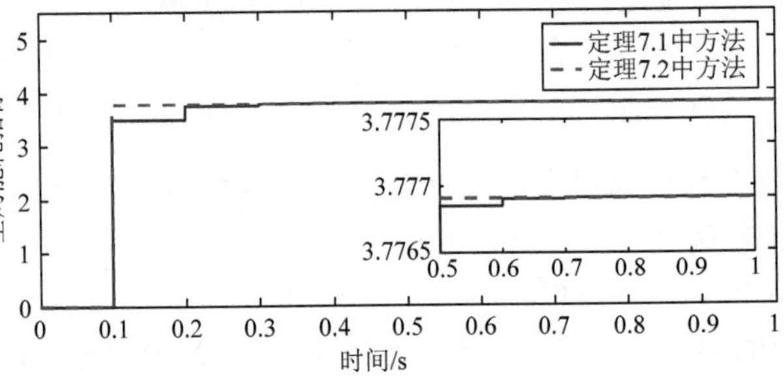

图 7-5　$\|\Delta A\|=0.0015$ 时全局能耗指标函数演化轨迹示意图

图 7-3 和图 7-4 表明，使用定理 7.1 和定理 7.2 中提出的方法，系统分别在 0.6s 和 0.2s 时实现一致性行为。从图 7-5 可以看出，全局能耗指标函数的值达到 3.7769。此外，通过式（7-40）可计算出最优能耗指标函数的理论值为

$$J^{*}=0.5[\boldsymbol{\varepsilon}_1(0),\boldsymbol{\varepsilon}_2(0),\boldsymbol{\varepsilon}_3(0)](\boldsymbol{I}_3\otimes\boldsymbol{P})[\boldsymbol{\varepsilon}_1(0),\boldsymbol{\varepsilon}_2(0),\boldsymbol{\varepsilon}_3(0)]^{\mathrm{T}}=3.7769$$

与仿真值一致。因此，定理 7.1 和定理 7.2 中提出的方法均能有效地保证一致性行为和全局能耗指标函数的最优化。

此外，加权矩阵 $\boldsymbol{Q}_G$ 的最小特征值演化轨迹如图 7-6 所示。可以看出，$\boldsymbol{Q}_G$ 的最小特征值是正的，$\boldsymbol{Q}_G$ 的半正定性可以满足。

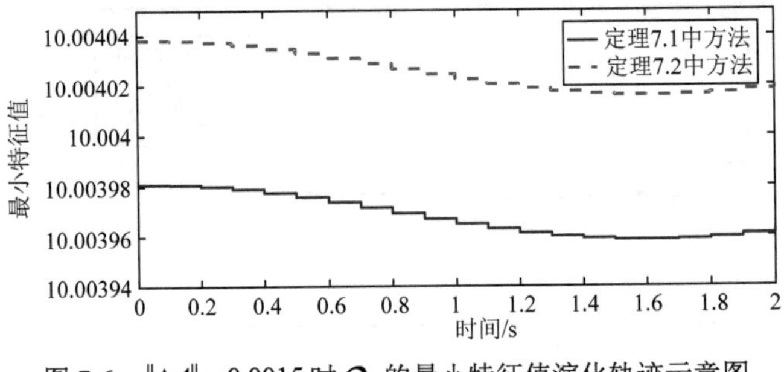

图 7-6　$\|\Delta A\|=0.0015$ 时 $\boldsymbol{Q}_G$ 的最小特征值演化轨迹示意图

（2）选择 $\|\Delta A\|=0.0285$，只满足条件（7-56）而不满足条件（7-37），则加权参数可以计算为 $c_{\mathrm{r}}\geqslant 1.013\times10^{4}$，$c\geqslant 0^{+}$。选择 $c_{\mathrm{r}}=1.015\times10^{4}$，$c=1\times10^{-6}$。采用定理 7.1 和定理 7.2 的方法得到系统的状态范数演化轨迹、全局能耗指标函数演化轨迹和加权矩阵 $\boldsymbol{Q}_G$

的最小特征值的演化轨迹分别如图 7-7～图 7-10 所示。

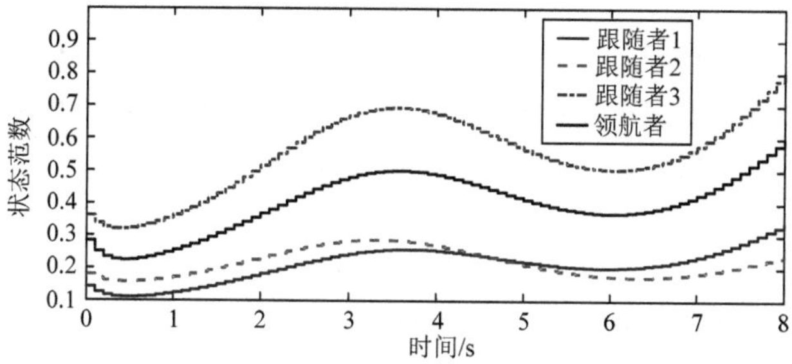

彩图 7-7

图 7-7　$\|\Delta A\| = 0.0285$ 时使用定理 7.1 方法的状态范数演化轨迹示意图

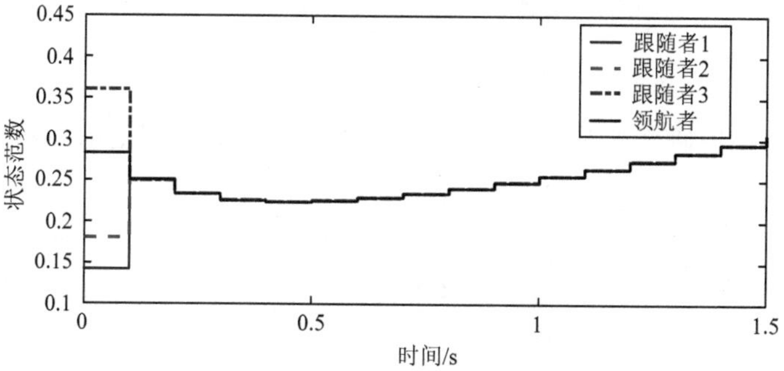

彩图 7-8

图 7-8　$\|\Delta A\| = 0.0285$ 时使用定理 7.2 方法的状态范数演化轨迹示意图

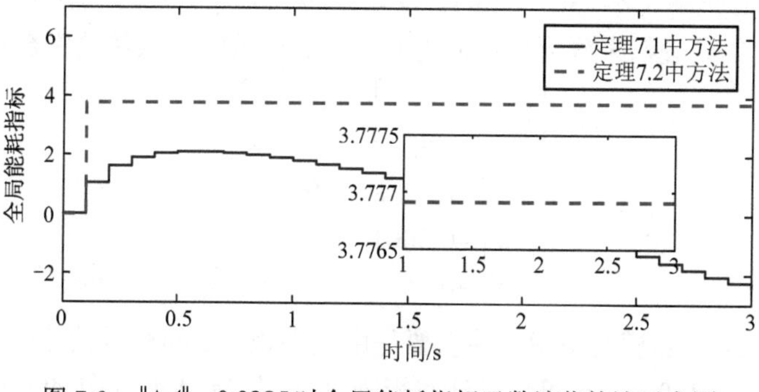

图 7-9　$\|\Delta A\| = 0.0285$ 时全局能耗指标函数演化轨迹示意图

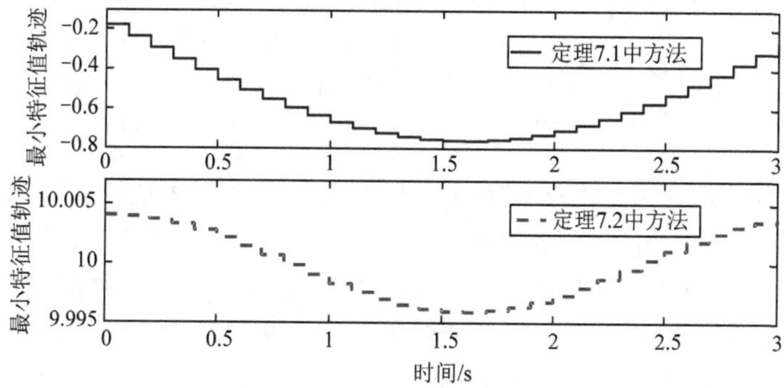

图 7-10　$\|\Delta A\| = 0.0285$ 时 Q_G 的最小特征值演化轨迹示意图

图 7-8 表明，当选择$\|\Delta A\|=0.0285$时，仅有定理 7.2 中提出的方法能够实现系统的一致性行为。图 7-9 表明，当使用定理 7.2 中的方法时，全局能耗指标函数的值达到 3.7769，符合其理论最优值$J^*=3.7769$。从图 7-9 中也可以看出，利用定理 7.1 的方法，J不能达到最优值且不能保证J的正定性。此外，从图 7-10 中可以看出，用定理 7.2 的方法可以保证$\boldsymbol{Q}_G$的正半定性，但使用定理 7.1 的方法不能保证。

7.3.2 算例 2

各自主体之间的通信拓扑如图 7-11 所示。

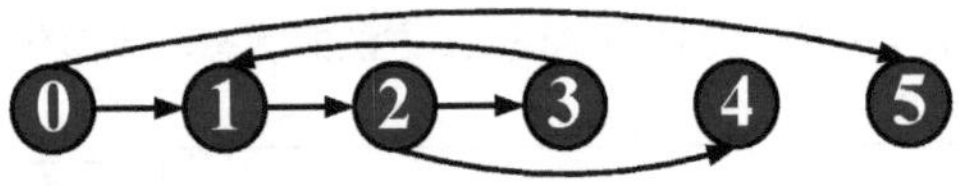

图 7-11 算例 2 的通信拓扑

考虑文献[200]中研究的卫星编队飞行（satellite formation flight，SFF）问题，其中，第i颗卫星与参考点之间的相对动力学方程可以表示如下：

$$\begin{cases}\ddot{p}_{x_i}=2\omega\dot{p}_{y_i}+3\omega p_{y_i}+u_{x_i}\\ \ddot{p}_{y_i}=-2\omega\dot{p}_{x_i}+u_{y_i}\\ \ddot{p}_{z_i}=-\omega^2 p_{z_i}+u_{z_i}\end{cases}$$

其中，p_{x_i}、p_{y_i}和p_{z_i}是第i颗卫星与参考点之间的相对位置；$\omega=\sqrt{398600/a^3}$为轨道角速度；a为地心距离（$a=30000\text{km}$）。令$\boldsymbol{x}_i=[p_{x_i},p_{y_i},p_{z_i},\dot{p}_{x_i},\dot{p}_{y_i},\dot{p}_{z_i}]^{\mathrm{T}}$，对上述连续时间系统进行离散化处理，采样周期选取为 0.5s，则离散时间系统的常数矩阵为

$$\boldsymbol{A}=\begin{bmatrix}\boldsymbol{I}_3 & 0.5\boldsymbol{I}_3\\ \boldsymbol{O}_{3\times3} & \boldsymbol{A}_{22}\end{bmatrix},\quad \boldsymbol{B}=\begin{bmatrix}0.125\boldsymbol{I}_3\\ 0.5\boldsymbol{I}_3\end{bmatrix}$$

$$\boldsymbol{A}_{22}=\begin{bmatrix}1 & 0.0001 & 0\\ -0.0001 & 1 & 0\\ 0 & 0 & 1\end{bmatrix}$$

在 SFF 问题中，建模的不确定性主要是由地心距离a的测量误差引起的。将a的值从 25000km 变化为 35000 km，可以发现在矩阵$\boldsymbol{A}$中，仅有$\boldsymbol{A}(4,5)$和$\boldsymbol{A}(5,4)$的值以1×10^{-4}左右的幅度变化，矩阵$\boldsymbol{B}$几乎没有变化。因此，选择$\Delta\boldsymbol{A}$如下：

$$\Delta\boldsymbol{A}=\begin{bmatrix}\boldsymbol{O}_{3\times3} & \boldsymbol{O}_{3\times3}\\ \boldsymbol{O}_{3\times3} & \Delta\boldsymbol{A}_{22}\end{bmatrix},\quad \Delta\boldsymbol{A}_{22}=\begin{bmatrix}0 & 2\mathrm{e}^{-0.5t}-1 & 0\\ \sin(t) & 0 & 0\\ 0 & 0 & 0\end{bmatrix}\times10^{-4}$$

选择加权矩阵$\boldsymbol{R}=100\boldsymbol{I}_3$和$\boldsymbol{Q}_1=100\boldsymbol{I}_6$，控制参数矩阵$\boldsymbol{P}$可通过求解 ARE[式（7-8）]得到。注意到算例 2 中矩阵$\boldsymbol{A}^{\mathrm{T}}\boldsymbol{PBB}^{\mathrm{T}}\boldsymbol{PA}$的奇异值为零，因此由注 7.1 可知，不确定矩阵$\Delta\boldsymbol{A}$应满足$\|\Delta\boldsymbol{A}\|<0.0623$，同时$\tilde{\varphi}_3=-8.72\times10^6<0$，式（7-39）中的第一个条件成立。基于定理 7.2 有$\|\Delta\boldsymbol{A}\|<0.0332$。由于$\|\boldsymbol{B}^{\mathrm{T}}\boldsymbol{PB}\|(\sigma_{\min}\{\boldsymbol{R}+\boldsymbol{B}^{\mathrm{T}}\boldsymbol{PB}\})^{-1}=0.576<1$，因此式(7-56)中的第一个条件成立。根据上述分析可知，当使用注 7.1 的方法时，$\Delta\boldsymbol{A}$范数的容许上界比用定理 7.2 的方法大。令$\Delta\boldsymbol{A}=0.001$，则由式(7-37)和式(7-54)可得$c\geqslant0.64$和$c_r\geqslant1$；

因此，选择 $c=1$，$c_r=5$。各卫星的初始条件为

$$x_0(0)=\begin{bmatrix}200\\200\\200\\5\\5\\5\end{bmatrix},\ x_1(0)=\begin{bmatrix}400\\400\\400\\1\\1\\1\end{bmatrix},\ x_2(0)=\begin{bmatrix}-600\\-600\\-600\\-1.5\\-1.5\\-1.5\end{bmatrix},$$

$$x_3(0)=\begin{bmatrix}800\\800\\800\\2\\2\\2\end{bmatrix},\ x_4(0)=\begin{bmatrix}-1000\\-1000\\-1000\\-2.5\\-2.5\\-2.5\end{bmatrix},\ x_5(0)=\begin{bmatrix}1200\\1200\\1200\\3\\3\\3\end{bmatrix}$$

使用注 7.1 和定理 7.2 的方法，系统的状态范数演化轨迹和全局能耗指标函数演化轨迹分别如图 7-12～图 7-14 所示。

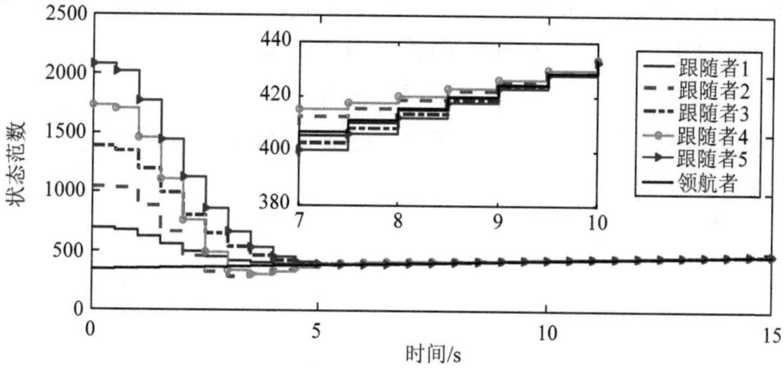

彩图 7-12

图 7-12　使用注 7.1 方法的状态范数演化轨迹示意图

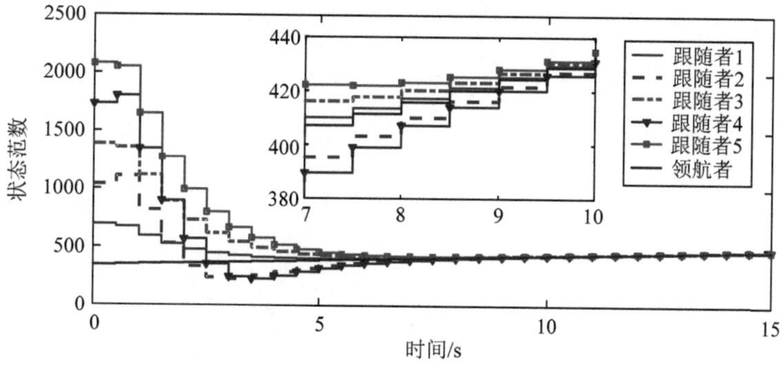

彩图 7-13

图 7-13　使用定理 7.2 方法的状态范数演化轨迹示意图

图 7-12 和图 7-13 表明，使用注 7.1 和定理 7.2 中提出的方法，所有的跟随者卫星能够成功跟踪上领航者卫星的状态。值得注意的是，使用注 7.1 中方法的跟踪速度比定理 7.2 的方法要快。图 7-14 表明全局能耗指标函数的最终稳态值为 $J=2.522\times10^9$，与

理论值 J^* 一致。

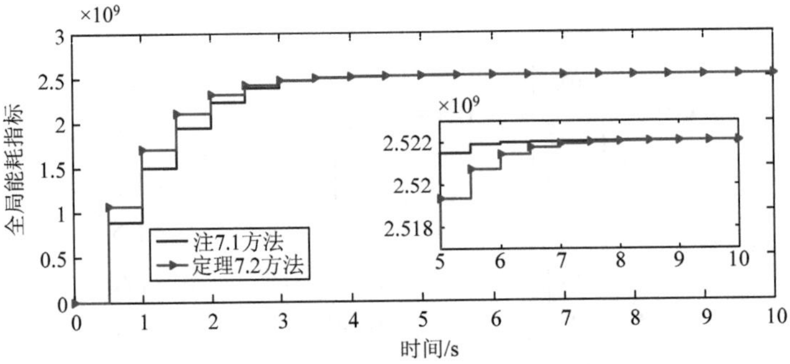

图 7-14　全局能耗指标函数演化轨迹示意图

本 章 小 结

本章研究了离散时间不确定多自主体系统有向拓扑的一致性鲁棒优化控制问题。基于 LQR 思想提出了一种不需要通信拓扑全局信息的全分布式最优控制协议，其中，协议的参数矩阵可通过求解一个标准离散时间 ARE 来获得。此外，所设计的方法仅要求通信拓扑具有一个有向生成树，去除了现有文献中采用的许多关于拓扑图的假设。在不依赖建模不确定性信息的条件下，给出了全局能耗指标的特定最优值。最后给出了仿真算例说明所提理论方法的有效性。

第 8 章　具有 Lipschitz 型非线性的多自主体系统分布式优化控制

前述章节主要研究了线性系统分布式优化控制问题，然而在实际应用中，绝大多数的物理系统本质上都是非线性系统，如无人车、无人机、自主水下机器人等。本章将研究具有 Lipschitz 型非线性多自主体系统分布式优化控制问题，分别设计了无向通信拓扑和一般有向通信拓扑下的分布式协同优化控制协议。

8.1　无向通信拓扑下 Lipschitz 型非线性多自主体系统的协同优化控制

考虑以下由 N 个自主体组成的高阶模型：

$$\begin{cases}\dot{x}_{i,l}=\varphi_l(x_{i,l})+x_{i,l+1}\\ \dot{x}_{i,n}=\varphi_n(x_{i,n})+u_i\end{cases},\quad l=1,2,\cdots,n-1;i=1,2,\cdots,N \tag{8-1}$$

其中，$\varphi_l(x_{i,l})$ 表示第 i 个自主体的非线性动力学系统；u_i 表示控制输入；$x_{i,1},x_{i,2},\cdots,x_{i,n}$ 表示系统状态。设 $\boldsymbol{x}_i=[x_{i,l}]_{l\in\{1,2,\cdots,n\}}\in\Re^n$ 且 $f(x_i)=[\varphi_l(\boldsymbol{x}_{i,l})]_{l\in\{1,2,\cdots,n\}}\in\Re^n$，则式（8-1）中的多自主体系统可表示为

$$\dot{\boldsymbol{x}}_i=\boldsymbol{A}\boldsymbol{x}_i+f(\boldsymbol{x}_i)+\boldsymbol{B}\boldsymbol{u}_i,\quad i=1,2,\cdots,N \tag{8-2}$$

其中，

$$\boldsymbol{A}=\begin{bmatrix}\boldsymbol{O}_{(n-1)\times 1} & \boldsymbol{I}_{n-1}\\ 0 & \boldsymbol{O}_{1\times(n-1)}\end{bmatrix};\quad \boldsymbol{B}=\begin{bmatrix}\boldsymbol{O}_{(n-1)\times 1}\\ 1\end{bmatrix}$$

假设 8.1：系统的通信拓扑图 $\mathcal{G}$ 是无向连通的。

假定函数 $f(\boldsymbol{x}_i)$ 满足如下单边 Lipschitz 条件：

$$(\boldsymbol{x}_a-\boldsymbol{x}_b)^{\mathrm{T}}(f(\boldsymbol{x}_a)-f(\boldsymbol{x}_b))\leqslant\eta_1\|\boldsymbol{x}_a-\boldsymbol{x}_b\|^2 \tag{8-3}$$

以及如下二次有界约束：

$$\|f(\boldsymbol{x}_a)-f(\boldsymbol{x}_b)\|^2\leqslant\eta_2\|\boldsymbol{x}_a-\boldsymbol{x}_b\|^2+\eta_3(\boldsymbol{x}_a-\boldsymbol{x}_b)^{\mathrm{T}}(f(\boldsymbol{x}_a)-f(\boldsymbol{x}_b)) \tag{8-4}$$

其中，$\eta_1,\eta_2,\eta_3\in\Re$ 是标量。此外，假设标量 η_3 是非负的。

本节的主要目标是设计最优协议 $\boldsymbol{u}_i$ 保证系统（8-2）一致性行为，即 $\lim\limits_{t\to\infty}\boldsymbol{x}_i=\lim\limits_{t\to\infty}\boldsymbol{x}_j$（$\forall i,j\in\{1,2,\cdots,N\}$），同时优化全局能耗指标函数即满足最小化性能指标。

8.1.1　主要结果

在本节中，提出了能够满足高阶非线性多自主体系统（8-2）的最优一致性的分布式控制协议。

首先定义一致性跟踪误差为

$$\boldsymbol{e}_i = \boldsymbol{x}_i - N^{-1}\sum_{j=1}^{N}\boldsymbol{x}_j,\quad i=1,2,\cdots,N \tag{8-5}$$

为了简单起见，设 $\boldsymbol{x}_{\text{ave}} = N^{-1}\sum_{j=1}^{N}\boldsymbol{x}_j$。基于式（8-2）和式（8-5），可得

$$\dot{\boldsymbol{e}}_i = \boldsymbol{A}\boldsymbol{e}_i + f(\boldsymbol{x}_i) - N^{-1}\sum_{j=1}^{N} f(\boldsymbol{x}_j) + \boldsymbol{B}\boldsymbol{u}_i - N^{-1}\boldsymbol{B}\sum_{j=1}^{N}\boldsymbol{u}_j,\quad i=1,2,\cdots,N \tag{8-6}$$

式（8-6）的紧凑形式为

$$\dot{\boldsymbol{e}} = (\boldsymbol{I}_N \otimes \boldsymbol{A})\boldsymbol{e} + \boldsymbol{F} + ((\boldsymbol{I}_N - N^{-1}\boldsymbol{1}_N\boldsymbol{1}_N^{\mathrm{T}})\otimes \boldsymbol{B})\boldsymbol{u} \tag{8-7}$$

其中，$\boldsymbol{e}=[\boldsymbol{e}_i]_{i\in\{1,2,\cdots,N\}}$；$\boldsymbol{u}=[\boldsymbol{u}_i]_{i\in\{1,2,\cdots,N\}}$；$\boldsymbol{F}=[f(\boldsymbol{x}_i)]_{i\in\{1,2,\cdots,N\}} - \boldsymbol{I}_N \otimes N^{-1}\sum_{j=1}^{N} f(\boldsymbol{x}_j)$。

定义全局能耗指标函数为

$$\bar{J} = \int_0^{\infty}(\boldsymbol{e}^{\mathrm{T}}\boldsymbol{\mathcal{Q}}\boldsymbol{e} + \boldsymbol{u}^{\mathrm{T}}\boldsymbol{\mathcal{R}}\boldsymbol{u})\,\mathrm{d}t \tag{8-8}$$

其中，加权矩阵分别选择为

$$\boldsymbol{\mathcal{Q}} = c\boldsymbol{\mathcal{L}}^2 \otimes \boldsymbol{P}\boldsymbol{B}\boldsymbol{R}_0^{-1}\boldsymbol{B}^{\mathrm{T}}\boldsymbol{P} - (\boldsymbol{\mathcal{L}}\otimes \boldsymbol{P}\boldsymbol{B}\boldsymbol{R}_0^{-1}\boldsymbol{B}^{\mathrm{T}}\boldsymbol{P} - \boldsymbol{\mathcal{L}}\otimes \boldsymbol{Q}_0 + \overline{\boldsymbol{\mathcal{Q}}})$$

$$\overline{\boldsymbol{\mathcal{Q}}} = \boldsymbol{e}\bar{\boldsymbol{F}}^{\mathrm{T}}(\boldsymbol{\mathcal{L}}\otimes \boldsymbol{P}) + (\boldsymbol{\mathcal{L}}\otimes \boldsymbol{P})\bar{\boldsymbol{F}}\boldsymbol{e}^{\mathrm{T}}/\boldsymbol{e}^{\mathrm{T}}\boldsymbol{e}$$

$$\bar{\boldsymbol{F}} = [f(\boldsymbol{x}_i)]_{i\in\{1,2,\cdots,N\}} - \boldsymbol{1}_N \otimes f(\boldsymbol{x}_{ave})$$

$$\boldsymbol{\mathcal{R}} = \boldsymbol{I}_N \otimes c^{-1}\boldsymbol{R}_0$$

并且有 $\boldsymbol{Q}_0 \geqslant 0$，$\boldsymbol{R}_0 > 0$。此外，$c$ 是加权参数，$\boldsymbol{P}$ 是如下 ARE 的正定解：

$$\boldsymbol{P}\boldsymbol{A} + \boldsymbol{A}^{\mathrm{T}}\boldsymbol{P} + \boldsymbol{Q}_0 - \boldsymbol{P}\boldsymbol{B}\boldsymbol{R}_0^{-1}\boldsymbol{B}^{\mathrm{T}}\boldsymbol{P} = 0 \tag{8-9}$$

值得注意的是，当 $(\boldsymbol{A},\boldsymbol{B})$ 是可稳定的且 $(\sqrt{\boldsymbol{Q}_0},\boldsymbol{A})$ 是可观测时，$\boldsymbol{P}$ 是唯一的[171]。

引理 8.1[201]：对于满足 $\boldsymbol{M}\boldsymbol{1}_N = 0$ 且具有零特征值和相应特征向量 $\boldsymbol{1}_N$ 的任意半正定矩阵 $\boldsymbol{M}$，有

$$\alpha\{\boldsymbol{M}\} = \min_{a\neq 0,\boldsymbol{1}_N^{\mathrm{T}}a=0} a^{\mathrm{T}}\boldsymbol{M}a(a^{\mathrm{T}}a)^{-1} \tag{8-10}$$

其中，$\alpha\{\boldsymbol{M}\}$ 是 $\boldsymbol{M}$ 的次最小特征值。

定理 8.1：若分布式控制协议 $\boldsymbol{u}_i$ 设计为

$$\boldsymbol{u}_i = -c\boldsymbol{R}_0^{-1}\boldsymbol{B}^{\mathrm{T}}\boldsymbol{P}\sum_{j=1}^{N} a_{ij}\left(\boldsymbol{x}_i - \boldsymbol{x}_j\right) \tag{8-11}$$

可以实现系统（8-2）的状态一致性和全局能耗指标函数（8-8）的最优化。其中，加权参数 c 满足

$$c \geqslant \frac{\sigma_{\max}\{\boldsymbol{\mathcal{L}}\otimes \boldsymbol{P}\boldsymbol{B}\boldsymbol{R}_0^{-1}\boldsymbol{B}^{\mathrm{T}}\boldsymbol{P} - \boldsymbol{\mathcal{L}}\otimes \boldsymbol{Q}_0\} + \beta}{\alpha\{\boldsymbol{L}^2\}\sigma_{>0\min}\{\boldsymbol{P}\boldsymbol{B}\boldsymbol{R}_0^{-1}\boldsymbol{B}^{\mathrm{T}}\boldsymbol{P}\}} \tag{8-12}$$

其中，$\beta = 1 + \sigma_{\max}\{\boldsymbol{\mathcal{L}}^2 \otimes \boldsymbol{P}^2\}(\eta_2 + \eta_1\eta_3)$。

证明：（1）证明全局能耗指标函数最优化。

在加权参数 c 满足式（8-12）且 $0 < \eta_2 + \eta_1\eta_3 \leqslant \sigma_{>0\min}\{\boldsymbol{\mathcal{L}}\otimes \boldsymbol{Q}_0\} - 1/\sigma_{\max}\{\boldsymbol{\mathcal{L}}^2 \otimes \boldsymbol{P}^2\}$ 时，有 $\boldsymbol{e}^{\mathrm{T}}\boldsymbol{\mathcal{Q}}\boldsymbol{e} \geqslant 0$，详细证明如下。

根据引理 8.1，$e^{\mathrm{T}}\mathcal{Q}e \geqslant 0$ 的充要条件为

$$c\alpha\{L^2\}\sigma_{>0\min}\{PBR_0^{-1}B^{\mathrm{T}}P\}e^{\mathrm{T}}e \geqslant (\sigma_{\max}\{\mathcal{L}\otimes PBR_0^{-1}B^{\mathrm{T}}P - \mathcal{L}\otimes Q_0\} + \sigma_{\max}\{\bar{\mathcal{Q}}\})e^{\mathrm{T}}e \tag{8-13}$$

$$e^{\mathrm{T}}(\mathcal{L}\otimes Q_0)e \geqslant e^{\mathrm{T}}\bar{\mathcal{Q}}e \tag{8-14}$$

基于假设条件（8-3）和假设条件（8-4）可得

$$\begin{aligned}
e^{\mathrm{T}}\bar{\mathcal{Q}}e &= 2e^{\mathrm{T}}(\mathcal{L}\otimes P)\bar{F} \\
&\leqslant e^{\mathrm{T}}e + \bar{F}^{\mathrm{T}}(\mathcal{L}^2\otimes P^2)\bar{F} \\
&\leqslant e^{\mathrm{T}}e + \sigma_{\max}\{\mathcal{L}^2\otimes P^2\}\sum_{i=1}^{N}\|f(x_i)-f(x_{\mathrm{ave}})\|^2 \\
&\leqslant e^{\mathrm{T}}e + \sigma_{\max}\{\mathcal{L}^2\otimes P^2\}\sum_{i=1}^{N}\left(\eta_2\|e_i\|^2 + \eta_3 e_i^{\mathrm{T}}\left(f(x_i)-f(x_{\mathrm{ave}})\right)\right) \\
&\leqslant (1+(\eta_2+\eta_1\eta_3)\sigma_{\max}\{\mathcal{L}^2\otimes P^2\})e^{\mathrm{T}}e
\end{aligned} \tag{8-15}$$

这表明，若 $\eta_2+\eta_1\eta_3>0$ 成立，则有 $\sigma_{\max}\{\bar{\mathcal{Q}}\}\leqslant 1+(\eta_2+\eta_1\eta_3)\sigma_{\max}\{\mathcal{L}^2\otimes P^2\}$。因此，若加权参数 c 满足条件（8-12），则条件（8-13）成立。

值得一提的是，在 $\mathcal{L}\otimes I_N$ 的零空间中有 $e^{\mathrm{T}}(\mathcal{L}\otimes Q_0)e = e^{\mathrm{T}}\mathcal{Q}e = 0$，否则，$e^{\mathrm{T}}(\mathcal{L}\otimes Q_0)e$ 为正。因此，条件（8-14）等价于

$$\sigma_{\max}\{\bar{\mathcal{Q}}\} \leqslant \sigma_{>0\min}\{\mathcal{L}\otimes Q_0\} \tag{8-16}$$

注意到条件（8-16）可由条件 $\eta_2+\eta_1\eta_3 \leqslant (\sigma_{>0\min}\{\mathcal{L}\otimes Q_0\}-1)(\sigma_{\max}\{\mathcal{L}^2\otimes P^2\})^{-1}$ 保证。

因此，在 c 满足条件（8-12）且 $0<\eta_2+\eta_1\eta_3 \leqslant (\sigma_{>0\min}\{\mathcal{L}\otimes Q_0\}-1)(\sigma_{\max}\{\mathcal{L}^2\otimes P^2\})^{-1}$ 成立时，有 $e^{\mathrm{T}}\mathcal{Q}e \geqslant 0$。

定义哈密顿函数如下：

$$\bar{H} = e^{\mathrm{T}}\mathcal{Q}e + u^{\mathrm{T}}\mathcal{R}u + \nabla\bar{V}^{\mathrm{T}}(I_N\otimes A)e + \nabla\bar{V}^{\mathrm{T}}F + \nabla\bar{V}^{\mathrm{T}}((I_N - N^{-1}1_N1_N^{\mathrm{T}})\otimes B)u \tag{8-17}$$

其中，$\nabla\bar{V} = \partial\bar{V}/\partial e$。通过求解方程 $\nabla\bar{H}/\partial u = 0$，可得全局最优控制协议为

$$u^* = -0.5\mathcal{R}^{-1}((I_N - N^{-1}1_N1_N^{\mathrm{T}})\otimes B^{\mathrm{T}})\nabla\bar{V} \tag{8-18}$$

当假设 8.1 成立时，令值函数为 $\bar{V} = e^{\mathrm{T}}(\mathcal{L}\otimes P)e$，式（8-18）可改写为

$$\begin{aligned}
u^* &= -\mathcal{R}^{-1}((I_N - N^{-1}1_N1_N^{\mathrm{T}})\otimes B^{\mathrm{T}})(\mathcal{L}\otimes P)e \\
&= -\mathcal{R}^{-1}(\mathcal{L}\otimes B^{\mathrm{T}}P)e \\
&= -(c\mathcal{L}\otimes R_0^{-1}B^{\mathrm{T}}P)e
\end{aligned} \tag{8-19}$$

由于 $\partial^2\bar{H}/\partial u^2 > 0$，因此当 $u = u^*$ 时 $\bar{H}$ 达到最小值。当 $u = u^*$ 时，式（8-8）中的全局能耗指标函数为最优值。注意到式（8-11）的全局形式与 u^* 等价，因此，式（8-19）是最小化全局能耗指标函数的分布式最优控制协议。

将式（8-19）代入式（8-17）可得如下 HJ 方程：

$$e^{\mathrm{T}}\left(\mathcal{L}\otimes(PA+A^{\mathrm{T}}P)\right)e + e^{\mathrm{T}}\mathcal{Q}e + 2e^{\mathrm{T}}(\mathcal{L}\otimes P)F - e^{\mathrm{T}}(c\mathcal{L}^2\otimes PBR_0^{-1}B^{\mathrm{T}}P)e = 0 \tag{8-20}$$

由于

$$e^{\mathrm{T}}(\mathcal{L}\otimes P)\left(1_N\otimes N^{-1}\sum_{j=1}^{N}f(x_j)\right) = e^{\mathrm{T}}(\mathcal{L}\otimes P)(1_N\otimes f(x_{\mathrm{ave}})) = 0 \tag{8-21}$$

有 $2e^{\mathrm{T}}(\mathcal{L}\otimes P)F = 2e^{\mathrm{T}}(\mathcal{L}\otimes P)\bar{F}$。此外，对于任意非零的 e，易得

$$2\boldsymbol{e}^{\mathrm{T}}(\boldsymbol{\mathcal{L}}\otimes\boldsymbol{P})\bar{\boldsymbol{F}}=(\boldsymbol{e}^{\mathrm{T}}\boldsymbol{e}\bar{\boldsymbol{F}}^{\mathrm{T}}(\boldsymbol{\mathcal{L}}\otimes\boldsymbol{P})\boldsymbol{e}+\boldsymbol{e}^{\mathrm{T}}(\boldsymbol{\mathcal{L}}\otimes\boldsymbol{P})\bar{\boldsymbol{F}}\boldsymbol{e}^{\mathrm{T}}\boldsymbol{e})(\boldsymbol{e}^{\mathrm{T}}\boldsymbol{e})^{-1}=\boldsymbol{e}^{\mathrm{T}}\bar{\boldsymbol{\mathcal{Q}}}\boldsymbol{e} \tag{8-22}$$

将$\boldsymbol{\mathcal{Q}}$代入式（8-20）有

$$\boldsymbol{e}^{\mathrm{T}}(\boldsymbol{\mathcal{L}}\otimes(\boldsymbol{PA}+\boldsymbol{A}^{\mathrm{T}}\boldsymbol{P}+\boldsymbol{Q}_0-\boldsymbol{PBR}_0^{-1}\boldsymbol{B}^{\mathrm{T}}\boldsymbol{P}))\boldsymbol{e}=0 \tag{8-23}$$

因此，方程（8-9）的解等价于 HJ 方程的解。

（2）系统的一致性行为证明。

选择李雅普诺夫函数为

$$\bar{\boldsymbol{L}}=\boldsymbol{e}^{\mathrm{T}}(\boldsymbol{\mathcal{L}}\otimes\boldsymbol{P})\boldsymbol{e} \tag{8-24}$$

基于式（8-7）和式（8-17），$\bar{\boldsymbol{L}}$ 对时间的导数可表示为

$$\dot{\bar{\boldsymbol{L}}}=2\boldsymbol{e}^{\mathrm{T}}(\boldsymbol{\mathcal{L}}\otimes\boldsymbol{P})\dot{\boldsymbol{e}}=\bar{H}-\boldsymbol{e}^{\mathrm{T}}\boldsymbol{\mathcal{Q}}\boldsymbol{e}-\boldsymbol{u}^{\mathrm{T}}\boldsymbol{\mathcal{R}}\boldsymbol{u} \tag{8-25}$$

基于式（8-11）和 HJ 方程进一步得到

$$\dot{\bar{\boldsymbol{L}}}=-\boldsymbol{e}^{\mathrm{T}}\boldsymbol{\mathcal{Q}}\boldsymbol{e}-\boldsymbol{u}^{\mathrm{T}}\boldsymbol{\mathcal{R}}\boldsymbol{u} \tag{8-26}$$

由于加权矩阵$\boldsymbol{\mathcal{Q}}\geqslant 0$且$\boldsymbol{\mathcal{R}}>0$，因此$\lim\limits_{t\to\infty}\bar{\boldsymbol{L}}=0$成立[174,202]。根据引理 8.1，对于任意非零的$\boldsymbol{e}$，可以得出如下结论：

$$\bar{\boldsymbol{L}}=\boldsymbol{e}^{\mathrm{T}}(\boldsymbol{\mathcal{L}}\otimes\boldsymbol{P})\boldsymbol{e}\geqslant\alpha\{\boldsymbol{\mathcal{L}}\otimes\boldsymbol{P}\}\boldsymbol{e}^{\mathrm{T}}\boldsymbol{e} \tag{8-27}$$

值得注意的是，若假设 8.1 成立，则$\alpha\{\boldsymbol{\mathcal{L}}\otimes\boldsymbol{P}\}>0$，这表明当且仅当$\boldsymbol{e}=0$成立时，有$\bar{\boldsymbol{L}}=0$成立，在其他情况下$\bar{\boldsymbol{L}}>0$。因此，可推断出$\lim\limits_{t\to\infty}\boldsymbol{e}=0$，即系统（8-2）达成一致。

证明完毕。

注 8.1：基于式（8-25），最优能耗指标可计算如下：

$$\bar{J}_{\min}=\int_0^{\infty}(\boldsymbol{e}^{\mathrm{T}}\boldsymbol{\mathcal{Q}}\boldsymbol{e}+\boldsymbol{u}^{\mathrm{T}}\boldsymbol{\mathcal{R}}\boldsymbol{u})\,\mathrm{d}t=\int_0^{\infty}\dot{\bar{\boldsymbol{L}}}\mathrm{d}t=\bar{\boldsymbol{L}}(0) \tag{8-28}$$

其中，$\bar{\boldsymbol{L}}(0)=\boldsymbol{e}^{\mathrm{T}}(0)(\boldsymbol{\mathcal{L}}\otimes\boldsymbol{P})\boldsymbol{e}(0)$，$\boldsymbol{e}(0)$表示系统的初始条件。

注 8.2：值得一提的是，定理 8.1 中的结果可以进一步扩展到具有一般动力学系统的线性部分，即式（8-2）中的$\boldsymbol{A}$和$\boldsymbol{B}$可以是具有适当维数的任何常数矩阵，并且控制输入$\boldsymbol{u}_i$可以是向量，但仍需要满足$(\boldsymbol{A},\boldsymbol{B})$是可稳定的且$(\boldsymbol{Q}_0^{-1},\boldsymbol{A})$是可观测的。当$c$满足$c\geqslant\left(\sigma_{\max}\{\boldsymbol{\mathcal{L}}\otimes\boldsymbol{PBR}_0^{-1}\boldsymbol{B}^{\mathrm{T}}\boldsymbol{P}-\boldsymbol{\mathcal{L}}\otimes\boldsymbol{Q}_0\}+\beta\right)\big/\left(\alpha\{\boldsymbol{L}^2\}\sigma_{>0\min}\{\boldsymbol{PBR}_0^{-1}\boldsymbol{B}^{\mathrm{T}}\boldsymbol{P}\}\right)$时，有$\boldsymbol{e}^{\mathrm{T}}\boldsymbol{\mathcal{Q}}\boldsymbol{e}\geqslant 0$。此外，条件$0<\eta_2+\eta_1\eta_3\leqslant(\sigma_{>0\min}\{\boldsymbol{\mathcal{L}}\otimes\boldsymbol{Q}_0\}-1)(\sigma_{\max}\{\boldsymbol{\mathcal{L}}^2\otimes\boldsymbol{P}^2\})^{-1}$将不再需要。

注 8.3：值得注意的是，定理 8.1 中提出的协议可以以分布式的方式实现，但该协议的设计需要通信拓扑的全局信息，因为加权参数c的计算需要用到与拉普拉斯矩阵相关的信息。接下来设计了全分布式的最优一致控制协议。

$$\boldsymbol{u}_i=\left(\sum_{j=1}^{N}a_{ij}+g_i\right)^{-1}\left(\left(\sum_{j=1}^{N}a_{ij}\boldsymbol{u}_j\right)-\boldsymbol{R}_0^{-1}\boldsymbol{B}^{\mathrm{T}}\boldsymbol{P}\boldsymbol{\epsilon}_i\right) \tag{8-29}$$

其中，$\boldsymbol{\epsilon}_i=\sum_{j=1}^{N}a_{ij}(\boldsymbol{x}_i-\boldsymbol{x}_j)+g_i\boldsymbol{x}_i$；$g_i$是非负增益，并且至少有一个自主体满足$g_i>0$。

与定理 8.1 的证明过程类似，可证明最优一致性控制协议（8-29）能够保证以下全局能耗指标函数最小：

$$\bar{J}_{\mathrm{d}}=\int_0^{\infty}(\boldsymbol{\epsilon}^{\mathrm{T}}\boldsymbol{\mathcal{Q}}_{\mathrm{d}}\boldsymbol{\epsilon}+\boldsymbol{u}^{\mathrm{T}}\boldsymbol{\mathcal{R}}_{\mathrm{d}}\boldsymbol{u})\,\mathrm{d}t \tag{8-30}$$

其中，$\boldsymbol{\epsilon}=[\boldsymbol{\epsilon}_i]_{i\in\{1,2,\cdots,N\}}$。加权矩阵为

$$\begin{aligned}
\overline{\mathcal{Q}}_{\rm d} &= \boldsymbol{\epsilon}\overline{\boldsymbol{F}}_{\rm d}^{\rm T}((\boldsymbol{\mathcal{L}}+\boldsymbol{G})\otimes\boldsymbol{P})+((\boldsymbol{\mathcal{L}}+\boldsymbol{G})\otimes\boldsymbol{P})\overline{\boldsymbol{F}}_{\rm d}\boldsymbol{\epsilon}^{\rm T}/\boldsymbol{\epsilon}^{\rm T}\boldsymbol{\epsilon}\\
\overline{\boldsymbol{F}}_{\rm d} &= [f(\boldsymbol{x}_i)]_{i\in\{1,2,\cdots,N\}}\\
\mathcal{Q}_{\rm d} &= \boldsymbol{I}_N\otimes\boldsymbol{Q}_0-\overline{\mathcal{Q}}_{\rm d}\\
\mathcal{R}_{\rm d} &= (\boldsymbol{\mathcal{L}}+\boldsymbol{G})^2\otimes\boldsymbol{R}_0\\
\boldsymbol{G} &= {\rm diag}\{g_1,g_2,\cdots,g_N\}
\end{aligned}$$

并满足 $\boldsymbol{Q}_0\geqslant 0$ 和 $\boldsymbol{R}_0>0$。$\boldsymbol{\epsilon}^{\rm T}\mathcal{Q}_{\rm d}\boldsymbol{\epsilon}\geqslant 0$ 可以由 $0<\eta_2+\eta_1\eta_3\leqslant(\sigma_{\min}\{\boldsymbol{Q}_0\}-1)(\sigma_{\max}\{\boldsymbol{P}^2\})^{-1}$ 来保证。

选择李雅普诺夫函数为 $\overline{\boldsymbol{L}}_d=\boldsymbol{\epsilon}^{\rm T}(\boldsymbol{I}_N\otimes\boldsymbol{P})\boldsymbol{\epsilon}$，可以证明 $\lim\limits_{t\to\infty}\boldsymbol{\epsilon}=0$。此外，由于 $\boldsymbol{\epsilon}=((\boldsymbol{\mathcal{L}}+\boldsymbol{G})\otimes\boldsymbol{I}_N)\boldsymbol{X}$ 具有非奇异矩阵 $\boldsymbol{\mathcal{L}}+\boldsymbol{G}$，则有 $\lim\limits_{t\to\infty}\boldsymbol{X}=0$。因此，最优一致控制协议（8-29）实现了一致性行为 $\boldsymbol{x}_i=\boldsymbol{x}_j(i,j\in\{1,2,\cdots,N\})$，且最终状态一致值为零。

在最优控制协议（8-29）作用下的最优能耗指标可计算如下：

$$\overline{J}_{\rm dmin}=\int_0^\infty\dot{\overline{\boldsymbol{L}}}_{\rm d}{\rm d}t=\overline{\boldsymbol{L}}_{\rm d}(0)\tag{8-31}$$

其中，$\overline{\boldsymbol{L}}_{\rm d}(0)=\boldsymbol{\epsilon}^{\rm T}(0)(\boldsymbol{I}_N\otimes\boldsymbol{P})\boldsymbol{\epsilon}(0)$，$\boldsymbol{\epsilon}(0)$ 表示系统的初始条件。

8.1.2　无向通信拓扑下 Lipschitz 型非线性多自主体系统仿真算例

考虑一个由 5 个自主体组成的网络，它们通过如图 8-1 所示的通信拓扑进行交互，其中，算例 1 和算例 2 分别研究了式（8-11）和式（8-29）中给出的控制协议。

图 8-1　5 个非线性多自主体系统的通信拓扑

1. 算例 1

以文献[203]中的无人机一致性控制问题作为算例 1，各无人机的动力学方程可以描述为

$$\boldsymbol{A}=\begin{bmatrix}0&-1\\1&0\end{bmatrix},\ \boldsymbol{B}=\begin{bmatrix}1&0.5\\0.5&1\end{bmatrix},\ f(\boldsymbol{x}_i)=0.5\begin{bmatrix}\sin(x_{i,1})\\\sin(x_{i,2})\end{bmatrix}\tag{8-32}$$

选择 $\eta_1=0$，$\eta_2=0$，$\eta_3=0.707$，则非线性部分 $f(\boldsymbol{x}_i)$ 满足式（8-3）和式（8-4）。设 $\boldsymbol{R}_0=\boldsymbol{I}_2$，$\boldsymbol{Q}_0=100\boldsymbol{I}_2$，则可以通过注 8.2 计算出 $c\geqslant 3.83$，因此选择 $c=4$。初始条件选择为 $\boldsymbol{x}_1(0)=[10,5]^{\rm T}$，$\boldsymbol{x}_2(0)=[5,12]^{\rm T}$，$\boldsymbol{x}_3(0)=[-5,5]^{\rm T}$，$\boldsymbol{x}_4(0)=[15,-8]^{\rm T}$，$\boldsymbol{x}_5(0)=[5,-12]^{\rm T}$，使用控制协议（8-11），系统的状态演化轨迹如图 8-2 所示。

可以看出，控制协议（8-11）可以使 5 个无人机的状态最终达成一致。此外，全局能耗指标函数 $\overline{J}$ 的演化轨迹如图 8-3 所示。可以看出 $\overline{J}$ 最终趋于值 1.4216×10^4，这与式（8-28）中计算得到的最优能耗指标值一致。

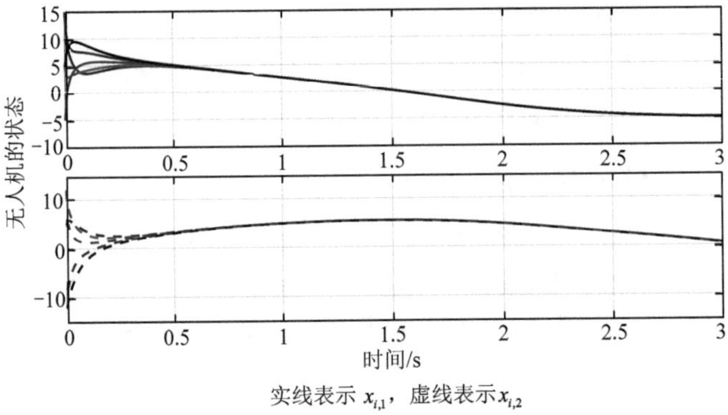

彩图 8-2

图 8-2　5 个无人机的状态演化轨迹示意图

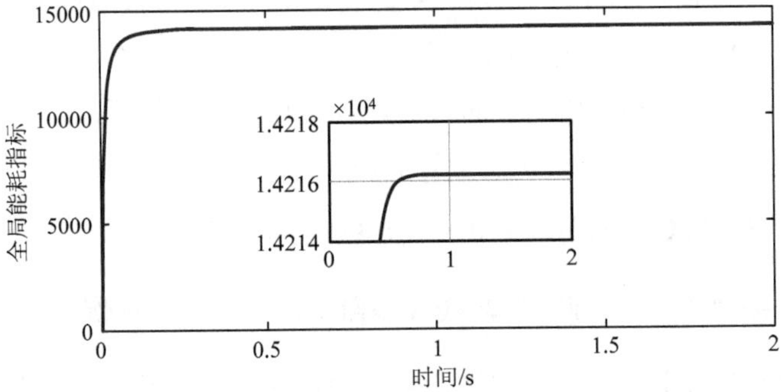

图 8-3　全局能耗指标函数 $\bar{J}$ 的演化轨迹示意图

2. 算例 2

每个自主体的模型由式（8-1）表示，并且 $n=3$，$f(\boldsymbol{x}_i)=0.1[\sin x_{i,1},0,0]^{\mathrm{T}}$。当 $\eta_1=0.1$，$\eta_2=0.01$，$\eta_3=0$ 时，根据文献[204]可以验证 $f(\boldsymbol{x}_i)$ 满足条件（8-3）和条件（8-4），具体如下：

$$(\boldsymbol{x}_i-\hat{\boldsymbol{x}}_i)^{\mathrm{T}}(f(\boldsymbol{x}_i)-f(\hat{\boldsymbol{x}}_i))=0.1(x_{i,1}-\hat{x}_{i,1})(\sin x_{i,1}-\sin\hat{x}_{i,1})\leqslant 0.1\|\boldsymbol{x}_i-\hat{\boldsymbol{x}}_i\|^2 \tag{8-33}$$

$$\|f(\boldsymbol{x}_i)-f(\hat{\boldsymbol{x}}_i)\|^2=0.01(\sin x_{i,1}-\sin\hat{x}_{i,1})^2\leqslant 0.01\|\boldsymbol{x}_i-\hat{\boldsymbol{x}}_i\|^2 \tag{8-34}$$

选择 $\boldsymbol{R}_0=0.01$，$\boldsymbol{Q}_0=2\boldsymbol{I}_3$，通过式（8-9）得到 $\boldsymbol{R}_0^{-1}\boldsymbol{B}^{\mathrm{T}}\boldsymbol{P}=[14.14,25.46,15.84]$。值得一提的是，通过计算可得 $(\sigma_{\min}\{\boldsymbol{Q}_0\}-1)/(\sigma_{\max}\{\boldsymbol{P}^2\})=0.028$，因此满足条件 $0<\eta_2+\eta_1\eta_3\leqslant(\sigma_{\min}\{\boldsymbol{Q}_0\}-1)(\sigma_{\max}\{\boldsymbol{P}^2\})^{-1}$。系统的初始条件选择为

$$\boldsymbol{x}_1(0)=\begin{bmatrix}0.01\\0.01\\0.02\end{bmatrix},\ \boldsymbol{x}_2(0)=\begin{bmatrix}0.02\\0.02\\0.02\end{bmatrix},\ \boldsymbol{x}_3(0)=\begin{bmatrix}0.05\\0.05\\0.1\end{bmatrix},\ \boldsymbol{x}_4(0)=\begin{bmatrix}0.1\\0.1\\0.1\end{bmatrix},\ \boldsymbol{x}_5(0)=\begin{bmatrix}0.1\\0.2\\0.2\end{bmatrix}$$

在全分布式控制协议（8-29）的作用下，5 个自主体的状态演化轨迹如图 8-4 所示。可以看出，它们最终能够实现状态一致。此外，全局能耗指标函数 $\bar{J}_{\mathrm{d}}$ 的演化轨迹如图 8-5 所示。可以看到 $\bar{J}_{\mathrm{d}}$ 最终达到了式（8-31）中计算的理论最小值 0.0675。

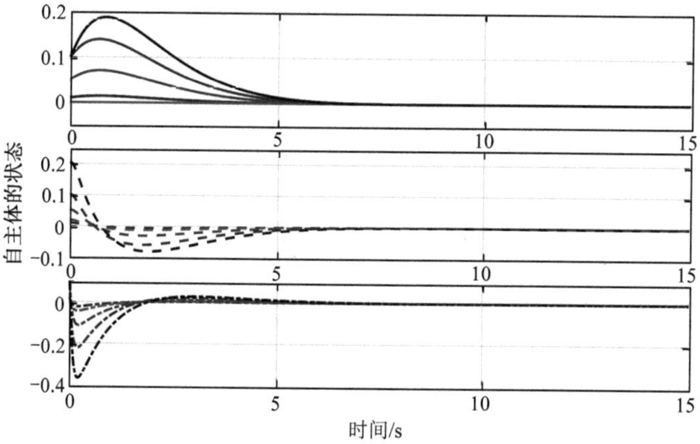

彩图 8-4

实线表示 $x_{i,1}$，虚线表示 $x_{i,2}$，点虚线表示 $x_{i,3}$

图 8-4　5 个自主体的状态演化轨迹示意图

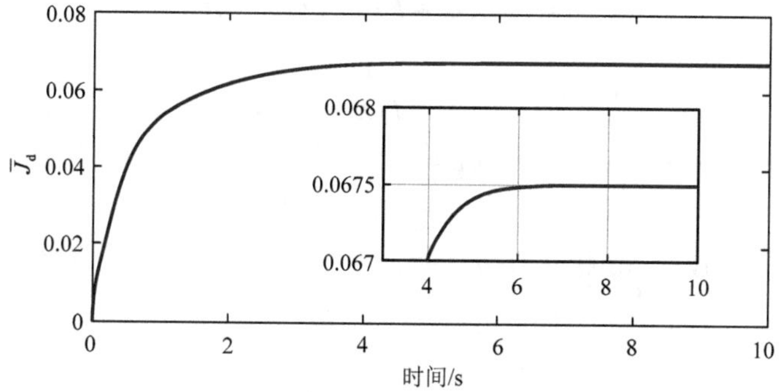

图 8-5　全局能耗指标函数 $\bar{J}_{\mathrm{d}}$ 的演化轨迹示意图

8.2　有向通信拓扑下 Lipschitz 型非线性多自主体系统的协同优化控制

考虑一个由 N+1 个非线性自主体组成的系统，各自主体的动力学方程如下：

$$\dot{\boldsymbol{x}}_i = \boldsymbol{A}\boldsymbol{x}_i + f(\boldsymbol{x}_i) + \boldsymbol{B}\boldsymbol{u}_i,\ \ i = 0,1,2,\cdots,N \tag{8-35}$$

其中，系统具有 1 个领航者（标记为 0）和 N 个跟随者（标记为$1,2,\cdots,N$），$\boldsymbol{x}_i \in \Re^p$ 和 $\boldsymbol{u}_i \in \Re^q$ 分别表示状态和控制输入，并且假设 $\boldsymbol{u}_i = 0$；$\boldsymbol{A}$ 和 $\boldsymbol{B}$ 是具有适当维度的常数矩阵；$f(\boldsymbol{x}_i)$ 表示满足以下 Lipschitz 条件且 $\gamma > 0$ 的非线性函数：

$$\|f(\mathcal{X}) - f(\mathcal{Y})\| \leqslant \gamma\|\mathcal{X} - \mathcal{Y}\|,\ \ \forall \mathcal{X},\mathcal{Y} \in \Re^p \tag{8-36}$$

本节旨在提出能够同时保证多自主体系统的领航-跟随一致性，即 $\lim\limits_{t\to\infty}\|\boldsymbol{x}_i - \boldsymbol{x}_0\| = 0$，和全局能耗指标最优化的分布式优化控制协议。

假设 8.2：系统的通信拓扑图 $\mathcal{G}$ 中包含有向生成树，其中，领航者为根节点。

设 $\boldsymbol{\mathcal{L}}_1 = [l_{ij}^1]_{N\times N}$（$i,j \in \{1,2,\cdots,N\}$），$l_{ii}^1 = a_{i0} + \sum_{j=1}^{N} a_{ij}$，对于 $i \neq j$，有 $l_{ij}^1 = -a_{ij}$。若假设 8.2

成立，则 $\mathcal{L}_1$ 是非奇异 $\boldsymbol{M}$ 矩阵[169]。此外，基于文献[165]，对于非奇异 $\boldsymbol{M}$ 矩阵 $\mathcal{L}_1$，存在一个正定矩阵 $\boldsymbol{\Psi}=\mathrm{diag}\{\psi_1,\psi_2,\cdots,\psi_N\}$，满足

$$\boldsymbol{\Psi}\mathcal{L}_1+\mathcal{L}_1^{\mathrm{T}}\boldsymbol{\Psi}>0 \tag{8-37}$$

8.2.1 主要结果

本节分别介绍两类分布式优化控制协议，以确保多自主体系统实现领航-跟随一致性，同时优化全局能耗指标函数。

1. 最优控制协议设计

设 $\boldsymbol{\varepsilon}_i=\boldsymbol{x}_i-\boldsymbol{x}_0$，并取 $\boldsymbol{\varepsilon}_i$ 对时间的导数

$$\dot{\boldsymbol{\varepsilon}}_i=\boldsymbol{A}\boldsymbol{\varepsilon}_i+f(\boldsymbol{x}_i)-f(\boldsymbol{x}_0)+\boldsymbol{B}\boldsymbol{u}_i,i=1,2,\cdots,N \tag{8-38}$$

其全局形式为

$$\dot{\boldsymbol{\varepsilon}}=(\boldsymbol{I}_N\otimes\boldsymbol{A})\boldsymbol{\varepsilon}+\boldsymbol{F}(\boldsymbol{x})+(\boldsymbol{I}_N\otimes\boldsymbol{B})\boldsymbol{U} \tag{8-39}$$

其中，

$$\boldsymbol{\varepsilon}=\begin{bmatrix}\boldsymbol{\varepsilon}_1\\ \vdots\\ \boldsymbol{\varepsilon}_N\end{bmatrix};\ \boldsymbol{F}(\boldsymbol{x})=\begin{bmatrix}f(\boldsymbol{x}_1)-f(\boldsymbol{x}_0)\\ \vdots\\ f(\boldsymbol{x}_N)-f(\boldsymbol{x}_0)\end{bmatrix};\ \boldsymbol{U}=\begin{bmatrix}\boldsymbol{u}_1\\ \vdots\\ \boldsymbol{u}_N\end{bmatrix}$$

可以看出，当且仅当 $\lim\limits_{t\to\infty}\|\boldsymbol{\varepsilon}\|=0$ 成立时，能够实现系统的领航-跟随渐近一致性，即 $\lim\limits_{t\to\infty}\|\boldsymbol{x}_i-\boldsymbol{x}_0\|=0$。

设计分布式控制协议如下：

$$\boldsymbol{u}_i^*=-c\psi_i\boldsymbol{K}\sum_{j=0}^{N}a_{ij}(\boldsymbol{x}_i-\boldsymbol{x}_j),\ \ i=1,2,\cdots,N \tag{8-40}$$

其中，$\psi_i>0$ 满足不等式（8-37）；$c>0$ 为加权参数；$\boldsymbol{K}$ 是控制增益矩阵。

定理 8.2：设加权矩阵满足 $\boldsymbol{Q}=\boldsymbol{Q}^{\mathrm{T}}\geqslant 0$ 和 $\boldsymbol{R}=\boldsymbol{R}^{\mathrm{T}}>0$，且如下 ARE

$$\boldsymbol{P}\boldsymbol{A}+\boldsymbol{A}^{\mathrm{T}}\boldsymbol{P}+\boldsymbol{Q}-\boldsymbol{P}\boldsymbol{B}\boldsymbol{R}^{-1}\boldsymbol{B}^{\mathrm{T}}\boldsymbol{P}=0 \tag{8-41}$$

存在唯一正定解 $\boldsymbol{P}=\boldsymbol{P}^{\mathrm{T}}>0$，控制协议（8-40）可实现如下全局能耗指标函数的最优化：

$$J=\int_0^{\infty}0.5(\boldsymbol{\varepsilon}^{\mathrm{T}}\mathcal{Q}(\boldsymbol{x})\boldsymbol{\varepsilon}+\boldsymbol{U}^{\mathrm{T}}\mathcal{R}\boldsymbol{U})\mathrm{d}t \tag{8-42}$$

其中，$\boldsymbol{K}=\boldsymbol{R}^{-1}\boldsymbol{B}^{\mathrm{T}}\boldsymbol{P}$，并且加权参数 c 满足条件

$$c\geqslant\max\left\{\frac{\alpha^2+\alpha^{-2}\sigma_{\max}{}^2(\boldsymbol{P})\gamma^2+\beta}{0.5\sigma_{\min}((\boldsymbol{\Psi}\mathcal{L}_1+\mathcal{L}_1^{\mathrm{T}}\boldsymbol{\Psi})\otimes\boldsymbol{P}\boldsymbol{B}\boldsymbol{R}^{-1}\boldsymbol{B}^{\mathrm{T}}\boldsymbol{P})},0^+\right\} \tag{8-43}$$

其中，$\alpha\neq 0$ 且

$$\beta=\sigma_{\max}(\boldsymbol{P}\boldsymbol{B}\boldsymbol{R}^{-1}\boldsymbol{B}^{\mathrm{T}}\boldsymbol{P})-\sigma_{\min}(\boldsymbol{Q})$$

$$\mathcal{R}=0.5(\boldsymbol{\Psi}^{-1}\mathcal{L}_1^{-\mathrm{T}}+\mathcal{L}_1^{-1}\boldsymbol{\Psi}^{-1})\otimes c^{-1}\boldsymbol{R}$$

$$\mathcal{Q}(\boldsymbol{x})=\boldsymbol{I}_N\otimes(\boldsymbol{Q}-\boldsymbol{P}\boldsymbol{B}\boldsymbol{R}^{-1}\boldsymbol{B}^{\mathrm{T}}\boldsymbol{P})-\overline{\mathcal{Q}}(\boldsymbol{x})+0.5(\boldsymbol{\Psi}\mathcal{L}_1+\mathcal{L}_1^{\mathrm{T}}\boldsymbol{\Psi})\otimes c\boldsymbol{P}\boldsymbol{B}\boldsymbol{R}^{-1}\boldsymbol{B}^{\mathrm{T}}\boldsymbol{P}$$

并且有

$$\overline{\mathcal{Q}}(\boldsymbol{x})=(\boldsymbol{\varepsilon}\boldsymbol{F}^{\mathrm{T}}(\boldsymbol{x})\ (\boldsymbol{I}_N\otimes\boldsymbol{P})+(\boldsymbol{I}_N\otimes\boldsymbol{P})\boldsymbol{F}(\boldsymbol{x})\boldsymbol{\varepsilon}^{\mathrm{T}})\|\boldsymbol{\varepsilon}\|^{-2}$$

此外，跟踪误差系统（8-39）中的渐近稳定性由最优控制协议 $\boldsymbol{u}_i^*$ 保证。

证明：接下来将分别证明定理 8.2 中的两个条件：①控制协议（8-40）能够实现全局能耗指标函数（8-42）的最优化；②控制协议（8-40）能够保证系统（8-39）渐近稳定性。然后，给出满足加权矩阵 $\mathcal{R}$ 的正定性和 $\mathcal{Q}(\boldsymbol{x})$ 的半正定性的具体条件。

1）最优化证明

设 $\phi(\boldsymbol{\varepsilon},\boldsymbol{U})=0.5\boldsymbol{U}^{\mathrm{T}}\mathcal{R}\boldsymbol{U}+0.5\boldsymbol{\varepsilon}^{\mathrm{T}}(\mathcal{L}_1^{\mathrm{T}}\boldsymbol{\Psi}\otimes c\boldsymbol{K}^{\mathrm{T}})\mathcal{R}(\boldsymbol{\Psi}\mathcal{L}_1\otimes c\boldsymbol{K})\boldsymbol{\varepsilon}+\boldsymbol{\varepsilon}^{\mathrm{T}}(\boldsymbol{I}_N\otimes \boldsymbol{PB})\boldsymbol{U}$，基于 $\mathcal{R}$ 和 $\boldsymbol{K}$ 的表达式，可得

$$\phi(\boldsymbol{\varepsilon},\boldsymbol{U})=0.25\boldsymbol{\varepsilon}^{\mathrm{T}}\left((\boldsymbol{\Psi}\mathcal{L}_1+\mathcal{L}_1^{\mathrm{T}}\boldsymbol{\Psi})\otimes c\boldsymbol{PBR}^{-1}\boldsymbol{B}^{\mathrm{T}}\boldsymbol{P}\right)\boldsymbol{\varepsilon}+0.5\boldsymbol{U}^{\mathrm{T}}\mathcal{R}\boldsymbol{U}+\boldsymbol{\varepsilon}^{\mathrm{T}}(\boldsymbol{I}_N\otimes \boldsymbol{PB})\boldsymbol{U} \tag{8-44}$$

基于 ARE[式（8-41）]有

$$\begin{aligned}0.5(\Psi\mathcal{L}_1+\mathcal{L}_1^{\mathrm{T}}\Psi)\otimes c\boldsymbol{PBR}^{-1}\boldsymbol{B}^{\mathrm{T}}\boldsymbol{P}&=\mathcal{Q}(\boldsymbol{x})+\bar{\mathcal{Q}}(\boldsymbol{x})-\boldsymbol{I}_N\otimes(\boldsymbol{Q}-\boldsymbol{PBR}^{-1}\boldsymbol{B}^{\mathrm{T}}\boldsymbol{P})\\&=\mathcal{Q}(\boldsymbol{x})+\bar{\mathcal{Q}}(\boldsymbol{x})+\boldsymbol{I}_N\otimes(\boldsymbol{PA}+\boldsymbol{A}^{\mathrm{T}}\boldsymbol{P})\end{aligned} \tag{8-45}$$

将式（8-45）代入式（8-44）中有

$$\begin{aligned}\phi(\boldsymbol{\varepsilon},\boldsymbol{U})=&0.5\boldsymbol{U}^{\mathrm{T}}\mathcal{R}\boldsymbol{U}+0.5\boldsymbol{\varepsilon}^{\mathrm{T}}\mathcal{Q}(\boldsymbol{x})\boldsymbol{\varepsilon}+0.5\boldsymbol{\varepsilon}^{\mathrm{T}}\bar{\mathcal{Q}}(\boldsymbol{x})\boldsymbol{\varepsilon}\\&+\boldsymbol{\varepsilon}^{\mathrm{T}}(\boldsymbol{I}_N\otimes\boldsymbol{PB})\boldsymbol{U}+\boldsymbol{\varepsilon}^{\mathrm{T}}(\boldsymbol{I}_N\otimes\boldsymbol{PA})\boldsymbol{\varepsilon}\end{aligned} \tag{8-46}$$

根据 $\mathcal{Q}(\boldsymbol{x})$ 的表达式，有

$$\begin{aligned}\boldsymbol{\varepsilon}^{\mathrm{T}}\bar{\mathcal{Q}}(\boldsymbol{x})\boldsymbol{\varepsilon}&=\boldsymbol{\varepsilon}^{\mathrm{T}}(\boldsymbol{\varepsilon}\boldsymbol{F}^{\mathrm{T}}(\boldsymbol{x})(\boldsymbol{I}_N\otimes\boldsymbol{P})+(\boldsymbol{I}_N\otimes\boldsymbol{P})\boldsymbol{F}(\boldsymbol{x})\boldsymbol{\varepsilon}^{\mathrm{T}})\|\boldsymbol{\varepsilon}\|^{-2}\boldsymbol{\varepsilon}\\&=\left(\|\boldsymbol{\varepsilon}\|^2\boldsymbol{F}^{\mathrm{T}}(\boldsymbol{x})(\boldsymbol{I}_N\otimes\boldsymbol{P})\boldsymbol{\varepsilon}+\boldsymbol{\varepsilon}^{\mathrm{T}}(\boldsymbol{I}_N\otimes\boldsymbol{P})\boldsymbol{F}(\boldsymbol{x})\|\boldsymbol{\varepsilon}\|^2\right)\|\boldsymbol{\varepsilon}\|^{-2}\\&=\boldsymbol{F}^{\mathrm{T}}(\boldsymbol{x})(\boldsymbol{I}_N\otimes\boldsymbol{P})\boldsymbol{\varepsilon}+\boldsymbol{\varepsilon}^{\mathrm{T}}(\boldsymbol{I}_N\otimes\boldsymbol{P})\boldsymbol{F}(\boldsymbol{x})\\&=2\boldsymbol{\varepsilon}^{\mathrm{T}}(\boldsymbol{I}_N\otimes\boldsymbol{P})\boldsymbol{F}(\boldsymbol{x})\end{aligned} \tag{8-47}$$

因此，式（8-46）可通过式（8-47）改写为

$$\begin{aligned}\phi(\boldsymbol{\varepsilon},\boldsymbol{U})=&0.5\boldsymbol{U}^{\mathrm{T}}\mathcal{R}\boldsymbol{U}+0.5\boldsymbol{\varepsilon}^{\mathrm{T}}\mathcal{Q}(\boldsymbol{x})\boldsymbol{\varepsilon}\\&+\boldsymbol{\varepsilon}^{\mathrm{T}}(\boldsymbol{I}_N\otimes\boldsymbol{P})\left((\boldsymbol{I}_N\otimes\boldsymbol{A})\boldsymbol{\varepsilon}+\boldsymbol{F}(\boldsymbol{x})+(\boldsymbol{I}_N\otimes\boldsymbol{B})\boldsymbol{U}\right)\\=&0.5\boldsymbol{U}^{\mathrm{T}}\mathcal{R}\boldsymbol{U}+0.5\boldsymbol{\varepsilon}^{\mathrm{T}}\mathcal{Q}(\boldsymbol{x})\boldsymbol{\varepsilon}+\boldsymbol{\varepsilon}^{\mathrm{T}}(\boldsymbol{I}_N\otimes\boldsymbol{P})\dot{\boldsymbol{\varepsilon}}\end{aligned} \tag{8-48}$$

定义与跟踪误差系统（8-39）相关的李雅普诺夫函数为 $V=0.5\boldsymbol{\varepsilon}^{\mathrm{T}}(\boldsymbol{I}_N\otimes\boldsymbol{P})\boldsymbol{\varepsilon}$，其对时间的导数为 $\dot{V}=\boldsymbol{\varepsilon}^{\mathrm{T}}(\boldsymbol{I}_N\otimes\boldsymbol{P})\dot{\boldsymbol{\varepsilon}}$。因此，式（8-48）可重写为

$$\phi(\boldsymbol{\varepsilon},\boldsymbol{U})=0.5\boldsymbol{U}^{\mathrm{T}}\mathcal{R}\boldsymbol{U}+0.5\boldsymbol{\varepsilon}^{\mathrm{T}}\mathcal{Q}(\boldsymbol{x})\boldsymbol{\varepsilon}+\dot{V} \tag{8-49}$$

设 $L(\boldsymbol{\varepsilon},\boldsymbol{U})=0.5\boldsymbol{U}^{\mathrm{T}}\mathcal{R}\boldsymbol{U}+0.5\boldsymbol{\varepsilon}^{\mathrm{T}}\mathcal{Q}(\boldsymbol{x})\boldsymbol{\varepsilon}$，那么有

$$\phi(\boldsymbol{\varepsilon},\boldsymbol{U})=L(\boldsymbol{\varepsilon},\boldsymbol{U})+\dot{V} \tag{8-50}$$

定义标准一致性形式的控制协议如下：

$$\boldsymbol{u}_i=-\psi_i\bar{\boldsymbol{K}}\sum_{j=0}^{N}a_{ij}(\boldsymbol{x}_i-\boldsymbol{x}_j),\quad i=1,2,\cdots,N \tag{8-51}$$

接下来的目标是证明：若假设 8.2 成立且矩阵 $\boldsymbol{\Psi}$ 满足条件（8-37）时，有 $\phi(\boldsymbol{\varepsilon},\boldsymbol{U})\geqslant 0$ 成立，此外，采用控制协议（8-40），即控制增益矩阵 $\bar{\boldsymbol{K}}=c\boldsymbol{K}=c\boldsymbol{R}^{-1}\boldsymbol{B}^{\mathrm{T}}\boldsymbol{P}$ 时，能够保证 $\phi(\boldsymbol{\varepsilon},\boldsymbol{U}^*)=0$ 成立。

注意到式（8-51）中的协议的全局形式为 $\boldsymbol{U}=-(\boldsymbol{\Psi}\mathcal{L}_1\otimes\bar{\boldsymbol{K}})\boldsymbol{\varepsilon}$，那么，根据 $\phi(\boldsymbol{\varepsilon},\boldsymbol{U})$ 的

表达式，有

$$
\begin{aligned}
\phi(\boldsymbol{\varepsilon},\boldsymbol{U}) &= 0.25\boldsymbol{\varepsilon}^{\mathrm{T}}(\mathcal{L}_1^{\mathrm{T}}\Psi\otimes\bar{\boldsymbol{K}}^{\mathrm{T}})\left((\Psi^{-1}\mathcal{L}_1^{-\mathrm{T}}+\mathcal{L}_1^{-1}\Psi^{-1})\otimes c^{-1}\boldsymbol{R}\right)(\Psi\mathcal{L}_1\otimes\bar{\boldsymbol{K}})\boldsymbol{\varepsilon}\boldsymbol{\mathcal{X}}_2 \\
&= (c^{1/2}\boldsymbol{R}^{-1/2}\boldsymbol{B}^{\mathrm{T}}\boldsymbol{P})\boldsymbol{\mathcal{X}} \\
&\quad + 0.25\boldsymbol{\varepsilon}^{\mathrm{T}}(\mathcal{L}_1^{\mathrm{T}}\Psi\otimes c\boldsymbol{P}\boldsymbol{B}\boldsymbol{R}^{-1})\left((\Psi^{-1}\mathcal{L}_1^{-\mathrm{T}}+\mathcal{L}_1^{-1}\Psi^{-1})\otimes c^{-1}\boldsymbol{R}\right)(\Psi\mathcal{L}_1\otimes c\boldsymbol{R}^{-1}\boldsymbol{B}^{\mathrm{T}}\boldsymbol{P})\boldsymbol{\varepsilon} \\
&\quad - \boldsymbol{\varepsilon}^{\mathrm{T}}(\boldsymbol{I}_N\otimes\boldsymbol{P}\boldsymbol{B})(\Psi\mathcal{L}_1\otimes\bar{\boldsymbol{K}})\boldsymbol{\varepsilon} \\
&= 0.25\boldsymbol{\varepsilon}^{\mathrm{T}}\left((\Psi\mathcal{L}_1+\mathcal{L}_1^{\mathrm{T}}\Psi)\otimes c^{-1}\bar{\boldsymbol{K}}^{\mathrm{T}}\boldsymbol{R}\bar{\boldsymbol{K}}\right)\boldsymbol{\varepsilon} \\
&\quad + 0.25\boldsymbol{\varepsilon}^{\mathrm{T}}\left((\Psi\mathcal{L}_1+\mathcal{L}_1^{\mathrm{T}}\Psi)\otimes c\boldsymbol{P}\boldsymbol{B}\boldsymbol{R}^{-1}\boldsymbol{B}^{\mathrm{T}}\boldsymbol{P}\right)\boldsymbol{\varepsilon} - \boldsymbol{\varepsilon}^{\mathrm{T}}(\Psi\mathcal{L}_1\otimes\boldsymbol{P}\boldsymbol{B}\bar{\boldsymbol{K}})\boldsymbol{\varepsilon} \\
&= 0.5\boldsymbol{\varepsilon}^{\mathrm{T}}\left(\Psi\mathcal{L}_1\otimes(c^{-1}\bar{\boldsymbol{K}}^{\mathrm{T}}\boldsymbol{R}\bar{\boldsymbol{K}}+c\boldsymbol{P}\boldsymbol{B}\boldsymbol{R}^{-1}\boldsymbol{B}^{\mathrm{T}}\boldsymbol{P}-2\boldsymbol{P}\boldsymbol{B}\bar{\boldsymbol{K}})\right)\boldsymbol{\varepsilon}
\end{aligned}
\tag{8-52}
$$

设 $\boldsymbol{\mathcal{M}}=c^{-1}\bar{\boldsymbol{K}}^{\mathrm{T}}\boldsymbol{R}\bar{\boldsymbol{K}}+c\boldsymbol{P}\boldsymbol{B}\boldsymbol{R}^{-1}\boldsymbol{B}^{\mathrm{T}}\boldsymbol{P}-2\boldsymbol{P}\boldsymbol{B}\bar{\boldsymbol{K}}$，那么 $\forall\boldsymbol{\mathcal{X}}\neq 0$，则

$$
\begin{aligned}
\boldsymbol{\mathcal{X}}^{\mathrm{T}}\boldsymbol{\mathcal{M}}\boldsymbol{\mathcal{X}} &= \boldsymbol{\mathcal{X}}^{\mathrm{T}}(c^{-1/2}\bar{\boldsymbol{K}}^{\mathrm{T}}\boldsymbol{R}^{1/2})(c^{-1/2}\boldsymbol{R}^{1/2}\bar{\boldsymbol{K}})\boldsymbol{\mathcal{X}} \\
&\quad + \boldsymbol{\mathcal{X}}^{\mathrm{T}}(c^{1/2}\boldsymbol{P}\boldsymbol{B}\boldsymbol{R}^{-1/2})(c^{1/2}\boldsymbol{R}^{-1/2}\boldsymbol{B}^{\mathrm{T}}\boldsymbol{P})\boldsymbol{\mathcal{X}} \\
&\quad - \boldsymbol{\mathcal{X}}^{\mathrm{T}}(c^{1/2}\boldsymbol{P}\boldsymbol{B}\boldsymbol{R}^{-1/2})(c^{-1/2}\boldsymbol{R}^{1/2}\bar{\boldsymbol{K}})\boldsymbol{\mathcal{X}} - \boldsymbol{\mathcal{X}}^{\mathrm{T}}(c^{-1/2}\bar{\boldsymbol{K}}^{\mathrm{T}}\boldsymbol{R}^{1/2})(c^{1/2}\boldsymbol{R}^{-1/2}\boldsymbol{B}^{\mathrm{T}}\boldsymbol{P})\boldsymbol{\mathcal{X}} \\
&= (\boldsymbol{\mathcal{X}}_1^{\mathrm{T}}-\boldsymbol{\mathcal{X}}_2^{\mathrm{T}})(\boldsymbol{\mathcal{X}}_1-\boldsymbol{\mathcal{X}}_2)
\end{aligned}
\tag{8-53}
$$

其中，$\boldsymbol{\mathcal{X}}_1=(c^{-1/2}\boldsymbol{R}^{1/2}\bar{\boldsymbol{K}})\boldsymbol{\mathcal{X}}$。基于式（8-53）可以得出结论：当 $\boldsymbol{\mathcal{X}}_1\neq\boldsymbol{\mathcal{X}}_2$ 时，$\boldsymbol{\mathcal{X}}^{\mathrm{T}}\boldsymbol{\mathcal{M}}\boldsymbol{\mathcal{X}}>0$，当且仅当 $\boldsymbol{\mathcal{X}}_1=\boldsymbol{\mathcal{X}}_2$ 时，即 $\bar{\boldsymbol{K}}=c\boldsymbol{R}^{-1}\boldsymbol{B}^{\mathrm{T}}\boldsymbol{P}$ 时，$\boldsymbol{\mathcal{X}}^{\mathrm{T}}\boldsymbol{\mathcal{M}}\boldsymbol{\mathcal{X}}=0$，$\boldsymbol{\mathcal{X}}^{\mathrm{T}}\boldsymbol{\mathcal{M}}^{\mathrm{T}}\boldsymbol{\mathcal{X}}$ 的证明过程类似，不再叙述。进一步地，若假设 8.2 成立且矩阵 Ψ 满足条件（8-37），那么 $\forall\boldsymbol{\mathcal{Y}}\neq 0$，$\boldsymbol{\mathcal{Y}}^{\mathrm{T}}\Psi\mathcal{L}_1\boldsymbol{\mathcal{Y}}=0.5\boldsymbol{\mathcal{Y}}^{\mathrm{T}}(\Psi\mathcal{L}_1+\mathcal{L}_1^{\mathrm{T}}\Psi)\boldsymbol{\mathcal{Y}}>0$ 始终成立。

对于任意非零向量 $\boldsymbol{\mathcal{X}}$ 和 $\boldsymbol{\mathcal{Y}}$，定义 $\boldsymbol{\mathcal{Z}}=\boldsymbol{\mathcal{Y}}\otimes\boldsymbol{\mathcal{X}}$，这表明 $\boldsymbol{\mathcal{Z}}$ 是任意的非零向量。那么有

$$
\begin{aligned}
\boldsymbol{\mathcal{Z}}^{\mathrm{T}}(\Psi\mathcal{L}_1\otimes\boldsymbol{\mathcal{M}})\boldsymbol{\mathcal{Z}} &= 0.5\boldsymbol{\mathcal{Z}}^{\mathrm{T}}(\Psi\mathcal{L}_1\otimes\boldsymbol{\mathcal{M}}+\mathcal{L}_1^{\mathrm{T}}\Psi\otimes\boldsymbol{\mathcal{M}}^{\mathrm{T}})\boldsymbol{\mathcal{Z}} \\
&= 0.5\boldsymbol{\mathcal{Y}}^{\mathrm{T}}\Psi\mathcal{L}_1\boldsymbol{\mathcal{Y}}\otimes\boldsymbol{\mathcal{X}}^{\mathrm{T}}\boldsymbol{\mathcal{M}}\boldsymbol{\mathcal{X}}+0.5\boldsymbol{\mathcal{Y}}^{\mathrm{T}}\mathcal{L}_1^{\mathrm{T}}\Psi\boldsymbol{\mathcal{Y}}\otimes\boldsymbol{\mathcal{X}}^{\mathrm{T}}\boldsymbol{\mathcal{M}}^{\mathrm{T}}\boldsymbol{\mathcal{X}} \\
&\geqslant 0
\end{aligned}
\tag{8-54}
$$

当且仅当 $\boldsymbol{\mathcal{X}}_1=\boldsymbol{\mathcal{X}}_2$，即控制增益矩阵 $\bar{\boldsymbol{K}}=c\boldsymbol{R}^{-1}\boldsymbol{B}^{\mathrm{T}}\boldsymbol{P}$ 时，等式 $\boldsymbol{\mathcal{Z}}^{\mathrm{T}}(\Psi\mathcal{L}_1\otimes\boldsymbol{\mathcal{M}})\boldsymbol{\mathcal{Z}}=0$ 成立。根据式（8-52），可得 $\forall\boldsymbol{\varepsilon}\neq 0$，$\phi(\boldsymbol{\varepsilon},\boldsymbol{U})\geqslant 0$ 总是成立。且 $\phi(\boldsymbol{\varepsilon},\boldsymbol{U}^*)=0$ 成立的充要条件为 $\bar{\boldsymbol{K}}=c\boldsymbol{R}^{-1}\boldsymbol{B}^{\mathrm{T}}\boldsymbol{P}$。

证明完毕。

由式（8-50）可得出 $L(\boldsymbol{\varepsilon},\boldsymbol{U})\geqslant-\dot{V}$，因此，全局能耗指标函数（8-42）满足 $J=\int_0^{\infty}L(\boldsymbol{\varepsilon},\boldsymbol{U})\mathrm{d}t\geqslant-\int_0^{\infty}\dot{V}\mathrm{d}t$。值得指出的是，当采用控制协议（8-40）时，全局最优能耗指标 J^* 可计算为

$$
J^*=\int_0^{\infty}L(\boldsymbol{\varepsilon},\boldsymbol{U}^*)\mathrm{d}t=-\int_0^{\infty}\dot{V}\mathrm{d}t \tag{8-55}
$$

2）稳定性证明

结合式（8-49），李雅普诺夫函数对时间的导数可计算如下：

$$
\dot{V}=-0.5\boldsymbol{U}^{\mathrm{T}}\boldsymbol{\mathcal{R}}\boldsymbol{U}-0.5\boldsymbol{\varepsilon}^{\mathrm{T}}\boldsymbol{\mathcal{Q}}(x)\boldsymbol{\varepsilon}+\phi(\boldsymbol{\varepsilon},\boldsymbol{U}) \tag{8-56}
$$

将控制协议（8-40）代入式（8-56）有

$$
\begin{aligned}
\dot{V} &= -0.5\boldsymbol{\varepsilon}^{\mathrm{T}}(\mathcal{L}_1^{\mathrm{T}}\Psi\otimes c\boldsymbol{K}^{\mathrm{T}})\left(0.5(\Psi^{-1}\mathcal{L}_1^{-\mathrm{T}}+\mathcal{L}_1^{-1}\Psi^{-1})\otimes c^{-1}\boldsymbol{R}\right)(\Psi\mathcal{L}_1\otimes c\boldsymbol{K})\boldsymbol{\varepsilon}-0.5\boldsymbol{\varepsilon}^{\mathrm{T}}\boldsymbol{\mathcal{Q}}(\boldsymbol{x})\boldsymbol{\varepsilon} \\
&= -0.5\boldsymbol{\varepsilon}^{\mathrm{T}}\left(0.5(\Psi\mathcal{L}_1+\mathcal{L}_1^{\mathrm{T}}\Psi)\otimes c\boldsymbol{P}\boldsymbol{B}\boldsymbol{R}^{-1}\boldsymbol{B}^{\mathrm{T}}\boldsymbol{P}+\boldsymbol{\mathcal{Q}}(\boldsymbol{x})\right)\boldsymbol{\varepsilon}
\end{aligned}
\tag{8-57}
$$

基于假设 8.2 可得$\boldsymbol{\Psi}\boldsymbol{\mathcal{L}}_1+\boldsymbol{\mathcal{L}}_1^{\mathrm{T}}\boldsymbol{\Psi}>0$。基于式（8-57）得出结论，由于加权矩阵满足$\boldsymbol{R}>0$且$\boldsymbol{\mathcal{Q}}(\boldsymbol{x})\geqslant 0$，系统（8-39）是渐近稳定的[参见文献[167]中公式（23）～公式（25）的推导过程]。

接下来给出了保证加权矩阵$\boldsymbol{R}>0$且$\boldsymbol{\mathcal{Q}}(\boldsymbol{x})\geqslant 0$的加权参数$c$的下界。矩阵$\boldsymbol{\mathcal{R}}$可以写成

$$\begin{aligned}\boldsymbol{\mathcal{R}}&=0.5(\boldsymbol{\Psi}^{-1}\boldsymbol{\mathcal{L}}_1^{-\mathrm{T}}+\boldsymbol{\mathcal{L}}_1^{-1}\boldsymbol{\Psi}^{-1})\otimes c^{-1}\boldsymbol{R}\\&=0.5\boldsymbol{\Psi}^{-1}\boldsymbol{\mathcal{L}}_1^{-\mathrm{T}}(\boldsymbol{\Psi}\boldsymbol{\mathcal{L}}_1+\boldsymbol{\mathcal{L}}_1^{\mathrm{T}}\boldsymbol{\Psi})\boldsymbol{\mathcal{L}}_1^{-1}\boldsymbol{\Psi}^{-1}\otimes c^{-1}\boldsymbol{R}\end{aligned}\tag{8-58}$$

基于文献[165]和文献[169]，根据式（8-37）设计$\boldsymbol{\Psi}>0$，可得$\boldsymbol{\mathcal{L}}_1$和$\boldsymbol{\Psi}$是非奇异的，并且$\boldsymbol{\Psi}\boldsymbol{\mathcal{L}}_1+\boldsymbol{\mathcal{L}}_1^{\mathrm{T}}\boldsymbol{\Psi}>0$。因此，从式（8-58）中可以看出，当加权参数$c>0$时，可通过给定的正定矩阵$\boldsymbol{R}$来保证$\boldsymbol{\mathcal{R}}>0$。

注意到$\boldsymbol{\mathcal{Q}}(\boldsymbol{x})\geqslant 0$的充要条件为

$$\begin{aligned}&\sigma_{\min}(\boldsymbol{Q})+0.5\sigma_{\min}\left((\boldsymbol{\Psi}\boldsymbol{\mathcal{L}}_1+\boldsymbol{\mathcal{L}}_1^{\mathrm{T}}\boldsymbol{\Psi})\otimes c\boldsymbol{PBR}^{-1}\boldsymbol{B}^{\mathrm{T}}\boldsymbol{P}\right)\\&\geqslant\sigma_{\max}\left(\overline{\boldsymbol{Q}}(\boldsymbol{x})\right)+\sigma_{\max}(\boldsymbol{PBR}^{-1}\boldsymbol{B}^{\mathrm{T}}\boldsymbol{P})\end{aligned}\tag{8-59}$$

基于 Lipschitz 条件（8-36），由式（8-47）可得

$$\begin{aligned}\boldsymbol{\varepsilon}^{\mathrm{T}}\overline{\boldsymbol{Q}}(\boldsymbol{x})\boldsymbol{\varepsilon}&=2\boldsymbol{\varepsilon}^{\mathrm{T}}(\boldsymbol{I}_N\otimes\boldsymbol{P})\boldsymbol{F}(\boldsymbol{x})\\&\leqslant\alpha^2\boldsymbol{\varepsilon}^{\mathrm{T}}\boldsymbol{\varepsilon}+\alpha^{-2}\boldsymbol{F}^{\mathrm{T}}(\boldsymbol{x})(\boldsymbol{I}_N\otimes\boldsymbol{P}^2)\boldsymbol{F}(\boldsymbol{x})\\&\leqslant\alpha^2\boldsymbol{\varepsilon}^{\mathrm{T}}\boldsymbol{\varepsilon}+\alpha^{-2}\sigma_{\max}^2(\boldsymbol{P})\sum_{i=1}^{N}\|f(\boldsymbol{x}_i)-f(\boldsymbol{x}_0)\|^2\\&\leqslant\alpha^2\boldsymbol{\varepsilon}^{\mathrm{T}}\boldsymbol{\varepsilon}+\alpha^{-2}\sigma_{\max}^2(\boldsymbol{P})\gamma^2\sum_{i=1}^{N}\|\boldsymbol{\varepsilon}_i\|^2\\&=\left(\alpha^2+\alpha^{-2}\sigma_{\max}^2(\boldsymbol{P})\gamma^2\right)\boldsymbol{\varepsilon}^{\mathrm{T}}\boldsymbol{\varepsilon}\end{aligned}\tag{8-60}$$

其中，$\alpha\neq 0$是辅助常数。同样，有

$$\boldsymbol{\varepsilon}^{\mathrm{T}}\overline{\boldsymbol{Q}}(\boldsymbol{x})\boldsymbol{\varepsilon}\geqslant-\left(\alpha^2+\alpha^{-2}\sigma_{\max}^2(\boldsymbol{P})\gamma^2\right)\boldsymbol{\varepsilon}^{\mathrm{T}}\boldsymbol{\varepsilon}\tag{8-61}$$

因此，由式（8-60）和式（8-57）可得

$$\sigma_{\max}\left(\overline{\boldsymbol{Q}}(\boldsymbol{x})\right)\leqslant\alpha^2+\alpha^{-2}\sigma_{\max}^2(\boldsymbol{P})\gamma^2\tag{8-62}$$

基于式（8-62），条件（8-59）成立的等价条件为

$$\begin{aligned}&\sigma_{\min}(\boldsymbol{Q})+0.5\sigma_{\min}\left((\boldsymbol{\Psi}\boldsymbol{\mathcal{L}}_1+\boldsymbol{\mathcal{L}}_1^{\mathrm{T}}\boldsymbol{\Psi})\otimes c\boldsymbol{PBR}^{-1}\boldsymbol{B}^{\mathrm{T}}\boldsymbol{P}\right)\\&\geqslant\alpha^2+\alpha^{-2}\sigma_{\max}^2(\boldsymbol{P})\gamma^2+\sigma_{\max}(\boldsymbol{PBR}^{-1}\boldsymbol{B}^{\mathrm{T}}\boldsymbol{P})\end{aligned}\tag{8-63}$$

上述条件可通过式（8-43）来满足。

因此，定理 8.2 中的所有条件均满足，证明完毕。

注 8.4：系统（8-39）的渐近稳定性由定理 8.2 中设计的最优控制协议保证，即$\lim\limits_{t\to\infty}\|\boldsymbol{\varepsilon}\|=\lim\limits_{t\to\infty}\boldsymbol{V}=0$，因此最优能耗指标可表示为

$$J^*=\boldsymbol{V}(0)-\lim_{t\to\infty}\boldsymbol{V}=\boldsymbol{V}(0)\tag{8-64}$$

其中，$V(0)$是李雅普诺夫函数$\boldsymbol{V}$的初始值。

注 8.5：注意定理 8.2 中定义的矩阵$\overline{\boldsymbol{Q}}(\boldsymbol{x})$依赖于非零初始条件，即$\boldsymbol{\varepsilon}(0)\neq 0$。从不等式（8-62）可以得出结论，$\overline{\boldsymbol{Q}}(\boldsymbol{x})$奇异值上界与$\boldsymbol{\varepsilon}$无关。此外，对于零初始条件，即

$\boldsymbol{\varepsilon}(0)=0$，可以很容易地得出能耗指标函数 $J\equiv 0$。

注 8.6：值得注意的是，当 $\det\{\boldsymbol{B}\boldsymbol{R}^{-1}\boldsymbol{B}^{\mathrm{T}}\}=0$ 时，即在某些特殊情况下，矩阵 $\boldsymbol{P}\boldsymbol{B}\boldsymbol{R}^{-1}\boldsymbol{B}^{\mathrm{T}}\boldsymbol{P}$ 的奇异值为零，如 $\boldsymbol{u}_i$ 的维数小于 $\boldsymbol{x}_i$ 的维数。在这种情况下，$\boldsymbol{Q}(\boldsymbol{x})$ 的半正定性可由以下两个条件满足：

$$\sigma_{\min}(\boldsymbol{Q})\geqslant\sigma_{\max}\left(\bar{\boldsymbol{Q}}(\boldsymbol{x})\right) \tag{8-65}$$

$$\begin{aligned}&\sigma_{\min}(\boldsymbol{Q})+0.5\sigma_{p\min}\left((\boldsymbol{\Psi}\mathcal{L}_1+\mathcal{L}_1^{\mathrm{T}}\boldsymbol{\Psi})\otimes c\boldsymbol{P}\boldsymbol{B}\boldsymbol{R}^{-1}\boldsymbol{B}^{\mathrm{T}}\boldsymbol{P}\right)\\&\geqslant\sigma_{\max}(\bar{\boldsymbol{Q}}(\boldsymbol{x}))+\sigma_{\max}(\boldsymbol{P}\boldsymbol{B}\boldsymbol{R}^{-1}\boldsymbol{B}^{\mathrm{T}}\boldsymbol{P})\end{aligned} \tag{8-66}$$

基于不等式（8-62），式（8-65）成立的充要条件为

$$\alpha^2+\alpha^{-2}\sigma_{\max}^2(\boldsymbol{P})\gamma^2\leqslant\sigma_{\min}(\boldsymbol{Q}) \tag{8-67}$$

等价于

$$\alpha^4-\sigma_{\min}(\boldsymbol{Q})\alpha^2+\sigma_{\max}^2(\boldsymbol{P})\gamma^2\leqslant 0 \tag{8-68}$$

其中，α^2 值满足以下范围：

$$\alpha^2\in\left[\underline{a},\bar{a}\right] \tag{8-69}$$

其中，

$$\underline{a}=0.5\left(\sigma_{\min}(\boldsymbol{Q})-\sqrt{\sigma_{\min}^2(\boldsymbol{Q})-4\sigma_{\max}^2(\boldsymbol{P})\gamma^2}\right)$$

$$\bar{a}=0.5\left(\sigma_{\min}(\boldsymbol{Q})+\sqrt{\sigma_{\min}^2(\boldsymbol{Q})-4\sigma_{\max}^2(\boldsymbol{P})\gamma^2}\right)$$

且 Lipschitz 常数的上界为

$$\gamma\leqslant\sigma_{\min}(\boldsymbol{Q})/(2\sigma_{\max}(\boldsymbol{P})) \tag{8-70}$$

基于式（8-62）中的 $\sigma_{\max}\left(\bar{\boldsymbol{Q}}(\boldsymbol{x})\right)$ 的上界，式（8-66）等价于

$$\begin{aligned}&\sigma_{\min}(\boldsymbol{Q})+0.5\sigma_{p\min}\left((\boldsymbol{\Psi}\mathcal{L}_1+\mathcal{L}_1^{\mathrm{T}}\boldsymbol{\Psi})\otimes c\boldsymbol{P}\boldsymbol{B}\boldsymbol{R}^{-1}\boldsymbol{B}^{\mathrm{T}}\boldsymbol{P}\right)\\&\geqslant\alpha^2+\alpha^{-2}\sigma_{\max}{}^2(\boldsymbol{P})\gamma^2+\sigma_{\max}(\boldsymbol{P}\boldsymbol{B}\boldsymbol{R}^{-1}\boldsymbol{B}^{\mathrm{T}}\boldsymbol{P})\end{aligned} \tag{8-71}$$

结合式（8-69）中给出的 α^2 值的范围，式（8-67）成立的充要条件为

$$\begin{aligned}&\sigma_{\min}(\boldsymbol{Q})+0.5\sigma_{p\min}\left((\boldsymbol{\Psi}\mathcal{L}_1+\mathcal{L}_1^{\mathrm{T}}\boldsymbol{\Psi})\otimes c\boldsymbol{P}\boldsymbol{B}\boldsymbol{R}^{-1}\boldsymbol{B}^{\mathrm{T}}\boldsymbol{P}\right)\\&\geqslant\bar{a}+\underline{a}^{-1}\sigma_{\max}{}^2(\boldsymbol{P})\gamma^2+\sigma_{\max}(\boldsymbol{P}\boldsymbol{B}\boldsymbol{R}^{-1}\boldsymbol{B}^{\mathrm{T}}\boldsymbol{P})\end{aligned} \tag{8-72}$$

因此，式（8-66）中的条件可以通过 c 的如下下界来保证：

$$c\geqslant\max\left\{\frac{\bar{a}+\underline{a}^{-1}\sigma_{\max^2}(\boldsymbol{P})\gamma^2+\beta}{0.5\sigma_{p\min}\left((\boldsymbol{\Psi}\mathcal{L}_1+\mathcal{L}_1^{\mathrm{T}}\boldsymbol{\Psi})\otimes\boldsymbol{P}\boldsymbol{B}\boldsymbol{R}^{-1}\boldsymbol{B}^{\mathrm{T}}\boldsymbol{P}\right)},0^+\right\} \tag{8-73}$$

因此，对于 $\det\{\boldsymbol{B}\boldsymbol{R}^{-1}\boldsymbol{B}^{\mathrm{T}}\}=0$ 的情况，若 Lipschitz 常数满足不等式（8-70）中的上界，且加权参数 c 满足不等式（8-73）中的下界，则 $\boldsymbol{Q}(\boldsymbol{x})$ 的半正定性能够满足。

注 8.7：值得指出的是，若 $(\boldsymbol{A},\boldsymbol{B})$ 是可稳定的，且 $(\boldsymbol{A},\sqrt{\boldsymbol{Q}})$ 是可观测的，则 ARE[式（8-41）]具有唯一的正定解[171]。

注 8.8：基于定理 8.2，$\boldsymbol{\psi}_i$ 可通过式（8-37）进行设计。为了增强所设计协议对通信拓扑变化的鲁棒性，$\boldsymbol{\psi}_i$ 可通过求解如下多个线性矩阵不等式（LMI）来确定。

$$\boldsymbol{\Psi}\mathcal{L}_{1(a)}+\mathcal{L}_{1(a)}^{\mathrm{T}}\boldsymbol{\Psi}>0,\ \ a=1,2,\cdots,m \tag{8-74}$$

其中，m 表示自主体之间可能的通信拓扑总数。$\mathcal{L}_{1(a)}$ 的定义与 $\mathcal{L}_1$ 相同。

注 8.9：注意到式（8-40）中加权参数 c 和 $\boldsymbol{\psi}_i$ 的设计需要通信拓扑的全局信息。因此，协议的实现是分布式的，但其设计是集中式的。接下来将提出一类控制协议，其实现和设计都是分布式的，即协议具有全分布式的优势。

2. 全分布式最优控制协议

本节旨在提出一种全分布式的最优协议，即协议的实现是分布式的，且控制参数可以在不知道通信拓扑全局信息的情况下进行设计。

设计如下全分布式控制协议：

$$\boldsymbol{u}_{di}^* = \left(\sum_{j=0}^{N} a_{ij}\right)^{-1} \left(\sum_{j=1}^{N} a_{ij}\boldsymbol{u}_{dj}^* - \boldsymbol{K}\sum_{j=0}^{N} a_{ij}(\boldsymbol{x}_i - \boldsymbol{x}_j)\right),\ i = 1,2,\cdots,N \tag{8-75}$$

定理 8.3：设加权矩阵 $\boldsymbol{Q} = \boldsymbol{Q}^{\mathrm{T}} \geqslant 0$，$\boldsymbol{R} = \boldsymbol{R}^{\mathrm{T}} > 0$，ARE[式（8-41）]存在唯一正定解 $\boldsymbol{P}$。那么，控制协议（8-75）能够保证系统（8-39）的稳定性，同时实现如下全局能耗指标的最优化。

$$J_{\mathrm{d}} = \int_0^{\infty} 0.5\left(\boldsymbol{\varepsilon}^{\mathrm{T}}\mathcal{Q}_{\mathrm{d}}(\boldsymbol{x})\boldsymbol{\varepsilon} + \boldsymbol{U}^{\mathrm{T}}\mathcal{R}_{\mathrm{d}}\boldsymbol{U}\right)\mathrm{d}t \tag{8-76}$$

其中，加权矩阵化 $\mathcal{R}_{\mathrm{d}} = \boldsymbol{I}_N \otimes \boldsymbol{R}$；$\mathcal{Q}_{\mathrm{d}}(x) = \boldsymbol{I}_N \otimes \boldsymbol{Q} - \overline{\mathcal{Q}}(\boldsymbol{x})$。此外，控制增益矩阵 $\boldsymbol{K} = \boldsymbol{R}^{-1}\boldsymbol{B}^{\mathrm{T}}\boldsymbol{P}$。

证明：1）最优化证明

令 $\boldsymbol{U}_{\mathrm{d}}^* = [(\boldsymbol{u}_{\mathrm{d}1}^*)^{\mathrm{T}}, (\boldsymbol{u}_{\mathrm{d}2}^*)^{\mathrm{T}}, \cdots, (\boldsymbol{u}_{\mathrm{d}N}^*)^{\mathrm{T}}]^{\mathrm{T}}$，$\mathcal{D}_{\mathrm{d}} = \mathrm{diag}\left(\sum_{j=0}^{N} a_{1j}, \sum_{j=0}^{N} a_{2j}, \cdots, \sum_{j=0}^{N} a_{Nj}\right)$，$\mathcal{A}_{\mathrm{d}}$ 为通信拓扑的邻接矩阵，即 $\mathcal{A}_{\mathrm{d}} = [a_{ij}]_{N\times N}$（$i,j \in \{1,2,\cdots,N\}$）。控制协议（8-75）的全局形式可表示为

$$\boldsymbol{U}_{\mathrm{d}}^* = (\mathcal{D}_{\mathrm{d}}^{-1} \otimes \boldsymbol{I}_{\mathrm{q}})\ ((\mathcal{A}_{\mathrm{d}} \otimes \boldsymbol{I}_{\mathrm{q}})\boldsymbol{U}_{\mathrm{d}}^* - (\mathcal{L}_1 \otimes \boldsymbol{K})\boldsymbol{\varepsilon})$$

这表明

$$\begin{aligned}
\boldsymbol{U}_{d}^* &= -(\boldsymbol{I}_{N\mathrm{q}} - \mathcal{D}_{\mathrm{d}}^{-1}\mathcal{A}_{\mathrm{d}} \otimes \boldsymbol{I}_{\mathrm{q}})^{-1}(\mathcal{D}_{\mathrm{d}}^{-1} \otimes \boldsymbol{I}_{\mathrm{q}})(\mathcal{L}_1 \otimes \boldsymbol{K})\boldsymbol{\varepsilon} \\
&= -\left((\mathcal{D}_{\mathrm{d}} - \mathcal{A}_{\mathrm{d}}) \otimes \boldsymbol{I}_{\mathrm{q}}\right)^{-1}(\mathcal{L}_1 \otimes \boldsymbol{K})\boldsymbol{\varepsilon} \\
&= -(\mathcal{L}_1^{-1} \otimes \boldsymbol{I}_{\mathrm{q}})(\mathcal{L}_1 \otimes \boldsymbol{K})\boldsymbol{\varepsilon} \\
&= -(\boldsymbol{I}_N \otimes \boldsymbol{K})\boldsymbol{\varepsilon}
\end{aligned} \tag{8-77}$$

设 $\phi_{\mathrm{d}}(\boldsymbol{\varepsilon},\boldsymbol{U}) = 0.5(\boldsymbol{U} + (\boldsymbol{I}_N \otimes \boldsymbol{K})\boldsymbol{\varepsilon})^{\mathrm{T}}\mathcal{R}_{\mathrm{d}}(\boldsymbol{U} + (\boldsymbol{I}_N \otimes \boldsymbol{K})\boldsymbol{\varepsilon})$，由于加权矩阵满足 $\mathcal{R}_{\mathrm{d}} = \boldsymbol{I}_N \otimes \boldsymbol{R}$，易得 $\phi_{\mathrm{d}}(\boldsymbol{\varepsilon},\boldsymbol{U}) \geqslant 0$，且当 $\boldsymbol{U} = -(\boldsymbol{I}_N \otimes \boldsymbol{K})\boldsymbol{\varepsilon}$ 时，等号成立。此外，从式（8-77）可以看出 $-(\boldsymbol{I}_N \otimes \boldsymbol{K})\boldsymbol{\varepsilon}$ 是式（8-75）中提出的协议的全局形式。因此，当且仅当控制协议设计为式（8-75）时，有 $\phi_{\mathrm{d}}(\boldsymbol{\varepsilon},\boldsymbol{U}) \geqslant 0$，且 $\phi_{\mathrm{d}}(\boldsymbol{\varepsilon},\boldsymbol{U}_{\mathrm{d}}^*) = 0$ 成立。与定理 8.2 中的最优化证明过程类似，有

$$\phi_{\mathrm{d}}(\boldsymbol{\varepsilon},\boldsymbol{U}) = 0.5\boldsymbol{U}^{\mathrm{T}}\mathcal{R}_{\mathrm{d}}\boldsymbol{U} + 0.5\boldsymbol{\varepsilon}^{\mathrm{T}}\mathcal{Q}_{\mathrm{d}}(\boldsymbol{x})\boldsymbol{\varepsilon} + \dot{V} \tag{8-78}$$

则

$$J_{\mathrm{d}} = \int_0^{\infty} \phi_{\mathrm{d}}(\boldsymbol{\varepsilon}, \boldsymbol{U})\mathrm{d}t - \int_0^{\infty} \dot{V}\mathrm{d}t \geqslant -\int_0^{\infty} \dot{V}\mathrm{d}t \tag{8-79}$$

将控制协议（8-75）代入式（8-79）中可得最优能耗指标为 $J_{\mathrm{d}}^* = -\int_0^{\infty} \dot{V}\mathrm{d}t$ 。

2）稳定性证明

基于控制协议（8-75），李雅普诺夫函数对时间的导数为

$$\begin{aligned} \dot{V} &= -0.5\boldsymbol{\varepsilon}^{\mathrm{T}}(\boldsymbol{I}_N \otimes \boldsymbol{K}^{\mathrm{T}})(\boldsymbol{I}_N \otimes \boldsymbol{R})(\boldsymbol{I}_N \otimes \boldsymbol{K})\boldsymbol{\varepsilon} - 0.5\boldsymbol{\varepsilon}^{\mathrm{T}}\boldsymbol{\mathcal{Q}}_{\mathrm{d}}(\boldsymbol{x})\boldsymbol{\varepsilon} \\ &= -0.5\boldsymbol{\varepsilon}^{\mathrm{T}}(\boldsymbol{I}_N \otimes \boldsymbol{PBR}^{-1}\boldsymbol{B}^{\mathrm{T}}\boldsymbol{P} + \boldsymbol{\mathcal{Q}}_{\mathrm{d}}(\boldsymbol{x}))\boldsymbol{\varepsilon} \end{aligned} \tag{8-80}$$

由于 $\boldsymbol{R} > 0$ 且 $\boldsymbol{\mathcal{Q}}_{\mathrm{d}}(\boldsymbol{x}) \geqslant 0$ 成立，可得系统（8-39）是渐近稳定的。此外，$\boldsymbol{\mathcal{Q}}_{\mathrm{d}}(\boldsymbol{x}) \geqslant 0$ 可通过注 8.6 中的条件（8-70）来保证。

注 8.10：注意到协议（8-75）不包含依赖于通信拓扑全局信息的加权参数 c 和 $\boldsymbol{\psi}_i$ ，并且通过求解 ARE［式（8-41）］可获得控制增益矩阵 $\boldsymbol{K}$，这表明 $\boldsymbol{K}$ 的设计仅依赖于自主体的动力学而不需要通信拓扑的信息。因此，控制协议（8-75）具有全分布式的优势。此外，控制协议（8-75）的全局形式为 $\boldsymbol{U}_{\mathrm{d}}^* = -(\boldsymbol{I}_N \otimes \boldsymbol{K})\boldsymbol{\varepsilon}$ ，这意味着当假设 8.2 成立时，控制协议（8-75）与协议 $-\boldsymbol{K}\boldsymbol{\varepsilon}_i$ 具有相同的性能表现。注意到上述全局形式的协议并不意味着存在能够从领航自主体 v_0 传输到所有其他自主体 $v_i(i=1,2,\cdots,N)$ 的直接路径，因此仍然需要满足假设 8.2。若不能满足假设 8.2，则矩阵 $\boldsymbol{\mathcal{L}}_1$ 将是奇异的，这表明 $\boldsymbol{\mathcal{L}}_1^{-1}$ 根本不存在，这种情况下协议 $\boldsymbol{u}_{\mathrm{d}i}^*$ 的全局形式不能使用 $\boldsymbol{U}_{\mathrm{d}}^* = -(\boldsymbol{I}_N \otimes \boldsymbol{K})\boldsymbol{\varepsilon}$ 来表示。

注 8.11：值得一提的是，由于需要邻居的控制输入信息，控制协议（8-75）存在循环问题。为了解决上述问题，通过令其初始状态为零，即 $\boldsymbol{u}_{\mathrm{d}i}^*(0) = 0$ ，从下一时刻开始，根据式（8-75）进行迭代计算，即

$$\boldsymbol{u}_{\mathrm{d}i}^*(t_1) = \left(\sum_{j=0}^{N} a_{ij}\right)^{-1}\left(\sum_{j=0}^{N} a_{ij}\boldsymbol{u}_{\mathrm{d}j}^*(t_1 - t_{\mathrm{s}}) - \boldsymbol{K}\sum_{j=0}^{N} a_{ij}\left(\boldsymbol{x}_i(t_1) - \boldsymbol{x}_j(t_1)\right)\right)$$

其中，t_{s} 表示步长大小，且 $t_1 \geqslant t_{\mathrm{s}}$ 。

8.2.2　有向通信拓扑下 Lipschitz 型非线性多自主体系统仿真算例

本节提供了相应的仿真算例以验证理论结果的有效性。图 8-6 展示了由 1 个领航者和 7 个跟随者组成的多自主体系统的通信拓扑。

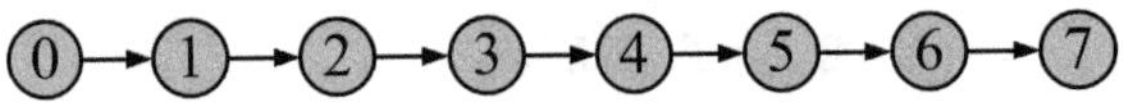

图 8-6　8 个多自主体系统的通信拓扑

1. 算例 1

文献[205]中单个自主体动力学方程如下：

$$\dot{\boldsymbol{x}}_i = \begin{bmatrix} 1 & -2 \\ 1 & 0 \end{bmatrix}\boldsymbol{x}_i + f(\boldsymbol{x}_i) + \begin{bmatrix} 1 & 0 \\ 1 & -1 \end{bmatrix}\boldsymbol{u}_i$$

其中，非线性函数为 $f(\boldsymbol{x}_i) = [0, 0.33\sin(\boldsymbol{x}_{i2})]^{\mathrm{T}}$ ，Lipschitz 常数 $\gamma = 0.33$ 。加权矩阵选择为 $\boldsymbol{R} = \boldsymbol{I}_2$， $\boldsymbol{Q} = 1\times 10^4 \boldsymbol{I}_2$ ，则矩阵 $\boldsymbol{P}$ 和控制增益矩阵 $\boldsymbol{K}$ 可以通过定理 8.2 求解。此外，参数 $\boldsymbol{\psi}_i(i=1,2,\cdots,7)$ 通过注 8.8 来设计，并考虑了具有以下邻接矩阵的两个附加拓扑图：

① $a_{30}=a_{50}=a_{12}=a_{23}=a_{43}=a_{24}=a_{65}=a_{76}=1$，其余 $a_{ij}=0$（$i,j\in\{0,1,2,\cdots,N\}$）；② $a_{20}=a_{60}=a_{12}=a_{32}=a_{43}=a_{45}=a_{76}=a_{57}=1$，其余 $a_{ij}=0$（$i,j\in\{0,1,2,\cdots,N\}$）。对于图 8-6 和附加拓扑图，通过求解式（8-74）中的 LMI，得到 $\psi_1=0.47$，$\psi_2=0.33$，$\psi_3=0.47$，$\psi_4=0.31$，$\psi_5=0.47$，$\psi_6=0.47$，$\psi_7=0.42$。设 $\alpha=15$，则有

$$\frac{\alpha^2+\alpha^{-2}\sigma_{\max}{}^2(\boldsymbol{P})\gamma^2+\beta}{0.5\sigma_{\min}\left((\boldsymbol{\Psi}\mathcal{L}_1+\mathcal{L}_1^{\mathrm{T}}\boldsymbol{\Psi})\otimes\boldsymbol{PBR}^{-1}\boldsymbol{B}^{\mathrm{T}}\boldsymbol{P}\right)}=9.76$$

根据式（8-43）中的条件，选择加权参数为 $c=10$。各自主体的初始条件给定为 $\boldsymbol{x}_0(0)=[1,-1]^{\mathrm{T}}$，$\boldsymbol{x}_1(0)=[1,1]^{\mathrm{T}}$，$\boldsymbol{x}_2(0)=[2,1]^{\mathrm{T}}$，$\boldsymbol{x}_3(0)=[3,1]^{\mathrm{T}}$，$\boldsymbol{x}_4(0)=[4,1]^{\mathrm{T}}$，$\boldsymbol{x}_5(0)=[5,1]^{\mathrm{T}}$，$\boldsymbol{x}_6(0)=[6,1]^{\mathrm{T}}$，$\boldsymbol{x}_7(0)=[7,1]^{\mathrm{T}}$。在控制协议（8-40）的作用下，系统的状态演化轨迹如图 8-7 所示。

图 8-7 展示了所提出的控制协议（8-40）可以有效地实现系统的领航-跟随一致性行为，并且跟踪误差在 0.1s 内几乎收敛为零。此外，全局能耗指标函数 J 的演化轨迹如图 8-8 所示，可以看出 J 最终收敛到值 17622.7。此外，全局最优能耗指标 J^* 的理论值可以通过式（8-64）计算如下：

$$J^*=\boldsymbol{V}(0)=0.5\boldsymbol{\varepsilon}^{\mathrm{T}}(0)(\boldsymbol{I}_7\otimes\boldsymbol{P})\boldsymbol{\varepsilon}(0)=17622.7$$

其中，$\boldsymbol{\varepsilon}(0)=[\boldsymbol{\varepsilon}_1^{\mathrm{T}}(0),\boldsymbol{\varepsilon}_2^{\mathrm{T}}(0),\cdots,\boldsymbol{\varepsilon}_7^{\mathrm{T}}(0)]^{\mathrm{T}}$。可以看出，全局最优能耗指标的仿真值和理论值是相同的。

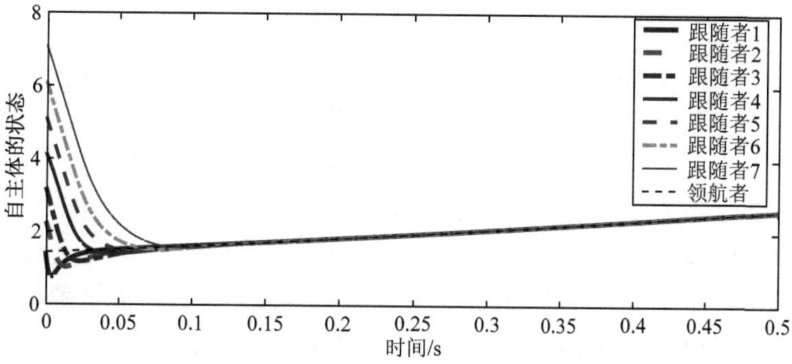

彩图 8-7

图 8-7　算例 1 中 8 个自主体的状态演化轨迹示意图

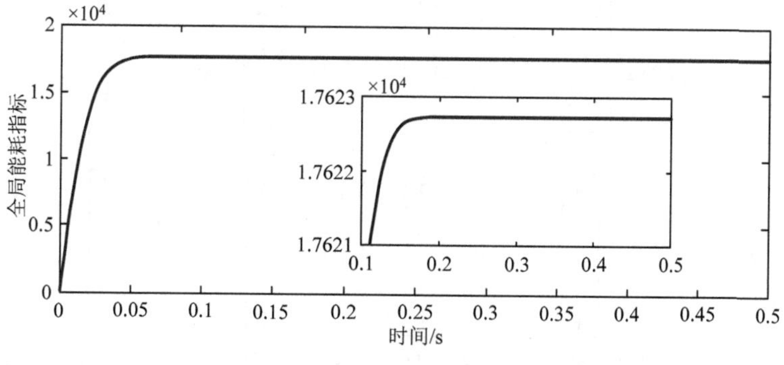

图 8-8　算例 1 中的全局能耗指标函数 J 的演化轨迹示意图

此外，为控制协议（8-51）选择了不同的控制增益矩阵 $\bar{\boldsymbol{K}}$ 值：

$$\bar{\boldsymbol{K}}_1=\begin{bmatrix}20&10\\15&-20\end{bmatrix},\ \bar{\boldsymbol{K}}_2=\begin{bmatrix}200&50\\100&-100\end{bmatrix},\ \bar{\boldsymbol{K}}_3=\begin{bmatrix}500&100\\100&-200\end{bmatrix},\ \bar{\boldsymbol{K}}_4=\begin{bmatrix}700&200\\200&-300\end{bmatrix}$$

以及 $\bar{\boldsymbol{K}}_5=c\boldsymbol{R}^{-1}\boldsymbol{B}^{\mathrm{T}}\boldsymbol{P}=c\boldsymbol{K}$。图 8-9 中展示了上述不同 $\bar{\boldsymbol{K}}$ 值下 $\phi(\boldsymbol{\varepsilon},\boldsymbol{U})$ 的演化轨迹。从图 8-9 中可以看出，$\phi(\boldsymbol{\varepsilon},\boldsymbol{U})$ 总是非负的，当且仅当 $\bar{\boldsymbol{K}}=c\boldsymbol{K}$ 时，$\phi(\boldsymbol{\varepsilon},\boldsymbol{U})=0$。

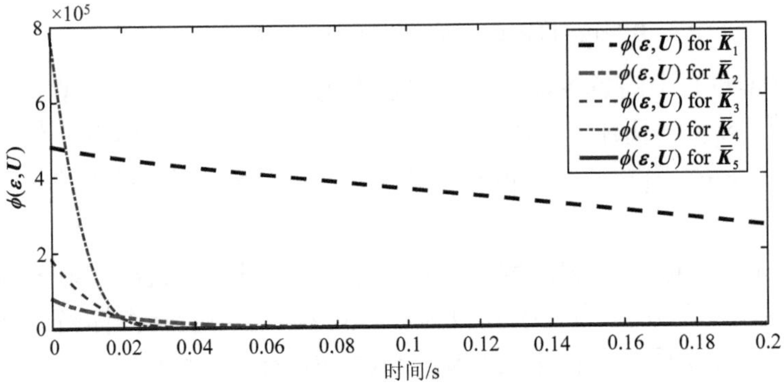

彩图 8-9

图 8-9　算例 1 中的不同 $\bar{\boldsymbol{K}}$ 值对应的 $\phi(\boldsymbol{\varepsilon},\boldsymbol{U})$ 演化轨迹示意图

2. 算例 2

考虑文献[206]中机械手系统的动力学模型，并进行相应修改如下：

$$\dot{\boldsymbol{x}}_i=\begin{bmatrix}0&1&0&0\\-48.6&-1.25&48.6&0\\0&0&0&10\\1.95&0&-1.95&0\end{bmatrix}\boldsymbol{x}_i+f(\boldsymbol{x}_i)+\begin{bmatrix}0\\21.6\\0\\0\end{bmatrix}\boldsymbol{u}_i$$

其中，非线性函数为 $f(\boldsymbol{x}_i)=[0,0,0,\gamma\sin(\boldsymbol{x}_{i3})]^{\mathrm{T}}$。各机械手之间的通信拓扑如图 8-6 所示。选择加权矩阵为 $\boldsymbol{R}=100$ 和 $\boldsymbol{Q}=\boldsymbol{I}_4$，则矩阵 $\boldsymbol{P}$ 和控制增益矩阵 $\boldsymbol{K}$ 可通过求解 ARE［式（8-41）］来获得。基于定理 8.3，使用控制协议（8-75）中的前提是满足条件（8-70），由于 $\sigma_{\min}(\boldsymbol{Q})/2\sigma_{\max}(\boldsymbol{P})=0.0104$，则 Lipschitz 常数可以通过式（8-70）选择为 $\gamma=0.01$。8 个自主体的初始条件为

$$\boldsymbol{x}_0(0)=\begin{bmatrix}0.5\\0.5\\0.5\\0.5\end{bmatrix},\ \boldsymbol{x}_1(0)=\begin{bmatrix}1\\1\\1\\1\end{bmatrix},\ \boldsymbol{x}_2(0)=\begin{bmatrix}2\\1\\1\\1\end{bmatrix},\ \boldsymbol{x}_3(0)=\begin{bmatrix}3\\1\\1\\1\end{bmatrix},$$

$$\boldsymbol{x}_4(0)=\begin{bmatrix}4\\1\\1\\1\end{bmatrix},\ \boldsymbol{x}_5(0)=\begin{bmatrix}5\\1\\1\\1\end{bmatrix},\ \boldsymbol{x}_6(0)=\begin{bmatrix}6\\1\\1\\1\end{bmatrix},\ \boldsymbol{x}_7(0)=\begin{bmatrix}7\\1\\1\\1\end{bmatrix}$$

图 8-10 和图 8-11 分别展示了在控制协议（8-75）作用下，8 个自主体的状态范数演化轨迹和全局能耗指标函数 J_{d} 的演化轨迹。从图 8-10 中可以看出，系统的一致性行为可以在大约 5s 内达成。图 8-11 表明，全局能耗指标 J_{d} 的最终值为 4610.9，这与理论最

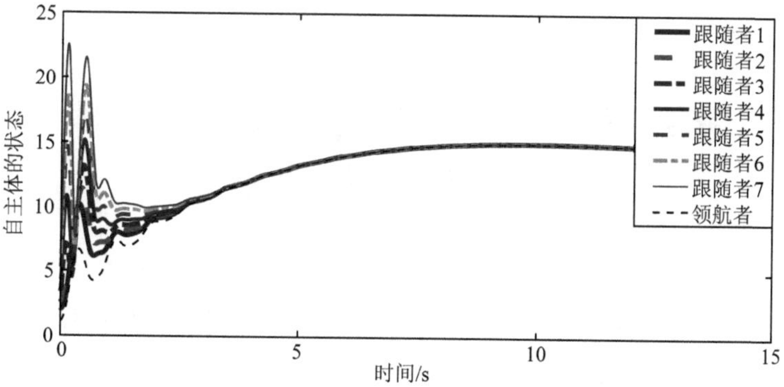

彩图 8-10

图 8-10　算例 2 中 8 个自主体的状态演化轨迹示意图

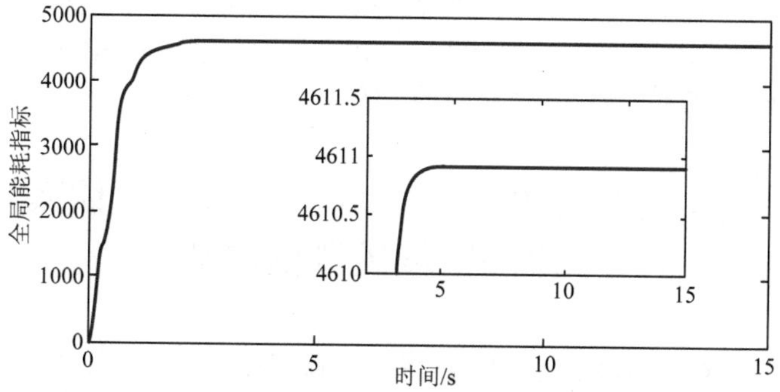

图 8-11　算例 2 中的全局能耗指标函数 J_{d} 的演化轨迹示意图

优值 J_{d}^{*} 几乎相同。由于使用了注 8.11 中给出的初始化算法，全局最优能耗指标的理论值和仿真值之间存在微小误差。

本 章 小 结

本章首先利用最优化方法研究了具有无向通信拓扑的高阶积分型动力学的单侧 Lipschitz 非线性多自主体系统的一致性优化控制问题。在提出基于 Lipschitz 非线性函数的全局能耗指标函数的基础上，设计分布式一致性优化协议，通过求解标准 ARE 来实现全局能耗指标函数的最优化。其次研究了一般有向通信拓扑下 Lipschitz 非线性多自主体系统的协同跟踪优化控制问题，开发了依赖于 Lipschitz 非线性的全局能耗指标加权矩阵，分别设计了两种基于 LQR 的一致性优化控制协议，并证明所设计的协议能够保证全局能耗指标函数的最优化。最后通过相关仿真算例验证了所提出控制方法的有效性。

第 9 章　非线性多自主体系统鲁棒分布式优化控制

第 8 章主要研究了理想状态下非线性系统的分布式优化控制问题，并没有考虑外部环境和自主体自身传感器建模不精确所带来的不确定扰动。此外，实际机器人系统自身的属性会导致控制系统的执行机构中存在不可避免的时延，而时延问题如果处理不当，则会导致控制系统性能降低。因此，本章针对含有不确定扰动分量和输入时延的非线性多自主体系统，分别提出了基于滑模控制（sliding mode control，SMC）的鲁棒协同优化算法和具有输入时延的刚性体网络姿态跟踪 H_∞ 优化控制算法。

9.1　有向通信拓扑下高阶非线性多自主体系统的鲁棒协同最优滑模控制

令矩阵 $\mathcal{L}_b = \mathcal{L} + \mathrm{diag}\{b_1, b_2, \cdots, b_N\}$，若第 i 个自主体系统可以通过控制协议自身保持稳定而不需要接收其他自主体的信息，则 $b_i = 1$，否则为 0。

假设 9.1：系统的通信拓扑为包含一个有向生成树的有向图 $\mathcal{G}$，其中，至少一个自主体具有非零稳定保持增益 b_i，则该自主体是生成树的根节点。

引理 9.1[164]：若假设 9.1 成立，则 $\mathcal{L}_b$ 是非奇异的。

考虑如下一组非线性系统：

$$\dot{\boldsymbol{x}}_i = f(\boldsymbol{x}_i) + \Delta f_i(\boldsymbol{x}_i) + \boldsymbol{B}(\boldsymbol{u}_i + \boldsymbol{w}_i),\ \ i = 1, 2, \cdots, N \tag{9-1}$$

其中，$\boldsymbol{x}_i = [x_{i1}, x_{i2}, \cdots, x_{ip}]^{\mathrm{T}} \in \Re^p$ 代表状态变量；$\boldsymbol{u}_i \in \Re^q$ 和 $\boldsymbol{w}_i \in \Re^q$ 分别代表控制输入和外部扰动分量；$f(\boldsymbol{x}_i)$ 是已知的系统矩阵；$\Delta f_i(\boldsymbol{x}_i)$ 表示异构不确定参数；$\boldsymbol{B}$ 代表控制矩阵。此外，假设不确定度可以表示为 $\Delta f_i(\boldsymbol{x}_i) = \Delta A_i(\boldsymbol{x}_i)\boldsymbol{x}_i$。本节的目标是设计一个鲁棒协同最优控制协议，同时保证系统（9-1）的渐近稳定性和全局能耗指标函数的鲁棒最优化。

假设 9.2：存在正常数 $\hat{w}$ 和 $\overline{w}$，使得外部扰动分量 $\boldsymbol{w}_i$ 满足 $\|\boldsymbol{w}_i\| \leqslant \hat{w}$ 和 $\|\dot{\boldsymbol{w}}_i\| \leqslant \overline{w}$ 成立。

9.1.1　主要结果

SMC 协议的基本设计步骤可概括如下：①设计合适的滑模面并解算出滑模面上的等效控制系统；②设计合适的 SMC 协议确保系统在有限时间内到达滑模面；③设计鲁棒优化标称控制协议，保证滑模面上等效系统的稳定性。

本节首先提出一类积分滑模面，并设计了基于超扭曲控制（super-twisting control，STC）协议的 SMC 协议，以确保系统在有限时间内到达滑模面。进一步地，设计能够同时实现滑模面上等效控制系统的稳定性和特定成本函数的鲁棒优化性的标称控制协议。

1. 滑模面设计

第 i 个自主体的积分滑模面设计为

$$\boldsymbol{s}_i = \boldsymbol{\mathcal{X}}(\boldsymbol{x}_i - \boldsymbol{x}_i(0)) - \boldsymbol{\mathcal{X}}\int_0^t \left(f(\boldsymbol{x}_i) + \boldsymbol{B}\boldsymbol{u}_{in}\right)\mathrm{d}\tau \tag{9-2}$$

其中，$\boldsymbol{\mathcal{X}}$ 是满足 $\boldsymbol{\mathcal{X}B}$ 可逆的常数矩阵；$\boldsymbol{x}_i(0)$ 表示状态变量的初始值；$\boldsymbol{u}_{in}$ 表示待设计的鲁棒优化标称控制协议。

令滑模面对时间的导数为 $\dot{\boldsymbol{s}}_i$，然后将系统（9-1）中的系统模型代入 $\dot{\boldsymbol{s}}_i$ 有

$$\begin{aligned}\dot{\boldsymbol{s}}_i &= \boldsymbol{\mathcal{X}}\dot{\boldsymbol{x}}_i - \boldsymbol{\mathcal{X}}(f(\boldsymbol{x}_i) + \boldsymbol{B}\boldsymbol{u}_{in}) \\ &= \boldsymbol{\mathcal{X}B}(\boldsymbol{u}_i + \boldsymbol{w}_i - \boldsymbol{u}_{in}) + \boldsymbol{\mathcal{X}}\Delta\boldsymbol{A}_i(\boldsymbol{x}_i)\boldsymbol{x}_i\end{aligned} \tag{9-3}$$

若系统保持在滑模面上，即 $\boldsymbol{s}_i = \dot{\boldsymbol{s}}_i = 0$，则可通过求解方程 $\dot{\boldsymbol{s}}_i = 0$ 获得如下等效控制输入：

$$\boldsymbol{u}_{ieq} = \boldsymbol{u}_{in} - \boldsymbol{w}_i - (\boldsymbol{\mathcal{X}B})^{-1}\boldsymbol{\mathcal{X}}\Delta\boldsymbol{A}_i(\boldsymbol{x}_i)\boldsymbol{x}_i \tag{9-4}$$

将 $\boldsymbol{u}_{ieq}$ 看作系统（9-1）的等效控制输入，则有

$$\begin{aligned}\dot{\boldsymbol{x}}_i &= f(\boldsymbol{x}_i) + \Delta\boldsymbol{A}_i(\boldsymbol{x}_i)\boldsymbol{x}_i + \boldsymbol{B}(\boldsymbol{u}_{ieq} + \boldsymbol{w}_i) \\ &= (\boldsymbol{A}(\boldsymbol{x}_i) + \boldsymbol{H}\Delta\boldsymbol{A}_i(\boldsymbol{x}_i))\boldsymbol{x}_i + \boldsymbol{B}\boldsymbol{u}_{in}\end{aligned} \tag{9-5}$$

其中，$\boldsymbol{H} = \boldsymbol{I}_p - \boldsymbol{B}(\boldsymbol{\mathcal{X}B})^{-1}\boldsymbol{\mathcal{X}}$，$f(\boldsymbol{x}_i)$ 表示为 $\boldsymbol{A}(\boldsymbol{x}_i)\boldsymbol{x}_i$。因此，当 $\boldsymbol{s}_i = \dot{\boldsymbol{s}}_i = 0$ 时，原始系统（9-1）可视为式（9-5）中的等效系统。

2. 连续 SMC 协议设计

本节的主要目标是将 STC 协议扩展到具有多个输入和建模不确定性的高阶非线性多自主体系统。受文献[207]的启发，设计如下连续 SMC 协议：

$$\begin{cases}\boldsymbol{u}_i = \boldsymbol{u}_{in} + \boldsymbol{u}_{is} \\ \boldsymbol{u}_{is} = -k_1\mathrm{sig}^{1/2}(\boldsymbol{s}_i) - k_2\int_0^t \mathrm{sgn}(\boldsymbol{s}_i)\mathrm{d}\tau\end{cases} \tag{9-6}$$

其中，$\mathrm{sgn}(\boldsymbol{s}_i) = [\mathrm{sgn}(\boldsymbol{s}_{i1}), \mathrm{sgn}(\boldsymbol{s}_{i2}), \cdots, \mathrm{sgn}(\boldsymbol{s}_{iq})]^{\mathrm{T}}$；$\mathrm{sig}^{1/2}(\boldsymbol{s}_i) = [\mathrm{sig}^{1/2}(\boldsymbol{s}_{i1}), \mathrm{sig}^{1/2}(\boldsymbol{s}_{i2}), \cdots, \mathrm{sig}^{1/2}(\boldsymbol{s}_{iq})]^{\mathrm{T}}$；$k_1$ 和 k_2 为待设计的控制增益参数；$\boldsymbol{s}_i = [s_{i1}, s_{i2}, \cdots, s_{iq}]^{\mathrm{T}}$。将控制协议 $\boldsymbol{u}_i$ 代入 $\dot{\boldsymbol{s}}_i$，可得

$$\dot{\boldsymbol{s}}_i = \boldsymbol{\mathcal{X}B}(\boldsymbol{u}_{is} + \boldsymbol{d}_i) \tag{9-7}$$

其中，$\boldsymbol{d}_i = \boldsymbol{w}_i + (\boldsymbol{\mathcal{X}B})^{-1}\boldsymbol{\mathcal{X}}\Delta\boldsymbol{A}_i(\boldsymbol{x}_i)\boldsymbol{x}_i$。值得指出的是，由于假设 9.2 成立，因此 $\boldsymbol{d}_i$ 是有界的，即 $\|\dot{\boldsymbol{d}}_i\| < \infty$（详见注 9.2）。此外，定义 $\boldsymbol{\mathcal{X}B} = k\boldsymbol{I}_q$，其中，$k$ 为正常数，则式（9-7）等价于 $\dot{\boldsymbol{s}}_i = k(\boldsymbol{u}_{is} + \boldsymbol{d}_i)$，其中，$\boldsymbol{d}_i = [d_{i1}, d_{i2}, \cdots, d_{iq}]^{\mathrm{T}}$。

引理 9.2[173]：对于分块矩阵 $\boldsymbol{\mathcal{Z}} = [\mathcal{Z}_{11}\mathcal{Z}_{12}; \mathcal{Z}_{21}\mathcal{Z}_{22}]$，其中，$\det\mathcal{Z}_{22} \neq 0$，$\boldsymbol{\mathcal{Z}}$ 的行列式可以写成 $\det\boldsymbol{\mathcal{Z}} = \det\mathcal{Z}_{22}\det(\mathcal{Z}_{11} - \mathcal{Z}_{12}\mathcal{Z}_{22}^{-1}\mathcal{Z}_{21})$。

引理 9.3[197]：对于正定可微函数 $V(\boldsymbol{x})$，其中，$\boldsymbol{x}$ 是系统状态，如果存在实数 $a>0$ 和 $0<b<1$，使得 $\dot{V} \leqslant -aV^b$ 成立，则系统在有限时间内是稳定的。

接下来的结果表明，SMC 协议［式（9-6）］能够保证 $\boldsymbol{s}_i = 0$ 在有限时间内实现。

定理 9.1：若假设 9.2 成立，控制增益参数选择为 $k_1 > 0$ 和 $k_2 > \|\dot{\boldsymbol{d}}_i\|$，则 SMC 协议［式（9-6）］能够保证 $\boldsymbol{s}_i = 0$ 在有限时间内实现。

证明：设 $\boldsymbol{v}_i=-k_2\int_0^t \operatorname{sgn}(\boldsymbol{s}_i)\mathrm{d}\tau+\boldsymbol{d}_i$，则有

$$\begin{cases}\dot{\boldsymbol{s}}_i=-kk_1\operatorname{sig}^{1/2}(\boldsymbol{s}_i)+k\boldsymbol{v}_i\\ \dot{\boldsymbol{v}}_i=-k_2\operatorname{sgn}(\boldsymbol{s}_i)+\dot{\boldsymbol{d}}_i\end{cases}\tag{9-8}$$

受文献[207]的启发，定义 $\boldsymbol{h}_i=[\operatorname{sig}^{1/2}(\boldsymbol{s}_i)^{\mathrm{T}},\boldsymbol{v}_i^{\mathrm{T}}]^{\mathrm{T}}$，并取 $\boldsymbol{h}_i$ 对时间的导数为

$$\dot{\boldsymbol{h}}_i=\boldsymbol{\varLambda}_i\begin{bmatrix}-0.5kk_1\operatorname{sig}^{1/2}(\boldsymbol{s}_i)+0.5k\boldsymbol{v}_i\\ -k_2\operatorname{sig}^{1/2}(\boldsymbol{s}_i)+\Theta_i\operatorname{sig}^{1/2}(\boldsymbol{s}_i)\end{bmatrix}\tag{9-9}$$

其中，$\boldsymbol{\varLambda}_i=\operatorname{diag}\left\{|s_{i1}|^{-1/2},|s_{i2}|^{-1/2},\cdots,|s_{iq}|^{-1/2}\right\}$；$\boldsymbol{\Theta}_i=\operatorname{diag}\left\{\dot{d}_{i1}\operatorname{sgn}(s_{i1}),\dot{d}_{i2}\operatorname{sgn}(s_{i2}),\cdots,\dot{d}_{iq}\operatorname{sgn}(s_{iq})\right\}$。此外，令 $\boldsymbol{\varXi}_i=\operatorname{diag}\left\{-k_2+\dot{d}_{i1}\operatorname{sgn}(s_{i1}),-k_2+\dot{d}_{i2}\operatorname{sgn}(s_{i2}),\cdots,-k_2+\dot{d}_{iq}\operatorname{sgn}(s_{iq})\right\}$，则式（9-9）等价于 $\dot{\boldsymbol{h}}_i=\boldsymbol{\varLambda}_i\boldsymbol{S}_i\boldsymbol{h}_i$，其中

$$\boldsymbol{S}_i=\begin{bmatrix}-0.5kk_1\boldsymbol{I}_q & 0.5k\boldsymbol{I}_q\\ \boldsymbol{\varXi}_i & \boldsymbol{O}_{q\times q}\end{bmatrix}\tag{9-10}$$

选择李雅普诺夫函数 $\boldsymbol{V}_a=\sum_{i=1}^{N}\boldsymbol{V}_{ai}$，其中，$\boldsymbol{V}_{ai}=\boldsymbol{h}_i^{\mathrm{T}}\boldsymbol{Z}_i\boldsymbol{h}_i$，$\boldsymbol{Z}_i$ 是正定矩阵，则 $\boldsymbol{V}_a$ 对时间的导数可以表示如下：

$$\dot{\boldsymbol{V}}_a=\sum_{i=1}^{N}2\boldsymbol{h}_i^{\mathrm{T}}\boldsymbol{Z}_i\dot{\boldsymbol{h}}_i=\sum_{i=1}^{N}\boldsymbol{h}_i^{\mathrm{T}}(\boldsymbol{Z}_i\boldsymbol{T}_i+\boldsymbol{T}_i^{\mathrm{T}}\boldsymbol{Z}_i)\boldsymbol{h}_i\tag{9-11}$$

其中，

$$\boldsymbol{T}_i=\begin{bmatrix}\boldsymbol{T}_{i11} & \boldsymbol{T}_{i12}\\ \boldsymbol{T}_{i21} & \boldsymbol{O}_{q\times q}\end{bmatrix}\tag{9-12}$$

其中，

$$\begin{cases}\boldsymbol{T}_{i11}=-0.5kk_1\operatorname{diag}\left\{|s_{i1}|^{-1/2},|s_{i2}|^{-1/2},\cdots,|s_{iq}|^{-1/2}\right\}\\ \boldsymbol{T}_{i12}=0.5k\operatorname{diag}\left\{|s_{i1}|^{-1/2},|s_{i2}|^{-1/2},\cdots,|s_{iq}|^{-1/2}\right\}\\ \boldsymbol{T}_{i21}=-\operatorname{diag}\left\{\eta_{i1}|s_{i1}|^{-1/2},\eta_{i1}|s_{i2}|^{-1/2},\cdots,\eta_{iq}|s_{iq}|^{-1/2}\right\}\end{cases}$$

其中，

$$\eta_{il}=k_2-\dot{d}_{il}\operatorname{sgn}(s_{il}),\ l=1,2,\cdots,q$$

由于 $k_2>\|\dot{\boldsymbol{d}}_i\|$ 成立，因此有 $\boldsymbol{\eta}_{il}>0$（$l=1,2,\cdots,q$）。

为了证明矩阵 $\boldsymbol{T}_i$ 是 Hurwitz 的，引入如下辅助矩阵：

$$\lambda_i\boldsymbol{I}_{2q}-\boldsymbol{T}_i=\begin{bmatrix}\lambda_i\boldsymbol{I}_q-\boldsymbol{T}_{i11} & -\boldsymbol{T}_{i12}\\ -\boldsymbol{T}_{i21} & \lambda_i\boldsymbol{I}_q\end{bmatrix}\tag{9-13}$$

其中，λ_i 表示待确定的 $\boldsymbol{T}_i$ 的特征值。基于引理 9.2，矩阵 $\lambda_i\boldsymbol{I}_{2q}-\boldsymbol{T}_i$ 的行列式可以写成 $\det(\lambda_i\boldsymbol{I}_{2q}-\boldsymbol{T}_i)=\det(\lambda_i\boldsymbol{I}_q)\det\boldsymbol{W}_i$，其中

$$\boldsymbol{W}_i=(\lambda_i\boldsymbol{I}_q-\boldsymbol{T}_{i11})-\boldsymbol{T}_{i12}(\lambda_i\boldsymbol{I}_q)^{-1}\boldsymbol{T}_{i21}\tag{9-14}$$

根据式（9-12）可得

$$\lambda_i\boldsymbol{I}_q-\boldsymbol{T}_{i11}=\operatorname{diag}\left\{\lambda_i+0.5kk_1\left|\boldsymbol{s}_{i1}\right|^{-1/2},\cdots,\lambda_i+0.5kk_1\left|\boldsymbol{s}_{iq}\right|^{-1/2}\right\}\tag{9-15}$$

和

$$-T_{i12}(\lambda_i I_q)^{-1}T_{i21}k = \mathrm{diag}\left\{0.5k\left|s_{i1}\right|^{-1/2}\lambda_i^{-1}\eta_{i1}\left|s_{i1}\right|^{-1/2},\cdots,0.5k\left|s_{iq}\right|^{-1/2}\lambda_i^{-1}\eta_{iq}\left|s_{iq}\right|^{-1/2}\right\} \quad (9\text{-}16)$$

因此，有

$$W_i = \mathrm{diag}\left\{\lambda_i + 0.5kk_1\left|s_{i1}\right|^{-1/2} + 0.5k\eta_{i1}\left|s_{i1}\right|^{-1}\lambda_i^{-1},\cdots,\lambda_i + 0.5kk_1\left|s_{iq}\right|^{-1/2} + 0.5k\eta_{iq}\left|s_{iq}\right|^{-1}\lambda_i^{-1}\right\} \quad (9\text{-}17)$$

这表明

$$\begin{aligned}\det(\lambda_i I_{2q} - T_i) &= \det(\lambda_i I_q)\det W_i \\ &= \prod_{l=1}^{q}\left(\lambda_i^2 + 0.5kk_1\left|s_{il}\right|^{-1/2}\lambda_i + 0.5k\eta_{il}\left|s_{il}\right|^{-1}\right)\end{aligned} \quad (9\text{-}18)$$

通过求解方程 $\det(\lambda_i I_{2q} - T_i) = 0$，可以计算矩阵 T_i 的特征值为

$$\lambda_i^* \in \left\{0.5\left(-0.5kk_1\left|s_{il}\right|^{-1/2} \pm \sqrt{\left(0.5kk_1\left|s_{il}\right|^{-1/2}\right)^2 - 0.5k\eta_{il}\left|s_{il}\right|^{-1}}\right)\right\} \quad (9\text{-}19)$$

其中，$l = 1,2,\cdots,q$。

由于 $k > 0$，$k_1 > 0$，$\eta_{il} > 0$，根据式（9-19）可得矩阵 T_i 的特征值具有负实部，具体讨论如下：①若 $(0.5kk_1\left|s_{il}\right|^{-1/2})^2 - 2k\eta_{il}\left|s_{il}\right|^{-1} > 0$，则矩阵 T_i 有两个负的实特征值；②若 $(0.5kk_1\left|s_{il}\right|^{-1/2})^2 - 2k\eta_{il}\left|s_{il}\right|^{-1} = 0$，则矩阵 T_i 有一个负的实特征值；③若 $(0.5kk_1\left|s_{il}\right|^{-1/2})^2 - 2k\eta_{il}\left|s_{il}\right|^{-1} < 0$，则矩阵 T_i 有两个共轭复特征值，并且它们的实部 $-0.5kk_1\left|s_{il}\right|^{-1/2}$ 是负的。因此，式（9-19）中的特征值具有负实部，即矩阵 T_i 为 Hurwitz 的，这意味着以下李雅普诺夫方程具有可行解 Z_i：

$$Z_i T_i + T_i^{\mathrm{T}} Z_i = -Q_i \quad (9\text{-}20)$$

其中，$Q_i > 0$。设 $Q_i = \Lambda_i \hat{Q}_i$，其中，$\hat{Q}_i$ 是正定的，则根据文献[207]，由式（9-11）和式（9-20）得出以下结论：

$$\dot{V}_a = -\sum_{i=1}^{N} h_i^{\mathrm{T}} \Lambda_i \hat{Q}_i h_i \leqslant -\lambda_{\min}^{1/2}(Z_i) V_i^{-1/2} h_i^{\mathrm{T}} \hat{Q}_i h_i \leqslant -\min_{i\in\{1,2,\cdots,N\}}\{\nu_i\} V^{1/2} \quad (9\text{-}21)$$

其中，$\nu_i = \lambda_{\min}(Z_i)\lambda_{\min}(\hat{Q}_i)/\lambda_{\max}(Z_i)$。因此，从引理 9.3 可以得出，$s_i = 0$ 可以在有限时间内实现，证明完毕。

注 9.1：值得指出的是，当且仅当 $\Lambda_i \hat{Q}_i = \hat{Q}_i \Lambda_i$ 且 $\Lambda_i > 0$ 和 $\hat{Q}_i > 0$ 成立时，矩阵 $Q_i = \Lambda_i \hat{Q}_i$ 是正定的。Λ_i 的正定性满足 $\forall s_i \neq 0$，因此，矩阵 $\hat{Q}_i$ 应该是正定的，满足 $\Lambda_i \hat{Q}_i = \hat{Q}_i \Lambda_i$。事实上，通过选择矩阵 $\hat{Q}_i = \hat{k} I_{2q}$（其中，$\hat{k}$ 为正常数），能够同时满足矩阵 $\hat{Q}_i$ 的正定性和矩阵 $\Lambda_i \hat{Q}_i$ 的对称性。

注 9.2：在定理 9.1 中，假设控制增益参数 k_2 满足 $k_2 > \| \dot{d}_i \|$。值得注意的是，$\dot{d}_i$ 应该是有界的，从而保证 k_2 的选择在理论上是可行的。注意到当假设 9.2 成立时，有 $\| \dot{w}_i \| \leqslant \bar{w}$，易得：若 x_i 及其时间导数都是有界的，即 $\| x_i \| < \infty, \| \dot{x}_i \| < \infty$，那么，$\dot{d}_i$ 是有界的。接下来证明 x_i 和 $\dot{x}_i$ 的有界性。

令 $V_{\mathrm{c}} = 0.5 s_{il}^2\ (l = 1,2,\cdots,q; i = 1,2,\cdots,N)$，根据式（9-2）和式（9-6），可得

$$\begin{aligned}\dot{V}_{\mathrm{c}} &= \boldsymbol{s}_{il}\dot{\boldsymbol{s}}_{il}\\ &= -kk_1\boldsymbol{s}_{il}\mathrm{sig}^{1/2}(s_{il}) - kk_2\boldsymbol{s}_{il}\int_0^t \mathrm{sgn}(\boldsymbol{s}_{il})\mathrm{d}\tau + \boldsymbol{s}_{il}w_{il} + \boldsymbol{s}_{il}\varpi_{il}\\ &= -kk_1\boldsymbol{s}_{il}\left|\boldsymbol{s}_{il}\right|^{1/2}\mathrm{sgn}(s_{il}) - kk_2\left|s_{il}\right|\mathrm{sgn}(s_{il})\int_0^t \mathrm{sgn}(s_{il})\mathrm{d}\tau + s_{il}w_{il} + s_{il}\varpi_{il}\\ &\leqslant \left|s_{il}\right|\left(-kk_1\left|s_{il}\right|^{1/2} - kk_2\mathrm{sgn}(s_{il})\int_0^t \mathrm{sgn}(s_{il})\mathrm{d}\tau + \left|w_{il}\right| + \left|\varpi_{il}\right|\right)\end{aligned} \tag{9-22}$$

其中，w_{il} 和 ϖ_{il} 分别表示向量 $\boldsymbol{w}_i$ 和 $\boldsymbol{\varpi}_i = \Delta\boldsymbol{A}_i(\boldsymbol{x}_i)\boldsymbol{x}_i$ 的第 l 个元素。

令 $r_{il} = k_1\left|s_{il}\right|^{1/2} + k_2\,\mathrm{sgn}(s_{il})\int_0^t \mathrm{sgn}(s_{il})\mathrm{d}\tau$，当 $\mathrm{sgn}(s_{il})\int_0^t \mathrm{sgn}(s_{il})\mathrm{d}\tau > 0$ 时，r_{il} 将落入紧凑集合 $\boldsymbol{\Phi}_1 = \left\{r_{il} \mid r_{il} \leqslant k^{-1}\left(\left|\boldsymbol{w}_{il}\right| + \left|\boldsymbol{\varpi}_{il}\right|\right)\right\}$。因此，存在一个非负常数 T_2，当 $t \geqslant T_2$ 时，有 $\left|\tilde{r}_{il}\right| \leqslant r_{il} \leqslant k^{-1}\left(\left|w_{il}\right| + \left|\varpi_{il}\right|\right)$，其中，$\tilde{r}_{il} = \mathrm{sgn}(s_{il})r_{il} = k_1\mathrm{sig}^{1/2}(s_{il}) + k_2\int_0^t \mathrm{sgn}(s_{il})\mathrm{d}\tau$。同时，若 T_2 足够大，但满足 $T_2 < \infty$ 时，有

$$\begin{aligned}\left\|\tilde{r}_i\boldsymbol{s}\right\| &= \left(\sum_{l=1}^{q}\left|\tilde{r}_{il}\right|^2\right)^{1/2}\\ &\leqslant k^{-1}\left(\sum_{l=1}^{q}\left(\left|w_{il}\right| + \left|\varpi_{il}\right|\right)^2\right)^{1/2}\\ &= k^{-1}\left(\left\|\boldsymbol{w}_i\right\|^2 + \left\|\boldsymbol{\varpi}_i\right\|^2 + 2\sum_{l=1}^{q}\left|\left\|\boldsymbol{w}_i\right\|\left\|\boldsymbol{\varpi}_i\right\|\right|\right)^{1/2}\\ &\leqslant k^{-1}\left(\left\|\boldsymbol{w}_i\right\|^2 + \left\|\boldsymbol{\varpi}_i\right\|^2 + 2\left\|\boldsymbol{w}_i\right\| + \left\|\boldsymbol{\varpi}_i\right\|\right)^{1/2}\\ &= k^{-1}\left(\left\|\boldsymbol{w}_i\right\| + \left\|\boldsymbol{\varpi}_i\right\|\right)\end{aligned} \tag{9-23}$$

其中，$\tilde{\boldsymbol{r}}_i = [\tilde{r}_{i1}, \tilde{r}_{i2}, \cdots, \tilde{r}_{iq}]^{\mathrm{T}}$。进一步地，基于式（9-23）可得

$$\left\|\tilde{\boldsymbol{r}}\right\| \leqslant \left(\left\|\boldsymbol{w}\right\| + \left\|\boldsymbol{\varpi}\right\|\right)/k \tag{9-24}$$

其中，$\tilde{\boldsymbol{r}} = [\tilde{r}_1^{\mathrm{T}}, \tilde{r}_2^{\mathrm{T}}, \cdots, \tilde{r}_N^{\mathrm{T}}]^{\mathrm{T}}$；$\boldsymbol{w} = [w_1^{\mathrm{T}}, w_2^{\mathrm{T}}, \cdots, w_N^{\mathrm{T}}]^{\mathrm{T}}$；$\boldsymbol{\varpi} = [\varpi_1^{\mathrm{T}}, \varpi_2^{\mathrm{T}}, \cdots, \varpi_N^{\mathrm{T}}]^{\mathrm{T}}$。

此外，当 $\mathrm{sgn}(s_{il})\int_0^t \mathrm{sgn}(s_{il})\mathrm{d}\tau \leqslant 0$ 时，选择 $\boldsymbol{V}_{\mathrm{d}} = 0.5\left(\int_0^t \mathrm{sgn}(s_{il})\mathrm{d}\tau\right)^2$，则有

$$\begin{aligned}\dot{\boldsymbol{V}}_{\mathrm{d}} &= \mathrm{sgn}(s_{il})\int_0^t \mathrm{sgn}(s_{il})\mathrm{d}\tau\\ &= -\left|\int_0^t \mathrm{sgn}(s_{il})\mathrm{d}\tau\right|\\ &= -\sqrt{2}\boldsymbol{V}_{\mathrm{d}}^{1/2}\end{aligned} \tag{9-25}$$

通过引理 9.3 和式（9-25）可得，在时间 $t \geqslant T_1$ 时，$\mathrm{sgn}(s_{il}) = \int_0^t \mathrm{sgn}(s_{il})\mathrm{d}\tau = 0$，其中，$T_1 \leqslant \sqrt{2}\boldsymbol{V}_{\mathrm{d}}^{1/2}(0)$。此外，由于 $\boldsymbol{V}_d(0) = 0$，这意味着 $T_1 = 0$，因此当 $t \geqslant 0$ 时，有 $\mathrm{sgn}(s_{il}) = \int_0^t \mathrm{sgn}(s_{il})\mathrm{d}\tau = 0$。因此，从式（9-22）得出结论：$k_1\left|s_{il}\right|^{1/2}$ 将落入紧凑集合 $\boldsymbol{\Phi}_2 = \left\{k_1\left|\boldsymbol{s}_{il}\right|^{1/2} \mid k_1\left|\boldsymbol{s}_{il}\right|^{1/2} \leqslant (1/k)\left(\left|w_{il}\right| + \left|\varpi_{il}\right|\right)\right\}$ 中。注意到在上述情况下，$r_{il} = k_1\left|s_{il}\right|^{1/2}$ 成立，因此，易得出 r_{il} 仍然落入紧凑集合 $\boldsymbol{\Phi}_1$ 中。不等式（9-24）的证明过程与上述过程类似，不再赘述。

基于式（9-6）可得 $\boldsymbol{U}_{\mathrm{s}}=\tilde{r}$，其中，$\boldsymbol{U}_{\mathrm{s}}=[u_{1\mathrm{s}}^{\mathrm{T}},u_{2\mathrm{s}}^{\mathrm{T}},\cdots,u_{N\mathrm{s}}^{\mathrm{T}}]^{\mathrm{T}}$。因此，根据式（9-6）和式（9-24），有如下不等式成立：

$$\|\boldsymbol{U}_{\mathrm{s}}\|\leqslant k^{-1}\|\boldsymbol{w}\|+k^{-1}\|\Delta\boldsymbol{\mathcal{A}}(\boldsymbol{X})\|\|\boldsymbol{X}\| \tag{9-26}$$

其中，$\Delta\boldsymbol{\mathcal{A}}(\boldsymbol{X})=\mathrm{diag}\{\Delta\mathcal{A}_1(x_1),\Delta\mathcal{A}_2(x_2),\cdots,\Delta\mathcal{A}_N(x_N)\}$。

设 $\boldsymbol{V}_{\mathrm{e}}=0.5\boldsymbol{X}^{\mathrm{T}}\boldsymbol{\mathcal{P}}\boldsymbol{X}$，根据假设 9.2、式（9-6）、式（9-39）、式（9-40）和式（9-26）得出：

$$\begin{aligned}
\dot{\boldsymbol{V}}_{\mathrm{e}}&=\boldsymbol{X}^{\mathrm{T}}\boldsymbol{\mathcal{P}}(\boldsymbol{\mathcal{A}}(\boldsymbol{X})\boldsymbol{X}+\Delta\boldsymbol{\mathcal{A}}(\boldsymbol{X})\boldsymbol{X}+\boldsymbol{\mathcal{B}}\boldsymbol{U})\\
&=\prod_{i=1}^{N}\sum_{\alpha_i=1}^{m}\varphi_{\alpha_i}(x_i)\boldsymbol{X}^{\mathrm{T}}\boldsymbol{\mathcal{P}}\left((\boldsymbol{\mathcal{A}}_{\alpha}+\boldsymbol{\mathcal{H}}\Delta\boldsymbol{\mathcal{A}}_{\alpha})\boldsymbol{X}+\boldsymbol{\mathcal{B}}\boldsymbol{U}_{\mathrm{n}}^{*}\right)\\
&\quad+\boldsymbol{X}^{\mathrm{T}}\boldsymbol{\mathcal{P}}\left(\boldsymbol{I}_N\otimes\boldsymbol{B}(\boldsymbol{\mathcal{X}}\boldsymbol{B})^{-1}\boldsymbol{\mathcal{X}}\right)\Delta\boldsymbol{\mathcal{A}}(\boldsymbol{X})\boldsymbol{X}\;+\boldsymbol{\mathcal{B}}\boldsymbol{U}_{\mathrm{s}}+\boldsymbol{\mathcal{B}}\boldsymbol{w}\\
&\leqslant-0.5\boldsymbol{X}^{\mathrm{T}}\boldsymbol{\mathcal{R}}_a\boldsymbol{X}+\boldsymbol{X}^{\mathrm{T}}\boldsymbol{\mathcal{P}}\left(\boldsymbol{I}_N\otimes\boldsymbol{B}(\boldsymbol{\mathcal{X}}\boldsymbol{B})^{-1}\boldsymbol{\mathcal{X}}\right)\Delta\boldsymbol{\mathcal{A}}(\boldsymbol{X})\boldsymbol{X}+\boldsymbol{X}^{\mathrm{T}}\boldsymbol{\mathcal{P}}\boldsymbol{\mathcal{B}}(\boldsymbol{U}_{\mathrm{s}}+\boldsymbol{w})\\
&\leqslant-0.5\lambda_{\min}(\boldsymbol{\mathcal{R}}_a)\|\boldsymbol{X}\|^2+\|\boldsymbol{\mathcal{P}}\boldsymbol{\mathcal{B}}\|\|\boldsymbol{X}\|(\|\boldsymbol{U}_{\mathrm{s}}\|+\|\boldsymbol{w}\|)\\
&\quad+\left\|\boldsymbol{\mathcal{P}}\left(\boldsymbol{I}_N\otimes\boldsymbol{B}(\boldsymbol{\mathcal{X}}\boldsymbol{B})^{-1}\boldsymbol{\mathcal{X}}\right)\right\|\|\Delta\boldsymbol{\mathcal{A}}(\boldsymbol{X})\|\|\boldsymbol{X}\|^2\\
&\leqslant\|\boldsymbol{X}\|\Big(-\lambda_{\min}(\boldsymbol{\mathcal{R}}_b)\|\boldsymbol{X}\|+(1+k)/k\sqrt{N}\|\boldsymbol{\mathcal{P}}\boldsymbol{\mathcal{B}}\|\hat{\boldsymbol{w}}\\
&\quad+((1/k)\|\boldsymbol{\mathcal{P}}\boldsymbol{\mathcal{B}}\|+\gamma_1)\|\Delta\boldsymbol{\mathcal{A}}(\boldsymbol{X})\|\|\boldsymbol{X}\|\Big)
\end{aligned} \tag{9-27}$$

其中，$\boldsymbol{\mathcal{A}}(\boldsymbol{X})=\mathrm{diag}\{\boldsymbol{\mathcal{A}}(x_1),\boldsymbol{\mathcal{A}}(x_2),\cdots,\boldsymbol{\mathcal{A}}(x_N)\}$；$\boldsymbol{U}=[u_1^{\mathrm{T}},u_2^{\mathrm{T}},\cdots,u_N^{\mathrm{T}}]^{\mathrm{T}}$；$\boldsymbol{\mathcal{R}}_b=0.5\boldsymbol{\mathcal{R}}_a$；$\gamma_1=\|\boldsymbol{\mathcal{P}}(\boldsymbol{I}_N\otimes\boldsymbol{B}(\boldsymbol{\mathcal{X}}\boldsymbol{B})^{-1}\boldsymbol{\mathcal{X}})\|$。

假设不确定参数满足 $\|\Delta\boldsymbol{\mathcal{A}}(\boldsymbol{X})\|\leqslant\Delta_1\|\boldsymbol{X}\|+\Delta_2$，其中，$\Delta_1$ 和 Δ_2 为非负常数，则有

$$\dot{\boldsymbol{V}}_e\leqslant\|\boldsymbol{X}\|(\beta_1\|\boldsymbol{X}\|^2-\beta_2\|\boldsymbol{X}\|+\beta_3) \tag{9-28}$$

其中，$\beta_1=\left(k^{-1}\|\boldsymbol{\mathcal{P}}\boldsymbol{\mathcal{B}}\|+\gamma_1\right)\Delta_1$；$\beta_3=(1+k)k^{-1}\sqrt{N}\|\boldsymbol{\mathcal{P}}\boldsymbol{\mathcal{B}}\|\hat{\boldsymbol{w}}$。设 $Y=\beta_1\|\boldsymbol{X}\|^2-\beta_2\|\boldsymbol{X}\|+\beta_3$，当 $Y<0$ 时，$\dot{\boldsymbol{V}}_{\mathrm{e}}<0$，即 $\boldsymbol{X}$ 单调递减。此外，若 $\Delta_1\neq0$ 且 $\lambda_{\min}(\boldsymbol{\mathcal{R}}_b)>\left(k^{-1}\|\boldsymbol{\mathcal{P}}\boldsymbol{\mathcal{B}}\|+\gamma_1\right)\Delta_2$，则方程 $Y=0$ 的两个可行解为 $\|\boldsymbol{X}\|^{*}=\beta_2\pm(\beta_2^2-4\beta_1\beta_3)^{1/2}(2\beta_1)^{-1}$。因此，可以得出结论，当初始条件满足 $\|\boldsymbol{X}(0)\|<\beta_2+(\beta_2^2-4\beta_1\beta_3)^{1/2}(2\beta_1)^{-1}$ 时，$\|\boldsymbol{X}\|$ 属于以下紧凑集合：$\boldsymbol{\Phi}_3=\{\|\boldsymbol{X}\|\mid\|\boldsymbol{X}\|\leqslant\beta_2-(\beta_2^2-4\beta_1\beta_3)^{1/2}(2\beta_1)^{-1}\}$，这意味着 $\|\boldsymbol{X}\|$ 是有界的。值得指出的是，若 $\Delta_1=0$，则 $\|\boldsymbol{X}\|$ 将落入紧凑集合 $\boldsymbol{\Phi}_4=\{\|\boldsymbol{X}\|\mid\|\boldsymbol{X}\|\leqslant\beta_3(\beta_2)^{-1}\}$ 中，而不受初始条件的约束。

系统模型（9-1）可表示为如下全局形式：

$$\dot{\boldsymbol{X}}=(\boldsymbol{\mathcal{A}}(\boldsymbol{X})+\Delta\boldsymbol{\mathcal{A}}(\boldsymbol{X}))\boldsymbol{X}+\boldsymbol{\mathcal{B}}(\boldsymbol{U}_{\mathrm{n}}^{*}+\boldsymbol{U}_{\mathrm{s}}+\boldsymbol{w}) \tag{9-29}$$

则基于不等式（9-26）和定理 9.2 中的控制协议 $\boldsymbol{U}_{\mathrm{n}}^{*}$，有

$$\begin{aligned}
\|\dot{\boldsymbol{X}}\|&\leqslant\|\boldsymbol{\mathcal{A}}(\boldsymbol{X})\|\|\boldsymbol{X}\|+\|\Delta\boldsymbol{\mathcal{A}}(\boldsymbol{X})\|\|\boldsymbol{X}\|+\|\boldsymbol{\mathcal{B}}\boldsymbol{U}_{\mathrm{n}}^{*}\|+\|\boldsymbol{\mathcal{B}}\boldsymbol{U}_{\mathrm{s}}\|+\|\boldsymbol{\mathcal{B}}\boldsymbol{w}\|\\
&\leqslant\|\boldsymbol{\mathcal{A}}(\boldsymbol{X})\|\|\boldsymbol{X}\|+\|\boldsymbol{G}\boldsymbol{\mathcal{L}}+\boldsymbol{\mathcal{L}}^{\mathrm{T}}\boldsymbol{G}\|\|\boldsymbol{B}\|\|\boldsymbol{K}\|\|\boldsymbol{X}\|+(1+k/k)\Delta_1\|\boldsymbol{B}\|\|\boldsymbol{X}\|^2\\
&\quad+(1+k/k)\Delta_2\|\boldsymbol{B}\|\|\boldsymbol{X}\|+(1+k/k)\sqrt{N}\|\boldsymbol{B}\|\hat{\boldsymbol{w}}
\end{aligned} \tag{9-30}$$

令 $\|\boldsymbol{\mathcal{A}}(\boldsymbol{X})\|\leqslant\chi_0+\chi_1\|\boldsymbol{X}\|+\chi_2\|\boldsymbol{X}\|^2+\cdots+\chi_s\|\boldsymbol{X}\|^s$，其中，$\chi_i\geqslant0\,(i=0,1,2,\cdots,s)$，基于式（9-30）可得

$$\|\dot{\boldsymbol{X}}\| \leqslant \beta_3 + \beta_4\|\boldsymbol{X}\| + \beta_5\|\boldsymbol{X}\|^2 + \chi_2\|\boldsymbol{X}\|^3 + \cdots + \chi_s\|\boldsymbol{X}\|^{s+1} \tag{9-31}$$

其中，$\beta_4 = \chi_0 + \|\boldsymbol{G}\boldsymbol{\mathcal{L}} + \boldsymbol{\mathcal{L}}^{\mathrm{T}}\boldsymbol{G}\|\|\boldsymbol{B}\|\|\boldsymbol{K}\| + (1+k)/k\Delta_2\|\boldsymbol{B}\|$；$\beta_5 = \chi_1 + (1+k)/k\Delta_1\|\boldsymbol{B}\|$。由于$\|\boldsymbol{X}\|$是有界的，那么$\|\dot{\boldsymbol{X}}\|$也是有界的，即$\boldsymbol{x}_i$和$\dot{\boldsymbol{x}}_i$都有界。

3. 鲁棒优化标称控制协议设计

前文已经证明，当系统在滑模面上（即$\boldsymbol{s}_i = 0$）时系统（9-1）与式（9-5）是等价的，且控制协议（9-6）能够保证系统在有限时间内到达滑模面。本节的目标是设计一个鲁棒优化标称控制协议，同时实现系统（9-5）的渐近稳定性和全局能耗指标函数的鲁棒最优化。值得指出的是，等效控制系统（9-5）可以建模为如下 Takagi-Sugeno（T-S）模糊系统[208-211]：

$$\dot{\boldsymbol{x}}_i = \sum_{\alpha_i=1}^{m}\varphi_{\alpha_i}(\boldsymbol{x}_i)(\boldsymbol{A}_{\alpha_i} + \boldsymbol{H}\Delta\boldsymbol{A}_{i\alpha_i})\boldsymbol{x}_i + \boldsymbol{A}\boldsymbol{u}_{\mathrm{in}} \tag{9-32}$$

其中，$\boldsymbol{A}_{\alpha_i}$和$\Delta\boldsymbol{A}_{i\alpha_i}$由第$\alpha_i$个模糊规则$\varphi_{\alpha_i}(\boldsymbol{x}_i) = \phi_{\alpha_i}(\boldsymbol{x}_i)\Big/\sum_{\alpha_i=1}^{m}\phi_{\alpha_i}(\boldsymbol{x}_i)$构造。此外，$\phi_{\alpha_i}(\boldsymbol{x}_i) = \prod_{l=1}^{p}\boldsymbol{M}_{\alpha_i l}(x_{il})$表示加权函数，$\boldsymbol{M}_{\alpha_i l}(x_{il})$表示$x_{il}$在模糊集$\boldsymbol{M}_{\alpha_i l}$中的隶属度。注意到$\sum_{\alpha_i=1}^{m}\varphi_{\alpha_i}(\boldsymbol{x}_i) = 1(i = 1,2,\cdots,N)$，并假设$\varphi_{\alpha_i}(\boldsymbol{x}_i) \geqslant 0, \alpha_i = 1,2,\cdots,m$。

通过使用文献[167]和文献[202]中提出的模糊模型转换方法，全局多自主体系统可被视为

$$\dot{\boldsymbol{X}} = \prod_{i=1}^{N}\sum_{\alpha_i=1}^{m}\varphi_{\alpha_i}(\boldsymbol{x}_i)((\boldsymbol{\mathcal{A}}_\alpha + \boldsymbol{\mathcal{H}}\Delta\boldsymbol{\mathcal{A}}_\alpha)\boldsymbol{X} + \boldsymbol{\mathcal{B}}\boldsymbol{U}_{\mathrm{n}}) \tag{9-33}$$

其中，$\boldsymbol{X} = [\boldsymbol{x}_1^{\mathrm{T}}, \boldsymbol{x}_2^{\mathrm{T}}, \cdots, \boldsymbol{x}_N^{\mathrm{T}}]^{\mathrm{T}}$；$\boldsymbol{U}_{\mathrm{n}} = [\boldsymbol{u}_{1\mathrm{n}}^{\mathrm{T}}, \boldsymbol{u}_{2\mathrm{n}}^{\mathrm{T}}, \cdots, \boldsymbol{u}_{N\mathrm{n}}^{\mathrm{T}}]^{\mathrm{T}}$；$\boldsymbol{\mathcal{A}}_\alpha = \mathrm{diag}\{\boldsymbol{A}_{\alpha_1}, \boldsymbol{A}_{\alpha_2}, \cdots, \boldsymbol{A}_{\alpha N}\}$；$\boldsymbol{\mathcal{H}} = \boldsymbol{I}_N \otimes \boldsymbol{H}$；$\Delta\boldsymbol{\mathcal{A}}_\alpha = \mathrm{diag}\{\Delta A_{1\alpha_1}, \Delta A_{2\alpha_2}, \cdots, \Delta A_{N\alpha_N}\}$；$\boldsymbol{\mathcal{B}} = \boldsymbol{I}_N \otimes \boldsymbol{B}$；$(\boldsymbol{\mathcal{A}}_\alpha + \boldsymbol{\mathcal{H}}\Delta\boldsymbol{\mathcal{A}}_\alpha)\boldsymbol{X} + \boldsymbol{\mathcal{B}}\boldsymbol{U}_{\mathrm{n}}$表示线性子系统。

定义与模糊系统（9-33）相关的能耗指标函数为

$$\mathcal{J} = \int_0^\infty \prod_{i=1}^{N}\sum_{\alpha_i=1}^{m}\varphi_{\alpha_i}(\boldsymbol{x}_i)L_\alpha(\boldsymbol{X}, \boldsymbol{U}_{\mathrm{n}})\mathrm{d}t \tag{9-34}$$

其中，$L_\alpha(\boldsymbol{X}, \boldsymbol{U}_{\mathrm{n}}) = 0.5(\boldsymbol{X}^{\mathrm{T}}\boldsymbol{\mathcal{Q}}_\alpha\boldsymbol{X} + \boldsymbol{U}_{\mathrm{n}}^{\mathrm{T}}\boldsymbol{\mathcal{R}}\boldsymbol{U}_{\mathrm{n}})$是式（9-33）描述的线性子系统的二次函数，其中的加权矩阵$\boldsymbol{\mathcal{Q}}_\alpha = \boldsymbol{\mathcal{Q}}_\alpha^{\mathrm{T}} \geqslant 0$，$\boldsymbol{\mathcal{R}} = \boldsymbol{\mathcal{R}}^{\mathrm{T}} > 0$。定义与线性子系统相关的哈密顿函数如下：

$$H_\alpha(\boldsymbol{X}, \boldsymbol{U}_{\mathrm{n}}) = -L_\alpha(\boldsymbol{X}, \boldsymbol{U}_{\mathrm{n}}) + \boldsymbol{\varrho}^{\mathrm{T}} f_\alpha(\boldsymbol{X}, \boldsymbol{U}_{\mathrm{n}}) \tag{9-35}$$

其中，$f_\alpha(\boldsymbol{X}, \boldsymbol{U}_{\mathrm{n}}) = (\boldsymbol{\mathcal{A}}_\alpha + \boldsymbol{\mathcal{H}}\Delta\boldsymbol{\mathcal{A}}_\alpha)\boldsymbol{X} + \boldsymbol{\mathcal{B}}\boldsymbol{U}_{\mathrm{n}}$；$\boldsymbol{\varrho} \in \Re^{pN}$表示协态变量。

引理 9.4[164]：对于非奇异矩阵$\boldsymbol{\mathcal{L}}_b$，存在矩阵$\boldsymbol{G} = \mathrm{diag}\{g_1, g_2, \cdots, g_N\}$，使得$g_i > 0$ $(i = 1,2,\cdots,N)$且$\boldsymbol{G}\boldsymbol{\mathcal{L}}_b + \boldsymbol{\mathcal{L}}_b^{\mathrm{T}}\boldsymbol{G} > 0$。

接下来的定理展示了解决鲁棒优化问题的条件，其中，式（9-34）中的成本函数被保证为依赖于初始条件的特定值的上界。此外，还表明可以保证系统（9-33）的稳定性。

定理 9.2：选择加权矩阵为 $\boldsymbol{R}=\boldsymbol{R}^{\mathrm{T}}>0$ 和 $\boldsymbol{Q}=\boldsymbol{Q}^{\mathrm{T}}\geqslant 0$，且如下 ARE：

$$\boldsymbol{P}\boldsymbol{A}_{\alpha_i}+\boldsymbol{A}_{\alpha_i}^{\mathrm{T}}\boldsymbol{P}-\boldsymbol{P}\boldsymbol{B}\boldsymbol{R}^{-1}\boldsymbol{B}^{\mathrm{T}}\boldsymbol{P}+\boldsymbol{Q}\leqslant 0,\quad \alpha_i=1,2,\cdots,m \tag{9-36}$$

具有可行解 $\boldsymbol{P}=\boldsymbol{P}^{\mathrm{T}}>0$。此外 $c>0$ 为加权参数，$\boldsymbol{K}=-\boldsymbol{R}^{-1}\boldsymbol{B}^{\mathrm{T}}\boldsymbol{P}$ 为控制增益矩阵，在满足式（9-52）的条件下，标称控制协议 $\boldsymbol{U}_n^*=((\boldsymbol{G}\mathcal{L}_b+\mathcal{L}_b^{\mathrm{T}}\boldsymbol{G})\otimes c\boldsymbol{K})\boldsymbol{X}$ 能够保证能耗指标函数 $\mathcal{J}$ 的上界为 $0.5\sum_{i=1}^{N}\boldsymbol{x}_i^{\mathrm{T}}(0)\boldsymbol{P}\boldsymbol{x}_i(0)$，同时系统（9-33）是渐近稳定的。

证明：基于不等式（9-36）成立，有

$$\mathcal{P}\mathcal{A}_\alpha+\mathcal{A}_\alpha^{\mathrm{T}}\mathcal{P}-\mathcal{P}\mathcal{B}\widehat{\mathcal{R}}^{-1}\mathcal{B}^{\mathrm{T}}\mathcal{P}+\widehat{\mathcal{Q}}\leqslant 0 \tag{9-37}$$

其中，$\mathcal{P}=\boldsymbol{I}_N\otimes\boldsymbol{P}$；$\widehat{\mathcal{R}}=\boldsymbol{I}_N\otimes\boldsymbol{R}$；$\widehat{\mathcal{Q}}=\boldsymbol{I}_N\otimes\boldsymbol{Q}$。令 $\mathcal{Q}_\alpha=\widehat{\mathcal{Q}}-\overline{\mathcal{Q}}_\alpha-\mathcal{P}\mathcal{B}\widehat{\mathcal{R}}^{-1}\mathcal{B}^{\mathrm{T}}\mathcal{P}+\mathcal{P}\mathcal{B}\mathcal{R}^{-1}\mathcal{B}^{\mathrm{T}}\mathcal{P}$，其中，$\overline{\mathcal{Q}}_\alpha=\mathcal{P}\mathcal{H}\Delta\mathcal{A}_\alpha+\Delta\mathcal{A}_\alpha^{\mathrm{T}}\mathcal{H}^{\mathrm{T}}\mathcal{P}$，$\mathcal{R}=(\boldsymbol{G}\mathcal{L}_b+\mathcal{L}_b^{\mathrm{T}}\boldsymbol{G})^{-1}\otimes c^{-1}\boldsymbol{R}$，则不等式（9-37）可重写为

$$\mathcal{P}\mathcal{A}_\alpha+\mathcal{A}_\alpha^{\mathrm{T}}\mathcal{P}-\mathcal{P}\mathcal{B}\mathcal{R}^{-1}\mathcal{B}^{\mathrm{T}}\mathcal{P}+\mathcal{Q}_\alpha+\overline{\mathcal{Q}}_\alpha\leqslant 0 \tag{9-38}$$

接下来分别证明系统（9-33）的渐近稳定性和能耗指标函数（9-34）的上界是 $0.5\sum_{i=1}^{N}\boldsymbol{x}_i^{\mathrm{T}}(0)\boldsymbol{P}\boldsymbol{x}_i(0)$。

1）系统的渐近稳定性

选择李雅普诺夫函数为 $V_b=0.5\boldsymbol{X}^{\mathrm{T}}\mathcal{P}\boldsymbol{X}$，当 $\boldsymbol{U}_{\mathrm{n}}=\boldsymbol{U}_{\mathrm{n}}^*$ 时，V_b 对时间的导数为

$$\begin{aligned}\dot{V}_b&=\prod_{i=1}^{N}\sum_{\alpha_i=1}^{m}\varphi_{\alpha_i}(\boldsymbol{x}_i)\boldsymbol{X}^{\mathrm{T}}\mathcal{P}\left((\mathcal{A}_\alpha+\mathcal{H}\Delta\mathcal{A}_\alpha)\boldsymbol{X}+\mathcal{B}\boldsymbol{U}_{\mathrm{n}}^*\right)\\&=0.5\prod_{i=1}^{N}\sum_{\alpha_i=1}^{m}\varphi_{\alpha_i}(\boldsymbol{x}_i)\big(\boldsymbol{X}^{\mathrm{T}}(\mathcal{P}\mathcal{A}_\alpha+\mathcal{A}_\alpha^{\mathrm{T}}\mathcal{P}-2\mathcal{P}\mathcal{B}\mathcal{R}^{-1}\mathcal{B}^{\mathrm{T}}\mathcal{P})\boldsymbol{X}\\&\quad+2\boldsymbol{X}^{\mathrm{T}}\mathcal{P}\mathcal{H}\Delta\mathcal{A}_\alpha\boldsymbol{X}\big)\\&=0.5\prod_{i=1}^{N}\sum_{\alpha_i=1}^{m}\varphi_{\alpha_i}(\boldsymbol{x}_i)\big(\boldsymbol{X}^{\mathrm{T}}(\mathcal{P}\mathcal{A}_\alpha+\mathcal{A}_\alpha^{\mathrm{T}}\mathcal{P}-2\mathcal{P}\mathcal{B}\mathcal{R}^{-1}\mathcal{B}^{\mathrm{T}}\mathcal{P}+\overline{\mathcal{Q}}_\alpha)\boldsymbol{X}\big)\end{aligned} \tag{9-39}$$

将式（9-38）代入式（9-39）中有

$$\begin{aligned}\dot{V}_b&\leqslant -0.5\prod_{i=1}^{N}\sum_{\alpha_i=1}^{m}\varphi_{\alpha_i}(x_i)\boldsymbol{X}^{\mathrm{T}}(\mathcal{Q}_\alpha+\mathcal{P}\mathcal{B}\mathcal{R}^{-1}\mathcal{B}^{\mathrm{T}}\mathcal{P})\boldsymbol{X}\\&\leqslant -0.5\boldsymbol{X}^{\mathrm{T}}\mathcal{R}_a\boldsymbol{X}\end{aligned} \tag{9-40}$$

其中，$\mathcal{R}_a=\mathcal{P}\mathcal{B}\mathcal{R}^{-1}\mathcal{B}^{\mathrm{T}}\mathcal{P}>0$。值得指出的是，式（9-40）使用了条件 $\mathcal{Q}_\alpha\geqslant 0$ 和 $\mathcal{R}>0$，上述条件的证明将在后续内容中给出。基于式（9-40）可得出如下结论：

$$\lambda_{\max}(\mathcal{P})\dot{V}_b\leqslant -0.5\lambda_{\min}(\mathcal{R}_a)\lambda_{\max}(\mathcal{P})\boldsymbol{X}^{\mathrm{T}}\boldsymbol{X}\leqslant -\lambda_{\min}(\mathcal{R}_a)V_b \tag{9-41}$$

因此，系统（9-33）以指数速率渐近稳定，即 $\lim_{t\to\infty}V_b=0$。

2）能耗指标函数的上界

假设协态变量 ϱ 和全局系统状态 $\boldsymbol{X}$ 满足线性关系[212]。令协态变量为 $\varrho=-\mathcal{P}\boldsymbol{X}$，则哈密顿函数 $H_\alpha(\boldsymbol{X},\boldsymbol{U}_{\mathrm{n}})$ 可写成

$$\begin{aligned}H_\alpha(\boldsymbol{X},\boldsymbol{U}_{\rm n})&=-L_\alpha(\boldsymbol{X},\boldsymbol{U}_{\rm n})+\boldsymbol{\varrho}^{\rm T}f_\alpha(\boldsymbol{X},\boldsymbol{U}_{\rm n})\\&=-0.5\boldsymbol{X}^{\rm T}\mathcal{Q}_\alpha\boldsymbol{X}-0.5\boldsymbol{U}_{\rm n}^{\rm T}\mathcal{R}\boldsymbol{U}_{\rm n}-\boldsymbol{X}^{\rm T}\mathcal{P}\big((\mathcal{A}_\alpha+\mathcal{H}\Delta\mathcal{A}_\alpha)\boldsymbol{X}+\mathcal{B}\boldsymbol{U}_{\rm n}\big)\\&=-0.5\boldsymbol{X}^{\rm T}\mathcal{Q}_\alpha\boldsymbol{X}-0.5\boldsymbol{U}_{\rm n}^{\rm T}\mathcal{R}\boldsymbol{U}_{\rm n}-\boldsymbol{X}^{\rm T}\mathcal{P}\mathcal{B}\boldsymbol{U}_{\rm n}-0.5\boldsymbol{X}^{\rm T}(\mathcal{P}\mathcal{A}_\alpha+\mathcal{A}_\alpha^{\rm T}\mathcal{P}+\overline{\mathcal{Q}}_\alpha)\boldsymbol{X}\end{aligned} \tag{9-42}$$

基于不等式（9-38），式（9-42）可改写为

$$\begin{aligned}H_\alpha(\boldsymbol{X},\boldsymbol{U}_{\rm n})\geqslant&-0.5\boldsymbol{X}^{\rm T}\mathcal{Q}_\alpha\boldsymbol{X}-0.5\boldsymbol{U}_{\rm n}^{\rm T}\mathcal{R}\boldsymbol{U}_{\rm n}-\boldsymbol{X}^{\rm T}\mathcal{P}\mathcal{B}\boldsymbol{U}_{\rm n}\\&-0.5\boldsymbol{X}^{\rm T}(\mathcal{P}\mathcal{B}\mathcal{R}^{-1}\mathcal{B}^{\rm T}\mathcal{P}-\mathcal{Q}_\alpha)\boldsymbol{X}\\=&-0.5(\boldsymbol{U}_{\rm n}^{\rm T}\mathcal{R}\boldsymbol{U}_{\rm n}+\boldsymbol{X}^{\rm T}\mathcal{P}\mathcal{B}\mathcal{R}^{-1}\mathcal{B}^{\rm T}\mathcal{P}\boldsymbol{X}+2\boldsymbol{X}^{\rm T}\mathcal{P}\mathcal{B}\boldsymbol{U}_{\rm n})\\=&-0.5(\boldsymbol{U}_{\rm n}^{\rm T}+\boldsymbol{X}^{\rm T}\mathcal{P}\mathcal{B}\mathcal{R}^{-1})\mathcal{R}(\boldsymbol{U}_{\rm n}+\mathcal{R}^{-1}\mathcal{B}^{\rm T}\mathcal{P}\boldsymbol{X})\end{aligned} \tag{9-43}$$

当标称控制协议$\boldsymbol{U}_{\rm n}=\boldsymbol{U}_{\rm n}^*$时，有$\boldsymbol{U}_{\rm n}=-\mathcal{R}^{-1}\mathcal{B}^{\rm T}\mathcal{P}\boldsymbol{X}$，则不等式（9-43）等价于

$$H_\alpha(\boldsymbol{X},\boldsymbol{U}_{\rm n}^*)\geqslant 0 \tag{9-44}$$

此外，根据式（9-35）和式（9-44），李雅普诺夫函数$\boldsymbol{V}_b$对时间的导数可表示为

$$\begin{aligned}\dot{\boldsymbol{V}}_b&=\prod_{i=1}^{N}\sum_{\alpha_i=1}^{m}\varphi_{\alpha_i}(\boldsymbol{x}_i)\boldsymbol{X}^{\rm T}\mathcal{P}\big((\mathcal{A}_\alpha+\mathcal{H}\Delta\mathcal{A}_\alpha)\boldsymbol{X}+\mathcal{B}\boldsymbol{U}_{\rm n}^*\big)\\&=-\prod_{i=1}^{N}\sum_{\alpha_i=1}^{m}\varphi_{\alpha_i}(\boldsymbol{x}_i)(L_\alpha(\boldsymbol{X},\boldsymbol{U}_{\rm n}^*)+H_\alpha(\boldsymbol{X},\boldsymbol{U}_{\rm n}^*))\\&\leqslant-\prod_{i=1}^{N}\sum_{\alpha_i=1}^{m}\varphi_{\alpha_i}(\boldsymbol{x}_i)L_\alpha(\boldsymbol{X},\boldsymbol{U}_{\rm n}^*)\end{aligned} \tag{9-45}$$

因此，根据式（9-34）和式（9-45），有

$$\mathcal{J}^*\leqslant\boldsymbol{V}_b(0)-\lim_{t\to\infty}\boldsymbol{V}_b \tag{9-46}$$

其中，$\boldsymbol{V}_b(0)$表示$\boldsymbol{V}_b$的初始值。由于系统（9-33）是渐近稳定的，即此$\lim\limits_{t\to\infty}\boldsymbol{V}_b=0$。进而有

$$\mathcal{J}^*\leqslant\boldsymbol{V}_b(0) \tag{9-47}$$

这意味着标称控制协议$\boldsymbol{U}_{\rm n}^*$能够保证全局能耗指标函数具有特定的上界，该上界的值为$\boldsymbol{V}_b(0)$，即$0.5\sum\limits_{i=1}^{N}\boldsymbol{x}_i^{\rm T}(0)\boldsymbol{P}\boldsymbol{x}_i(0)$。

接下来给出了保证矩阵$\mathcal{R}>0$和矩阵$\mathcal{Q}_\alpha\geqslant 0$的条件。

当假设 9.11 成立时，根据引理 9.1 和引理 9.4 可得出$\boldsymbol{G}\mathcal{L}_b+\mathcal{L}_b^{\rm T}\boldsymbol{G}>0$，因此$\mathcal{R}$的正定性由给定的正加权参数$c$和正定矩阵$\boldsymbol{R}$保证。

注意到$\mathcal{Q}_\alpha\geqslant 0$成立的充要条件为

$$\sigma_{\min}\big\{\widehat{\mathcal{Q}}\big\}+\sigma_{\min}\big\{\mathcal{P}\mathcal{B}\mathcal{R}^{-1}\mathcal{B}^{\rm T}\mathcal{P}\big\}\geqslant\big\|\mathcal{P}\mathcal{B}\widehat{\mathcal{R}}^{-1}\mathcal{B}^{\rm T}\boldsymbol{P}\big\|+\big\|\overline{\mathcal{Q}}_\alpha\big\| \tag{9-48}$$

等价于

$$\sigma_{\min}\{\mathcal{Q}\}+c\sigma_{\min}\big\{(\boldsymbol{G}\mathcal{L}_b+\mathcal{L}_b^{\rm T}\boldsymbol{G})\otimes\boldsymbol{P}\boldsymbol{B}\boldsymbol{R}^{-1}\boldsymbol{B}^{\rm T}\boldsymbol{P}\big\}\geqslant\big\|\boldsymbol{P}\boldsymbol{B}\boldsymbol{R}^{-1}\boldsymbol{B}^{\rm T}\boldsymbol{P}\big\|+\big\|\overline{\mathcal{Q}}_\alpha\big\| \tag{9-49}$$

基于$\overline{\mathcal{Q}}_\alpha$的表达式，即$\overline{\mathcal{Q}}_\alpha=(\boldsymbol{I}_N\otimes\boldsymbol{P}\boldsymbol{H})\Delta\mathcal{A}_\alpha+\Delta\mathcal{A}_\alpha^{\rm T}(\boldsymbol{I}_N\otimes\boldsymbol{H}^{\rm T}\boldsymbol{P})$，得到

$$\big\|\overline{\mathcal{Q}}_\alpha\big\|\leqslant 2\|\boldsymbol{P}\boldsymbol{H}\|\|\Delta\mathcal{A}_\alpha\|\leqslant 2\|\boldsymbol{P}\boldsymbol{H}\|\delta \tag{9-50}$$

其中，$\delta=\max\{|\Delta A_{i\alpha_i}|\,i=1,2,\cdots,N;\alpha_i=1,2,\cdots,m\}$。因此，不等式（9-49）成立的充要条件为

$$\sigma_{\min}\{\mathcal{Q}\}+c\sigma_{\min}\left\{(G\mathcal{L}_b+\mathcal{L}_b^{\mathrm{T}}G)\otimes PBR^{-1}B^{\mathrm{T}}P\right\}\geqslant\left\|PBR^{-1}B^{\mathrm{T}}P\right\|+2\left\|PH\right\|\delta \tag{9-51}$$

此外，不等式（9-51）成立的条件可表示为

$$c\geqslant\max\left\{\frac{\left\|PBR^{-1}B^{\mathrm{T}}P\right\|+2\left\|PH\right\|\delta-\sigma_{\min}\{\mathcal{Q}\}}{\sigma_{\min}\left\{(G\mathcal{L}_b+\mathcal{L}_b^{\mathrm{T}}G)\otimes PBR^{-1}B^{\mathrm{T}}P\right\}},0^{+}\right\} \tag{9-52}$$

因此，条件（9-52）可以保证$\mathcal{Q}_\alpha\geqslant 0$。

至此，定理 9.2 中的所有条件都得到满足，证明完毕。

注 9.3：对于$\det\{BR^{-1}B^{\mathrm{T}}\}=0$的情况，即矩阵$PBR^{-1}B^{\mathrm{T}}P$具有零奇异值，$\mathcal{Q}_\alpha\geqslant 0$将由如下条件保证：

$$\begin{cases}\sigma_{\min}\{\mathcal{Q}\}\geqslant\left\|\overline{\mathcal{Q}}_\alpha\right\|\\ \sigma_{\min}\{\mathcal{Q}\}+c\sigma_{p\min}\left\{(G\mathcal{L}_b+\mathcal{L}_b^{\mathrm{T}}G)\otimes PBR^{-1}B^{\mathrm{T}}P\right\}\geqslant\left\|PBR^{-1}B^{\mathrm{T}}P\right\|+\left\|\overline{\mathcal{Q}}_\alpha\right\|\end{cases} \tag{9-53}$$

根据不等式（9-50），若$\delta\leqslant\sigma_{\min}\{\mathcal{Q}\}/2\|PH\|$时，式（9-53）中的第一个条件成立。此外，当$c$满足

$$c\geqslant\max\left\{\frac{\left\|PBR^{-1}B^{\mathrm{T}}P\right\|+2\left\|PH\right\|\delta-\sigma_{\min}\{\mathcal{Q}\}}{\sigma_{p\min}\left\{(G\mathcal{L}_b+\mathcal{L}_b^{\mathrm{T}}G)\otimes PBR^{-1}B^{\mathrm{T}}P\right\}},0^{+}\right\}$$

时，第二个条件成立。

值得注意的是，在忽略建模不确定性的情况下，权重矩阵$\mathcal{Q}_\alpha$可以被定义为$\mathcal{Q}_\alpha=\widehat{\mathcal{Q}}-\mathcal{PB}\widehat{\mathcal{R}}^{-1}\mathcal{B}^{\mathrm{T}}\mathcal{P}+\mathcal{PB}\mathcal{R}^{-1}\mathcal{B}^{\mathrm{T}}\mathcal{P}$，因此，$\mathcal{Q}_\alpha\geqslant 0$等价于$c\geqslant 1/\sigma_{\min}\{G\mathcal{L}_b+\mathcal{L}_b^{\mathrm{T}}G\}$。

注 9.4：定理 9.2 中设计的协议U_{n}^{*}表示的是全局标称控制，基于U_{n}^{*}的表达式，各自主体的局部控制协议可以通过下式求解：

$$\begin{cases}u_{i\mathrm{n}}^{*}=u_{i\mathrm{nc}}^{*}+u_{i\mathrm{nt}}^{*}\\ u_{i\mathrm{nc}}^{*}=g_icK\left(\displaystyle\sum_{j=1}^{N}a_{ij}(x_i-x_j)+b_ix_i\right)\\ u_{i\mathrm{nt}}^{*}=cK\left(\displaystyle\sum_{j=1}^{N}(g_ia_{ij}x_i-g_ja_{ji}x_j)+g_ib_ix_i\right)\end{cases} \tag{9-54}$$

其中，$g_i(i=1,2,\cdots,N)$可以通过求解$G\mathcal{L}_b+\mathcal{L}_b^{\mathrm{T}}G>0$来获得。

此外，当且仅当(A_{α_i},B)是可稳定的，并且$(A_{\alpha_i},\mathcal{Q}^{1/2})$是可观测的，ARE［式（9-36）］具有可行解$P$[171]。

注 9.5：ARE［式（9-36）］中不包含建模不确定性的信息，这意味着其解P仅依赖于矩阵A_{α_i}、B、R和$\mathcal{Q}$，而与不确定性无关。因此，全局能耗指标函数的上界对于给定的初始条件将保持不变，并且与不确定信息无关。在文献[187]、文献[192]和文献[213]～文献[217]中，能耗指标函数的上界依赖于与不确定性相关的参数，即能耗指标函数的边界依赖于不确定性。

注 9.6：在本节中，控制增益矩阵的设计可以通过求解与图的拉普拉斯矩阵无关的

ARE[式（9-36）]来实现。在文献[167]中，通过求解涉及图的拉普拉斯矩阵的 LMI 来实现控制增益矩阵的设计[参见文献[167]中的公式（14）]。值得一提的是，本节中 ARE[式（9-36）]的数值计算复杂度显著小于文献[167]中 LMI（14），详细讨论如下：

矩阵不等式的数值计算复杂度取决于要计算的不等式总数 $\mathcal{N}_\mathrm{n}$ 和每个不等式的总行大小 $\mathcal{N}_\mathrm{s}$ [218]。①对于不等式（9-36），有 $\mathcal{N}_\mathrm{n}=m$，但对于文献[167]中的不等式，有 $\mathcal{N}_\mathrm{n}=m^N$，其中，$m$ 表示模糊规则的总数，N 表示自主体的总数。此外，为了公平对比，假设控制协议模糊规则的总数为文献[167]中的一个。②对于不等式（9-36），有 $\mathcal{N}_\mathrm{s}=p$，但对于文献[167]中的不等式，有 $\mathcal{N}_\mathrm{s}=pN$，其中，$p$ 代表状态变量的维数。因此，可以得出结论，对于文献[167]中计算的矩阵不等式，$\mathcal{N}_\mathrm{n}$ 和 $\mathcal{N}_\mathrm{s}$ 的值取决于自主体的总数，所以如果整个网络包含多个自主体，$\mathcal{N}_\mathrm{n}$ 和 $\mathcal{N}_\mathrm{s}$ 将非常大。然而，对于本节中要计算的矩阵不等式，$\mathcal{N}_\mathrm{n}$ 和 $\mathcal{N}_\mathrm{s}$ 的值与自主体总数无关。因此，本节中设计控制增益矩阵的数值复杂度明显小于文献[167]中的数值计算复杂度，尤其是在网络涉及大量自主体的情况下。

4. 线性系统示例

本节给出了线性系统的情况，即假设式（9-1）中描述的非线性多自主体系统具有以下特定形式：

$$\dot{\boldsymbol{x}}_i=\boldsymbol{A}\boldsymbol{x}_i+\Delta\boldsymbol{A}_i\boldsymbol{x}_i+\boldsymbol{B}(\hat{\boldsymbol{u}}_i+\boldsymbol{w}_i),\ \ i=1,2,\cdots,N \tag{9-55}$$

其中，$\boldsymbol{A}$ 是一个已知的常数矩阵；$\Delta\boldsymbol{A}_i$ 是一个未知但范数有界的不确定参数矩阵；$\hat{\boldsymbol{u}}_i$ 用来区分线性多自主体系统的控制协议与非线性多自主体系统的控制协议。因此，第 i 个自主体的滑模面和连续 SMC 协议仍然可以设计为式（9-2）和式（9-6），其中，式（9-2）中的 $f(\boldsymbol{x}_i)$ 被 $\boldsymbol{A}\boldsymbol{x}_i$ 替换。基于定理 9.1 可得，控制器（9-6）仍能够保证系统在有限时间内到达滑模面。此外，根据式（9-5），可以获得如下滑模面上的等效系统：

$$\dot{\boldsymbol{x}}_i=(\boldsymbol{A}+\boldsymbol{H}\Delta\boldsymbol{A}_i)\boldsymbol{x}_i+\boldsymbol{B}\hat{\boldsymbol{u}}_{in} \tag{9-56}$$

其中，$\hat{\boldsymbol{u}}_{in}$ 是待确定的标称控制协议。此外，等效系统（9-56）的全局形式为

$$\dot{\boldsymbol{X}}=(\boldsymbol{\mathcal{A}}+\boldsymbol{\mathcal{H}}\Delta\boldsymbol{\mathcal{A}})\boldsymbol{X}+\boldsymbol{\mathcal{B}}\hat{\boldsymbol{U}}_\mathrm{n} \tag{9-57}$$

式中，$\Delta\boldsymbol{\mathcal{A}}=\mathrm{diag}\{\Delta\boldsymbol{A}_1,\Delta\boldsymbol{A}_2,\cdots,\Delta\boldsymbol{A}_N\}$，$\hat{\boldsymbol{U}}_\mathrm{n}=[\hat{\boldsymbol{u}}_{1\mathrm{n}}^\mathrm{T},\hat{\boldsymbol{u}}_{2\mathrm{n}}^\mathrm{T},\cdots,\hat{\boldsymbol{u}}_{N\mathrm{n}}^\mathrm{T}]^\mathrm{T}$。

对于系统（9-57），定义全局能耗指标函数为

$$\hat{\mathcal{J}}=\int_0^\infty\hat{L}(\boldsymbol{X},\hat{\boldsymbol{U}}_\mathrm{n})\mathrm{d}t \tag{9-58}$$

其中，$\hat{L}(\boldsymbol{X},\hat{\boldsymbol{U}}_\mathrm{n})=0.5(\boldsymbol{X}^\mathrm{T}\boldsymbol{\mathcal{Q}}_1\boldsymbol{X}+\hat{\boldsymbol{U}}_\mathrm{n}^\mathrm{T}\boldsymbol{\mathcal{R}}_1\hat{\boldsymbol{U}}_\mathrm{n})$；$\boldsymbol{\mathcal{Q}}_1=\boldsymbol{\mathcal{Q}}_1^\mathrm{T}\geqslant 0$；$\boldsymbol{\mathcal{R}}_1=\boldsymbol{\mathcal{R}}_1^\mathrm{T}>0$。哈密顿函数定义为

$$\hat{H}(\boldsymbol{X},\hat{\boldsymbol{U}}_\mathrm{n})=-\hat{L}(\boldsymbol{X},\hat{\boldsymbol{U}}_\mathrm{n})+\hat{\boldsymbol{\varrho}}^\mathrm{T}\hat{f}(\boldsymbol{X},\hat{\boldsymbol{U}}_\mathrm{n}) \tag{9-59}$$

其中，$\hat{f}(\boldsymbol{X},\hat{\boldsymbol{U}}_\mathrm{n})=(\boldsymbol{\mathcal{A}}+\boldsymbol{\mathcal{H}}\Delta\boldsymbol{\mathcal{A}})\boldsymbol{X}+\boldsymbol{\mathcal{B}}\hat{\boldsymbol{U}}_\mathrm{n}$；$\hat{\boldsymbol{\varrho}}\in\Re^{pN}$ 为协态变量。

本节的目标是设计一个最优标称控制协议，该协议能够保证全局能耗指标函数(9-58)最小化。

定理 9.3：设加权矩阵 $\boldsymbol{R}=\boldsymbol{R}^\mathrm{T}>0$ 和 $\boldsymbol{Q}=\boldsymbol{Q}^\mathrm{T}\geqslant 0$，若如下 ARE：

$$\hat{\boldsymbol{P}}\boldsymbol{A}+\boldsymbol{A}^\mathrm{T}\hat{\boldsymbol{P}}-\hat{\boldsymbol{P}}\boldsymbol{B}\boldsymbol{R}^{-1}\boldsymbol{B}^\mathrm{T}\hat{\boldsymbol{P}}+\boldsymbol{Q}=0 \tag{9-60}$$

具有唯一正定解 $\hat{\boldsymbol{P}}$。此外加权参数 $\hat{c}>0$，控制增益矩阵 $\hat{\boldsymbol{K}}=-\boldsymbol{R}^{-1}\boldsymbol{B}^\mathrm{T}\hat{\boldsymbol{P}}$，系统（9-57）的

稳定性可由标称控制协议 $\hat{\boldsymbol{U}}_n^* = ((\boldsymbol{G}\mathcal{L}_b + \mathcal{L}_b^{\mathrm{T}}\boldsymbol{G}) \otimes \hat{c}\hat{\boldsymbol{K}})\boldsymbol{X}$ 保证，并且 $\hat{c}$ 满足如下条件：

$$\hat{c} \geqslant \max\left\{ \frac{\left\|\boldsymbol{PBR}^{-1}\boldsymbol{B}^{\mathrm{T}}\boldsymbol{P}\right\| + 2\left\|\boldsymbol{PH}\right\|\delta - \sigma_{\min}\{\boldsymbol{Q}\}}{\sigma_{p\min}\left\{(\boldsymbol{G}\mathcal{L}_b + \mathcal{L}_b^{\mathrm{T}}\boldsymbol{G}) \otimes \boldsymbol{PBR}^{-1}\boldsymbol{B}^{\mathrm{T}}\boldsymbol{P}\right\}}, 0^+ \right\}$$

同时全局能耗指标函数（9-58）的最优值为 $\hat{\mathcal{J}}^* = 0.5\sum_{i=1}^{N}\boldsymbol{x}_i^{\mathrm{T}}(0)\hat{\boldsymbol{P}}\boldsymbol{x}_i(0)$。

证明：设 $\hat{\mathcal{P}} = \boldsymbol{I}_N \otimes \hat{\boldsymbol{P}}$，$\hat{\mathcal{R}} = \boldsymbol{I}_N \otimes \boldsymbol{R}$，$\hat{\mathcal{Q}} = \boldsymbol{I}_N \otimes \boldsymbol{Q}$，$\mathcal{R}_1 = (\boldsymbol{G}\mathcal{L}_b + \mathcal{L}_b^{\mathrm{T}}\boldsymbol{G})^{-1} \otimes \hat{c}^{-1}\boldsymbol{R}$ 和 $\mathcal{Q}_1 = \hat{\mathcal{Q}} - \overline{\mathcal{Q}} - \hat{\mathcal{P}}\mathcal{B}\hat{\mathcal{R}}^{-1}\mathcal{B}^{\mathrm{T}}\hat{\mathcal{P}} + \hat{\mathcal{P}}\mathcal{B}\mathcal{R}^{-1}\mathcal{B}^{\mathrm{T}}\hat{\mathcal{P}}$，其中，$\overline{\mathcal{Q}} = \hat{\mathcal{P}}\mathcal{H}\Delta\mathcal{A} + \Delta\mathcal{A}^{\mathrm{T}}\mathcal{H}^{\mathrm{T}}\hat{\mathcal{P}}$。证明过程与定理 9.2 的证明过程类似，在此不再赘述。

注 9.7：文献[27]、[52]、[170]、[219]和[220]中提出的协同最优控制协议不能应用于仅包含一个有向生成树的有向拓扑的多自主体系统，并且需要假设通信拓扑必须是无向的、强连通的或具有简单拉普拉斯矩阵的有向图。通过使用本节中提出的最优控制协议，进一步去除了文献[27]、[52]、[170]、[219]和[220]中所采用拓扑的假设。

9.1.2　有向通信拓扑下高阶非线性多自主体系统仿真算例

本节使用仿真算例来验证所提出的理论方法的有效性。多自主体系统的通信拓扑如图 9-1 所示，稳定保持增益由 $b_1 = 1$ 和 $b_2 = b_3 = b_4 = b_5 = b_6 = 0$ 给出。

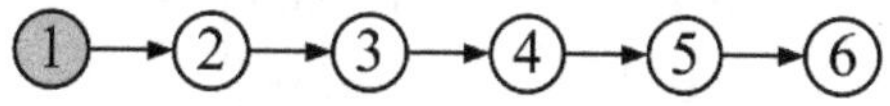

图 9-1　6 个自主体之间的通信拓扑

1. 算例 1

在本算例中，考虑多航天器的协同姿态稳定问题。各航天器的姿态动力学和运动学方程如下：

$$\begin{cases} \boldsymbol{J}_i\dot{\boldsymbol{\omega}}_i = -\boldsymbol{\omega}_i^{\times}\boldsymbol{J}_i\boldsymbol{\omega}_i + \boldsymbol{u}_i + \boldsymbol{\varepsilon}_i \\ \dot{\boldsymbol{q}}_i = 0.5\left(\boldsymbol{q}_i^{\times} + q_{i0}\boldsymbol{I}_3\right)\boldsymbol{\omega}_i \\ \dot{q}_{i0} = -0.5\boldsymbol{q}_i^{\mathrm{T}}\boldsymbol{\omega}_i \end{cases}, \quad i = 1,2,\cdots,N \tag{9-61}$$

其中，$\boldsymbol{J}_i$ 是惯性矩阵；$\boldsymbol{q}_i$ 和 q_{i0} 是姿态四元数；$\boldsymbol{\omega}_i$ 是角速度；$\boldsymbol{u}_i$ 和 $\boldsymbol{\varepsilon}_i$ 分别为控制转矩和干扰转矩。考虑惯性矩阵中的异构不确定性，即 $\boldsymbol{J}_i = \boldsymbol{J}_0 + \Delta\boldsymbol{J}_i$。基于文献[166]，系统（9-61）可改写为

$$\dot{\boldsymbol{x}}_i = (\boldsymbol{A}(\boldsymbol{x}_i) + \Delta\boldsymbol{A}_i(\boldsymbol{x}_i))\boldsymbol{x}_i + \boldsymbol{B}(\boldsymbol{u}_i + \boldsymbol{w}_i) \tag{9-62}$$

其中，

$$\boldsymbol{A}(\boldsymbol{x}_i) = \begin{bmatrix} -\boldsymbol{J}_0^{-1}\boldsymbol{w}_i^{\times}\boldsymbol{J}_0 & \boldsymbol{O}_{3\times3} \\ 0.5\sqrt{1-\boldsymbol{q}_i^{\mathrm{T}}\boldsymbol{q}_i}\boldsymbol{I}_3 & -0.5\boldsymbol{w}_i^{\times} \end{bmatrix}, \quad \boldsymbol{x}_i = \begin{bmatrix} \boldsymbol{w}_i \\ \boldsymbol{q}_i \end{bmatrix},$$

$$\Delta\boldsymbol{A}_i(\boldsymbol{x}_i) = \begin{bmatrix} -\boldsymbol{J}_0^{-1}\boldsymbol{w}_i^{\times}\Delta\boldsymbol{J}_i & \boldsymbol{O}_{3\times3} \\ \boldsymbol{O}_{3\times3} & \boldsymbol{O}_{3\times3} \end{bmatrix}, \quad \boldsymbol{B} = \begin{bmatrix} \boldsymbol{J}_0^{-1} \\ \boldsymbol{O}_{3\times3} \end{bmatrix}$$

且 $\boldsymbol{w}_i = \varepsilon_i - \Delta\boldsymbol{J}_i\dot{\boldsymbol{\omega}}_i$。

假设 $\boldsymbol{J}_0=\boldsymbol{I}_3$，在如下 4 个操作点对 $\boldsymbol{A}(\boldsymbol{x}_i)$ 进行采样：

$$\boldsymbol{x}_1=[0.1,0.1,0.1,0,0,0]^{\mathrm{T}},\ \boldsymbol{x}_2=[0.1,0.1,0.1,0.5,0.5,0.5]^{\mathrm{T}},$$
$$\boldsymbol{x}_3=[-0.1,-0.1,-0.1,0,0,0]^{\mathrm{T}},\ \boldsymbol{x}_4=[-0.1,-0.1,-0.1,0.5,0.5,0.5]^{\mathrm{T}}$$

系统（9-62）可用 T-S 模糊模型进行近似，通过将 4 个操作点替换为 $\boldsymbol{A}(\boldsymbol{x}_i)$ 可以得到系统矩阵 $\boldsymbol{A}_{\alpha_i}$（$\alpha_i=1,2,3,4$）。选择加权矩阵 $\boldsymbol{R}=\boldsymbol{I}_3$ 和 $\boldsymbol{Q}=\boldsymbol{I}_6$，则可以通过求解 ARE［式（9-36）］来获得控制增益矩阵。令 $g_i=1\ (i=1,2,\cdots,6)$ 满足条件 $\boldsymbol{G}\boldsymbol{\mathcal{L}}_b+\boldsymbol{\mathcal{L}}_b^{\mathrm{T}}\boldsymbol{G}>0$。设 $\boldsymbol{\mathcal{X}}=[\boldsymbol{J}_0,\boldsymbol{O}_{3\times3}]$，则根据注 9.3，可得 $\delta\leqslant0.0243$ 和 $c\geqslant5.0616$。因此，选择加权参数为 $c=5.1$，不确定惯性矩阵分别为 $\Delta\boldsymbol{J}_1=0.02\sin(t)\boldsymbol{I}_3$，$\Delta\boldsymbol{J}_2=0.02\cos(t)\boldsymbol{I}_3$，$\Delta\boldsymbol{J}_3=0.015\sin(t)\boldsymbol{I}_3$，$\Delta\boldsymbol{J}_4=0.015\cos(t)\boldsymbol{I}_3$，$\Delta\boldsymbol{J}_5=0.01\sin(t)\boldsymbol{I}_3$ 和 $\Delta\boldsymbol{J}_6=0.01\cos(t)\boldsymbol{I}_3$。

此外，系统的初始条件选择为

$$\boldsymbol{x}_1(0)=\begin{bmatrix}0.01\\0.01\\0.01\\0.1\\0.1\\0.1\end{bmatrix},\ \boldsymbol{x}_2(0)=\begin{bmatrix}0.015\\0.015\\0.015\\0.15\\0.15\\0.15\end{bmatrix},\ \boldsymbol{x}_3(0)=\begin{bmatrix}0.02\\0.02\\0.02\\0.2\\0.2\\0.2\end{bmatrix},$$
$$\boldsymbol{x}_4(0)=\begin{bmatrix}-0.03\\-0.03\\-0.03\\-0.3\\-0.3\\-0.3\end{bmatrix},\ \boldsymbol{x}_5(0)=\begin{bmatrix}-0.04\\-0.04\\-0.04\\-0.4\\-0.4\\-0.4\end{bmatrix},\ \boldsymbol{x}_6(0)=\begin{bmatrix}-0.05\\-0.05\\-0.05\\-0.5\\-0.5\\-0.5\end{bmatrix}$$

系统的外部干扰量选择为 $\boldsymbol{\varepsilon}_i=0.1[\sin(0.1t),\cos(0.1t),-\sin(0.1t)]^{\mathrm{T}}\ (i=1,2,\cdots,6)$，并且令式（9-6）中的控制增益参数为 $k_1=0.2$，$k_2=0.02$。6 个航天器的姿态范数 $\|\boldsymbol{q}_i\|$ 的演化轨迹如图 9-2 所示。结果表明，6 个航天器的姿态可以在 10s 内同步达到零，稳态误差小于 1×10^{-6}。

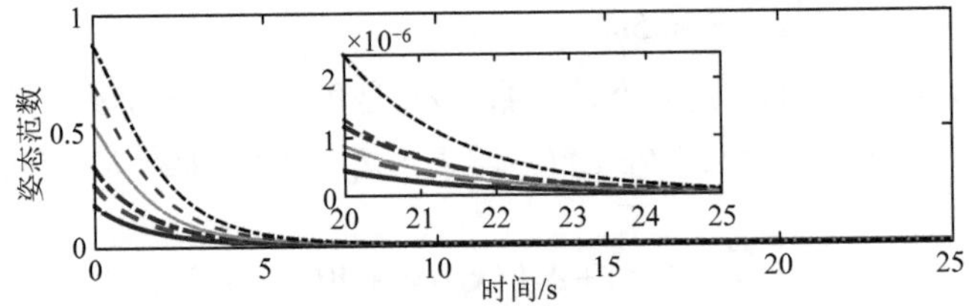

彩图 9-2

图 9-2　6 个航天器的姿态范数演化轨迹示意图

此外，从定理 9.2 可以得出结论，全局能耗指标函数上界可计算为 $V_b(0)=0.5\sum_{i=1}^{6}\boldsymbol{x}_i^{\mathrm{T}}(0)\boldsymbol{P}\boldsymbol{x}_i(0)=174.6$。选择不确定惯性矩阵 $\Delta\boldsymbol{J}_i=0.1(\sin(t)+1)\boldsymbol{I}_3$，$\Delta\boldsymbol{J}_i=0.1(\cos(t)+1)\boldsymbol{I}_3$ 和 $\Delta\boldsymbol{J}_i=-0.2\sin(t)\boldsymbol{I}_3$，其中，$i=1,2,\cdots,6$。基于不同不确定性矩阵的全局能耗指标函数演化轨迹如图 9-3 所示。可以看出，即使对于不同的不确定性，全局能耗指

标函数的最大值也不会超过相同的理论上限 $V_b(0)$，与注 9.5 中讨论的情况一致。

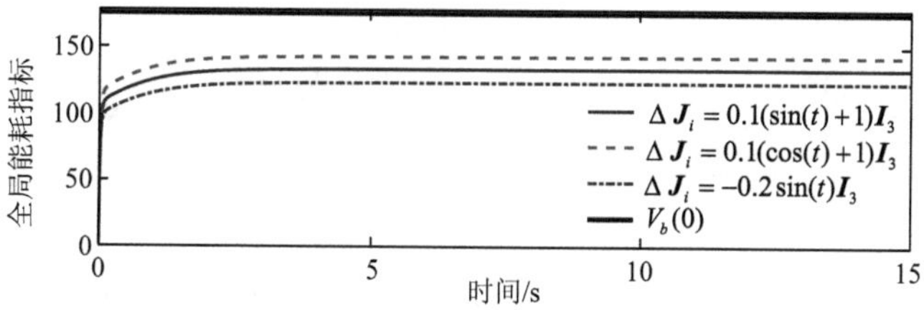

彩图 9-3

图 9-3　基于不同不确定矩阵的全局能耗指标函数演化轨迹示意图

2. 算例 2

以 USV 的协同定位控制问题为例，将本节与文献[167]的结果进行比较。文献[196]的 USV 模型表示为

$$\dot{\boldsymbol{x}}_i = \boldsymbol{A}(\boldsymbol{x}_i)\boldsymbol{x}_i + \boldsymbol{B}(\boldsymbol{u}_i + \boldsymbol{w}_i),\ \ i = 1,2,\cdots,N \tag{9-63}$$

其中，

$$\boldsymbol{A}(\boldsymbol{x}_i) = \begin{bmatrix} \boldsymbol{O}_{3\times3} & \boldsymbol{\Psi}(\zeta_i) \\ -\boldsymbol{\mathcal{M}}^{-1}\boldsymbol{\mathcal{C}} & -\boldsymbol{\mathcal{M}}^{-1}\boldsymbol{\mathcal{S}} \end{bmatrix},\ \boldsymbol{B} = \begin{bmatrix} \boldsymbol{O}_{3\times3} \\ \boldsymbol{\mathcal{M}}^{-1} \end{bmatrix},$$

$$\boldsymbol{x}_i = [\boldsymbol{\psi}_i \ \ \boldsymbol{\upsilon}_i]^{\mathrm{T}},\ \boldsymbol{\psi}_i = \begin{bmatrix} \boldsymbol{r}_{ix} & \boldsymbol{r}_{iy} & \boldsymbol{\zeta}_i \end{bmatrix}^{\mathrm{T}},\ \boldsymbol{\upsilon}_i = \begin{bmatrix} \boldsymbol{v}_{ix} & \boldsymbol{v}_{iy} & \boldsymbol{v}_{iz} \end{bmatrix}^{\mathrm{T}},$$

$$\boldsymbol{\Psi}(\zeta_i) = \begin{bmatrix} \cos(\boldsymbol{\zeta}_i) & -\sin(\boldsymbol{\zeta}_i) & 0 \\ \sin(\boldsymbol{\zeta}_i) & \cos(\boldsymbol{\zeta}_i) & 0 \\ 0 & 0 & 1 \end{bmatrix}$$

式中参数和变量的定义详见文献[196]。注意到由于文献[167]关注的是没有建模不确定性的系统，因此本算例中不考虑不确定性，以便更好地进行比较。

分别在 4 个操作点对 $\boldsymbol{A}(\boldsymbol{x}_i)$ 进行采样：$\sin(\boldsymbol{\zeta}_1)=0$，$\cos(\boldsymbol{\zeta}_1)=1$；$\sin(\boldsymbol{\zeta}_2)=0$，$\cos(\boldsymbol{\zeta}_2)=\cos(\pi/8)$；$\sin(\boldsymbol{\zeta}_3)=\sin(\pi/8)$，$\cos(\boldsymbol{\zeta}_3)=1$；$\sin(\boldsymbol{\zeta}_4)=\sin(\pi/8)$，$\cos(\boldsymbol{\zeta}_4)=\cos(\pi/8)$。令 $g_1=g_2=\cdots=g_6=1$，则有 $c \geqslant (1/\sigma_{\min}\{\boldsymbol{G}\boldsymbol{\mathcal{L}}_b+\boldsymbol{\mathcal{L}}_b^{\mathrm{T}}\boldsymbol{G}\})=5.0489$。选择加权参数为 $c=5.1$。设加权矩阵 $\boldsymbol{R}=7.5\times10^4\boldsymbol{I}_3$，$\boldsymbol{Q}=10\boldsymbol{I}_6$，$\boldsymbol{\mathcal{S}}=\mathrm{diag}\{0.1,0.1,0.1\}$，$\boldsymbol{\mathcal{C}}=\mathrm{diag}\{0.02,0.02,0.02\}$，$\boldsymbol{\mathcal{M}}=[1,\ 0,0;0,1,0.1;0,0.1,1]$。然后，控制增益矩阵可通过求解 ARE［式（9-36）］来获得。系统的外部扰动选择为

$$\boldsymbol{w}_1 = \boldsymbol{w}_2 = \cdots = \boldsymbol{w}_6 = [\sin(0.1t)-1, \cos(0.1t), -\sin(0.1t)+1]^{\mathrm{T}} \times 10^{-3}$$

则 SMC 的控制增益参数选择为 $k_1=0.015$ 和 $k_2=0.0002$。

此外，对于文献[167]中提出的控制协议（38），假设初始条件的界限为 $\xi=1\times10^3$，性能指标的界限为 $\bar{\delta}=1\times10^4$，开关函数的增益为 $\bar{k}=1\times10^{-4}$，则可以通过求解[167]中的 LMI（14）、（15）和（16）来获得控制协议的增益矩阵。

图 9-4～图 9-8 分别展示了在本节和文献[167]中提出协议下，各 USV 的状态范数 $\|\boldsymbol{x}_i\|$、控制输入范数 $\|\boldsymbol{u}_i\|$ 和积分平方误差（integral squared error，ISE）$\sum_{i=1}^{6}\int_0^{\infty}\left(\|\boldsymbol{x}_i\|^2+\|\boldsymbol{u}_i\|^2\right)\mathrm{d}t$ 的演化轨迹。从图 9-4 和图 9-5 中可以看出，6 个 USV 的状态在大约 60s 时达到零，而

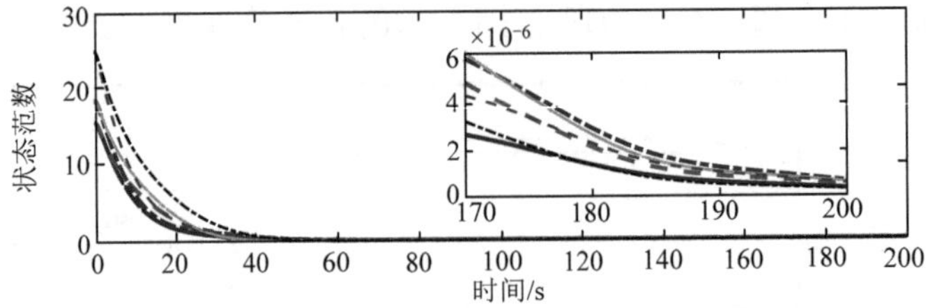

彩图 9-4

图 9-4　使用本节协议的 6 个 USV 的状态范数演化轨迹示意图

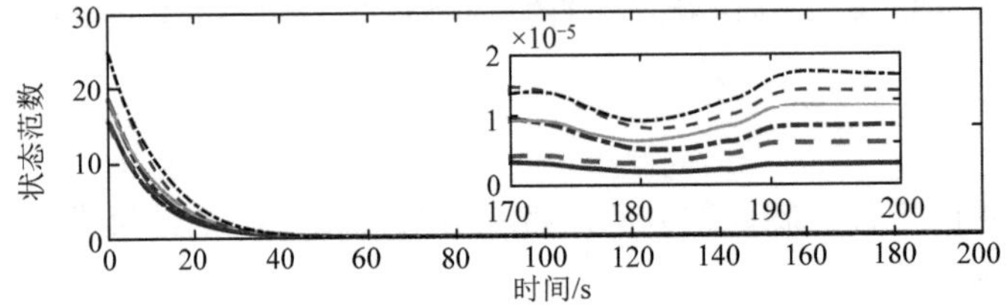

彩图 9-5

图 9-5　使用文献[167]中协议的 6 个 USV 的状态范数演化轨迹示意图

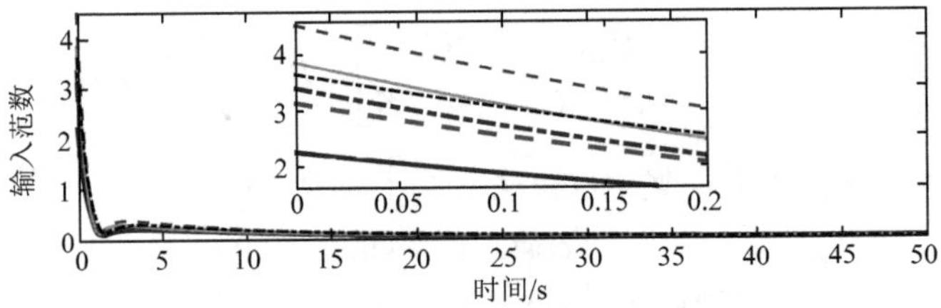

彩图 9-6

图 9-6　使用本节协议控制的 6 个 USV 的输入范数演化轨迹示意图

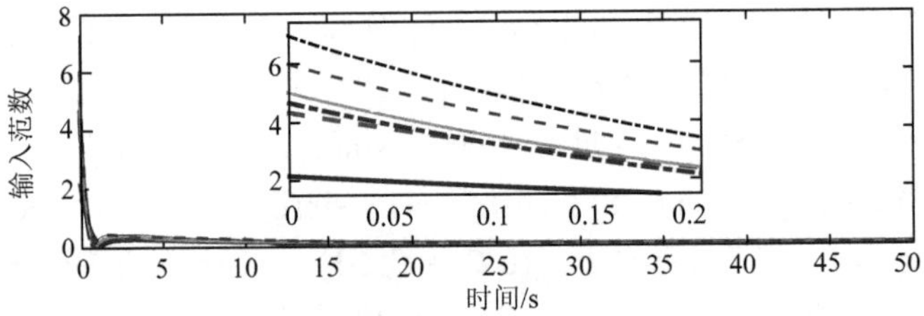

彩图 9-7

图 9-7　使用文献[167]中协议控制的 6 个 USV 的输入范数演化轨迹示意图

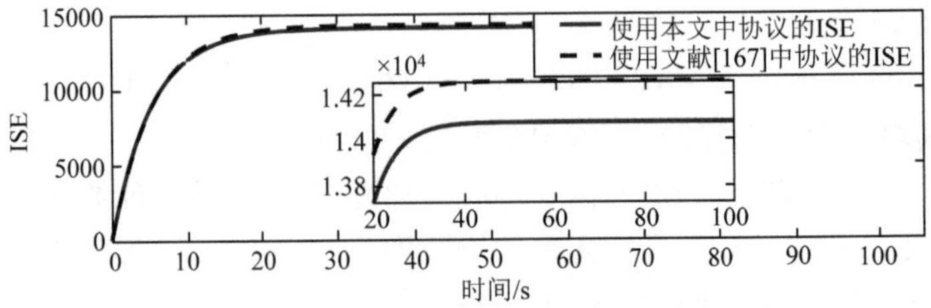

图 9-8　使用本节和文献[167]中协议的 ISE 演化轨迹示意图

本节提出协议的稳态误差小于文献[167]中提出的协议。图 9-6 和图 9-7 表明，本节提出协议的最大控制输入范数小于文献[167]中提出的协议。此外，从图 9-8 中可以看出，本节提出协议的状态和控制输入的 ISE 小于文献[167]中提出的协议。因此，本节提出的协议与文献[167]中提出的协议相比，具有更小的控制输入和更低的能耗成本。

此外，基于注 9.6，本节和文献[167]中设计的控制增益矩阵的数值计算复杂度讨论如下：①对于本节提出的方法，要计算的矩阵不等式的总数为 $\mathcal{N}_{n(a)}=m=4$，而对于文献[167]中提出的方法，不等式的数量为 $\mathcal{N}_{n(b)}=m^N=4096$。②对于本节提出的方法，每个矩阵不等式的总行大小为 $\mathcal{N}_{s(a)}=p=6$，而对于文献[167]中提出的方法，每个不等式的总行大小为 $\mathcal{N}_{s(b)}=pN=6\times 6=36$。因此，与文献[167]中的方法相比，本节提出的方法可以显著降低数值计算的复杂度。此外，使用本节和文献[167]中提出的方法计算控制增益矩阵的时间如表 9-1 所示，所有计算均在笔记本电脑（CPU：i7-7660 2.50 GHz×4；RAM：16.00GB）中执行。从表 9-1 中可以明显看出，与文献[167]相比，本节所提出的控制方法的计算时间明显更短。

表 9-1　使用两种方法的计算时间

方法	计算时间/s
本节方法提出的方法	0.1694
文献[167]中提出的方法	130.0992

3. *算例 3*

以具有双积分器动力学的二阶线性多自主体系统的协同控制问题为例，与文献[207]中提出的方法进行比较。二阶线性多自主体系统的动力学方程表示为

$$\dot{\boldsymbol{x}}_i=\boldsymbol{A}\boldsymbol{x}_i+\boldsymbol{B}(\boldsymbol{u}_i+\boldsymbol{w}_i),\ \ i=1,2,\cdots,N \tag{9-64}$$

其中，$\boldsymbol{A}=[0,1;0,0]$；$\boldsymbol{B}=[0,1]^{\mathrm{T}}$；$\boldsymbol{x}_i=[\boldsymbol{x}_{pi},\boldsymbol{x}_{vi}]^{\mathrm{T}}$；$\boldsymbol{x}_{pi}$ 和 $\boldsymbol{x}_{vi}$ 分别表示自主体的位置和速度。由于文献[207]中没有考虑不确定性，因此忽略建模不确定性分量。设 $g_1=g_2=\cdots=g_6=1$，则有 $\hat{c}\geqslant(1/\sigma_{\min}\{\boldsymbol{G}\boldsymbol{\mathcal{L}}_b+\boldsymbol{\mathcal{L}}_b^{\mathrm{T}}\boldsymbol{G}\})=5.0489$，选择加权参数为 $\hat{c}=5.05$。分别选择权重矩阵为 $\boldsymbol{R}=20$，$\boldsymbol{Q}=0.2\boldsymbol{I}_2$，通过求解式（9-50）所示的 ARE，得到控制增益矩阵 $\hat{\boldsymbol{K}}=[-0.1,-0.46]$。选择扰动分量为 $w_1=w_2=\cdots=w_6=0.01\sin(t)$，然后 SMC 的控制增益参数选择为 $k_1=0.01$ 和 $k_2=0.02$。设 $\boldsymbol{\mathcal{X}}=[0,1]$，则有 $k=1$。

在本算例中，文献[207]中的连续 SMC 协议与协议（9-6）相同，此外，仍然为文献[207]中协议控制增益参数选择为 $k_1=0.01$ 和 $k_2=0.02$。此外，文献[207]中标称控制协议的控制增益选择为−1［参见文献[207]的公式（5）］，因此文献[207]中的标称控制协议设计为 $\boldsymbol{u}_i^{\mathrm{nom}}=\boldsymbol{K}_2\left(\sum_{j=1}^{N}a_{ij}(\boldsymbol{x}_i-\boldsymbol{x}_j)+b_i\boldsymbol{x}_i\right)$，其中，$\boldsymbol{K}_2=[-1,-1]$。注意到文献[207]中研究的有限时间收敛问题不是主要关注的问题，因此标称控制协议 $\boldsymbol{u}_i^{\mathrm{nom}}$ 不是根据有限时间算法设计的。

各自主体的初始条件选择为 $\boldsymbol{x}_1(0)=[5,0.5]^{\mathrm{T}}$，$\boldsymbol{x}_2(0)=[4,0.4]^{\mathrm{T}}$，$\boldsymbol{x}_3(0)=[3,0.3]^{\mathrm{T}}$，$\boldsymbol{x}_4(0)=[-5,-0.5]^{\mathrm{T}}$，$\boldsymbol{x}_5(0)=[-4,-0.4]^{\mathrm{T}}$，$\boldsymbol{x}_6(0)=[-3,-0.3]^{\mathrm{T}}$。分别使用本节和文献[207]中提出的协议，位置 $\boldsymbol{x}_{pi}$ 和控制输入 $\boldsymbol{u}_i$ 的演化轨迹分别如图 9-9～图 9-12 所示。此外，全局能耗指标函数的演化轨迹如图 9-13 所示，请注意，由于忽略了不确定性，因此 $\overline{\boldsymbol{Q}}=0$。由图 9-9 和图 9-10 可知，在两种不同控制协议的作用下，6 个自主体的位置均可以达到零，而使用本

节所设计协议的收敛速度更快。由图 9-11 和图 9-12 可知，使用本节所设计协议的控制输入明显小于使用文献[207]中的协议。此外，根据定理 9.3，可以得出全局能耗指标函数的理论最优值为 $\hat{\mathcal{J}}^* = 0.5\sum_{i=1}^{6}\boldsymbol{x}_i^{\mathrm{T}}(0)\hat{\boldsymbol{P}}\boldsymbol{x}_i(0) = 70.4083$，与图 9-13（实线）所示的仿真值一致。

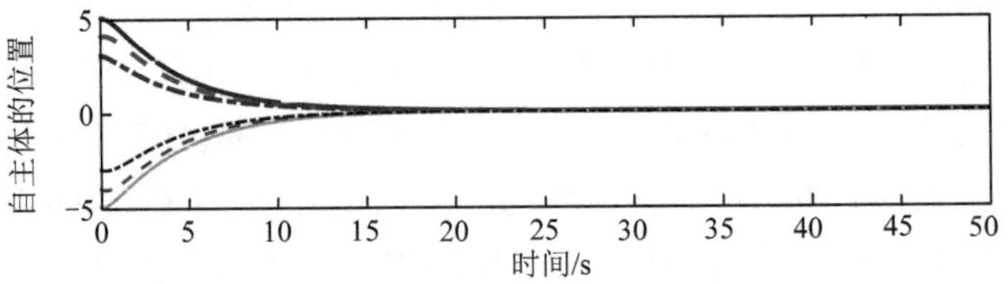

彩图 9-9

图 9-9　使用本节中协议的 6 个自主体的位置演化轨迹示意图

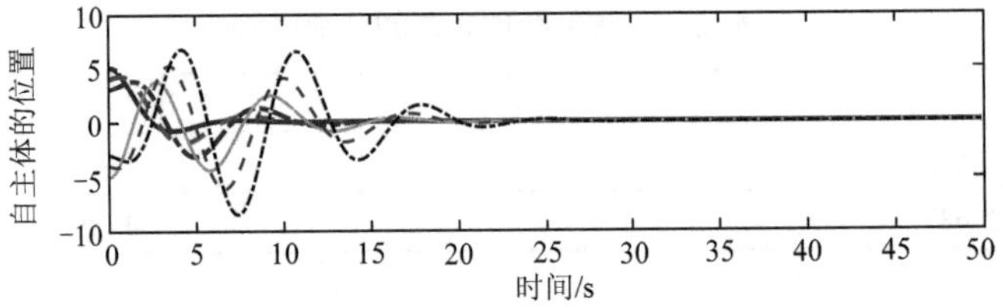

彩图 9-10

图 9-10　使用文献[207]中协议的 6 个自主体的位置演化轨迹示意图

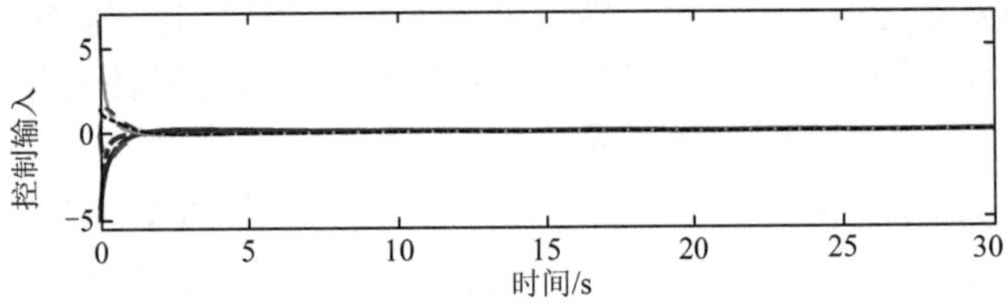

彩图 9-11

图 9-11　使用本节中协议的 6 个自主体的控制输入演化轨迹示意图

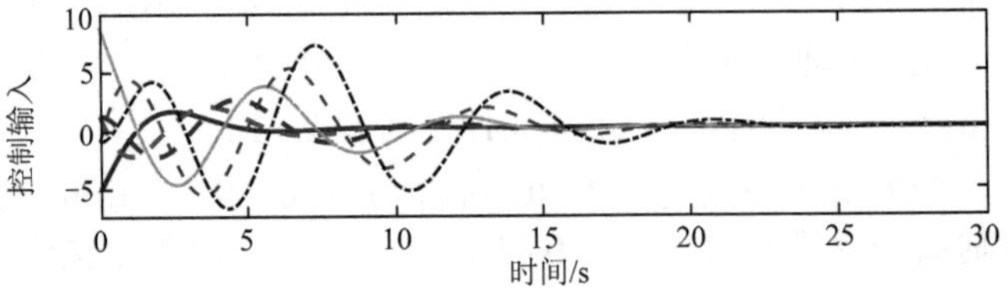

彩图 9-12

图 9-12　使用文献[207]中协议的 6 个自主体的控制输入演化轨迹示意图

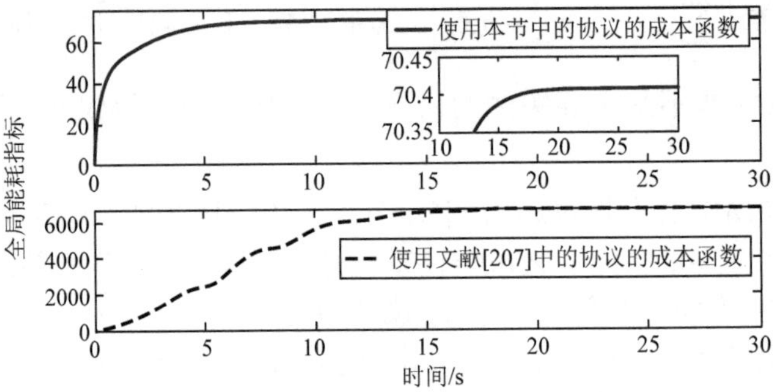

图 9-13　使用本节和文献[207]中的协议的全局能耗指标函数演化轨迹示意图

值得一提的是，文献[27]、[52]、[170]、[219]和[220]中提出的协同最优协议不适用于一般有向图（仅包含一个有向生成树的有向图）。然而，在本节中，图 9-1 所示的拓扑图是仅包含一个有向生成树的有向图。注意到图 9-1 中的通信拓扑图是有向的但不是强连通的，并且其拉普拉斯矩阵 $\mathcal{L}$ 是不可对角化的（由于 $\mathcal{L}$ 的初等因子是 λ 和 $(\lambda-1)^5$）。因此，本节提出的协议适用于文献[27]、[52]、[170]、[219]和[220]中的协议不适用的情况。在本节中删除了文献[27]、[52]、[170]、[219]和[220]中关于拓扑图的假设。

9.2　具有输入延迟和外部扰动的多刚性体姿态分布式跟踪控制

考虑一组由 N 个刚性体构成的多刚性体系统。第 i 个刚性体的姿态动力学和运动学方程描述如下[221]：

$$\begin{cases}\boldsymbol{J}_i\dot{\boldsymbol{\omega}}_i(t)=-\boldsymbol{\omega}_i^{\times}(t)\boldsymbol{J}_i\boldsymbol{\omega}_i(t)+\boldsymbol{u}_i(t-\tau(t))+\boldsymbol{f}_i(t)\\ \dot{\boldsymbol{q}}_i(t)=0.5\left(\boldsymbol{q}_i^{\times}(t)+q_{i0}(t)\boldsymbol{I}_3\right)\boldsymbol{\omega}_i(t)\\ \dot{q}_{i0}(t)=-0.5\boldsymbol{q}_i^{\mathrm{T}}(t)\boldsymbol{\omega}_i(t)\end{cases},\quad i=1,2,\cdots,N,\tag{9-65}$$

其中，$\boldsymbol{J}_i$ 代表惯性矩阵；$\boldsymbol{q}_i(t)$ 和 $q_{i0}(t)$ 分别表示姿态单位四元数的矢量部分和标量部分；$\boldsymbol{\omega}_i(t)$ 表示第 i 个刚性体的载体坐标系 $\mathcal{F}_i$ 相对于惯性坐标系 $\mathcal{F}_i$ 的角速度；$\boldsymbol{u}_i(t)$ 和 $\boldsymbol{f}_i(t)$ 分别代表控制输入和外部干扰分量；$\tau(t)$ 为时变延迟分量。

假设 9.3：多刚性体系统的通信拓扑为包含一个有向生成树的有向图 $\mathcal{G}$，其中，至少 1 个刚性体可以获得自身的状态信息，并且假设该刚性体为生成树的根。

假设 9.4[221-224]：时变延迟分量及其时间导数均有上界。姿态单位四元数的标量部分是非负的。

根据假设 9.4，可令 $0\leqslant\tau(t)\leqslant\hat{\tau}$ 和 $\dot{\tau}(t)\leqslant\rho<1$，其中，$\hat{\tau}$ 和 ρ 为正常数。基于单位四元数的性质，有方程 $[\boldsymbol{q}_i^{\mathrm{T}}(t),q_{i0}(t)][\boldsymbol{q}_i^{\mathrm{T}}(t),q_{i0}(t)]^{\mathrm{T}}=1$ 成立。本节的目标是设计一种有效的控制算法，以保证实现多刚性体的姿态和角速度与期望值的同步。定义第 i 个刚性体的期望姿态和角速度为 $[\boldsymbol{\theta}_i^{\mathrm{T}}(t),\theta_{i0}(t)]^{\mathrm{T}}$ 和 $\boldsymbol{\epsilon}_i(t)$。设 $\mathcal{F}_{id}$ 为第 i 个刚性体的期望坐标系，则第 i 个刚性体的跟踪误差动力学和运动学方程可描述如下[225]：

$$\begin{cases}\boldsymbol{J}_i\dot{\boldsymbol{e}}_i(t)=-\left(\boldsymbol{e}_i(t)+\boldsymbol{\chi}_i(t)\boldsymbol{\epsilon}_i(t)\right)^{\times}\boldsymbol{J}_i\left(\boldsymbol{e}_i(t)+\boldsymbol{\chi}_i(t)\boldsymbol{\epsilon}_i(t)\right)\\ \qquad+\boldsymbol{J}_i\left(\boldsymbol{e}_i^{\times}(t)\boldsymbol{\chi}_i(t)\boldsymbol{\epsilon}_i(t)-\boldsymbol{\chi}_i(t)\dot{\boldsymbol{\epsilon}}_i(t)\right)\\ \qquad+\boldsymbol{u}_i(t-\tau(t))+\boldsymbol{f}_i(t)\\ \dot{\boldsymbol{\vartheta}}_i(t)=0.5(\boldsymbol{\vartheta}_i^{\times}(t)+\vartheta_{i0}(t)\boldsymbol{I}_3)\boldsymbol{e}_i(t)\\ \dot{\vartheta}_{i0}(t)=-0.5\boldsymbol{\vartheta}_i^{\mathrm{T}}(t)\boldsymbol{e}_i(t)\end{cases},\quad i=1,2,\cdots,N\tag{9-66}$$

其中，$\boldsymbol{e}_i(t)=\boldsymbol{\omega}_i(t)-\boldsymbol{\chi}_i(t)\boldsymbol{\epsilon}_i(t)$ 表示 $\mathcal{F}_i$ 系相对于 $\mathcal{F}_{id}$ 系的角速度，即角速度的跟踪误差；$\boldsymbol{\chi}_i(t)=(\vartheta_{i0}^2(t)-\boldsymbol{\vartheta}_i^{\mathrm{T}}(t)\boldsymbol{\vartheta}_i(t))\boldsymbol{I}_3+2\boldsymbol{\vartheta}_i(t)\boldsymbol{\vartheta}_i^{\mathrm{T}}(t)-2\vartheta_{i0}(t)\boldsymbol{\vartheta}_i^{\times}(t)$ 表示将第 i 个刚性体的期望坐标系到其载体系上的旋转矩阵；$[\boldsymbol{\vartheta}_i^{\mathrm{T}}(t),\vartheta_{i0}(t)]^{\mathrm{T}}$ 表示第 i 个刚性体姿态的跟踪误差，不失一般

化性，有 $\boldsymbol{\vartheta}_i(t)=\theta_{i0}(t)\boldsymbol{q}_i(t)-q_{i0}(t)\theta_i(t)+\boldsymbol{q}_i^{\times}(t)\theta_i(t)$ 和 $\vartheta_{i0}(t)=q_{i0}(t)\ \theta_{i0}(t)+\boldsymbol{q}_i^{\mathrm{T}}(t)\theta_i(t)$。

定义惯性矩阵 $\boldsymbol{J}_i$ 由标称部分 $\boldsymbol{J}_0$ 和非标称部分 $\mathcal{J}_i$ 组成，这表明 $\boldsymbol{J}_i=\boldsymbol{J}_0+\mathcal{J}_i$。此外，标称惯性矩阵 $\boldsymbol{J}_0$ 构造为 $\boldsymbol{J}_0=j_0\boldsymbol{I}_3$，其中，$j_0$ 为正常数。基于式（9-66）中的跟踪误差动力学方程，得到

$$
\begin{aligned}
j_0\dot{\boldsymbol{e}}_i(t)=&-j_0\boldsymbol{e}_i^{\times}(t)\boldsymbol{e}_i(t)-j_0(\boldsymbol{\chi}_i(t)\epsilon_i(t))^{\times}\boldsymbol{e}_i(t)-j_0\boldsymbol{e}_i^{\times}(t)(\boldsymbol{\chi}_i(t)\epsilon_i(t))\\
&+j_0\boldsymbol{e}_i^{\times}(t)(\boldsymbol{\chi}_i(t)\epsilon_i(t))-j_0(\boldsymbol{\chi}_i(t)\epsilon_i(t))^{\times}(\boldsymbol{\chi}_i(t)\epsilon_i(t))\\
&-j_0\boldsymbol{\chi}_i(t)\dot{\epsilon}_i(t)+\boldsymbol{u}_i(t-\tau(t))+\boldsymbol{f}_i^{a}(t)
\end{aligned}\tag{9-67}
$$

其中，

$$
\begin{aligned}
\boldsymbol{f}_i^{a}(t)=&\boldsymbol{f}_i(t)-\boldsymbol{e}_i^{\times}(t)\mathcal{J}_i\boldsymbol{e}_i(t)-(\boldsymbol{\chi}_i(t)\epsilon_i(t))^{\times}\mathcal{J}_i(\boldsymbol{\chi}_i(t)\epsilon_i(t))-\boldsymbol{e}_i^{\times}(t)\mathcal{J}_i(\boldsymbol{\chi}_i(t)\epsilon_i(t))\\
&-(\boldsymbol{\chi}_i(t)\epsilon_i(t))^{\times}\mathcal{J}_i\boldsymbol{e}_i(t)-\mathcal{J}_i\dot{\boldsymbol{e}}_i(t)+\mathcal{J}_i\boldsymbol{e}_i^{\times}(t)(\boldsymbol{\chi}_i(t)\epsilon_i(t))-\mathcal{J}_i\boldsymbol{\chi}_i(t)\dot{\epsilon}_i(t)
\end{aligned}
$$

通过对任意实向量 $\boldsymbol{\mathcal{X}}$ 和 $\boldsymbol{\mathcal{Y}}$ 应用斜对称矩阵的性质，即 $\boldsymbol{\mathcal{X}}^{\times}\boldsymbol{\mathcal{X}}=0$ 和 $\boldsymbol{\mathcal{X}}^{\times}\boldsymbol{\mathcal{Y}}=-\boldsymbol{\mathcal{Y}}^{\times}\boldsymbol{\mathcal{X}}$，式（9-67）可重写为

$$
\begin{aligned}
j_0\dot{\boldsymbol{e}}_i(t)&=-j_0\left(\boldsymbol{\chi}_i(t)\epsilon_i(t)\right)^{\times}\boldsymbol{e}_i(t)-j_0\boldsymbol{\chi}_i(t)\dot{\epsilon}_i(t)+\boldsymbol{u}_i\left(t-\tau(t)\right)+\boldsymbol{f}_i^{a}(t)\\
&=-j_0\left(\vartheta_{i0}^2(t)-\boldsymbol{\vartheta}_i^{\mathrm{T}}(t)\boldsymbol{\vartheta}_i(t)\right)\dot{\epsilon}_i(t)+2\boldsymbol{\vartheta}_i(t)\boldsymbol{\vartheta}_i^{\mathrm{T}}(t)\dot{\epsilon}_i(t)-2\vartheta_{i0}(t)\boldsymbol{\vartheta}_i^{\times}(t)\dot{\epsilon}_i(t)\\
&\quad-j_0\left(\boldsymbol{\chi}_i(t)\epsilon_i(t)\right)^{\times}\boldsymbol{e}_i(t)+\boldsymbol{u}_i\left(t-\tau(t)\right)+\boldsymbol{f}_i^{a}(t)\\
&=-j_0\left(\boldsymbol{\chi}_i(t)\epsilon_i(t)\right)^{\times}\boldsymbol{e}_i(t)-2j_0\boldsymbol{\vartheta}_i(t)\boldsymbol{\vartheta}_i^{\mathrm{T}}(t)\dot{\epsilon}_i(t)+2j_0\vartheta_{i0}(t)\boldsymbol{\vartheta}_i^{\times}(t)\dot{\epsilon}_i(t)\\
&\quad+\boldsymbol{u}_i\left(t-\tau(t)\right)+\boldsymbol{f}_i^{b}(t)\\
&=-j_0\left(\boldsymbol{\chi}_i(t)\epsilon_i(t)\right)^{\times}\boldsymbol{e}_i(t)-2j_0\boldsymbol{\vartheta}_i(t)\dot{\epsilon}_i^{\mathrm{T}}(t)\boldsymbol{\vartheta}_i(t)-2j_0\vartheta_{i0}(t)\dot{\epsilon}_i^{\times}(t)\boldsymbol{\vartheta}_i(t)\\
&\quad+\boldsymbol{u}_i\left(t-\tau(t)\right)+\boldsymbol{f}_i^{b}(t)
\end{aligned}\tag{9-68}
$$

其中，$\boldsymbol{f}_i^{b}(t)=\boldsymbol{f}_i^{a}(t)-j_0(\vartheta_{i0}^2(t)-\boldsymbol{\vartheta}_i^{\mathrm{T}}(t)\boldsymbol{\vartheta}_i(t))\dot{\epsilon}_i(t)$。

进一步地，令 $\boldsymbol{x}_i(t)=[\boldsymbol{e}_i^{\mathrm{T}}(t),\boldsymbol{\vartheta}_i^{\mathrm{T}}(t)]^{\mathrm{T}}$ 和 $\boldsymbol{B}=[j_0^{-1}\boldsymbol{I}_3,\boldsymbol{O}_{3\times3}]^{\mathrm{T}}$，根据式（9-66）和式（9-68）可构造如下状态空间方程：

$$
\dot{\boldsymbol{x}}_i(t)=A\left(\boldsymbol{x}_i(t),\epsilon_i(t)\right)\boldsymbol{x}_i(t)+\boldsymbol{B}\left(\boldsymbol{u}_i\left(t-\tau(t)\right)+\boldsymbol{f}_i^{b}(t)\right),\ i=1,2,\cdots,N\tag{9-69}
$$

其中，

$$
\boldsymbol{A}\left(\boldsymbol{x}_i(t),\epsilon_i(t)\right)=\begin{bmatrix}-\left(\boldsymbol{\chi}_i(t)\epsilon_i(t)\right)^{\times} & \boldsymbol{A}_{12}\\ 0.5\left(\boldsymbol{\vartheta}_i^{\times}v+\vartheta_{i0}(t)\boldsymbol{I}_3\right) & \boldsymbol{O}_{3\times3}\end{bmatrix};\ \boldsymbol{A}_{12}=-2\left(\boldsymbol{\vartheta}_i(t)\dot{\epsilon}_i^{\mathrm{T}}(t)+\vartheta_{i0}(t)\dot{\epsilon}_i^{\times}(t)\right)
$$

此外，基于单位四元数的性质，使用 $\sqrt{1-\boldsymbol{\vartheta}_i^{\mathrm{T}}(t)\boldsymbol{\vartheta}_i(t)}$ 来表示 $\vartheta_{i0}(t)$，以便于后续模糊建模过程。

值得指出的是，$x_i(t)$ 由 $\boldsymbol{\vartheta}_i(t)$ 决定，而 $\dot{\epsilon}_i(t)$ 由期望角速度 $\epsilon_i(t)$ 决定。因此，矩阵 $\boldsymbol{A}(\boldsymbol{x}_i(t),\epsilon_i(t))$ 可以用 $\boldsymbol{\vartheta}_i(t)$ 和 $\epsilon_i(t)$ 表示，这意味着 $\boldsymbol{A}(\boldsymbol{x}_i(t),\epsilon_i(t))$ 可以重写为 $\boldsymbol{A}(\boldsymbol{\vartheta}_i(t),\epsilon_i(t))$。此外，令 $\boldsymbol{D}=[\boldsymbol{B},\boldsymbol{O}_{6\times3}]$，$\boldsymbol{f}_i^{c}(t)=[\boldsymbol{f}_i^{b}(t)^{\mathrm{T}},\boldsymbol{O}_{1\times3}]^{\mathrm{T}}$，则式（9-69）可改写为

$$
\dot{\boldsymbol{x}}_i(t)=\boldsymbol{A}\left(\boldsymbol{\vartheta}_i(t),\epsilon_i(t)\right)\boldsymbol{x}_i v+\boldsymbol{B}\boldsymbol{u}_i\left(t-\tau(t)\right)+\boldsymbol{D}\boldsymbol{f}_i^{c}(t),\ i=1,2,\cdots,N\tag{9-70}
$$

其中，$\boldsymbol{f}_i^{c}(t)$ 是系统的等效扰动分量。

T-S 模糊模型由一系列 IF-THEN 规则组成，每个规则表示原始非线性系统的局部线性子系统。设 $\boldsymbol{\vartheta}_i(t)=[\vartheta_{i1}(t),\vartheta_{i2}(t),\vartheta_{i3}(t)]^{\mathrm{T}}$ 和 $\boldsymbol{\epsilon}_i(t)=[\epsilon_{i1}(t),\epsilon_{i2}(t),\epsilon_{i3}(t)]^{\mathrm{T}}$，为了便于模糊建模过程，提供如下一些定义：

$$\boldsymbol{z}_i(t)=\left[z_{i1}(t),z_{i2}(t),z_{i3}(t),z_{i4}(t),z_{i5}(t),z_{i6}(t)\right]^{\mathrm{T}}$$
$$z_{i1}(t)=\epsilon_{i1}(t),z_{i2}(t)=\epsilon_{i2}(t),z_{i3}(t)=\epsilon_{i3}(t)$$
$$z_{i4}(t)=\vartheta_{i1}(t),z_{i5}(t)=\vartheta_{i2}(t),z_{i6}(t)=\vartheta_{i3}(t)$$

进一步地，非线性系统（9-70）可建模为以下 T-S 模糊系统：

$$\dot{\boldsymbol{x}}_i(t)=\boldsymbol{A}_{\alpha_i}\boldsymbol{x}_i(t)+\boldsymbol{B}\boldsymbol{u}_i\left(t-\tau(t)\right)+\boldsymbol{D}\boldsymbol{f}_i^c(t),\quad \alpha_i=1,2,\cdots,\ m,i=1,2,\cdots,N \qquad (9\text{-}71)$$

其中，$\boldsymbol{A}_{\alpha i}$ 是模糊集，m 表示 IF-THEN 规则的总数。根据式（9-71）可以构建如下 T-S 模糊多刚性体跟踪误差模型：

$$\dot{\boldsymbol{x}}_i(t)=\boldsymbol{A}(\boldsymbol{z}_i(t))\boldsymbol{x}_i(t)+\boldsymbol{B}\boldsymbol{u}_i\left(t-\tau(t)\right)+\boldsymbol{D}\boldsymbol{f}_i^c(t),\quad i=1,2,\cdots,N \qquad (9\text{-}72)$$

其中，$\boldsymbol{A}(\boldsymbol{z}_i(t))=\sum_{\alpha_i=1}^{m}\varphi_{\alpha_i}(\boldsymbol{z}_i(t))\boldsymbol{A}_{\alpha_i}$；$\varphi_{\alpha_i}(\boldsymbol{z}_i(t))=\phi_{\alpha_i}(\boldsymbol{z}_i(t))\Big/\sum_{\alpha_i=1}^{m}\phi_{\alpha_i}(\boldsymbol{z}_i(t))$。此外，$\phi_{\alpha_i}(\boldsymbol{z}_i(t))=\prod_{k=1}^{6}H_{\alpha_i k}(z_{ik}(t))$ 为加权函数，$H_{\alpha_i k}(z_{ik}(t))$ 表示 $z_{ik}(t)$ 在模糊集合 $H_{\alpha_i k}$ 上的隶属度。值得指出的是，$\sum_{\alpha_i=1}^{m}\varphi_{\alpha_i}(\boldsymbol{z}_i(t))=1$（$i=1,2,\cdots,N$）以及 $\varphi_{\alpha_i}(\boldsymbol{z}_i(t))\geqslant 0$（$\alpha_i=1,2,\cdots,m$）。

注 9.8：受文献[224]的启发，使用 $\sqrt{1-\boldsymbol{\vartheta}_i^{\mathrm{T}}(t)\boldsymbol{\vartheta}_i(t)}$ 表示 $\vartheta_{i0}(t)$，用于简化模糊建模过程。上述表示不是唯一的，也可以使用 $-\sqrt{1-\boldsymbol{\vartheta}_i^{\mathrm{T}}(t)\boldsymbol{\vartheta}_i(t)}$ 来表示 $\vartheta_{i0}(t)$。此外，在实际作业环境中，$\vartheta_{i0}(t)$ 的值可以允许同时有正负两种。

9.2.1　主要结果

1. 基于 H_∞ 的同步跟踪控制协议设计

本节提出一种基于 H_∞ 的同步跟踪控制协议，以解决多刚性体系统在存在外部干扰分量情况下的姿态同步问题，即确保系统（9-72）的稳定性和 H_∞ 性能。

设计分布式控制协议为

$$\boldsymbol{u}_i(t)=\boldsymbol{K}\left(\sum_{j=1}^{N}a_{ij}(\boldsymbol{x}_i(t)-\boldsymbol{x}_j(t))+a_{ii}\boldsymbol{x}_i(t)\right),\quad i=1,2,\cdots,N \qquad (9\text{-}73)$$

其中，$\boldsymbol{K}$ 表示待确定的控制增益矩阵；a_{ij} 和 a_{ii} 分别用于描述姿态的编队保持行为和位置保持行为。将式（9-73）代入系统（9-72）有

$$\dot{\boldsymbol{X}}(t)=\bar{\boldsymbol{A}}\left(\boldsymbol{Z}(t)\right)\boldsymbol{X}(t)+\mathcal{BK}\boldsymbol{X}\left(t-\tau(t)\right)+\mathcal{D}\boldsymbol{F}(t) \qquad (9\text{-}74)$$

其中，$\boldsymbol{X}(t)=[\boldsymbol{x}_1^{\mathrm{T}}(t),\boldsymbol{x}_2^{\mathrm{T}}(t),\cdots,\boldsymbol{x}_N^{\mathrm{T}}(t)]^{\mathrm{T}}$；$\bar{\boldsymbol{A}}(\boldsymbol{Z}(t))=\mathrm{diag}\{\boldsymbol{A}(\boldsymbol{z}_1(t)),\boldsymbol{A}(\boldsymbol{Z}_2(t)),\cdots,\boldsymbol{A}(\boldsymbol{z}_N(t))\}$；$\mathcal{B}=\boldsymbol{I}_N\otimes\boldsymbol{B}$；$\mathcal{D}=\boldsymbol{I}_N\otimes\boldsymbol{D}$；$\mathcal{K}=\mathcal{L}\otimes\boldsymbol{K}$；$\boldsymbol{F}(t)=[\boldsymbol{f}_1^c(t)^{\mathrm{T}},\boldsymbol{f}_2^c(t)^{\mathrm{T}},\cdots,\boldsymbol{f}_N^c(t)^{\mathrm{T}}]^{\mathrm{T}}$。以下定义描述了 H_∞ 问题：

定义 9.1[226-228]：若满足如下两个条件，则系统（9-76）是渐近稳定的，且具有 H_∞

范数界 γ：

① 在零扰动条件 $\boldsymbol{F}(t)=0$ 下，系统（9-74）是渐近稳定的。

② 在零初始条件 $\boldsymbol{X}(0)=0$ 下，对于非零扰动条件 $\boldsymbol{F}(t)\neq 0$，有如下不等式成立：

$$\int_0^{\infty}\boldsymbol{X}^{\mathrm{T}}(t)\boldsymbol{X}(t)\,\mathrm{d}t<\gamma^2\int_0^{\infty}\boldsymbol{F}^{\mathrm{T}}(t)\boldsymbol{F}(t)\,\mathrm{d}t$$

注意到等效扰动分量 $\boldsymbol{f}_i^c(t)$ 需要满足有界性。值得注意的是，$\boldsymbol{f}_i^c(t)$ 中包含系统的状态变量，这意味着 $\boldsymbol{f}_i^c(t)$ 可能是无界的。在后续的内容中，将证明使用所提出的控制协议可以保证 $\boldsymbol{f}_i^c(t)$ 的有界性。

值得注意的是，在传统的模糊系统中，由于 T-S 模型中明确出现的隶属函数是非负标量，若与模糊规则相对应的子系统是稳定的，则整个 T-S 模糊系统是稳定的[229]。然而，系统（9-74）中的隶属函数是矩阵形式，因此传统模糊系统的常规稳定性分析方法不再适用。

2. 时延 T-S 模糊多自主体系统的模型变换

受文献[167]启发，时延系统（9-74）等价于

$$\begin{aligned}\dot{\boldsymbol{X}}(t)&=\sum_{i=1}^{N}\sum_{\alpha_i=1}^{m}\varphi_{\alpha_i}(z_i(t))\tilde{\boldsymbol{A}}_{\alpha_i}\boldsymbol{X}(t)+\mathcal{BK}\boldsymbol{X}(t-\tau(t))+\mathcal{D}\boldsymbol{F}(t)\\&=\prod_{i=1}^{N}\sum_{\alpha_i=1}^{m}\varphi_{\alpha_i}(z_i(t))\sum_{i=1}^{N}\tilde{\boldsymbol{A}}_{\alpha_i}\boldsymbol{X}(t)+\mathcal{BK}\boldsymbol{X}(t-\tau(t))+\mathcal{D}\boldsymbol{F}(t)\\&=\prod_{i=1}^{N}\sum_{\alpha_i=1}^{m}\varphi_{\alpha_i}(z_i(t))\tilde{\boldsymbol{A}}_{\alpha}\boldsymbol{X}(t)+\mathcal{BK}\boldsymbol{X}(t-\tau(t))+\mathcal{D}\boldsymbol{F}(t)\end{aligned}\tag{9-75}$$

其中，$\tilde{\boldsymbol{A}}_{\alpha}=\mathrm{diag}\{\boldsymbol{A}_{\alpha_1},\boldsymbol{A}_{\alpha_2},\cdots,\boldsymbol{A}_{\alpha_N}\}$，$\tilde{\boldsymbol{A}}_{\alpha_i}$ 是第 i 个主对角子矩阵 $\boldsymbol{A}_{\alpha_i}$ 的对角矩阵。

在系统（9-75）中，隶属函数采用标量而不是矩阵的形式。因此，与式（9-74）中的原始系统相比，系统（9-75）的稳定性更加便于分析。

3. 稳定性和 H_{∞} 性能分析

本节给出了保证系统（9-75）具有 H_{∞} 性能渐近稳定性的充分条件。

定理 9.4：对于 $\alpha_i=1,2,\cdots,m$，如果存在正定对称实矩阵 $\hat{\boldsymbol{P}}$、$\hat{\boldsymbol{R}}$、$\hat{\boldsymbol{M}}$ 和实矩阵 $\hat{\boldsymbol{K}}$ 以及正标量 γ 满足

$$\boldsymbol{\Omega}_{\alpha}=\begin{bmatrix}\boldsymbol{\Omega}_{\alpha 11} & \mathcal{B}\hat{\mathcal{K}}+e^{-\beta\hat{\tau}}\hat{\mathcal{P}} & \mathcal{D}\hat{\mathcal{P}} & \hat{\tau}\hat{\mathcal{P}}\tilde{\boldsymbol{A}}_{\alpha}^{\mathrm{T}}\\ * & e^{-\beta\hat{\tau}}((\rho-1)\hat{\mathcal{R}}-\hat{\mathcal{P}}) & 0 & \hat{\tau}\hat{\mathcal{K}}^{\mathrm{T}}\mathcal{B}^{\mathrm{T}}\\ * & * & -\gamma^2\hat{\mathcal{M}} & \hat{\tau}\hat{\mathcal{P}}\mathcal{D}^{\mathrm{T}}\\ * & * & * & -\hat{\mathcal{P}}\end{bmatrix}\leqslant 0\tag{9-76}$$

其中，$\boldsymbol{\Omega}_{\alpha 11}=\tilde{\boldsymbol{A}}_{\alpha}\hat{\mathcal{P}}+\hat{\mathcal{P}}\tilde{\boldsymbol{A}}_{\alpha}^{\mathrm{T}}+\hat{\mathcal{R}}-e^{-\beta\hat{\tau}}\hat{\mathcal{P}}+\hat{\mathcal{M}}$；$\hat{\mathcal{P}}=\boldsymbol{I}_N\otimes\hat{\boldsymbol{P}}$；$\hat{\mathcal{R}}=\boldsymbol{I}_N\otimes\hat{\boldsymbol{R}}$；$\hat{\mathcal{M}}=\boldsymbol{I}_N\otimes\hat{\boldsymbol{M}}$；$\hat{\mathcal{K}}=\mathcal{L}\otimes\hat{\boldsymbol{K}}$；$\beta>0$。若满足上述条件，则系统（9-75）是渐近稳定的，且具有 H_{∞} 性能 γ。此外，控制增益矩阵 $\boldsymbol{K}=\hat{\boldsymbol{K}}\hat{\boldsymbol{P}}^{-1}$。

证明：选择李雅普诺夫函数为$\boldsymbol{V}(t)=\sum_{i=1}^{3}V_i(t)$。其中，

$$V_1(t)=\boldsymbol{X}^{\mathrm{T}}(t)(\boldsymbol{I}_N\otimes\boldsymbol{P})\boldsymbol{X}(t) \tag{9-77}$$

$$V_2(t)=\int_{t-\tau(t)}^{t}e^{\beta(s-t)}\boldsymbol{X}^{\mathrm{T}}(s)(\boldsymbol{I}_N\otimes\boldsymbol{R})\boldsymbol{X}(s)\mathrm{d}s \tag{9-78}$$

$$V_3(t)=\hat{\tau}\int_{-\hat{\tau}}^{0}\int_{t+\theta}^{t}e^{\beta(s-t)}\dot{\boldsymbol{X}}^{\mathrm{T}}(s)(\boldsymbol{I}_N\otimes\boldsymbol{P})\dot{\boldsymbol{X}}(s)\mathrm{d}s\mathrm{d}q \tag{9-79}$$

其中，$\boldsymbol{P}=\hat{\boldsymbol{P}}^{-1}$和$\boldsymbol{R}=\boldsymbol{P}\hat{\boldsymbol{R}}\boldsymbol{P}$是对称正定矩阵。设$\mathcal{P}=\boldsymbol{I}_N\otimes P$，$\mathcal{R}=\boldsymbol{I}_N\otimes\boldsymbol{R}$，则根据式(9-75)，取式（9-77）～式（9-79）对时间的导数，分别为

$$\begin{aligned}\dot{V}_1(t)&=2\boldsymbol{X}^{\mathrm{T}}(t)\mathcal{P}\dot{\boldsymbol{X}}(t)\\&=2\boldsymbol{X}^{\mathrm{T}}(t)\mathcal{P}\prod_{i=1}^{N}\sum_{\alpha_i=1}^{m}\varphi_{\alpha_i}(z_i(t))\tilde{\boldsymbol{A}}_\alpha\boldsymbol{X}(t)+\mathcal{BK}\boldsymbol{X}(t-\tau(t))+\mathcal{D}\boldsymbol{F}(t)\\&=\prod_{i=1}^{N}\sum_{\alpha_i=1}^{m}\varphi_{\alpha_i}(z_i(t))\boldsymbol{X}^{\mathrm{T}}(t)(\mathcal{P}\tilde{\boldsymbol{A}}_\alpha+\tilde{\boldsymbol{A}}_\alpha^{\mathrm{T}}\mathcal{P})\boldsymbol{X}(t)+2\boldsymbol{X}^{\mathrm{T}}(t)\mathcal{PBK}\boldsymbol{X}(t-\tau(t))\\&\quad+2\boldsymbol{X}^{\mathrm{T}}(t)\mathcal{PD}\boldsymbol{F}(t)\end{aligned} \tag{9-80}$$

$$\begin{aligned}\dot{V}_2(t)&=\boldsymbol{X}^{\mathrm{T}}(t)\mathcal{R}\boldsymbol{X}(t)-(1-\dot{\tau}(t))e^{-\beta\tau(t)}\boldsymbol{X}^{\mathrm{T}}(t-\tau(t))\mathcal{R}\boldsymbol{X}(t-\tau(t))\\&\leqslant\boldsymbol{X}^{\mathrm{T}}(t)\mathcal{R}\boldsymbol{X}(t)+(\rho-1)e^{-\beta\hat{\tau}}\boldsymbol{X}^{\mathrm{T}}(t-\tau(t))\mathcal{R}\boldsymbol{X}(t-\tau(t))\end{aligned} \tag{9-81}$$

$$\begin{aligned}\dot{V}_3(t)&=\hat{\tau}\int_{-\hat{\tau}}^{0}\left(\dot{\boldsymbol{X}}^{\mathrm{T}}(t)\mathcal{P}\dot{\boldsymbol{X}}(t)-e^{\beta\theta}\dot{\boldsymbol{X}}^{\mathrm{T}}(t+\theta)\mathcal{P}\dot{\boldsymbol{X}}(t+\theta)\right)\mathrm{d}\theta\\&\leqslant\hat{\tau}^2\dot{\boldsymbol{X}}^{\mathrm{T}}(t)\mathcal{P}\dot{\boldsymbol{X}}(t)-\hat{\tau}e^{-\beta\hat{\tau}}\int_{t-\hat{\tau}}^{t}\dot{\boldsymbol{X}}^{\mathrm{T}}(\theta)\mathcal{P}\dot{\boldsymbol{X}}(\theta)\,\mathrm{d}\theta\\&\leqslant\hat{\tau}^2\dot{\boldsymbol{X}}^{\mathrm{T}}(t)\mathcal{P}\dot{\boldsymbol{X}}(t)-\tau(t)e^{-\beta\hat{\tau}}\int_{t-\tau(t)}^{t}\dot{\boldsymbol{X}}^{\mathrm{T}}(\theta)\mathcal{P}\dot{\boldsymbol{X}}(\theta)\,\mathrm{d}\theta\\&\leqslant\hat{\tau}^2\dot{\boldsymbol{X}}^{\mathrm{T}}(t)\mathcal{P}\dot{\boldsymbol{X}}(t)-\left(\int_{t-\tau(t)}^{t}\dot{\boldsymbol{X}}^{\mathrm{T}}(\theta)\,\mathrm{d}\theta\right)^{\mathrm{T}}e^{-\beta\hat{\tau}}\mathcal{P}\left(\int_{t-\tau(t)}^{t}\dot{\boldsymbol{X}}^{\mathrm{T}}(\theta)\,\mathrm{d}\theta\right)\\&=\boldsymbol{X}^{\mathrm{T}}(t)\boldsymbol{\Pi}_{11}\boldsymbol{X}(t)+\boldsymbol{X}^{\mathrm{T}}\left(t-\tau(t)\right)\boldsymbol{\Pi}_{22}\boldsymbol{X}\left(t-\tau(t)\right)+\boldsymbol{F}^{\mathrm{T}}(t)\boldsymbol{\Pi}_{33}\boldsymbol{F}(t)\\&\quad+2\boldsymbol{X}^{\mathrm{T}}(t)\boldsymbol{\Pi}_{12}\boldsymbol{X}\left(t-\tau(t)\right)+2\boldsymbol{X}^{\mathrm{T}}(t)\boldsymbol{\Pi}_{13}\boldsymbol{F}(t)+2\boldsymbol{X}^{\mathrm{T}}\left(t-\tau(t)\right)\boldsymbol{\Pi}_{23}\boldsymbol{F}(t)\end{aligned} \tag{9-82}$$

其中，

$$\boldsymbol{\Pi}_{11}=\hat{\tau}^2\prod_{i=1}^{N}\sum_{\alpha_i=1}^{m}\varphi_{\alpha_i}(z_i(t))\tilde{\boldsymbol{A}}_\alpha^{\mathrm{T}}\mathcal{P}\prod_{i=1}^{N}\sum_{\alpha_i=1}^{m}\varphi_{\alpha_i}(z_i(t))\tilde{\boldsymbol{A}}_\alpha-e^{-\beta\hat{\tau}}\mathcal{P}$$

$$\boldsymbol{\Pi}_{12}=\hat{\tau}^2\prod_{i=1}^{N}\sum_{\alpha_i=1}^{m}\varphi_{\alpha_i}(z_i(t))\tilde{\boldsymbol{A}}_\alpha^{\mathrm{T}}\mathcal{PBK}+e^{-\beta\hat{\tau}}\mathcal{P}$$

$$\boldsymbol{\Pi}_{13}=\hat{\tau}^2\prod_{i=1}^{N}\sum_{\alpha_i=1}^{m}\varphi_{\alpha_i}(z_i(t))\tilde{\boldsymbol{A}}_\alpha^{\mathrm{T}}\mathcal{PD}$$

$$\boldsymbol{\Pi}_{22}=\hat{\tau}^2\mathcal{K}^{\mathrm{T}}\mathcal{B}^{\mathrm{T}}\mathcal{PBK}-e^{-\beta\hat{\tau}}\mathcal{P}$$

$$\boldsymbol{\Pi}_{23}=\hat{\tau}^2\mathcal{K}^{\mathrm{T}}\mathcal{B}^{\mathrm{T}}\mathcal{PD}$$

$$\boldsymbol{\Pi}_{33}=\hat{\tau}^2\mathcal{D}^{\mathrm{T}}\mathcal{PD}$$

注意，在推导不等式（9-82）时，需要利用文献[230]中的 Jensen 不等式

$\tau(t)\int_{t-\tau(t)}^{t}\dot{\boldsymbol{X}}^{\mathrm{T}}(\theta)\mathcal{P}\dot{\boldsymbol{X}}(\theta)\mathrm{d}\theta \geqslant \left(\int_{t-\tau(t)}^{t}\dot{\boldsymbol{X}}^{\mathrm{T}}(\theta)\mathrm{d}\theta\right)^{\mathrm{T}}\mathcal{P}\left(\int_{t-\tau(t)}^{t}\dot{\boldsymbol{X}}^{\mathrm{T}}(\theta)\mathrm{d}\theta\right)$。根据式（9-80）～式（9-82）有

$$\begin{aligned}\dot{V}(t) \leqslant\; & \boldsymbol{X}^{\mathrm{T}}(t)\boldsymbol{\varXi}_{11}\boldsymbol{X}(t) + \boldsymbol{X}^{\mathrm{T}}(t-\tau(t))\boldsymbol{\varXi}_{22}\boldsymbol{X}\left(t-\tau(t)\right) \\ & + \boldsymbol{F}^{\mathrm{T}}(t)\boldsymbol{\varXi}_{33}\boldsymbol{F}(t) + 2\boldsymbol{X}^{\mathrm{T}}(t)\boldsymbol{\varXi}_{12}\boldsymbol{X}\left(t-\tau(t)\right) \\ & + 2\boldsymbol{X}^{\mathrm{T}}(t)\boldsymbol{\varXi}_{13}\boldsymbol{F}(t) + 2\boldsymbol{X}^{\mathrm{T}}(t-\tau(t))\boldsymbol{\varXi}_{23}\boldsymbol{F}(t)\end{aligned} \tag{9-83}$$

其中，

$$\begin{aligned}&\boldsymbol{\varXi}_{11} = \prod_{i=1}^{N}\sum_{\alpha_i=1}^{m}\varphi_{\alpha_i}(\boldsymbol{z}_i(t))\left(\mathcal{P}\tilde{\boldsymbol{A}}_{\alpha} + \tilde{\boldsymbol{A}}_{\alpha}^{\mathrm{T}}\mathcal{P}\right) + \mathcal{R} + \boldsymbol{\varPi}_{11} \\ &\boldsymbol{\varXi}_{12} = \boldsymbol{PBK} + \boldsymbol{\varPi}_{12}, \boldsymbol{\varXi}_{13} = \boldsymbol{PD} + \boldsymbol{\varPi}_{13} \\ &\boldsymbol{\varXi}_{22} = (\rho-1)e^{-\beta\hat{\tau}}\mathcal{R} + \boldsymbol{\varPi}_{22} \\ &\boldsymbol{\varXi}_{23} = \boldsymbol{\varPi}_{23} \\ &\boldsymbol{\varXi}_{33} = \boldsymbol{\varPi}_{33}\end{aligned}$$

基于$\sum_{\alpha_i=1}^{m}\varphi_{\alpha_i}(\boldsymbol{z}_i(t))=1$（$i=1,2,\cdots,N$），若式（9-76）中给出的不等式成立，则有

$$\prod_{i=1}^{N}\sum_{\alpha_i=1}^{m}\varphi_{\alpha_i}(\boldsymbol{z}_i(t))\boldsymbol{\varOmega}_{\alpha} \leqslant 0 \tag{9-84}$$

令$\boldsymbol{M} = \boldsymbol{P}\hat{\boldsymbol{M}}\boldsymbol{P}$，$\mathcal{M} = \boldsymbol{I}_N \otimes \boldsymbol{M}$，$\mathcal{K} = \mathcal{L} \otimes \boldsymbol{K}$，通过应用 Schur 补引理，不等式（9-84）等价于

$$\begin{bmatrix}\boldsymbol{\varXi}_{11}+\mathcal{M} & \boldsymbol{\varXi}_{12} & \boldsymbol{\varXi}_{13} \\ * & \boldsymbol{\varXi}_{22} & \boldsymbol{\varXi}_{23} \\ * & * & \boldsymbol{\varXi}_{33}-\gamma^2\mathcal{M}\end{bmatrix} \leqslant 0 \tag{9-85}$$

进一步地，不等式（9-85）可写为

$$\dot{V}(t) + \boldsymbol{X}^{\mathrm{T}}(t)\mathcal{M}\boldsymbol{X}(t) - \gamma^2\boldsymbol{F}^{\mathrm{T}}(t)\mathcal{M}\boldsymbol{F}(t) \leqslant 0 \tag{9-86}$$

基于不等式（9-86），有

$$\begin{aligned}\dot{V}(t) &\leqslant \sum_{i=1}^{N}\left(-\boldsymbol{x}_i^{\mathrm{T}}(t)M\boldsymbol{x}_i(t) + \gamma^2\boldsymbol{f}_i^c(t)^{\mathrm{T}}M\boldsymbol{f}_i^c(t)\right) \\ &\leqslant \sum_{i=1}^{N}\left(-h_1\left\|\boldsymbol{x}_i(t)\right\|^2 + h_2\left\|\boldsymbol{f}_i^c(t)\right\|^2\right)\end{aligned} \tag{9-87}$$

其中，$h_1 = \lambda_{\min}(\boldsymbol{M})$；$h_2 = \gamma^2\lambda_{\max}(\boldsymbol{M})$。

假设$\epsilon_i(t)$及其对时间的导数$\dot{\epsilon}_i(t)$均有界，则有$\boldsymbol{f}_i^c(t) \leqslant h_3 + h_4\left\|\boldsymbol{x}_i(t)\right\| + h_5\left\|\boldsymbol{x}_i(t)\right\|^2$，其中，$h_3$、$h_4$和$h_5$为非负常数[238]。因此，当$\left\|\boldsymbol{x}_i(t)\right\| > g_1 + g_2\left\|\boldsymbol{x}_i(t)\right\| + g_3\left\|\boldsymbol{x}_i(t)\right\|^2$（$g_1 = h_3\sqrt{h_2/h_1}$，$g_2 = h_4\sqrt{h_2/h_1}$，$g_3 = h_5\sqrt{h_2/h_1}$）时，$\dot{V}(t) < 0$，即$\boldsymbol{x}_i(t)$单调递减。此外，假设$g_2 < 1$和$(1-g_2)^2 > 4g_1g_3$，并且$\boldsymbol{y}_i(t) = g_3\left\|\boldsymbol{x}_i(t)\right\|^2 - (1-g_2)\left\|\boldsymbol{x}_i(t)\right\| + g_1$，则方程$\boldsymbol{y}_i(t) = 0$的两个可行解可以被表示为$\left\|\boldsymbol{x}_i(t)\right\|^* = 0.5g_3^{-1}\left((1-g_2) \pm ((1-g_2)^2 - 4g_1g_3)^{1/2}\right)$。注意到当$\boldsymbol{y}_i(t) < 0$时，有$\dot{V}(t) < 0$成立，因此可以得出如下结论：若$\left\|\boldsymbol{x}_i(0)\right\| = 0.5g_3^{-1}\left((1-g_2) \pm ((1-g_2)^2 - 4g_1g_3)^{1/2}\right)$，

则 $\|\boldsymbol{x}_i(t)\|$ 落入紧凑集合 $\left\{\|\boldsymbol{x}_i(t)\| \,|\, \|\boldsymbol{x}_i(t)\| \leqslant 0.5g_3^{-1}\left((1-g_2)\pm((1-g_2)^2-4g_1g_3)^{1/2}\right)\right\}$，即，$\|\boldsymbol{x}_i(t)\|$ 是有界的，这表明 $\boldsymbol{f}_i^c(t)$ 也是有界的。

此外，值得指出的是，当 γ 足够小时，$g_2<1$、$(1-g_2)^2>4g_1g_3$ 和 $\|\boldsymbol{x}_i(0)\|<0.5g_3^{-1}\left((1-g_2)\pm((1-g_2)^2-4g_1g_3)^{1/2}\right)$ 可以容易地实现。

同时，由于不等式（9-86）成立，则有：

① 对于具有非零初始条件 $\boldsymbol{X}(0)\neq 0$ 的零外部扰动分量 $\boldsymbol{F}(t)=0$，有 $\dot{\boldsymbol{V}}(t)\leqslant -\lambda_{\min}(\boldsymbol{M})\|\boldsymbol{X}(t)\|^2$，由此推断出 $\lambda_{\min}(\boldsymbol{M})\int_0^\infty \|\boldsymbol{X}(t)\|^2\mathrm{d}t \leqslant \boldsymbol{V}(0)$ 成立，因此 $\lim\limits_{t\to\infty}\boldsymbol{X}(t)=0$，即系统渐近稳定；②对于具有非零外部扰动 $\boldsymbol{F}(t)\neq 0$ 的零初始条件 $\boldsymbol{X}(0)=0$，不等式（9-86）等价于 $\int_0^\infty \boldsymbol{X}^{\mathrm{T}}(t)\boldsymbol{X}(t)\mathrm{d}t<\gamma^2\int_0^\infty \boldsymbol{F}^{\mathrm{T}}(t)\boldsymbol{F}(t)\mathrm{d}t$。根据定义 9.1，可推断出系统（9-75）是渐近稳定的，且具有 H_∞ 性能 γ。

因此，当式（9-86）成立时，向量 $\boldsymbol{f}_i^c(t)$ 是有界的，且系统（9-75）是渐近稳定的，且具有 H_∞ 性能 γ。

注 9.9：在文献[231]～文献[239]中，使用传统的非线性补偿控制协议来解决多航天器的姿态协同问题。受文献[231]～文献[239]的启发，设计基于非线性补偿方法的协同姿态跟踪常规控制协议如下：

$$\begin{aligned}\boldsymbol{u}_{NCi}(t)=&\left(\boldsymbol{e}_i(t)+\boldsymbol{\chi}_i(t)\boldsymbol{\epsilon}_i(t)\right)^\times \boldsymbol{J}_i\left(\boldsymbol{e}_i(t)+\boldsymbol{\chi}_i(t)\boldsymbol{\epsilon}_i(t)\right)-\boldsymbol{J}_i\left(\boldsymbol{e}_i^\times(t)\boldsymbol{\chi}_i(t)\boldsymbol{\epsilon}_i(t)-\boldsymbol{\chi}_i(t)\dot{\boldsymbol{\epsilon}}_i(t)\right)\\&-0.5\boldsymbol{J}_i\left(\boldsymbol{\vartheta}_i^\times(t)+\vartheta_{i0}(t)\boldsymbol{I}_3\right)\boldsymbol{e}_i(t)-k_1\operatorname{sgn}\left(\boldsymbol{s}_i(t)\right)-k_2\left(\sum_{j=1}^N a_{ij}(\boldsymbol{s}_i(t)-\boldsymbol{s}_j(t))+a_{ii}\boldsymbol{s}_i(t)\right)\end{aligned} \tag{9-88}$$

其中，$i=1,2,\cdots,N$；k_1 和 k_2 表示所设计控制协议的控制增益参数；$\boldsymbol{s}_i(t)$ 表示辅助变量，可表示为 $\boldsymbol{s}_i(t)=\boldsymbol{J}_i\left(\boldsymbol{e}_i(t)+\boldsymbol{\vartheta}_i(t)\right)$，$\operatorname{sgn}(\boldsymbol{s}_i(t))=[\operatorname{sgn}(\boldsymbol{s}_{i1}(t)),\operatorname{sgn}(\boldsymbol{s}_{i2}(t)),\operatorname{sgn}\ (\boldsymbol{s}_{i3}(t))]^{\mathrm{T}}$。注意到符号函数 $\operatorname{sgn}(\bullet)$ 可以被饱和函数 $\operatorname{sat}(\bullet)$ 代替，以进一步减少抖振现象（详见文献[166]和文献[238]）。此外，若使用 $\operatorname{sat}(\bullet)$ 代替 $\operatorname{sgn}(\bullet)$，则辅助变量 $\boldsymbol{s}_i(t)$ 不会收敛到零，而是收敛到边界层厚度。关于使用饱和函数时系统稳定性的证明和 $\boldsymbol{s}_i(t)$ 收敛区域的详细分析，见文献[240]3.2 节。

注 9.10：从式（9-88）中可以看出，对于非线性补偿控制协议，第 i 个刚性体的姿态和角速度信息始终包含在第 i 个控制协议中，这表明第 i 个控制需要其自身的状态信息，换句话说，每个刚性体都需要知道自身的状态信息。因此，式（9-88）中的非线性补偿控制协议不能应用于只有少数刚性体知道其自身状态信息的情况。值得指出的是，对于式（9-73）中提出的控制协议，只有少数刚性体需要知道自身的状态，以实现位置保持行为，其余刚性体可以通过交换相对状态信息（编队保持行为）来实现位置保持行为。因此，式（9-73）是分布式控制协议，而式（9-88）是分散控制协议。

注 9.11：最优 H_∞ 性能可通过以下优化方法获得：根据（9-76）中的不等式最小化 γ。

值得指出的是，在文献[167]提出的方法中，式（9-76）中矩阵不等式的数量和阶数由刚性体的总数 N 决定，即式（9-76）中不等式的个数为 m^N，每个不等式的阶数为 $24N\times 24N$。因此，若网络中刚性体个数增加时，不等式（9-76）的数量和阶数将非常大。例如，如果模糊规则的总数 $m=4$，网络中有 10 个刚性体，那么将不得不解决超过 100 万个矩阵不等式，每个不等式的阶数为 240×240，然而，同时求解数量如此庞大的高阶矩阵不等式在现实应用中是难以实现的。

接下来提出一种改进方法，可以显著减少式（9-76）中矩阵不等式的数量和阶数，其中，不等式的数量与阶数与刚性体的总数 N 无关。

定理 9.5：对于 $\alpha_i=1,2,\cdots,m$，若存在正定实矩阵 $\hat{\boldsymbol{P}}$、$\hat{\boldsymbol{R}}$、$\hat{\boldsymbol{M}}$、$\hat{\boldsymbol{Q}}_{11}$、$\hat{\boldsymbol{Q}}_{33}$ 和实矩阵 $\hat{\boldsymbol{K}}$ 以及正标量 γ 满足

$$\boldsymbol{\Theta}_{\alpha_i}=\begin{bmatrix} \boldsymbol{\Theta}_{\alpha_i 11} & \boldsymbol{B}\hat{\boldsymbol{K}}+e^{-\beta\hat{\tau}}\hat{\boldsymbol{P}} & \boldsymbol{D}\hat{\boldsymbol{P}} & \hat{\tau}\hat{\boldsymbol{P}}\boldsymbol{A}_{\alpha_i}^{\mathrm{T}} \\ * & \boldsymbol{\Theta}_{\alpha_i 22} & 0 & c\hat{\tau}\hat{\boldsymbol{K}}^{\mathrm{T}}\boldsymbol{B}^{\mathrm{T}} \\ * & * & \hat{\boldsymbol{Q}}_{33}-\gamma^2\hat{\boldsymbol{M}} & \hat{\tau}\hat{\boldsymbol{P}}\boldsymbol{D}^{\mathrm{T}} \\ * & * & * & \hat{\boldsymbol{P}} \end{bmatrix}\leqslant 0 \tag{9-89}$$

其中，$\boldsymbol{\Theta}_{\alpha_i 11}=\boldsymbol{A}_{\alpha_i}\hat{\boldsymbol{P}}+\hat{\boldsymbol{P}}\boldsymbol{A}_{\alpha_i}^{\mathrm{T}}+\hat{\boldsymbol{R}}-e^{-\beta\hat{\tau}}\hat{\boldsymbol{P}}+\hat{\boldsymbol{M}}+\hat{\boldsymbol{Q}}_{11}$；$\boldsymbol{\Theta}_{\alpha_i 22}=e^{-\beta\hat{\tau}}((\rho-1)\hat{\boldsymbol{R}}-\hat{\boldsymbol{P}})$；$c\geqslant(\lambda_{\max}(\boldsymbol{\mathcal{L}}^{\mathrm{T}}\boldsymbol{\mathcal{L}}))^{1/2}$。若满足上述条件，则系统（9-75）是渐近稳定的，且具有 H_∞ 性能 γ。此外，控制增益矩阵 $\boldsymbol{K}=\hat{\boldsymbol{K}}\hat{\boldsymbol{P}}^{-1}$。

证明：定义对称矩阵 $\boldsymbol{\mathcal{Q}}_\alpha$ 如下：

$$\boldsymbol{\mathcal{Q}}_\alpha=\begin{bmatrix} \boldsymbol{I}_N\otimes\boldsymbol{\mathcal{Q}}_{11} & \boldsymbol{\mathcal{Q}}_{12\alpha} & 0 \\ * & \boldsymbol{\mathcal{Q}}_{22}-\hat{\tau}^2\boldsymbol{\mathcal{K}}^{\mathrm{T}}\boldsymbol{\mathcal{B}}^{\mathrm{T}}\boldsymbol{\mathcal{P}}\boldsymbol{\mathcal{B}}\boldsymbol{\mathcal{K}} & \boldsymbol{\mathcal{Q}}_{23} \\ * & * & \boldsymbol{I}_N\otimes\boldsymbol{\mathcal{Q}}_{33} \end{bmatrix} \tag{9-90}$$

其中，

$$\boldsymbol{\mathcal{Q}}_{12\alpha}=c\tilde{\boldsymbol{A}}_\alpha^{\mathrm{T}}(\boldsymbol{I}_N\otimes\hat{\tau}^2\boldsymbol{PBK})+\boldsymbol{I}_N\otimes\boldsymbol{PBK}-\hat{\tau}^2\tilde{\boldsymbol{A}}_\alpha^{\mathrm{T}}\boldsymbol{\mathcal{P}}\boldsymbol{\mathcal{B}}\boldsymbol{\mathcal{K}}-\boldsymbol{\mathcal{P}}\boldsymbol{\mathcal{B}}\boldsymbol{\mathcal{K}}$$
$$\boldsymbol{\mathcal{Q}}_{22}=\boldsymbol{I}_N\otimes c^2\hat{\tau}^2\boldsymbol{K}^{\mathrm{T}}\boldsymbol{B}^{\mathrm{T}}\boldsymbol{PBK}$$
$$\boldsymbol{\mathcal{Q}}_{23}=\boldsymbol{I}_N\otimes c\hat{\tau}^2\boldsymbol{K}^{\mathrm{T}}\boldsymbol{B}^{\mathrm{T}}\boldsymbol{PD}-\hat{\tau}^2\boldsymbol{\mathcal{K}}^{\mathrm{T}}\boldsymbol{\mathcal{B}}^{\mathrm{T}}\boldsymbol{\mathcal{P}}\boldsymbol{\mathcal{D}}$$

并且 $\boldsymbol{P}=\hat{\boldsymbol{P}}^{-1}$。矩阵 $\boldsymbol{Q}_{11}$ 和 $\boldsymbol{Q}_{33}$ 的表达式将在后续内容中给出。

在定理 9.4 中，若不等式（9-85）成立，则系统（9-75）是渐近稳定的，且具有 H_∞ 性能 γ。值得指出的是，当矩阵 $\boldsymbol{\mathcal{Q}}_\alpha\geqslant 0$（$\alpha_i=1,2,\cdots,m$）成立时，若有如下不等式成立，则可推断出不等式（9-85）成立。

$$\begin{bmatrix} \boldsymbol{\varXi}_{11}+\boldsymbol{\mathcal{M}} & \boldsymbol{\varXi}_{12} & \boldsymbol{\varXi}_{13} \\ * & \boldsymbol{\varXi}_{22} & \boldsymbol{\varXi}_{23} \\ * & * & \boldsymbol{\varXi}_{33}-\gamma^2\boldsymbol{\mathcal{M}} \end{bmatrix}+\prod_{i=1}^{N}\sum_{\alpha_i=1}^{m}\varphi_{\alpha_i}(z_i(t))\boldsymbol{\mathcal{Q}}_\alpha\leqslant 0 \tag{9-91}$$

其中，$\boldsymbol{\varXi}_{11}$、$\boldsymbol{\varXi}_{12}$、$\boldsymbol{\varXi}_{13}$、$\boldsymbol{\varXi}_{22}$、$\boldsymbol{\varXi}_{23}$、$\boldsymbol{\varXi}_{33}$ 和 $\boldsymbol{\mathcal{M}}$ 在定理 9.4 中定义。

值得注意的是，$\boldsymbol{\mathcal{Q}}_\alpha\geqslant 0$ 的条件是 $\boldsymbol{\mathcal{Q}}_\alpha$ 的主对角元素矩阵必须为非负定的，即 $\boldsymbol{\mathcal{Q}}_{11}\geqslant 0$、$\boldsymbol{\mathcal{Q}}_{33}\geqslant 0$ 和 $\boldsymbol{\mathcal{Q}}_{22}-\hat{\tau}^2\boldsymbol{\mathcal{K}}^{\mathrm{T}}\boldsymbol{\mathcal{B}}^{\mathrm{T}}\boldsymbol{\mathcal{P}}\boldsymbol{\mathcal{B}}\boldsymbol{\mathcal{K}}\geqslant 0$，且参数 c 应满足 $c\geqslant(\lambda_{\max}(\boldsymbol{\mathcal{L}}^{\mathrm{T}}\boldsymbol{\mathcal{L}}))^{1/2}$。此外，基于 Schur 补引理，$\boldsymbol{\mathcal{Q}}_\alpha\geqslant 0$ 等价于

$$\boldsymbol{I}_N\otimes\boldsymbol{\mathcal{Q}}_{11}-[\boldsymbol{\mathcal{Q}}_{12\alpha},0]\boldsymbol{\Phi}^{-1}\begin{bmatrix}\boldsymbol{\mathcal{Q}}_{12\alpha}^{\mathrm{T}} \\ 0\end{bmatrix}\geqslant 0 \tag{9-92}$$

其中，

$$\boldsymbol{\Phi}=\begin{bmatrix}\mathcal{Q}_{22}-\hat{\tau}^2\mathcal{K}^{\mathrm{T}}\mathcal{B}^{\mathrm{T}}\mathcal{P}\mathcal{B}\mathcal{K} & \mathcal{Q}_{23}\\ * & \boldsymbol{I}_N\otimes\mathcal{Q}_{33}\end{bmatrix}\geqslant 0 \quad (9\text{-}93)$$

令 $\boldsymbol{\Phi}_{11}=\mathcal{Q}_{22}-\hat{\tau}^2\mathcal{K}^{\mathrm{T}}\mathcal{B}^{\mathrm{T}}\mathcal{P}\mathcal{B}\mathcal{K}$，$\boldsymbol{\Phi}_{22}=\mathcal{Q}_{33}$，$\boldsymbol{\Phi}_{22}=\boldsymbol{I}_N\otimes\mathcal{Q}_{33}$，则有

$$\boldsymbol{\Phi}^{-1}=\begin{bmatrix}(\boldsymbol{\Phi}_{11}-\boldsymbol{\Phi}_{12}\boldsymbol{\Phi}_{22}^{-1}\boldsymbol{\Phi}_{12}^{\mathrm{T}})^{-1} & \boldsymbol{\Phi}_{12}\\ * & \boldsymbol{\Phi}_{22}\end{bmatrix} \quad (9\text{-}94)$$

其中，$\det\{\boldsymbol{\Phi}_{22}\}\neq 0$ 且 $\det\{\boldsymbol{\Phi}_{11}-\boldsymbol{\Phi}_{12}\boldsymbol{\Phi}_{22}^{-1}\boldsymbol{\Phi}_{12}^{\mathrm{T}}\}\neq 0$，有

$$\boldsymbol{\Phi}_{12}=-(\boldsymbol{\Phi}_{11}-\boldsymbol{\Phi}_{12}\boldsymbol{\Phi}_{22}^{-1}\boldsymbol{\Phi}_{12}^{\mathrm{T}})^{-1}\boldsymbol{\Phi}_{12}\boldsymbol{\Phi}_{22}^{-1},$$
$$\boldsymbol{\Phi}_{22}=\boldsymbol{\Phi}_{22}^{-1}+\boldsymbol{\Phi}_{22}^{-1}\boldsymbol{\Phi}_{12}^{\mathrm{T}}(\boldsymbol{\Phi}_{11}-\boldsymbol{\Phi}_{12}\boldsymbol{\Phi}_{22}^{-1}\boldsymbol{\Phi}_{12}^{\mathrm{T}})^{-1}\boldsymbol{\Phi}_{12}\boldsymbol{\Phi}_{22}^{-1}$$

因此不等式（9-92）可视为

$$\boldsymbol{I}_N\otimes\mathcal{Q}_{11}-\mathcal{Q}_{12\alpha}(\boldsymbol{\Phi}_{11}-\boldsymbol{\Phi}_{12}\boldsymbol{\Phi}_{22}^{-1}\boldsymbol{\Phi}_{12}^{\mathrm{T}})^{-1}\mathcal{Q}_{12\alpha}^{\mathrm{T}}\geqslant 0 \quad (9\text{-}95)$$

因此，若 $\mathcal{Q}_{11}\geqslant 0$，$\boldsymbol{Q}_{33}\geqslant 0$，$c\geqslant(\lambda_{\max}(\mathcal{L}^{\mathrm{T}}\mathcal{L}))^{1/2}$，且式（9-93）和式（9-95）成立，则能够保证 $\mathcal{Q}_\alpha$ 是非负定的。

基于 $\mathcal{Q}_\alpha$ 的表达式，不等式（9-91）可改写为

$$\begin{bmatrix}\boldsymbol{\Xi}_{11}+\mathcal{M} & \boldsymbol{\Xi}_{12} & \boldsymbol{\Xi}_{13}\\ * & \boldsymbol{\Xi}_{22} & \boldsymbol{\Xi}_{23}\\ * & * & \boldsymbol{\Xi}_{33}-\gamma^2\mathcal{M}\end{bmatrix}\leqslant 0 \quad (9\text{-}96)$$

其中，

$$\boldsymbol{\Xi}_{11}=\boldsymbol{\Xi}_{11}+\boldsymbol{I}_N\otimes\boldsymbol{Q}_{11}$$
$$\boldsymbol{\Xi}_{12}=\boldsymbol{I}_N\otimes\boldsymbol{PBK}+\prod_{i=1}^{N}\sum_{\alpha_i=1}^{m}\varphi_{\alpha_i}(\boldsymbol{z}_i(t))\tilde{\boldsymbol{A}}_\alpha^{\mathrm{T}}(\boldsymbol{I}_N\otimes c\hat{\tau}^2\boldsymbol{PBK})+e^{-\beta\hat{\tau}}\mathcal{P}$$
$$\boldsymbol{\Xi}_{13}=\boldsymbol{\Xi}_{13}+\boldsymbol{I}_N\otimes\boldsymbol{Q}_{13}$$
$$\boldsymbol{\Xi}_{22}=(\rho-1)e^{-\beta\hat{\tau}}\mathcal{R}+\boldsymbol{I}_N\otimes c^2\hat{\tau}^2\boldsymbol{K}^{\mathrm{T}}\boldsymbol{B}^{\mathrm{T}}\boldsymbol{PBK}-e^{-\beta\hat{\tau}}\mathcal{P}$$
$$\boldsymbol{\Xi}_{23}=\boldsymbol{I}_N\otimes c\hat{\tau}^2\boldsymbol{K}^{\mathrm{T}}\boldsymbol{B}^{\mathrm{T}}PD$$
$$\boldsymbol{\Xi}_{33}=\boldsymbol{\Xi}_{33}+\boldsymbol{I}_N\otimes\boldsymbol{Q}_{33}$$

与定理 9.4 类似，$\mathcal{P}=\boldsymbol{I}_N\otimes\boldsymbol{P}$，$\mathcal{R}=\boldsymbol{I}_N\otimes\boldsymbol{R}$，$\boldsymbol{R}=\boldsymbol{P}\hat{\boldsymbol{R}}\boldsymbol{P}$。

通过应用 Schur 补引理，$\alpha_i=1,2,\cdots,m$，$i=1,2,\cdots,N$，不等式（9-96）成立等价于如下不等式成立。

$$\begin{bmatrix}\boldsymbol{\Omega}_{11\alpha} & \boldsymbol{\Omega}_{12} & \mathcal{P}\mathcal{D} & \hat{\tau}\tilde{\boldsymbol{A}}_\alpha^{\mathrm{T}}\mathcal{P}\\ * & \boldsymbol{\Omega}_{22} & 0 & \boldsymbol{I}_N\otimes c\hat{\tau}\boldsymbol{K}^{\mathrm{T}}\boldsymbol{B}^{\mathrm{T}}\boldsymbol{P}\\ * & * & \boldsymbol{I}_N\otimes\boldsymbol{Q}_{33}-\gamma^2\mathcal{M} & \hat{\tau}^2\mathcal{D}^{\mathrm{T}}\mathcal{P}\\ * & * & * & -\mathcal{P}\end{bmatrix}\boldsymbol{P}\leqslant 0 \quad (9\text{-}97)$$

其中，

$$\boldsymbol{\Omega}_{11\alpha}=\mathcal{P}\tilde{A}_\alpha+\tilde{\boldsymbol{A}}_\alpha^{\mathrm{T}}\mathcal{P}+\mathcal{R}-e^{-\beta\hat{\tau}}\mathcal{P}+\mathcal{M}+\boldsymbol{I}_N\otimes\boldsymbol{Q}_{11}$$
$$\boldsymbol{\Omega}_{12}=e^{-\beta\hat{\tau}}\mathcal{P}+\boldsymbol{I}_N\otimes\boldsymbol{PBK}$$
$$\boldsymbol{\Omega}_{22}=e^{-\beta\hat{\tau}}b\big((\rho-1)\mathcal{R}-\mathcal{P}\big)$$

值得注意的是，不等式（9-97）可通过如下不等式来保证[200]：

$$\begin{bmatrix} \tilde{\boldsymbol{\omega}}_{11\alpha_i} & \tilde{\boldsymbol{\omega}}_{12} & \boldsymbol{PD} & \hat{\tau}\boldsymbol{A}_{\alpha_i}^{\mathrm{T}}\boldsymbol{P} \\ * & \tilde{\boldsymbol{\omega}}_{22} & 0 & c\hat{\tau}\boldsymbol{K}^{\mathrm{T}}\boldsymbol{B}^{\mathrm{T}}\boldsymbol{P} \\ * & * & \boldsymbol{Q}_{33}-\gamma^2\boldsymbol{M} & \hat{\tau}^2\boldsymbol{D}^{\mathrm{T}}\boldsymbol{P} \\ * & * & * & -\boldsymbol{P} \end{bmatrix} \leqslant 0 \tag{9-98}$$

其中，

$$\tilde{\boldsymbol{\omega}}_{11\alpha_i} = \boldsymbol{PA}_{\alpha_i} + \boldsymbol{A}_{\alpha_i}^{\mathrm{T}}\boldsymbol{P} + \boldsymbol{R} - e^{-\beta\hat{\tau}}\boldsymbol{P} + \boldsymbol{M} + \boldsymbol{Q}_{11},$$

$$\tilde{\boldsymbol{\omega}}_{12} = e^{-\beta\hat{\tau}}\boldsymbol{P} + \boldsymbol{PBK}, \tilde{\boldsymbol{\omega}}_{22} = e^{-\beta\hat{\tau}}\left((\rho-1)\boldsymbol{R} - \boldsymbol{P}\right)$$

令 $\boldsymbol{K} = \hat{\boldsymbol{K}}\boldsymbol{P}$，$\boldsymbol{Q}_{11} = \boldsymbol{P}\hat{\boldsymbol{Q}}_{11}\boldsymbol{P}$，$\boldsymbol{Q}_{33} = \boldsymbol{P}\hat{\boldsymbol{Q}}_{33}\boldsymbol{P}$，易得出不等式（9-93）成立等价于不等式（9-89）成立。因此，对于 $\forall\alpha_i = 1,2,\cdots,m$，若不等式（9-89）成立，可以保证系统（9-75）是渐近稳定的，且具有 H_∞ 性能 γ，证明完毕。

9.2.2　具有输入延迟和外部扰动的多刚性体系统仿真算例

本节通过相应的仿真算例证明所提出方法的有效性和优越性。

1. 与传统控制协议的对比

考虑由 12 个刚性体组成多航天器网络，其通信拓扑如图 9-14 所示。同时假设每个刚性体都能够获得自己的状态信息，即 $a_{ii} = 1(i = 1,2,\cdots,12)$。

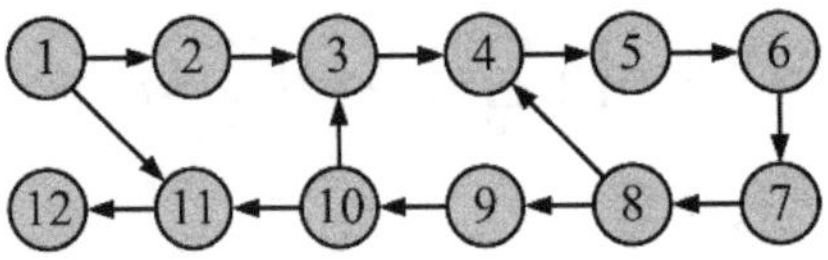

图 9-14　12 个刚性体间的通信拓扑

此外，给定如下惯性矩阵（单位：$\mathrm{kg\cdot m^2}$）：

$$\boldsymbol{J}_1 = \boldsymbol{J}_2 = \boldsymbol{J}_3 = \boldsymbol{J}_4 = \begin{bmatrix} 19 & 1 & 1.5 \\ 1 & 20 & 0.5 \\ 1.5 & 0.5 & 21 \end{bmatrix}$$

$$\boldsymbol{J}_5 = \boldsymbol{J}_6 = \boldsymbol{J}_7 = \boldsymbol{J}_8 = \begin{bmatrix} 20 & 0.5 & 1 \\ 0.5 & 21 & 1.5 \\ 1 & 1.5 & 19 \end{bmatrix}$$

$$\boldsymbol{J}_9 = \boldsymbol{J}_{10} = \boldsymbol{J}_{11} = \boldsymbol{J}_{12} = \begin{bmatrix} 21 & 1 & 1 \\ 1 & 19 & 1 \\ 1 & 1 & 20 \end{bmatrix}$$

因此，惯性矩阵的标称部分选择为 $j_0 = 20$。

第　i　个　刚　性　体　期　望　角　速　度　给　定　为

$\epsilon_i(t)=\left[0.01\sin(0.01t),0.01\cos(0.01t),-0.01\sin(0.01t)\right]^{\mathrm{T}}$。模糊集合选择为

$$\left\{z_i(t)=[\epsilon_i^{\mathrm{T}}(t),\boldsymbol{\vartheta}_i^{\mathrm{T}}(t)]^{\mathrm{T}}=\left[0.01\sin(0),0.01\cos(0),-0.01\sin\nu,0,0,0\right]^{\mathrm{T}}\right\}$$

$$\left\{z_i(t)=\left[0.01\sin(0),0.01\cos(0),-0.01\sin(0),0.5,0.5,0.5\right]^{\mathrm{T}}\right\}$$

$$\left\{z_i(t)=\left[0.01\sin(0.5\pi),0.01\cos(0.5\pi),-0.01\sin(0.5\pi),0,0,0\right]^{\mathrm{T}}\right\}$$

$$\left\{z_i(t)=\left[0.01\sin(0.5\pi),0.01\cos(0.5\pi),-0.01\sin(0.5\pi),0.5,0.5,0.5\right]^{\mathrm{T}}\right\}$$

则四组模糊集下的隶属函数 $H_{\alpha_i k}(z_{ik}(t))$ 曲线如图 9-15 所示。

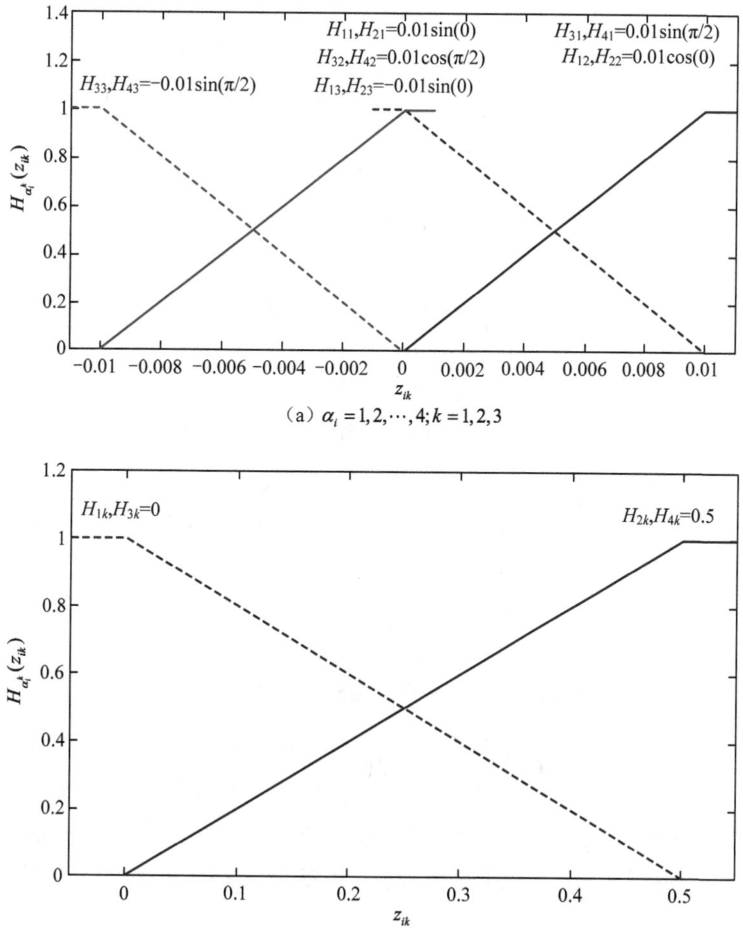

（a）$\alpha_i=1,2,\cdots,4;k=1,2,3$

（b）$\alpha_i=1,2,\cdots,4;k=4,5,6$

彩图 9-15（a）

图 9-15　第 i 个刚性体模糊集的隶属函数

进一步地，跟踪误差系统（9-69）可通过如下 T-S 模糊模型近似：

规则 α_i：如果 $z_{i1}(t)$ 是 $H_{\alpha_i 1}$，$z_{i2}(t)$ 是 $H_{\alpha_i 2}$，$z_{i3}(t)$ 是 $H_{\alpha_i 3}$，$z_{i4}(t)$ 是 $H_{\alpha_i 4}$，$z_{i5}(t)$ 是 $H_{\alpha_i 5}$，$z_{i6}(t)$ 是 $H_{\alpha_i 6}$，则

$$\dot{\boldsymbol{x}}_i(t)=\boldsymbol{A}_{\alpha_i}\boldsymbol{x}_i(t)+\boldsymbol{B}\boldsymbol{u}_i\left(t-\tau(t)\right)+\boldsymbol{D}\boldsymbol{f}_i^c(t),\quad \alpha_i=1,2,3,4;i=1,2,\cdots,12$$

其中，

$$A_1=\begin{bmatrix}0 & 0 & -0.01 & 0 & -0.0002 & 0\\ 0 & 0 & 0 & 0.0002 & 0 & 0.0002\\ 0.01 & 0 & 0 & 0 & -0.0002 & 0\\ 0.5 & 0 & 0 & 0 & 0 & 0\\ 0 & 0.5 & 0 & 0 & 0 & 0\\ 0 & 0 & 0.5 & 0 & 0 & 0\end{bmatrix}$$

$$A_2=\begin{bmatrix}0 & -0.01 & 0 & 0 & 0 & 0.0002\\ 0.01 & 0 & 0.01 & 0 & 0 & 0\\ 0 & -0.01 & 0 & -0.0002 & 0 & 0\\ 0.5 & 0 & 0 & 0 & 0 & 0\\ 0 & 0.5 & 0 & 0 & 0 & 0\\ 0 & 0 & 0.5 & 0 & 0 & 0\end{bmatrix}$$

$$A_3=\begin{bmatrix}0 & 0 & 0 & -1 & -1 & 1\\ 0 & 0 & 100 & 0 & 0 & 2\\ 0 & -100 & 0 & -1 & -1 & 1\\ 2500 & -2500 & 2500 & 0 & 0 & 0\\ 2500 & 2500 & -2500 & 0 & 0 & 0\\ -2500 & 2500 & 2500 & 0 & 0 & 0\end{bmatrix}\times 10^{-4}$$

$$A_4=\begin{bmatrix}0 & 100 & 100 & 0 & 1 & 1\\ -100 & 0 & 0 & 0 & 1 & 0\\ -100 & 0 & 0 & -1 & 1 & 0\\ 2500 & -2500 & 2500 & 0 & 0 & 0\\ 2500 & 2500 & -2500 & 0 & 0 & 0\\ -2500 & 2500 & 2500 & 0 & 0 & 0\end{bmatrix}\times 10^{-4}$$

$$B=\begin{bmatrix}0.05I_3\\ O_{3\times 3}\end{bmatrix},\ D=\begin{bmatrix}0.05I_3 & O_{3\times 3}\\ O_{3\times 3} & O_{3\times 3}\end{bmatrix}$$

选择参数 $\hat{\tau}=0.3$ ，$\rho=0.1$ ，$\beta=5$ ，根据定理 9.5 和图 9-14，加权参数选择为 $c=3.9142$ 。基于定理 9.5，分布式控制协议（9-73）的最优 H_∞ 性能 $\gamma_{\min}$ 和控制增益矩阵可以计算如下：

$$\gamma_{\min}=4.9412\times 10^{-10}$$

$$K=\begin{bmatrix}K_a & K_b\end{bmatrix}$$

$$K_a=\begin{bmatrix}-4.2879 & 0.0036 & 0.0023\\ 0.0033 & -4.2854 & -0.0028\\ 0.0014 & 0.0088 & -4.2889\end{bmatrix}$$

$$\boldsymbol{K}_b=\begin{bmatrix}-0.5567 & -0.2706 & 0.0433\\ 0.0636 & -0.5860 & -0.2575\\ -0.2520 & 0.0184 & -0.5925\end{bmatrix}$$

接下来将本节提出的控制方法与受文献[231]～文献[239]启发设计的常规控制协议（9-88）进行比较，并且采用饱和函数代替符号函数。式（9-88）中的参数选择为$k_1=0.05$，$k_2=0.01$，$\Delta=0.5$，其中，Δ表示边界层厚度[166,238]。12 个航天器的初始条件分别给定为

$$\boldsymbol{q}_1(0)=\begin{bmatrix}0.5\\0.5\\0.5\end{bmatrix},\boldsymbol{\omega}_1(0)=\begin{bmatrix}-0.1\\-0.1\\-0.1\end{bmatrix},\ \boldsymbol{q}_2(0)=\begin{bmatrix}0.4\\0.4\\0.4\end{bmatrix},\boldsymbol{\omega}_2(0)=\begin{bmatrix}-0.08\\-0.08\\-0.08\end{bmatrix},$$

$$\boldsymbol{q}_3(0)=\begin{bmatrix}0.3\\0.3\\0.3\end{bmatrix},\boldsymbol{\omega}_3(0)=\begin{bmatrix}-0.06\\-0.06\\-0.06\end{bmatrix},\ \boldsymbol{q}_4(0)=\begin{bmatrix}0.2\\0.2\\0.2\end{bmatrix},\boldsymbol{\omega}_4(0)=\begin{bmatrix}-0.04\\-0.04\\-0.04\end{bmatrix},$$

$$\boldsymbol{q}_5(0)=\begin{bmatrix}0.1\\0.1\\0.1\end{bmatrix},\boldsymbol{\omega}_5(0)=\begin{bmatrix}-0.02\\-0.02\\-0.02\end{bmatrix},\ \boldsymbol{q}_6(0)=\begin{bmatrix}0.5\\0.4\\0.3\end{bmatrix},\boldsymbol{\omega}_6(0)=\begin{bmatrix}-0.1\\-0.08\\-0.06\end{bmatrix},$$

$$\boldsymbol{q}_7(0)=\begin{bmatrix}0.3\\0.2\\0.1\end{bmatrix},\boldsymbol{\omega}_7(0)=\begin{bmatrix}-0.06\\-0.04\\-0.02\end{bmatrix},\ \boldsymbol{q}_8(0)=\begin{bmatrix}0.1\\0.2\\0.5\end{bmatrix},\boldsymbol{\omega}_8(0)=\begin{bmatrix}-0.02\\-0.04\\-0.1\end{bmatrix},$$

$$\boldsymbol{q}_9(0)=\begin{bmatrix}0.2\\0.3\\0.4\end{bmatrix},\boldsymbol{\omega}_9(0)=\begin{bmatrix}-0.04\\-0.06\\-0.08\end{bmatrix},\ \boldsymbol{q}_{10}(0)=\begin{bmatrix}0.1\\0.1\\0.2\end{bmatrix},\boldsymbol{\omega}_{10}(0)=\begin{bmatrix}-0.02\\-0.02\\-0.04\end{bmatrix},$$

$$\boldsymbol{q}_{11}(0)=\begin{bmatrix}0.2\\0.2\\0.4\end{bmatrix},\boldsymbol{\omega}_{11}(0)=\begin{bmatrix}-0.04\\-0.04\\-0.08\end{bmatrix},\ \boldsymbol{q}_{12}(0)=\begin{bmatrix}0.4\\0.4\\0.5\end{bmatrix},\boldsymbol{\omega}_{12}(0)=\begin{bmatrix}-0.08\\-0.08\\-0.1\end{bmatrix}$$

期望姿态的初始值由$\boldsymbol{\theta}_1(0)=\boldsymbol{\theta}_2(0)=\cdots=\boldsymbol{\theta}_{12}(0)=[0.1,0.1,0.1]^{\mathrm{T}}$给出。外部扰动分量为$f_1(t)=\cdots=f_{12}(t)=[\sin(0.1t),\sin(0.1t),\sin(0.1t)]^{\mathrm{T}}\times10^{-4}$。

为了更好地进行比较，选择了多组不同的时延参数$\tau(t)$。对于不同的$\tau(t)$，在控制协议（9-73）和常规控制协议（9-88）作用下，第 1 个和第 8 个刚性体之间的相对姿态范数演化轨迹、第 1 个刚性体的姿态跟踪范数演化轨迹以及全局控制输入的积分平方误差（ISE）演化轨迹（即$\int_0^\infty\sum_{i=1}^{12}\boldsymbol{u}_i^{\mathrm{T}}(t)\boldsymbol{u}_i(t)\mathrm{d}t$）分别如图 9-16～图 9-21 所示。值得指出的是，相对姿态的计算公式为$\boldsymbol{q}_{1,8}(t)=\boldsymbol{q}_{10}(t)\boldsymbol{q}_8(t)-\boldsymbol{q}_{80}(t)\boldsymbol{q}_1(t)+\boldsymbol{q}_8^{\times}(t)\boldsymbol{q}_1(t)$。

根据图 9-16 和图 9-18 所示，通过使用所提出的控制协议（9-73），第 1 个和第 8 个刚性体的姿态最终可以在大约 100s 内达到同步，即使在较大时延的情况下，第 1 个航天器的姿态也能成功地跟踪上所需的姿态。然而，从图 9-17 和图 9-19 中可以看出，使

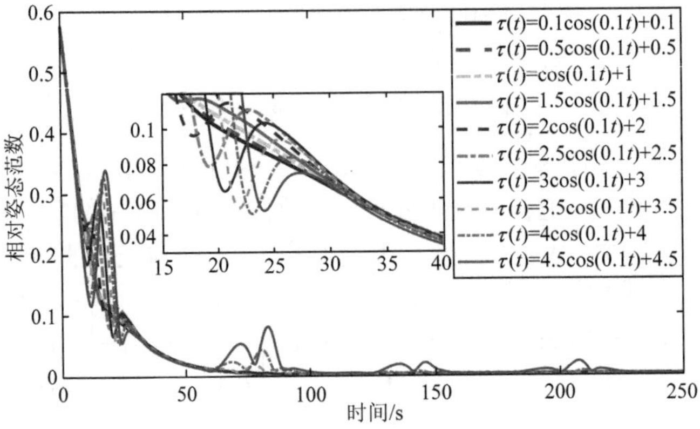

彩图 9-16

图 9-16　使用控制协议（9-73），在不同 $\tau(t)$ 下，第 1 个和第 8 个刚性体之间的相对姿态范数演化轨迹示意图

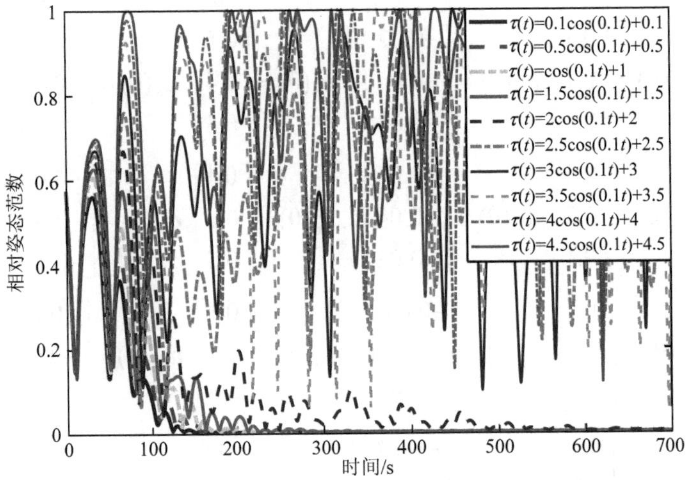

彩图 9-17

图 9-17　使用常规控制协议（9-88），在不同 $\tau(t)$ 下，第 1 个和第 8 个刚性体之间的相对姿态范数演化轨迹示意图

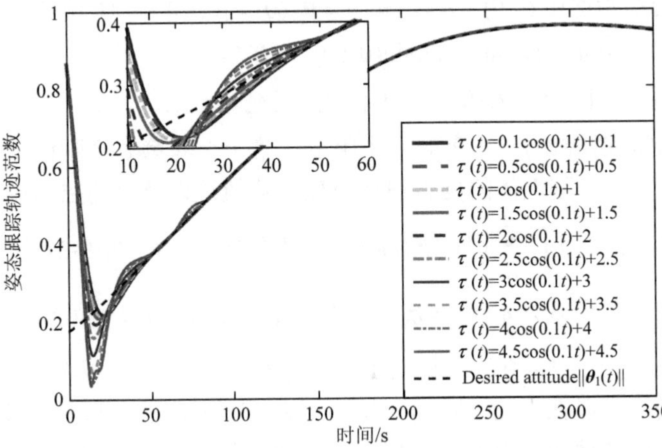

彩图 9-18

图 9-18　使用控制协议（9-73），第 1 个刚性体在不同 $\tau(t)$ 下的姿态跟踪范数演化轨迹示意图

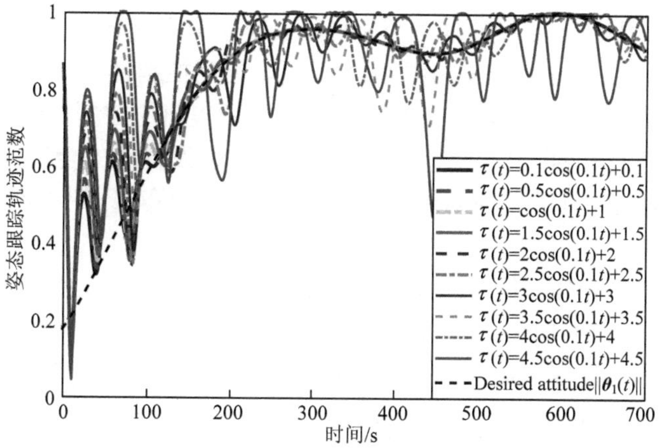

彩图 9-19

图 9-19　使用常规控制协议（9-88），第 1 个刚性体在不同 $\tau(t)$ 下的姿态跟踪范数演化轨迹示意图

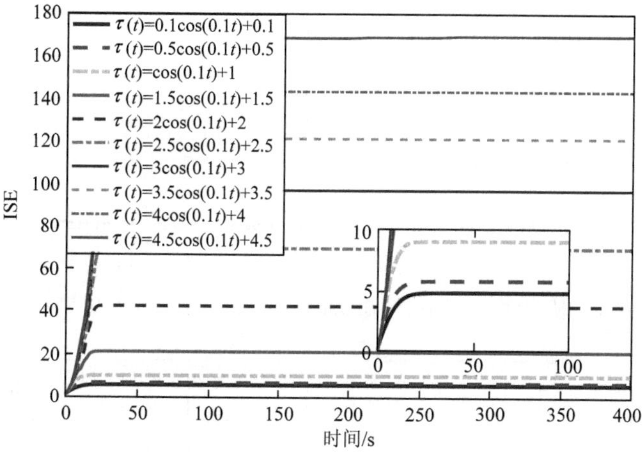

彩图 9-20

图 9-20　使用控制协议（9-73），在不同 $\tau(t)$ 下全局控制输入的 ISE 演化轨迹示意图

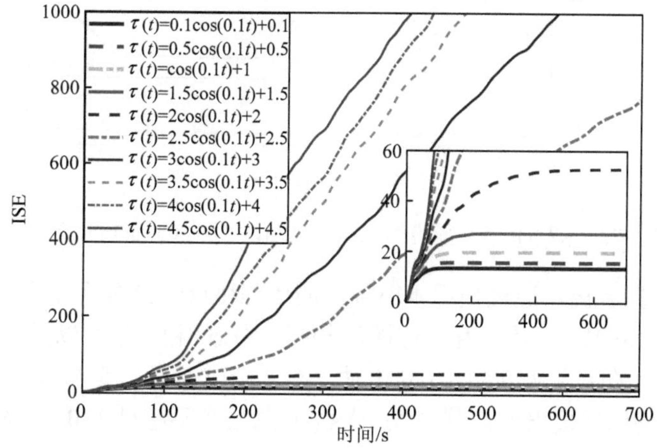

彩图 9-21

图 9-21　使用常规控制协议（9-88），在不同 $\tau(t)$ 下全局控制输入的 ISE 演化轨迹示意图

用常规控制协议（9-88），第 1 个和第 8 个刚性体的姿态仅能在较小的时间延迟下达到

同步，即 $\tau(t)$ 的上界小于 4s，且第 1 个刚性体的姿态只有在 $\tau(t)$ 的上界低于 4s 时才能跟踪期望的姿态。此外，图 9-20 和图 9-21 表明，使用控制协议（9-73）的全局控制输入 ISE 通常小于使用常规控制协议（9-88）。因此，所提出的控制协议（9-73）比常规控制协议（9-88）有更快的收敛速度、更少的能量成本以及更小的全局控制输入 ISE。此外，即使在时间延迟大且常规控制协议（9-88）不能实现姿态同步的情况下，控制协议（9-73）也是有效的。

为了说明系统在确定延迟下的稳定性和性能，假设时间延迟的上界是横坐标上的标量，那么两种控制协议在 500s 时姿态跟踪误差的 ISE 演化轨迹，第 2 个刚性体的姿态跟踪误差范数 $\|\vartheta_2(t)\|$ 落在紧凑集 $\{\|\vartheta_2(t)\| \mid \|\vartheta_2(t)\| \leqslant 0.005\}$ 的时间分别如图 9-22 和图 9-23 所示。

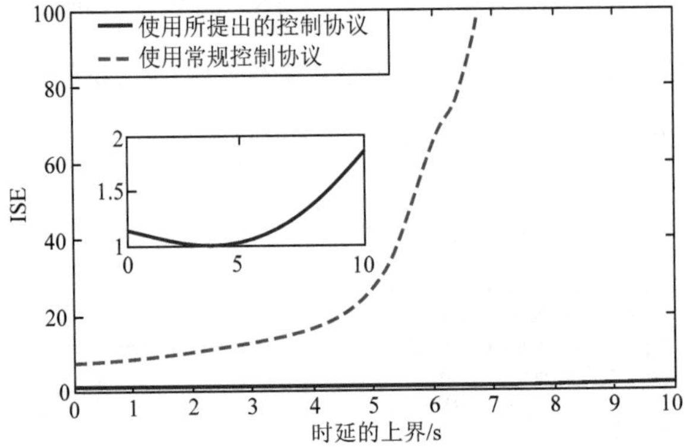

图 9-22　使用两种控制协议在 500s 时 $\vartheta_2(t)$ 的 ISE 演化轨迹示意图

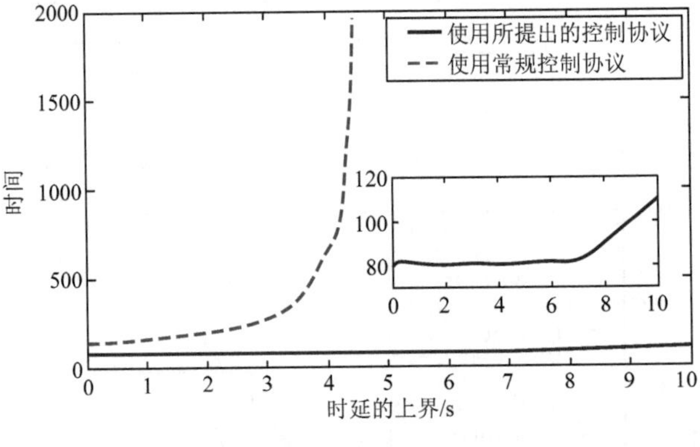

图 9-23　$\|\vartheta_2(t)\|$ 落在紧凑集 $\{\|\vartheta_2(t)\| \mid \|\vartheta_2(t)\| \leqslant 0.005\}$ 的时间示意图

从图 9-22 可以看出，通过使用本节提出的控制协议，当时间延迟的上限从 0 到 10 变化时，$\vartheta_2(t)$ 的 ISE 几乎没有变化，这推断出闭环系统的稳定性可以得到保证。如图 9-23 所示，当时间延迟的上限从 0 到 10 变化时，第 2 个航天器的姿态可以成功地跟踪期望姿态，并且通过使用所提出的控制协议，$\|\vartheta_2(t)\|$ 总是在不超过 110s 内落入目标紧凑集。然而值得一提的是，当时间延迟的上限大于 4.5s 时，常规控制协议不再有效，并且 $\|\vartheta_2(t)\|$ 不会落入目标紧凑集。

2. 所提出的控制协议拓扑情况下的有效性

本节考虑了只有第 1 个、第 3 个和第 8 个刚性体能够获得自己的状态信息的情况，即 $a_{11}=a_{33}=a_{88}=1$，$a_{jj}=0$，$j=2,4,5,6,7,9,10,11,12$，对应的系统通信拓扑如图 9-24 所示。此外，可根据定理 9.5，选择加权参数 $c=3.1867$。

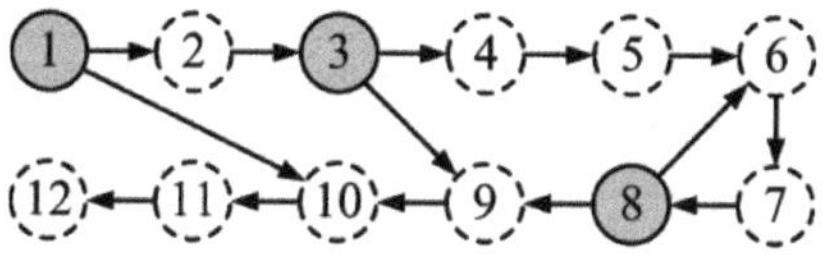

图 9-24　12 个刚性体间的通信拓扑

选择参数 $\hat{\tau}=0.1$，$\rho=0.1$，$\beta=1$。使用相同的惯性矩阵、模糊集和期望角速度参数，根据定理 9.5，分布式控制协议（9-73）的最优 H_∞ 性能 $\gamma_{\min}$ 和控制增益矩阵计算如下：

$$\gamma_{\min}=4.5473\times10^{-8}$$

$$\boldsymbol{K}=\begin{bmatrix}\boldsymbol{K}_a & \boldsymbol{K}_b\end{bmatrix}$$

$$\boldsymbol{K}_a=\begin{bmatrix}-9.1846 & 0.6849 & 0.6688\\ 0.6722 & -9.1347 & 0.6881\\ 0.6668 & 0.6955 & -9.1546\end{bmatrix},\ \boldsymbol{K}_b=\begin{bmatrix}-2.6996 & -0.9948 & 0.7432\\ 0.7723 & -2.7235 & -0.9473\\ -0.9711 & 0.6940 & -2.7292\end{bmatrix}$$

分别选择时延参数为 $\tau(t)=0.1\cos(0.1t)+0.1$ 和 $\tau(t)=1.5\cos(0.1t)+1.5$，在分布式控制协议（9-73）作用下，12 个刚性体的姿态跟踪范数演化轨迹分别如图 9-25 和图 9-26 所示。

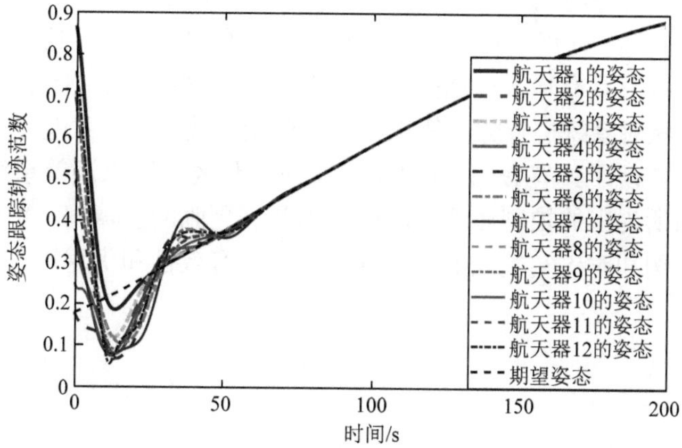

彩图 9-25

图 9-25　当 $\tau(t)=0.1\cos(0.1t)+0.1$ 时，在分布式控制协议（9-73）作用下 12 个刚性体的姿态跟踪范数演化轨迹示意图

图 9-25 和图 9-26 表明，即使在只有少数刚性体能够获得其自身状态信息的情况下，12 个刚性体的姿态可通过使用本节中提出的分布式控制协议（9-73）来跟踪上期望的姿态。根据注 9.10 中的讨论，当只有少数刚性体能够获得其自身的状态信息时，式（9-88）中的常规非线性补偿控制协议 $\boldsymbol{u}_{NCi}(t)$ 将不适用。因此，可以得出结论，使用控制协议（9-88）的通信拓扑约束条件比使用分布式控制协议（9-73）更严格，这表明分布式控制

协议（9-73）比控制协议（9-88）有更少的保守性。

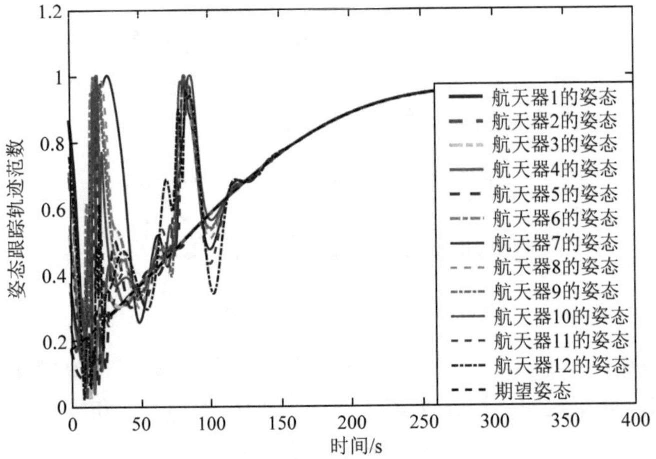

彩图 9-26

图 9-26　当 $\tau(t)=1.5\cos(0.1t)+1.5$ 时，在分布式控制协议（9-73）作用下 12 个刚性体的姿态跟踪范数演化轨迹示意图

本 章 小 结

本章研究了非线性多自主体系统的鲁棒分布式优化控制问题。针对具有高阶非线性多自主体系统的鲁棒协同优化控制问题，提出了一种基于 STC 协议的连续 SMC 协议来抑制干扰和抖振。同时考虑到建模不确定性的存在，设计了一种协同标称控制协议，并实现了鲁棒优化。此外，使用所提出的协议允许一般有向拓扑，并且移除了现有结果中考虑的许多假设。针对具有输入延迟的非线性多刚性体网络的姿态跟踪控制优化问题，在利用 T-S 模糊方法对系统进行分段线性化的基础上，设计了一种基于 T-S 模糊方法的分布式控制协议，实现了具有 H_∞ 优化性能的多刚性体姿态跟踪误差系统同步稳定，并通过仿真算例证明所提出的控制协议对时间延迟具有更强的鲁棒性和更少的保守性。最后通过相关仿真算例和对比实验验证了所提出方法的有效性和优越性。

第 10 章　基于神经网络优化的高阶非线性多自主体系统一致性跟踪控制

前述章节中主要研究了如何将多自主体系统在外部扰动分量上界已知条件下的非线性系统的鲁棒优化控制问题。然而在实际作业环境中，受限于自主体自身携带传感器的探测能力限制，环境的外部扰动分量的上界难以精确计算。因此，本章将针对同时含有未建模动力学和未知外部扰动的高阶非线性多自主体系统，提出基于神经网络参数逼近优化的一致性跟踪协议。

10.1　具有高阶非线性动力学的自主体系统

考虑如下一类具有高阶非线性动力学的自主体系统：

$$\begin{cases} \dot{x}_1 = x_2 \\ \quad\vdots \\ \dot{x}_{\rho-1} = x_\rho \\ \dot{x}_\rho = f(\boldsymbol{\eta},\boldsymbol{x}) + g(\boldsymbol{x},\boldsymbol{\eta})(u+d) \\ \dot{\eta} = q(\boldsymbol{x},\boldsymbol{\eta}) \end{cases} \tag{10-1}$$

其中，$\boldsymbol{x}=[x_1,x_2,\cdots,x_\rho]\in\Re^\rho$ 和 $\boldsymbol{\eta}=[\eta_1,\eta_2,\cdots,\eta_{n-\rho}]^{\mathrm{T}}\in\Re^{n-\rho}$ 表示自主体的状态；ρ 是系统的相对阶数，n 是系统的状态维度；$y=x_1\in\Re$ 是系统的输出，$u\in\Re$ 是系统的输入；未知的光滑函数 $f(\boldsymbol{\eta},\boldsymbol{x})$ 和 $g(\boldsymbol{x},\boldsymbol{\eta})$ 表示不确定的动力学模型；d 表示外部扰动分量；微分方程 $\dot{\eta}=q(\boldsymbol{x},\boldsymbol{\eta})$ 表示内部动力学系统。

假设 10.1：系统（10-1）的内部动力学系统 $\dot{\eta}=q(\boldsymbol{x},\boldsymbol{\eta})$ 是指数稳定的。此外，函数 $q(\boldsymbol{x},\boldsymbol{\eta})$ 是关于变量 $\boldsymbol{x}$ 的李雅普诺夫函数，即存在正常数 a_q 和 a_x，使得 $\|q(\boldsymbol{x},\boldsymbol{\eta})-q(0,\boldsymbol{\eta})\|\leqslant a_x\|x\|+a_q,\forall(\boldsymbol{x},\boldsymbol{\eta})\in\Re^n$ 成立。

若系统（10-1）在零动力学条件下是稳定的，则存在一个李雅普诺夫函数 $V_0(\eta)$ 满足如下不等式：$(\boldsymbol{x},\boldsymbol{\eta})\in\Re^n:\gamma_1\|\boldsymbol{\eta}\|^2\leqslant V_0(\eta)\leqslant\gamma_2\|\eta\|$，$q(0,\boldsymbol{\eta})\partial V_0/\partial\boldsymbol{\eta}\leqslant-\lambda_a\|\boldsymbol{\eta}\|^2$ 及 $\|\partial V_0/\partial\boldsymbol{\eta}\|\leqslant\lambda_b\|\boldsymbol{\eta}\|$，其中，$\gamma_1$，$\gamma_2$，$\lambda_\alpha$ 及 λ_b 为正常数。

假设 10.2：外部扰动分量 d 是不确定的有界函数，即存在未知的正常数 ϱ 满足 $|d(t)|\leqslant\varrho<\infty$。

假设 10.3：存在一个光滑函数 $\bar{g}(\boldsymbol{x},\boldsymbol{\eta})$ 和一个正常数 $g>0$，使得不等式 $\bar{g}(\boldsymbol{x},\boldsymbol{\eta})>g(\boldsymbol{x},\boldsymbol{\eta})>0,\ \forall(\boldsymbol{x},\boldsymbol{\eta})\in\Re^n$ 成立。存在一个正函数 $g_0(\boldsymbol{x},\boldsymbol{\eta})$ 满足 $\left|\dot{g}(\boldsymbol{x},\boldsymbol{\eta})(2g(\boldsymbol{x},\boldsymbol{\eta}))^{-1}\right|\leqslant g_0(\boldsymbol{x},\boldsymbol{\eta}),\forall(\boldsymbol{x},\boldsymbol{\eta})\in\Re^n$。

本章采用线性参数化神经网络逼近第 i 个自主体的未知连续函数 $f_i(\boldsymbol{Z}_i)$ [241-242]：

$$f_i(\boldsymbol{Z}_i)=\boldsymbol{\theta}_i^{\mathrm{T}}\boldsymbol{\psi}_i(\boldsymbol{Z}_i)+\boldsymbol{\varepsilon}_i(\boldsymbol{Z}_i) \tag{10-2}$$

其中，$\boldsymbol{Z}_i \in \Re^q$ 为神经网络输入向量；$\boldsymbol{\theta}_i \in \Re^l$ 为权重向量，$l>1$ 为神经网络节点数；$\boldsymbol{\psi}_i(\boldsymbol{Z}_i)\in\Re^l$。若 l 选择得足够大，则 $\boldsymbol{\theta}_i^{\mathrm{T}}\boldsymbol{\psi}_i(\boldsymbol{Z}_i)$ 可以在紧凑集 $\boldsymbol{Z}_i\in\Omega_{xi}$ 以任意精度逼近任意连续函数 $f_i(\boldsymbol{Z}_i)$，如下所示：

$$f_i(\boldsymbol{Z}_i)=\boldsymbol{\theta}_i^{*\mathrm{T}}\boldsymbol{\psi}_i(\boldsymbol{Z}_i)+\boldsymbol{\varepsilon}_i(\boldsymbol{Z}_i),\forall \boldsymbol{Z}_i\in\Omega_{xi}\subset\Re^p \tag{10-3}$$

其中，$\boldsymbol{\theta}^*$ 为最优常数权向量；$\boldsymbol{\varepsilon}_i(\boldsymbol{Z}_i)$ 为紧凑集上有界的逼近误差，即 $|\boldsymbol{\varepsilon}(\boldsymbol{Z}_i)|<\varepsilon_i^*$，$\varepsilon_i^*>0$ 表示未知常数。进一步地，$\boldsymbol{\theta}^*$ 定义为在紧凑集 $\boldsymbol{Z}_i\in\Omega_{xi}$ 内，使 $|\boldsymbol{\varepsilon}_i|$ 达到最小的 $\boldsymbol{\theta}_i$ 值，即

$$\boldsymbol{\theta}_i^*=\arg\min_{\theta_i\in\Re^l}\left\{\sup_{Z_i\in\Omega_{xi}}\left|f_i(\boldsymbol{Z}_i)-\boldsymbol{\theta}_i^T\boldsymbol{\psi}_i(\boldsymbol{Z}_i)\right|\right\} \tag{10-4}$$

令 $\boldsymbol{\psi}_i(\boldsymbol{Z}_i)=\exp[-(\boldsymbol{Z}_i-\boldsymbol{u}_i)^{\mathrm{T}}(\boldsymbol{Z}_i-\boldsymbol{u}_i)\zeta_i^2]\,(i=1,2,\cdots,l)$，其中，$\boldsymbol{u}_i=[u_{i1},u_{i2},\cdots,u_{iq}]^{\mathrm{T}}$ 为高斯核函数中心，ζ_i 为高斯核函数宽度。对于高斯径向基神经网络，以下引理保证了二维向量 $\boldsymbol{\psi}_i(\boldsymbol{Z}_i)$ 的上界。

引理 10.1[243]：考虑上述高斯径向基神经网络，令 $\rho=0.5\min_{i\neq j}\left\|\boldsymbol{u}_i-\boldsymbol{u}_j\right\|$，$q$ 是输入 $\boldsymbol{Z}_i$ 的维度，σ 为高斯核函数的宽度。选择 $\|\boldsymbol{\psi}_i(\boldsymbol{Z}_i)\|$ 的上界为

$$\|\boldsymbol{\psi}_i(\boldsymbol{Z}_i)\|\leqslant\sum_{k=0}^{\infty}3q(k+2)^{q-1}e^{-2\rho^2k^2/\sigma^2}=m_\psi^* \tag{10-5}$$

定理 10.1：若系统的通信拓扑图 $\mathcal{G}$ 包含以 v_0 为根的生成树，则归一化邻接矩阵 $\boldsymbol{A}$ 是次随机的，图的拉普拉斯矩阵 $\boldsymbol{\mathcal{L}}=\boldsymbol{I}-\boldsymbol{A}$ 是正定的，其逆由 $\boldsymbol{\mathcal{L}}^{-1}=\sum_{l=0}^{\infty}\boldsymbol{A}^l$ 给出。

证明：通过引入虚拟自主体 v_0，该自主体不接受任何其他自主体信息，其邻居参数 $\mathcal{N}_0=\varnothing$，同时矩阵 $\boldsymbol{A}$ 的第一行元素全部为零。由于 $\mathcal{G}$ 有一个生成树，且 v_0 为根，则每个自主体至少有一个邻居，且 $\boldsymbol{A}$ 的其他任意一行之和等于 1，因此矩阵 $\boldsymbol{A}$ 是次随机矩阵。

进一步地，矩阵 $\boldsymbol{L}$ 是一个对角占有矩阵并且存在一个集合 $J=\{0\}$ 满足 $|\ell_{00}|>\sum_{j\neq i}|\ell_{ij}|$。此外，$\mathcal{G}$ 包含一个以 v_0 为根的生成树，也意味着存在从 v_0 到任意自主体 v_2 的路径，则对于每一个元素 $i\neq0$，存在一个非零元素序列 $\ell_{ii_1},\ell_{i_1i_2},\cdots,\ell_{i_s0}$，因此 $\boldsymbol{\mathcal{L}}$ 满足非零元链对角占优矩阵的所有条件[244]。由于 $\boldsymbol{L}$ 是实数且满足 $\ell_{ij}<0,i\neq j,\ell_{ii}=1$，因此 $\boldsymbol{L}$ 是一个非奇异 $\boldsymbol{M}$ 矩阵[244]。运用圆盘定理可知，$\boldsymbol{L}$ 的所有特征值都在复平面的右部，那么可以得出 $\boldsymbol{L}$ 是正定的。进一步，由 $\boldsymbol{\mathcal{L}}$ 的谱半径可以得出，$\rho(\boldsymbol{A})<1$，则 $\lim_{l\to\infty}\boldsymbol{A}^l=0$ 并且有

$$(\boldsymbol{I}-\boldsymbol{A})(\boldsymbol{I}+\boldsymbol{A}+\boldsymbol{A}^2+\cdots)=(\boldsymbol{I}+\boldsymbol{A}+\boldsymbol{A}^2+\cdots)-(\boldsymbol{A}+\boldsymbol{A}^2+\boldsymbol{A}^3+\cdots)=\boldsymbol{I}$$

即得到 $\boldsymbol{\mathcal{L}}^{-1}=\sum_{l=0}^{\infty}\boldsymbol{A}^l$，证明完毕。

本章主要研究多自主体系统的一致性姿态控制问题：考虑一组自主体，领航者轨迹 $y_d(t)$ 及其 ρ 阶导数是有界的，且有部分自主体可以获取领航者信息。对于每个自主体，分别针对①使用邻居和自身的完整状态信息，②仅使用邻居和自身的输出信息两种情形，设计使得跟踪误差收敛到零的邻域，即极限 $\lim_{t\to\infty}|y_i(t)-y_d(t)|=\bar{\varepsilon}$，其中，$\bar{\varepsilon}>0$。同

时，所有闭环信号都保持有界的控制协议。

领航者轨迹 $y_d(t)$ 由如下参考模型生成：

$$\dot{x}_{dj} = x_{dj+1},\ \dot{x}_{d\rho} = f_d(x_d, t), y_d = x_{d1}$$

其中，$j = 1,2,\cdots,\rho-1$，$\rho > 2$ 为常数指标；$\boldsymbol{x}_d = [x_{d1}, x_{d2}, \cdots, x_{d\rho}]^{\mathrm{T}} \in \Re^{\rho}$ 为参考系统的状态；$y_d \in \Re$ 为系统输出。

假设 10.4：领航者轨迹 $y_d(t)$ 及其 ρ 阶导数是有界的，即 $\boldsymbol{x}_d \in \Omega_d \subset \Re^{\rho}(\forall t \geqslant 0)$。

假设 10.5：系统的通信拓扑图 $\mathcal{G}$ 有一个以虚拟自主体为根的生成树，该虚拟自主体严格遵循领航者轨迹 $y_d(t)$。

引理 10.2[245]：定义正常数 $a_1 = \lambda_a^{-1}\lambda_b a_x$ 和 $a_2 = \lambda_a^{-1}\lambda_b a_q$。若满足假设 10.1 和假设 10.4，则存在一个正时间常数 T_0，使得系统的内部动力学的轨迹 $\eta(t)$ 满足 $\|\boldsymbol{\eta}\| \leqslant a_1 \|\boldsymbol{x}(t)\| + a_2(\forall t > T_0)$。

10.2　基于完备状态信息的控制协议设计

本节根据每个自主体的邻居状态为其设计一致性跟踪控制协议，通过前馈逼近器对未知非线性函数进行补偿。在邻居的完备状态信息可用的情况下，推导出单个自主体的全状态反馈控制协议。在此基础上，针对只有邻居输出状态信息可用的情况，通过确定性等价法对每个自主体进行输出反馈控制协议的设计，同时利用高增益观测器估计不可用输出信息的导数。

由于仅有部分自主体可以获取领航者轨迹信息，因此跟踪控制协议是基于自主体及其邻居的相对状态来设计的。为第 i 个自主体定义如下误差变量：

$$z_{i,1} = y_{i,1} - y_{ir}, z_{i,2} = \dot{z}_{i,1} = x_{i,2} - \dot{y}_{ir}, \cdots, z_{i,\rho} = z_{i,1}^{(\rho)} = x_{i,\rho} - y_{ir}^{(\rho)}a \tag{10-6}$$

其中，$y_{ir}(t) = \sum_{j \in \mathcal{N}_i} a_{ij} y_j(t), y_{ir}^{(k)}(t) = \sum_{j \in \mathcal{N}_i} a_{ij} y_j^{(k)}(t)(k = 1,2,\cdots,\rho-1)$，$a_{ij}$ 是通信拓扑图 $\mathcal{G}$ 的归一化邻接矩阵 $\boldsymbol{A}$ 的元素。

对于第 i 个自主体，定义向量 $\overline{z}_i = [z_{i,1}, z_{i,2}, \cdots, z_{i,\rho}]^{\mathrm{T}} \in \Re^{\rho}$，滤波跟踪误差 $\boldsymbol{s}_i = [\boldsymbol{\Lambda}^{\mathrm{T}}, 1]\ \overline{z}_i$，其中，$\boldsymbol{\Lambda} = [\lambda_1, \lambda_2, \cdots, \lambda_{\rho-1}]^{\mathrm{T}}$ 是赫尔维茨矩阵，满足 $p^{\rho-1} + \lambda_{\rho-1}p^{\rho-2} + \cdots + \lambda_1$，则 $\boldsymbol{s}_i$ 的动力学方程可以写为

$$\dot{\boldsymbol{s}}_i = f_i(\boldsymbol{x}_i, \boldsymbol{\eta}_i) + \boldsymbol{g}_i(\boldsymbol{u}_i + \boldsymbol{d}_i) + [0, \boldsymbol{\Lambda}^{\mathrm{T}}]\overline{z}_i - y_{ir}^{(\rho)} \tag{10-7}$$

选择李雅普诺夫函数为 $\boldsymbol{V}_{si} = 0.5(g_i \boldsymbol{s}_i^2)^{-1}$，则有

$$\dot{V}_{si} = -\left(\boldsymbol{g}_0 + 0.5\dot{\boldsymbol{g}}_i \boldsymbol{g}_i^{-2}\right)\boldsymbol{s}_i^2 + \boldsymbol{s}_i(\boldsymbol{u}_i + \boldsymbol{d}_i) + \boldsymbol{s}_i[f_i(\boldsymbol{x}_i, \boldsymbol{\eta}_i) + [0, \boldsymbol{\Lambda}^{\mathrm{T}}]\overline{z}_i - y_{ir}^{(\rho)} + \boldsymbol{g}_i \boldsymbol{g}_0 \boldsymbol{s}_i]\boldsymbol{g}_i^{-1} \tag{10-8}$$

同时使用参数线性化神经网络 $\overline{f}_i(\boldsymbol{Z}_i) = \boldsymbol{\theta}_i^{*\mathrm{T}}\varphi_i(\boldsymbol{Z}_i) + \boldsymbol{\varepsilon}_i$ 来逼近未知的非线性函数 $\overline{f}_i(\boldsymbol{x}_i, \boldsymbol{\eta}_i, \overline{z}_i) = [f_i(\boldsymbol{x}_i, \eta_i) + [0, \boldsymbol{\Lambda}^{\mathrm{T}}]\overline{z}_i - y_{ir}^{(\rho)} + \boldsymbol{g}_i \boldsymbol{g}_0 \boldsymbol{s}_i]\boldsymbol{g}_i^{-1}$，其中，$\boldsymbol{\theta}^*$ 为最优加权向量，$\boldsymbol{Z}_i = [\boldsymbol{x}_i, \boldsymbol{\eta}_i, \overline{z}_i]^{\mathrm{T}}$。

选择李雅普诺夫函数为

$$\boldsymbol{V}_i = \boldsymbol{V}_{si} + 0.5\tilde{\boldsymbol{\theta}}_i^{\mathrm{T}}\tilde{\boldsymbol{\theta}}_i \gamma_2^{-1} + 0.5\tilde{\boldsymbol{\varphi}}_i^2 \gamma_1^{-1} \tag{10-9}$$

其中，γ_1和γ_2是正常数。$\tilde{\boldsymbol{\theta}}_i=\hat{\boldsymbol{\theta}}_i-\boldsymbol{\theta}_i^*$和$\tilde{\boldsymbol{\varphi}}_i=\hat{\boldsymbol{\varphi}}_i-\boldsymbol{\varphi}_i^*$是参数的估计误差和误差界，$\hat{\boldsymbol{\theta}}_i$和$\hat{\boldsymbol{\varphi}}_i$分别是$\boldsymbol{\theta}_i^*$和$\boldsymbol{\varphi}_i^*=(\varrho_i+\bar{\boldsymbol{\varepsilon}}_i)^2$的估计值，则有

$$\begin{aligned}\dot{V}&=-0.5\dot{\boldsymbol{g}}_i\boldsymbol{g}_i^{-2}\boldsymbol{s}_i^2+\boldsymbol{g}_i^{-1}\boldsymbol{s}_i\dot{\boldsymbol{s}}_i+\tilde{\boldsymbol{\theta}}_i\dot{\hat{\boldsymbol{\theta}}}_i\gamma_2^{-1}+\tilde{\boldsymbol{\varphi}}_i\dot{\hat{\boldsymbol{\varphi}}}_i\gamma_1^{-1}\\&=-(\boldsymbol{g}_0+0.5\dot{\boldsymbol{g}}_i\boldsymbol{g}_i^{-2})\boldsymbol{s}_i^2+\boldsymbol{s}_i(\boldsymbol{u}_i+\boldsymbol{d}_i)+\boldsymbol{s}_i\left[\boldsymbol{\theta}_i^{*\mathrm{T}}\boldsymbol{\psi}_i(\boldsymbol{Z}_i)+\bar{\boldsymbol{\varepsilon}}_i\right]+\tilde{\boldsymbol{\theta}}_i\dot{\hat{\boldsymbol{\theta}}}_i\gamma_2^{-1}+\tilde{\boldsymbol{\varphi}}_i\dot{\hat{\boldsymbol{\varphi}}}_i\gamma_1^{-1}\end{aligned}\tag{10-10}$$

注 10.1：为了避免直接逼近函数$\boldsymbol{g}_i$可能存在的奇异性问题，构造神经网络整体上逼近$\bar{f}_i(\boldsymbol{x}_i,\boldsymbol{\eta}_i,\bar{z}_i,y_{ir}^{(\rho)})=[(f_i(\boldsymbol{x}_i,\boldsymbol{\eta}_i)+[0,\boldsymbol{\Lambda}^{\mathrm{T}}]\bar{z}_i-y_{ir}^{(\rho)})+\boldsymbol{g}_i\boldsymbol{g}_0\boldsymbol{s}_i]\boldsymbol{g}_i^{-1}$。

第i个自主体的控制协议为

$$\boldsymbol{u}_i=-\hat{\boldsymbol{\theta}}_i^{\mathrm{T}}\boldsymbol{\psi}_i-k_i\boldsymbol{s}_i-0.5\hat{\boldsymbol{\varphi}}_i\boldsymbol{s}_i,\ \ i=1,2,\cdots,N\tag{10-11}$$

参数的自适应律设计为

$$\begin{cases}\dot{\hat{\boldsymbol{\varphi}}}_i=-\gamma_1[-0.5(1-\boldsymbol{\varpi}_\varphi)\boldsymbol{s}_i^2+\sigma_1\hat{\boldsymbol{\varphi}}_i]\\\dot{\hat{\boldsymbol{\theta}}}_i=-\gamma_2(-\boldsymbol{\psi}_i\boldsymbol{s}_i+\sigma_2\hat{\boldsymbol{\theta}}_i)\end{cases}\tag{10-12}$$

其中，$\boldsymbol{\varpi}_\varphi=0$。若$|\hat{\boldsymbol{\varphi}}_i|\leqslant M_{\varphi_i}$，则$M_{\varphi_i}$是一个设计的正常数，否则为1。

通过使用杨（Young）不等式，得到不等式$-\sigma_2\tilde{\boldsymbol{\theta}}_i^{\mathrm{T}}\hat{\boldsymbol{\theta}}_i\leqslant-0.5\sigma_2\|\tilde{\boldsymbol{\theta}}_i\|^2+0.5\sigma_2\|\boldsymbol{\theta}_i^*\|^2$，$-\sigma_1\tilde{\boldsymbol{\varphi}}_i\hat{\boldsymbol{\varphi}}_i\leqslant-0.5\sigma_1\tilde{\boldsymbol{\varphi}}_i^2+0.5\sigma_1\boldsymbol{\varphi}_i^{*2}$及$(\varrho_i+\bar{\boldsymbol{\varepsilon}}_i)\boldsymbol{s}_i\leqslant0.5+0.5\boldsymbol{s}_i^2\boldsymbol{\varphi}_i^*$成立。根据式（10-11）和式（10-12），则$\boldsymbol{V}_i$对时间的导数可以写为

$$\begin{aligned}\dot{\boldsymbol{V}}_i&=-(\boldsymbol{g}_0+0.5\dot{\boldsymbol{g}}_i\boldsymbol{g}_i^{-2})\boldsymbol{s}_i^2-k_i\boldsymbol{s}_i^2+\boldsymbol{s}_i(\bar{\boldsymbol{\varepsilon}}_i+d_i-0.5\hat{\boldsymbol{\varphi}}_i)-\sigma_2\tilde{\boldsymbol{\theta}}_i^{\mathrm{T}}\hat{\boldsymbol{\theta}}_i\\&\quad+0.5(1-\varpi_\varphi)\boldsymbol{s}_i\tilde{\boldsymbol{\varphi}}_i\boldsymbol{s}_i-\sigma_1\tilde{\boldsymbol{\varphi}}_i\hat{\boldsymbol{\varphi}}_i\\&\leqslant-k_i\boldsymbol{s}_i^2+0.5+0.5\boldsymbol{s}_i^2\boldsymbol{\varphi}_i^*-0.5\boldsymbol{s}_i^2\hat{\boldsymbol{\varphi}}_i-0.5\sigma_2\left\|\tilde{\boldsymbol{\theta}}_i\right\|^2+0.5\sigma_2\left\|\boldsymbol{\theta}_i^*\right\|^2\\&\quad+0.5\tilde{\boldsymbol{\varphi}}_i\boldsymbol{s}_i^2-0.5\sigma_1\tilde{\boldsymbol{\varphi}}_i^2+0.5\sigma_1\boldsymbol{\varphi}_i^{*2}\\&=-k_i\boldsymbol{s}_i^2-0.5\sigma_1\tilde{\boldsymbol{\varphi}}_i^2-0.5\sigma_2\left\|\tilde{\boldsymbol{\theta}}_i\right\|^2+c_{2i}\end{aligned}\tag{10-13}$$

其中，$c_{2i}=0.5\sigma_2\left\|\boldsymbol{\theta}_i^*\right\|^2+0.5\sigma_1\boldsymbol{\varphi}_i^{*2}+0.5$。

定义：

$$\begin{cases}\Omega_{si}=\left\{\boldsymbol{s}_i\|\,\boldsymbol{s}_i\,|\leqslant(c_{2i}k_i^{-1})^{1/2}\right\}\\\Omega_{\theta_i}=\left\{(\tilde{\boldsymbol{\theta}}_i,\tilde{\boldsymbol{\varphi}}_i)\left\|\tilde{\boldsymbol{\theta}}_i\right\|\leqslant(2c_{2i}\sigma_2^{-1})^{1/2},|\,\tilde{\boldsymbol{\varphi}}_i\,|\leqslant(2c_{2i}\sigma_1^{-1})^{1/2}\right\}\\\Omega_{ei}=\left\{(s_i,\tilde{\boldsymbol{\theta}}_i,\tilde{\boldsymbol{\varphi}}_i)\middle|k_i\boldsymbol{s}_i^2+0.5\sigma_2\tilde{\boldsymbol{\theta}}_i^{\mathrm{T}}\tilde{\boldsymbol{\theta}}_i+0.5\sigma_1\tilde{\boldsymbol{\varphi}}_i^2\leqslant c_{2i}\right\}\end{cases}$$

由于c_{1i}、σ_1、σ_2和k_i是正常数，可得Ω_{si}、$\Omega_{\theta i}$和Ω_{ei}是紧凑集。式（10-13）表明当误差落在紧凑集外时，$\dot{V}_i\leqslant0$。此外，根据标准李雅普诺夫定理，可得$\boldsymbol{s}_i$、$\tilde{\boldsymbol{\theta}}_i$和$\tilde{\boldsymbol{\varphi}}_i$是有界的。根据式（10-13）可知，只要$\boldsymbol{s}_i$在紧凑集$\Omega_{si}$之外，函数$V_i$是严格负的。因此，存在一个常数$T_1$，使得当$t>T_1$时，滤波跟踪误差$\boldsymbol{s}_i$收敛于$\Omega_{si}$，即$\boldsymbol{s}_i\leqslant\beta_{si}(k_i,\gamma_1,\gamma_2,\sigma_1,\sigma_2,\theta_i^*,\varphi_i^*,\varepsilon_i^*)=(c_{2i}k_i^{-1})^{1/2}$。

定义第i个自主体与期望轨迹之间的跟踪误差变量为$\tilde{y}_i(t)=y_i(t)-y_d(t)=y_i(t)-y_0(t)$，定义第$i$个自主体的辅助状态为$\xi_i(t)=[\Lambda^{\mathrm{T}},1]\boldsymbol{Y}_i$，其中，$\boldsymbol{Y}_i=[y_i,\ y_i^{(1)},\cdots,y_i^{(\rho-1)}]$。

滤波误差记为 $\tilde{\xi}_i(t)=\xi_i(t)-\xi_d(t)=\xi_i(t)-\xi_0(t)$ 。根据 $s_i(t)=\xi_i(t)-\sum_{j\in\mathcal{N}_i}a_{ij}\xi_j(t)$ ，有 $\tilde{\xi}_i=\xi_i-\xi_0=\sum_{j\in\mathcal{N}_i}a_{ij}\xi_j+s_i-\xi_0$（$i=1,2,\cdots,N$），其全局形式可表示为 $\tilde{\xi}=\boldsymbol{A}\xi+\boldsymbol{s}-\xi_0\boldsymbol{1}$，其中，$\boldsymbol{1}=[1,\cdots,1]^{\mathrm{T}}$，$\boldsymbol{s}=[s_1,s_2,\cdots,s_N]^{\mathrm{T}}$。注意到矩阵 $\boldsymbol{A}$ 的第一行的所有元素均为 0，且其他行元素为 1，则有 $[0,1,\cdots,1]^{\mathrm{T}}=\boldsymbol{A}[0,1,\cdots,1]^{\mathrm{T}}$。因此

$$
\begin{aligned}
\tilde{\xi}&=\boldsymbol{A}(\tilde{\xi}+\xi_0\boldsymbol{1})+\boldsymbol{s}+[1,0,\cdots,0]^{\mathrm{T}}\xi_0-\xi_0\boldsymbol{1}\\
&=\boldsymbol{A}\tilde{\xi}+[0,1,\cdots,1]^{\mathrm{T}}\xi_0+\boldsymbol{s}+[1,0,\cdots,0]^{\mathrm{T}}\xi_0-\xi_0\boldsymbol{1}\\
&=\boldsymbol{A}\tilde{\xi}+\boldsymbol{s}
\end{aligned}\tag{10-14}
$$

当假设 10.5 成立时，根据定理 10.1，可知 $\boldsymbol{\mathcal{L}}$ 为可逆矩阵，则有 $\tilde{\xi}=\boldsymbol{\mathcal{L}}^{-1}\boldsymbol{s}$。

注 10.2：为证明所有自主体的跟踪误差收敛到一个紧凑集，通过引入拓扑图建立了 $\tilde{\xi}$ 和 $\boldsymbol{s}$ 之间的关系，以便于后续系统的稳定性证明。

定义矢量 $\boldsymbol{Y}=[Y_0^{\mathrm{T}},Y_1^{\mathrm{T}},\cdots,Y_N^{\mathrm{T}}]^{\mathrm{T}}$，$\tilde{\boldsymbol{Y}}=[\tilde{Y}_0^{\mathrm{T}},\tilde{Y}_1^{\mathrm{T}},\cdots,\tilde{Y}_N^{\mathrm{T}}]^{\mathrm{T}}$，$\boldsymbol{X}=[X_0^{\mathrm{T}},X_1^{\mathrm{T}},\cdots,X_{\rho-1}^{\mathrm{T}}]^{\mathrm{T}}$，$\tilde{\boldsymbol{X}}=[\tilde{X}_0,\tilde{X}_1,\cdots,\tilde{X}_{\rho-1}]^{\mathrm{T}}$，其中，$\boldsymbol{X}_j=[X_{0,j},X_{1,j},\cdots,X_{N,j}]^{\mathrm{T}}$，$\tilde{\boldsymbol{X}}_j=\boldsymbol{X}_j-\boldsymbol{X}_{jd}=\boldsymbol{X}_j-y_0^{(j)}\boldsymbol{1}$，$\tilde{\boldsymbol{Y}}_i=\boldsymbol{Y}_i-\boldsymbol{Y}_d=\boldsymbol{Y}_i-\boldsymbol{Y}_0$，则有 $\dot{\tilde{\boldsymbol{Y}}}=\overline{\boldsymbol{A}}_p\tilde{\boldsymbol{Y}}+\overline{\boldsymbol{b}}\tilde{\xi}$ 成立，其中，$\overline{\boldsymbol{A}}_p=\boldsymbol{I}_{N+1}\otimes\boldsymbol{A}_p$ 和 $\overline{\boldsymbol{b}}=\boldsymbol{I}_{N+1}\otimes b$，

$$
\boldsymbol{A}_p=\begin{bmatrix}0&1&\cdots&0\\ \vdots&\vdots&&\vdots\\ 0&0&\cdots&1\\ -\lambda_1&-\lambda_2&\cdots&-\lambda_{\rho-1}\end{bmatrix},\quad \boldsymbol{b}=[\underbrace{0,\cdots,0}_{\rho-2},1]^{\mathrm{T}}
$$

符号“$\otimes$”代表矩阵的克罗内克积。

根据式（10-14），系统的跟踪误差动力学方程可表示为

$$
\dot{\tilde{\boldsymbol{Y}}}=\overline{\boldsymbol{A}}_P\tilde{\boldsymbol{Y}}+\overline{\boldsymbol{b}}\tilde{\xi}=\overline{\boldsymbol{A}}_P\tilde{\boldsymbol{Y}}+\overline{\boldsymbol{b}}\boldsymbol{L}^{-1}\boldsymbol{s}\tag{10-15}
$$

引理 10.3：对于给定的常数时间 T_1，定义 $s_{i,\max}=\sup\limits_{0\leqslant\tau\leqslant t}|s_i(t)|$，$\beta_{s_i}=\sup\limits_{t>T_1}|s_i(t)|$，$s_{\max,i}(t)=\max x_i\sup\limits_{0\leqslant\tau\leqslant t}|s_i(t)|$，则有如下不等式成立：

$$
\begin{cases}\left\|\tilde{\boldsymbol{Y}}(t)\right\|\leqslant k_0\mathrm{e}^{-\lambda_0 t}\left\|\tilde{\boldsymbol{Y}}(0)\right\|+k_0\lambda_0[N\lambda_{\max}(\boldsymbol{\mathcal{L}}^{-1})]\boldsymbol{s}_{\max,i}(t)\\ \left\|\tilde{\boldsymbol{Y}}(t)\right\|\leqslant k_0\mathrm{e}^{-\lambda_0 t}\left(\left\|\tilde{\boldsymbol{Y}}(0)\right\|+\mathrm{e}^{\lambda_0\mathrm{T}_1}\lambda_0^{-1}\beta_s(T_1)\right)+k_0\lambda_0^{-1}\beta_{s_T}\end{cases}
$$

其中，$\boldsymbol{\beta}_s(t)=N\lambda_{\max}(\boldsymbol{\mathcal{L}}^{-1})\boldsymbol{s}_{\max,i}(t)$；$\boldsymbol{\beta}_{s_T}=N\lambda_{\max}(\boldsymbol{\mathcal{L}}^{-1})\sup\limits_{T_1\leqslant t}\boldsymbol{s}_{\max,i}(t)$；$\lambda_0>0$；$k_0>0$。

证明：根据式（10-15）可得，$\tilde{\boldsymbol{Y}}(t)=\tilde{\boldsymbol{Y}}(0)\mathrm{e}^{\overline{A}_P t}+\int_0^t\mathrm{e}^{\overline{A}_P(t-\tau)}\overline{\boldsymbol{b}}\boldsymbol{\mathcal{L}}^{-1}\mathbf{s}\mathrm{d}\tau,\|\mathrm{e}^{\overline{A}_p t}\|\leqslant k_0\mathrm{e}^{-\lambda_0 t}$。因此有

$$
\begin{aligned}
\left\|\tilde{\boldsymbol{Y}}(t)\right\|&\leqslant k_0\mathrm{e}^{-\lambda_0 t}\left\|\tilde{\boldsymbol{Y}}(0)\right\|+\int_0^t\mathrm{e}^{-\lambda_0(t-\tau)}\left\|\overline{\boldsymbol{b}}\boldsymbol{\mathcal{L}}^{-1}\boldsymbol{s}\right\|\mathrm{d}\tau\\
&\leqslant k_0\mathrm{e}^{-\lambda_0 t}\left\|\tilde{\boldsymbol{Y}}(0)\right\|+k_0\mathrm{e}^{-\lambda_0 t}[N\lambda_{\max}(\boldsymbol{\mathcal{L}}^{-1})]\boldsymbol{s}_{\max,i}(t)(\mathrm{e}^{\lambda_0 t}-1)\lambda_0^{-1}\\
&\leqslant k_0\mathrm{e}^{-\lambda_0 t}\|\tilde{\boldsymbol{Y}}(0)\|+k_0\lambda_0^{-1}[N\lambda_{\max}(\boldsymbol{\mathcal{L}}^{-1})]\boldsymbol{s}_{\max,i}(t)
\end{aligned}\tag{10-16}
$$

其中，$\lambda_{\max}(\cdot)$ 是矩阵的最大特征值。

根据

$$\int_0^t \mathrm{e}^{-\lambda_0(t-\tau)}\left\|\bar{\boldsymbol{b}}(\boldsymbol{\mathcal{L}}^{-1}\boldsymbol{s})\right\|\mathrm{d}\tau=\int_0^{T_1}\mathrm{e}^{-\lambda_0(t-\tau)}\left\|\bar{\boldsymbol{b}}(\boldsymbol{\mathcal{L}}^{-1}\boldsymbol{s})\right\|\mathrm{d}\tau+\int_{T_1}^t \mathrm{e}^{-\lambda_0(t-\tau)}\left\|\bar{\boldsymbol{b}}(\boldsymbol{\mathcal{L}}^{-1}\boldsymbol{s})\right\|\mathrm{d}\tau \tag{10-17}$$

式（10-16）可进一步写成

$$\begin{aligned}\left\|\tilde{\boldsymbol{Y}}(t)\right\|&\leqslant k_0\mathrm{e}^{-\lambda_0 t}\left\|\tilde{\boldsymbol{Y}}(0)\right\|+k_0\mathrm{e}^{-\lambda_0 t}[(e^{\lambda_0 T_1}-1)\lambda_0^{-1}]\beta_s(T_1)\\&\quad+k_0\mathrm{e}^{-\lambda_0 t}[(\mathrm{e}^{\lambda_0 t_0}-\mathrm{e}^{\lambda_0 T_1})\lambda_0^{-1}]\beta_{s_T}\\&\leqslant k_0\mathrm{e}^{-\lambda_0 t}\left(\left\|\tilde{\boldsymbol{Y}}(0)\right\|+\mathrm{e}^{\lambda_0 T_1}\lambda_0^{-1}\beta_s(T_1)\right)+k_0\lambda_0^{-1}\beta_{s_T}\end{aligned} \tag{10-18}$$

证明完毕。

接下来的内容将表明：通过选取恰当的控制参数，能够保证所有自主体的轨迹落在紧凑集内。根据 $\boldsymbol{\mathcal{L}}^{-1}\boldsymbol{s}=([\boldsymbol{\Lambda}^{\mathrm{T}},1]\otimes\boldsymbol{I}_{N+1})\tilde{\bar{\boldsymbol{X}}}$，其中，$\tilde{\bar{\boldsymbol{X}}}=[\tilde{X}^{\mathrm{T}},\tilde{x}_\rho^{\mathrm{T}}]$，可得出 $\tilde{\boldsymbol{x}}_\rho=\boldsymbol{\mathcal{L}}^{-1}\boldsymbol{s}-(\boldsymbol{\Lambda}^{\mathrm{T}}\otimes\boldsymbol{I}_N)\tilde{\boldsymbol{X}}$，因此有

$$\begin{aligned}\left\|\tilde{\bar{\boldsymbol{X}}}\right\|&\leqslant\left\|\tilde{\boldsymbol{X}}\right\|+\left\|\tilde{\boldsymbol{x}}_\rho\right\|\\&\leqslant\left(1+\|\boldsymbol{\Lambda}\|\right)\left\|\tilde{\boldsymbol{X}}\right\|+\left\|\boldsymbol{\mathcal{L}}^{-1}\right\|\|\boldsymbol{s}\|\\&\leqslant\left(1+\|\boldsymbol{\Lambda}\|\right)\left\|\tilde{\boldsymbol{Y}}\right\|+\lambda_{\max}\left\|\boldsymbol{\mathcal{L}}^{-1}\right\|\|\boldsymbol{s}\|\end{aligned} \tag{10-19}$$

根据式（10-18）和 $\boldsymbol{s}_i$ 收敛于 Ω_{s_i} 可知 $\left\|\tilde{\bar{\boldsymbol{X}}}\right\|\leqslant k_a\left\|\tilde{\boldsymbol{Y}}(0)\right\|+k_b\beta_{s_T}+k_c(\forall t\geqslant T_1)$，其中，$k_a=\left(1+\|\boldsymbol{\Lambda}\|\right)k_0$, $k_b=(k_a\lambda_0^{-1})+1$, $k_c=k_a(\mathrm{e}^{\lambda_0 T_1}\lambda_0^{-1})\beta_s(T_1)$，因此有

$$\left\|\bar{\boldsymbol{X}}(t)\right\|\leqslant\left\|\tilde{\bar{\boldsymbol{X}}}(t)\right\|+\left\|\bar{\boldsymbol{X}}_d(t)\boldsymbol{1}\right\|\leqslant k_a\left\|\tilde{\boldsymbol{Y}}(0)\right\|+k_b\beta_{s_T}+k_c+c,\ \ \forall t\geqslant T_1 \tag{10-20}$$

接下来将给出能够保证 $\bar{\boldsymbol{X}}\in\Omega_{\bar{X}}(\forall t\geqslant 0)$ 的条件。定义紧凑集：

$$\Omega_0=\left\{\bar{\boldsymbol{X}}(0)\middle|\left\{\bar{\boldsymbol{X}}\middle\|\bar{\boldsymbol{X}}(t)\right\|<k_a\left\|\tilde{\boldsymbol{Y}}(0)\right\|\right\}\subset\Omega_{\bar{X}},\lambda_{\max}(\boldsymbol{\mathcal{L}}^{-1})\|\boldsymbol{s}(0)\|<\beta_{s_T}\right\} \tag{10-21}$$

其中，正常数满足 $c^*=\sup\limits_{c\in\mathbb{R}^+}\left\{c\middle|\left\{\bar{\boldsymbol{X}}\middle\|\bar{\boldsymbol{X}}(t)\right\|<k_a\left\|\tilde{\boldsymbol{Y}}(0)\right\|+k_c+c,\bar{\boldsymbol{X}}(0)\in\Omega_0\right\}\subset\Omega_{\bar{X}}\right\}$。

定理 10.2：考虑一组具有动力学方程（10-1）的高阶非线性多自主体系统，基于假设 10.4～假设 10.5，使用控制协议（10-11）和参数自适应律（10-13）。对于从任意紧凑集出发的初始条件 $\bar{\boldsymbol{X}}(0)$、$\tilde{\boldsymbol{\eta}}(0)$、$\tilde{\boldsymbol{\theta}}_i(0)$ 和 $\tilde{\boldsymbol{\varphi}}_i(0)$，系统的闭环信号是半全局一致有界的，并且自主体的总跟踪误差 $\tilde{\bar{\boldsymbol{X}}}$ 将收敛到原点的一个邻域。

证明：根据式（10-20）可得系统状态 $\bar{\boldsymbol{X}}(t)$ 始终保持在 $\Omega_{\bar{X}}$。此外，由于神经网络的权重参数有界性条件对于任意有界的 $\hat{\boldsymbol{\theta}}_i(0)$ 和 $\hat{\boldsymbol{\varphi}}_i(0)$ 是成立的，并且从引理 10.2 得知，若 $\boldsymbol{x}_i$ 是有界的，则 $\boldsymbol{\eta}_i$ 是有界的。因此，自主体的内部动力学状态将收敛到紧凑集 $\Omega_{\eta_i}=\left\{\boldsymbol{\eta}_i\in\Re^p\left\|\boldsymbol{\eta}_i\right\|\leqslant a_1\left((2c_2c_1^{-1})^{1/2}+\left\|\boldsymbol{X}_d\right\|\right)+a_2\right\}$，其中，$a_1=\lambda_b a_x\lambda_a^{-1}$ 和 $a_2=\lambda_b a_q\lambda_a^{-1}$ 是正常数。由于控制信号 $u_i(t)$ 是权重 $\hat{\boldsymbol{\theta}}_i$、$\hat{\boldsymbol{\varphi}}_i$，状态 $\boldsymbol{\eta}_i$、$\boldsymbol{x}_i$ 和滤波跟踪误差 $\boldsymbol{s}_i$ 的函数，因此其是有界的。基于上述讨论，可得出所有的闭环信号都是半全局一致有界的，证明完毕。

10.3 基于部分状态信息的控制协议设计

本节假设每个自主体仅能接收其邻居的输出信息 y_{ir}，通过使用自适应神经网络控制

协议，将高增益观测器合成并扩展到控制系统中，以估计控制协议设计所需的其他状态。

在下面的引理中，提出了用于估计未知状态的高增益观测器[246]。

引理 10.4[245]：考虑如下线性系统：

$$\begin{cases}\varepsilon\dot{\pi}_i=\dot{\pi}_{i+1},\ i=1,2,\cdots,\rho+1\\ \varepsilon\dot{\pi}_\rho=-\bar{\gamma}_1\pi_\rho-\bar{\gamma}_2\pi_{\rho-1}-\cdots-\bar{\gamma}_{\rho-1}\pi_2-\pi_1+x(t)\end{cases}\tag{10-22}$$

其中，ε 是一个足够小的正常数；参数 $\bar{\gamma}_1$ 和 $\bar{\gamma}_{\rho-1}$ 满足赫尔维茨多项式 $s^\rho+\bar{\gamma}_1 s^{\rho-1}+\cdots+\bar{\gamma}_{\rho-1}s+1$。假设状态 $\boldsymbol{x}(t)$ 及其前 n 阶导数有界，使得 $x^k<\varpi_k$，ϖ_k 为正常数，则有

$$x^{(k)}:=\pi_k\epsilon^{1-k}-x^{(k)}=-\epsilon\zeta^{(k)},\ k=1,2,\cdots,\rho\tag{10-23}$$

其中，$\zeta:=\pi_p+\bar{\gamma}_1\pi_{\rho-1}+\cdots+\bar{\gamma}_{\rho-1}\pi_1$，$\zeta^{(k)}$ 表示 ζ 的 k 阶导数。进一步地，存在正常数 h_k 和 t^*，使得对于所有 $t>t^*$，有 $|\zeta^{(k)}|\leqslant\epsilon h_k(k=2,3,\cdots,\rho)$ 成立。

注意到当 ζ 及其 k 阶导数有界时，$\pi_{k+1}\varepsilon_k^{-1}$ 渐近收敛于 $\zeta^{(k)}$。因此，$\pi_{k+1}\varepsilon_k^{-1}$ 是估计 ρ 阶输出导数的合适观测器。

为了防止峰值过高，当观测信号在兴趣域之外时，对其使用饱和函数 Ω：$\pi_{i,j}^s=\bar{\pi}_{i,j}\phi[\pi_{i,j}(\bar{\pi}_{i,j})^{-1}],\bar{\pi}_{i,j}\geqslant\max\limits_{(\tilde{y}_i,s_i,\tilde{\theta}_i,\tilde{\varphi}_i)\in\Omega}(\pi_{i,j})$，当 $a<-1$，$\phi(a)=-1$；当 $|a|<1$，$\phi(a)=a$；当 $a>1$，$\phi(a)=1$[247]。

接下来将通过确定性等价法，利用邻居的估计输出

$$\hat{y}_{ir}^{(k)}=\pi_{i,k}\epsilon^{-k},\ i=2,3,\cdots,N;k=1,2,\cdots,\rho\tag{10-24}$$

替换参考信号 $y_{ir}^{(k)}(k=1,2,\cdots,\rho)$，对控制协议（10-11）和自适应律（10-12）进行修正。基于式（10-24）有：$\hat{z}_{i,k}=x_{i,k}-\hat{y}_{ir}^{(k)}$ 和 $\hat{\boldsymbol{s}}_i=[\boldsymbol{\Lambda}^{\mathrm{T}},1]\hat{\boldsymbol{z}}_i$ 成立，其中，$\hat{\boldsymbol{z}}_i=[z_{i,1},\hat{z}_{i,2},\cdots,\hat{z}_{i,\rho}]^{\mathrm{T}}$，$\tilde{z}_{i,k}=y_i^{(k-1)}-\hat{y}_i^{(k-1)}=\epsilon\chi_i^{(k-1)}$，$\tilde{y}_{ir}^{(\rho)}=\hat{y}_{ir}^{(\rho)}-y_{ir}^{(\rho)}$。

通过确定性等价法，将控制协议（10-11）和自适应律（10-12）用它们的估计值替换部分可用量，从而修正了控制协议（10-11）和自适应律（10-12），控制协议重写为

$$\boldsymbol{u}_i=-\hat{\boldsymbol{\theta}}_i^{\mathrm{T}}\boldsymbol{\psi}_i(\hat{\boldsymbol{Z}}_i)-k_i\hat{\boldsymbol{s}}_i-0.5\hat{\boldsymbol{\varphi}}_i\hat{\boldsymbol{s}}_i,\ i=1,2,\cdots,N\tag{10-25}$$

参数自适应律设计为

$$\begin{cases}\dot{\hat{\boldsymbol{\varphi}}}_i=-\gamma_1[-0.5(1-\varpi_\varphi)\hat{\boldsymbol{s}}_i^2+\sigma_1\hat{\boldsymbol{\varphi}}_i]\\ \dot{\hat{\boldsymbol{\theta}}}_i=-\gamma_2(-\boldsymbol{\psi}_i\hat{\boldsymbol{s}}_i+\sigma_2\hat{\boldsymbol{\theta}}_i)\end{cases}\tag{10-26}$$

其中，$\gamma_1,\gamma_2,\sigma_1,\sigma_2$ 为正常数，且当 $|\hat{\varphi}_i|<M_{\varphi_i}$ 时，$\varpi_{\varphi_i}=0$，否则 $\varpi_{\varphi_i}=1$，其中，M_{φ_i} 为设计的正常数。根据李雅普诺夫候选函数

$$V_{ie}=0.5\boldsymbol{s}_i^2+0.5\tilde{\boldsymbol{\theta}}_i^T\tilde{\boldsymbol{\theta}}_i\gamma_2^{-1}+0.5\tilde{\boldsymbol{\varphi}}_i^2\gamma_1^{-1}\tag{10-27}$$

为便于处理估计误差项，引入下面的引理。

引理 10.5[245]：存在与 ε_i 无关的正常数 F_{ik}，使得当 $t>t^*$ 时，估计值 $\hat{y}_{ir}^{(k)}(i=1,2,\cdots,N;k=1,2,\cdots,\rho)$，并满足不等式 $|\tilde{y}_{ir}^{(k)}|=|\hat{y}_{ir}^{(k)}-y_{ir}^{(k)}|\leqslant\epsilon_i F_{ik}$。

由于 s_i 是 Y_i 和 $Y_j(j\in\mathcal{N}_i)$ 的线性组合，得知存在与 ε_i 无关的正常数 G_{is} 满足 $|\tilde{s}_i|\leqslant\epsilon_i G_{is}$。取 V_i 沿闭环轨迹的时间导数，利用性质 $\psi_i(\hat{\boldsymbol{Z}}_i)-\psi_i(\boldsymbol{Z}_i)=\epsilon_i\psi_{ti}$，其中，$\psi_{ti}$ 是有界向量函数[241]，有

$$
\begin{aligned}
\dot{V}_{ie} &= -[0.5\boldsymbol{g}_i\boldsymbol{g}_i^{-2} + \boldsymbol{g}_0]\boldsymbol{s}_i^2 - k_i\boldsymbol{s}_i^2 - k_i\boldsymbol{s}_i\tilde{\boldsymbol{s}}_i - \boldsymbol{s}_i\hat{\boldsymbol{\theta}}_i^{\mathrm{T}}\psi_i(\hat{Z}_i) - 0.5\hat{\boldsymbol{\varphi}}_i\boldsymbol{s}_i\hat{\boldsymbol{s}}_i + \boldsymbol{s}_i(\boldsymbol{d}_i + \bar{\boldsymbol{\varepsilon}}_i) \\
&\quad + \boldsymbol{s}_i\boldsymbol{\theta}^{*\mathrm{T}}\psi_i(\boldsymbol{Z}_i) + \tilde{\boldsymbol{\theta}}_i\dot{\tilde{\boldsymbol{\theta}}}_i\gamma_2^{-1} + \tilde{\boldsymbol{\varphi}}_i\dot{\tilde{\boldsymbol{\varphi}}}_i\gamma_1^{-1} \\
&\leqslant -0.5k_i(\boldsymbol{s}_i^2 + \tilde{\boldsymbol{s}}_i^2) + 0.5\left(-\hat{\boldsymbol{\varphi}}_i\boldsymbol{s}_i\hat{\boldsymbol{s}}_i + \boldsymbol{\varphi}_i\boldsymbol{s}_i^2 + \tilde{\boldsymbol{\varphi}}_i\hat{\boldsymbol{s}}_i^2\right) - \boldsymbol{s}_i\hat{\boldsymbol{\theta}}_i^{\mathrm{T}}\psi_i(\hat{Z}_i) + \boldsymbol{s}_i\boldsymbol{\theta}^{*\mathrm{T}}\psi_i(Z_i) \\
&\quad + \hat{\boldsymbol{s}}_i\hat{\boldsymbol{\theta}}_i^{\mathrm{T}}\psi_i(\hat{Z}_i)n - \sigma_2\tilde{\boldsymbol{\theta}}_i^{\mathrm{T}}\hat{\boldsymbol{\theta}}_i - \sigma_1\tilde{\boldsymbol{\varphi}}_i\hat{\boldsymbol{\varphi}}_i + 0.5n
\end{aligned}
$$

使用 Young 不等式和引理 10.1，得出

$$-\hat{\boldsymbol{\varphi}}_i\boldsymbol{s}_i\hat{\boldsymbol{s}}_i + \boldsymbol{\varphi}_i\boldsymbol{s}_i^2 + \tilde{\boldsymbol{\varphi}}_i\hat{\boldsymbol{s}}_i^2 \leqslant \boldsymbol{s}_i^2 + \boldsymbol{\varepsilon}_i^2G_{is}^2(\hat{\boldsymbol{\varphi}}_i^2 + 0.5\boldsymbol{\varphi}_i^2 + 1),$$

$$-\boldsymbol{s}_i\hat{\boldsymbol{\theta}}_i^{\mathrm{T}}\psi_i(\hat{Z}_i) + \boldsymbol{s}_i\boldsymbol{\theta}^{*\mathrm{T}}\psi_i(\boldsymbol{Z}_i) + \hat{\boldsymbol{s}}_i\hat{\boldsymbol{\theta}}_i^{\mathrm{T}}\psi_i(\hat{\boldsymbol{Z}}_i) \leqslant 0.5\tilde{\boldsymbol{\theta}}_i^{\mathrm{T}}\tilde{\boldsymbol{\theta}}_i + 0.5\boldsymbol{\varepsilon}_i^2G_{is}^2m_\psi^{*2} + 0.5\boldsymbol{s}_i^2 + 0.5\boldsymbol{\varepsilon}_i^2\|\boldsymbol{\psi}_{ti}\|^2\|\boldsymbol{\theta}_i^*\|^2$$

则时间导数 V_{ie} 可以写为

$$\dot{V}_{ie} \leqslant -0.5(k_i - 2)s_i^2 - 0.5(\sigma_2 - 1)\tilde{\boldsymbol{\theta}}_i^{\mathrm{T}}\tilde{\boldsymbol{\theta}}_i - 0.5\sigma_1\tilde{\boldsymbol{\varphi}}_i^2 + c_{2ie} \tag{10-28}$$

其中，常数 $c_{2ie} = 0.5\epsilon_i^2G_{is}^2(m_\varphi^{*2} + 1) + 0.5(\varepsilon_i^2\|\psi_{ti}\|^2 + \sigma_2)\|\theta_i^*\|^2 + (0.75\varepsilon_i^2G_{is}^2 + 0.5\sigma_1)\varphi_i^{*2} + 0.5k_i\varepsilon_i^2 + 0.5$。

令 $k_i > 2, \sigma_2 > 1$, 定义

$$
\begin{cases}
\Omega_{s_ie} = \left\{s_i \middle| |s_i| \leqslant \sqrt{2c_{2ie}(k_i - 2)^{-1}}\right\} \\
\Omega_{\theta_ie} = \left\{(\tilde{\theta}_i, \tilde{\varphi}_i) \middle| \|\tilde{\theta}_i\| \leqslant \sqrt{2c_{2ie}(\sigma_2 - 1)^{-1}}, |\tilde{\varphi}_i| \leqslant \sqrt{2c_{2ie}\sigma_1^{-1}}\right\} \\
\Omega_{e_ie} = \left\{(s_i, \tilde{\theta}_i, \tilde{\varphi}_i) \middle| 0.5(k_i - 2)s_i^2 + 0.5(\sigma_2 - 1)\tilde{\theta}_i^{\mathrm{T}}\tilde{\theta}_i + 0.5\sigma_1\tilde{\varphi}_i^2 \leqslant c_{2ie}\right\}
\end{cases}
$$

由于 c_{2ie}, σ_1、$\sigma_2 - 1$ 和 $k_i - 2$ 都是正常数，因此得出 Ω_{s_ie}、Ω_{θ_ie} 和 Ω_{e_ie} 是紧凑集。等式（10-28）表明，当误差超出紧凑集 Ω_{e_i} 时，$\dot{V}_{ie} \leqslant 0$。根据标准李雅普诺夫定理，得出 s_i、$\tilde{\theta}_i$ 和 $\tilde{\varphi}_i$ 是有界的。由式（10-28）可知，只要 s_i 在紧凑集 Ω_{s_ie} 之外，$\dot{V}_{ie}$ 就是严格负的。因此，存在一个常数 T_1，使得当 $t > T_1$ 时，滤波的跟踪误差 s_i 收敛于 Ω_{s_ie}，即 $s_i < \beta_{s_ie}$，其中，$\beta_{s_ie}(k_i, \gamma_1, \gamma_2, \sigma_1, \sigma_2, \theta_i^*, \varphi_i^*, \epsilon_i) = \sqrt{2c_{2ie}(k_i - 2)^{-1}}$。

定理 10.3：考虑一组具有动力学方程（10-1）的自主体和包含以虚拟自主体为根的生成树的通信拓扑图，在假设 10.1～假设 10.3 下，有控制协议（10-25）、参数自适应律（10-26）和高增益观测器（10-22），该观测器在时间 t^* 提前开启。对于起始条件 $\bar{X}(0)$、$\eta(0)$、$\tilde{\theta}_i(0)$ 和 $\tilde{\varphi}_i(0)$，从任意紧凑集出发，且其导数到 ρ 阶的期望轨迹是有界的，则系统的所有闭环信号都是半全局一致有界的，并且自主体 $\tilde{\bar{X}}$ 的总跟踪误差收敛于原点的邻域。

证明：上文已经得到了 s_i 收敛于紧凑集 Ω_{s_ie} 的结论，然后根据引理 10.3，可得 $\|\tilde{Y}\| \leqslant k_0\mathrm{e}^{-\lambda_0 t}[\|\tilde{Y}(0)\| + \mathrm{e}^{\lambda_0 T_1}\lambda_0^{-1}\beta_s(T_1)] + \beta_{s_T}k_0\lambda_0^{-1}$，并且从式（10-20）中得知 $\|\bar{X}\|$ 也是有界的。按照与全状态反馈控制相同的步骤完成证明。

注 10.3：本章假设测量是完美的，对于使用高增益观测器处理多自主体跟踪的输出反馈问题提出了一个严格的理论方法。选择高增益观测器的基本原理在于它的简单性，以及它不需要自主体或干扰的模型，与所提出的非基于模型的控制方法一致。在状态重构的速度和对测量噪声的抗扰度之间有一个权衡。参数 ε 的值通常被设置得足够小，使得观测器的收敛速度比被控系统状态的目标收敛速度快得多，进而设计的自适应神经网络控制能够保证预期的控制性能。注意到 ε 的较小变化实际上会导致 $\varepsilon^{-1}, \cdots, \varepsilon^{1-\rho}$ 的较大

变化，这解释了为什么观测器被命名为高增益观测器。对观测器中参数ε的大小设置了下限，但这可能会降低瞬态性能。

10.4　基于神经网络优化的高阶非线性多自主体系统仿真算例

本节通过两个仿真算例来证明所提出的一致性跟踪控制协议的有效性，其中使用径向基神经网络来逼近未知函数。在实际应用中，神经网络参数（径向基神经网络的中心和宽度）的选择，对所设计控制协议的性能有很大的影响。根据文献[248]，排列在正则格$\Re^{|Z_i|}$上的高斯径向基神经网络（$|Z_i|$表示Z_i的维数）可以一致地逼近闭有界子集上的充分光滑函数。因此，在接下来的仿真研究中，在各自紧凑集中的正则格上选择中心和宽度。

10.4.1　算例 1

$$\begin{cases}\dot{x}_1 = x_2, \dot{x}_2 = x_3 \\ \dot{x}_3 = 3\eta\cos x_1 - x_3\sin x_2 + x_2x_3 + (2-\sin\eta)(u+d) \\ \dot{\eta} = -\eta + x_3\cos(x_1+x_2) \\ y = x_1\end{cases} \tag{10-29}$$

如图 10-1 所示，网络具有领航-跟随结构，其中，自主体 1 可以到达领航者轨迹，其他自主体分别遵循其前体。

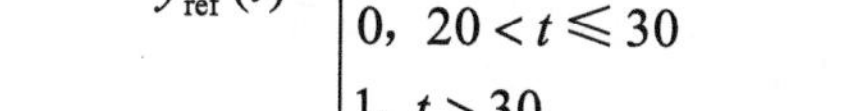

图 10-1　通信拓扑结构

领航者轨迹y_{d}由$y_{\mathrm{d}} = 8(s^3+6s^2+12s+8)^{-1}y_{\mathrm{ref}}$生成，其中

$$y_{\mathrm{ref}}(t)=\begin{cases}0,\ 0\leqslant t\leqslant 10 \\ 1,\ 10<t\leqslant 20 \\ 0,\ 20<t\leqslant 30 \\ 1,\ t>30\end{cases} \tag{10-30}$$

在仿真中，非线性项$f(\eta,x)=3\eta\cos x_1 - x_3\sin x_2 + x_2x_3$和开环控制增益$g(\eta,x)=(2-\sin\eta)$均认为是未知的。每个自主体输入通道中的外部扰动为$d_i(t)=0.1\sin(0.5\pi t i^{-1})$（$i=1,2,\cdots,4$）。控制和观测器设计参数初始条件为$\boldsymbol{\Lambda}=[2,3]^{\mathrm{T}}$，$k_i=3$，$\varepsilon_i=0.004$，$i=1,2,\cdots,4$，$\bar{\gamma}_1=\bar{\gamma}_2=4$，$\bar{\pi}_2=\bar{\pi}_3=4$，$\boldsymbol{x}_1(0)=[1.5,0,0,0]^{\mathrm{T}}$，$\boldsymbol{x}_2(0)=[-0.4,0,0,0]^{\mathrm{T}}$，$\boldsymbol{x}_3(0)=[0.2,0,0,0]^{\mathrm{T}}$，$\boldsymbol{x}_4(0)=[-0.6,0,0,0]^{\mathrm{T}}$，$\hat{\boldsymbol{\theta}}_i(0)=0$和$\hat{\boldsymbol{\psi}}_i(0)=0$。控制饱和极限是±20。在这个例子中，每个自主体有 8 个神经网络输入：$x_{i,k}$、$z_{i,k}(k=1,2,3)$和η_i、$y^{(3)}_{ir}$。每个输入维度$\boldsymbol{\theta}_i^{\mathrm{T}}\boldsymbol{\psi}(\boldsymbol{Z}_i)$使用两个节点，最终得到 256 个节点（即$l=256$），中心$\mu_k=1.0$（$k=1,2,\cdots,l$）均匀间隔在$[-3.0,3.0]\times[-3.0,3.0]\times[-3.0,3.0]\times[-3.0,3.0]\times[-3.0,3.0]\times[-3.0,3.0]\times[-3.0,3.0]\times[-3.0,3.0]$。其他神经网络控制参数分别为$\sigma_1=0.05$，$\gamma_1=1$，$\sigma_2=9\times10^{-4}$，$\gamma_2=10^3$。

仿真结果如图 10-2～图 10-4 所示。从图 10-2 可以看出，虽然有些自主体不能直接到达领航者的轨迹，但所有自主体的跟踪误差收敛到一个小的零邻域。在状态反馈和输出两种情况下，控制输入和自主体的神经权重范数是有界的，如图 10-4 所示。自主体 1 的跟踪误差 e_1 最小，并且 $e_{i+1} > e_i$（$i = 1,2,3$），如图 10-2 所示。这是由于自主体 1 直接跟随虚拟自主体，而其他自主体分别跟随其前体。结果表明，在领航-跟随自主体中存在误差传播。

彩图 10-2

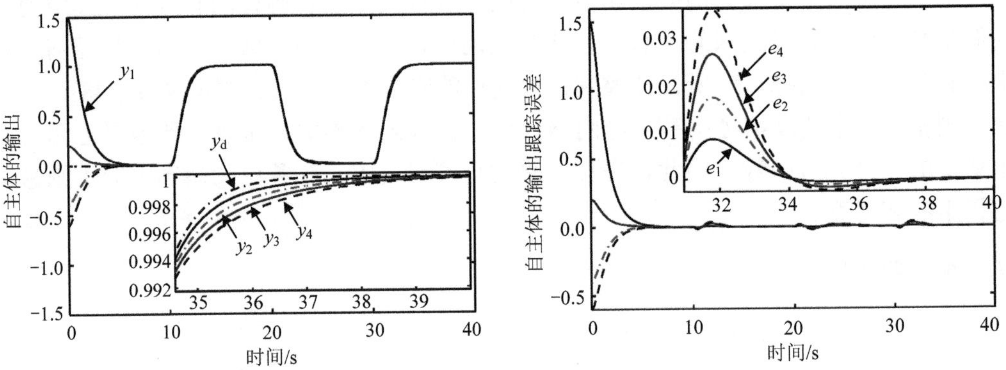

（a）每个自主体的输出　　（b）每个自主体的输出跟踪误差

图 10-2　每个自主体的输出和跟踪误差（输出反馈）

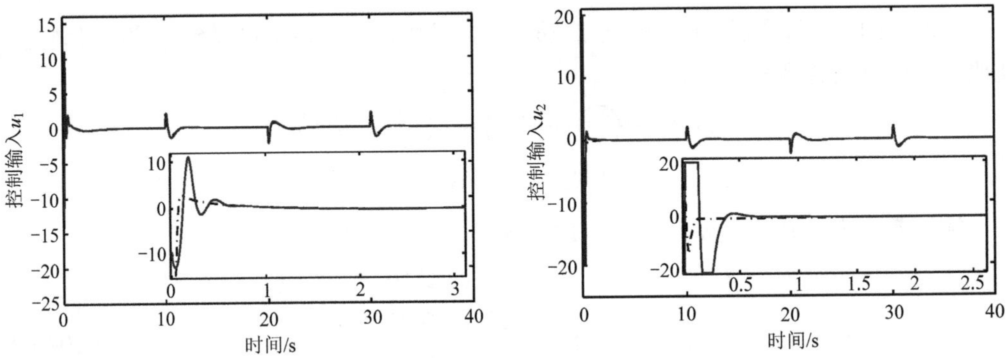

（a）自主体 1 的控制输入　　（b）自主体 2 的控制输入

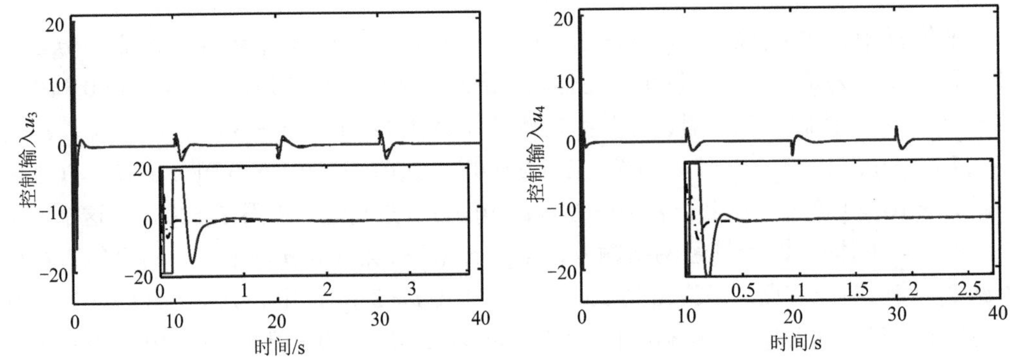

（c）自主体 3 的控制输入　　（d）自主体 4 的控制输入

图 10-3　全状态（虚线）和输出（实线）反馈控制下各自主体的控制输入

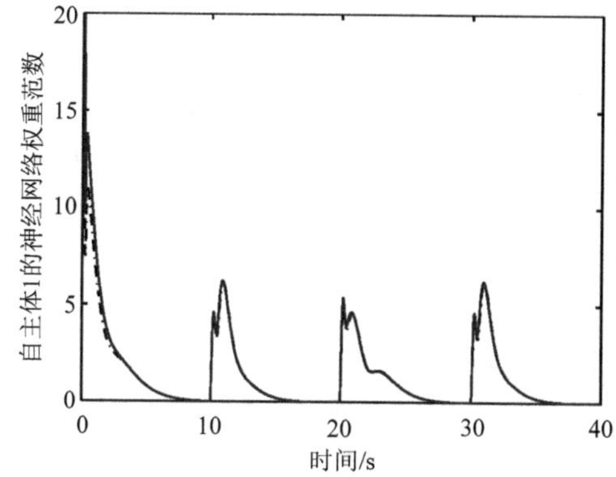

(a) 神经网络权重范数 $\|\hat{\theta}_1\|$

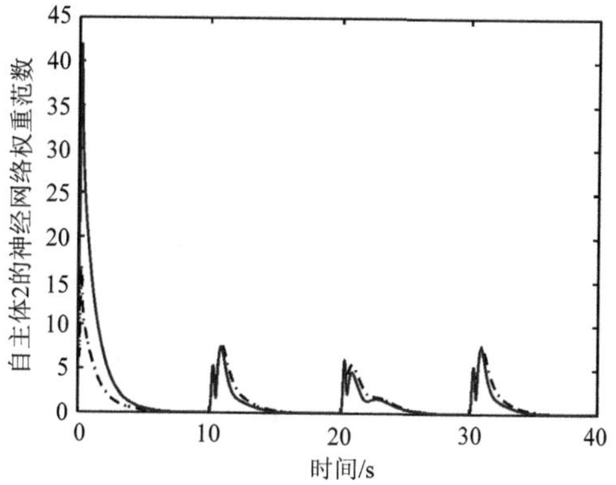

(b) 神经网络权重范数 $\|\hat{\theta}_2\|$

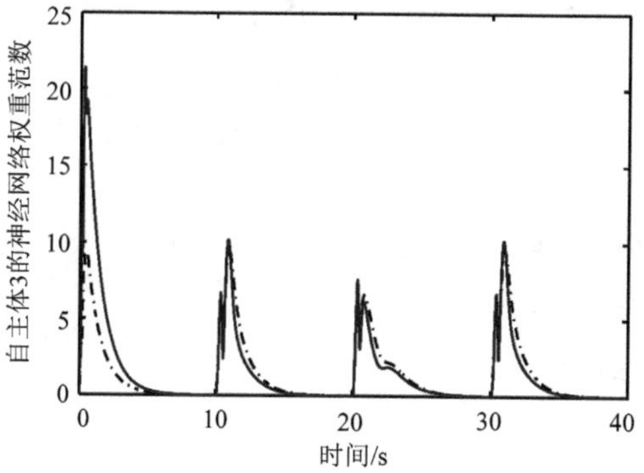

(c) 神经网络权重范数 $\|\hat{\theta}_3\|$

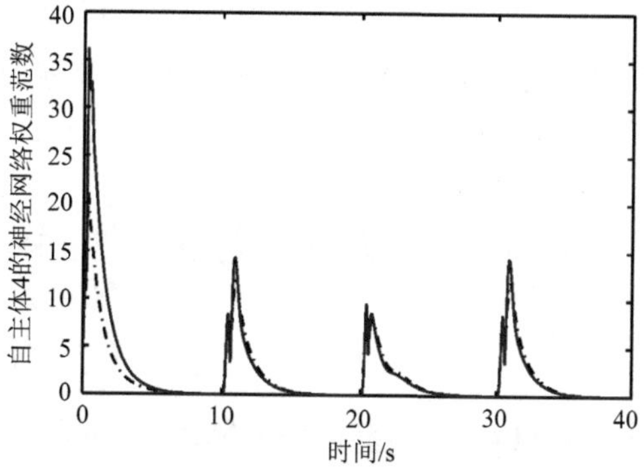

(d) 神经网络权重范数 $\|\hat{\theta}_4\|$

图 10-4　全状态（虚线）和输出（实线）反馈控制下自主体的神经权重范数

10.4.2　算例 2

算例 2 采用本章设计的算法控制 6 架 X-cell 50 直升机垂直飞行，它们和虚拟领航者之间的通信拓扑结构如图 10-5 所示。

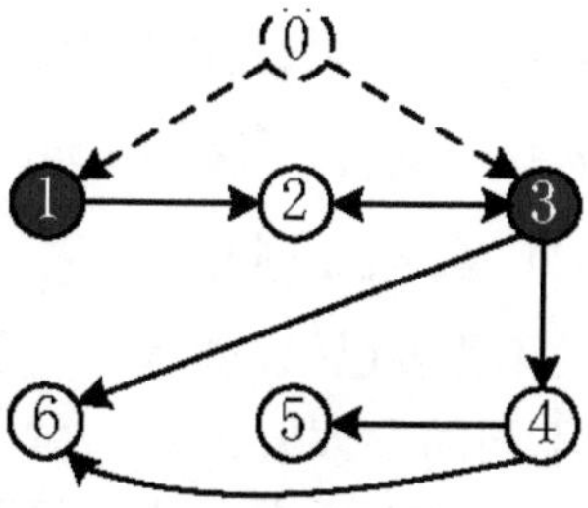

图 10-5　6 架 X-cell 50 直升机和虚拟领航者之间的通信拓扑结构

X-cell 50 直升机的高度跟踪动力学可以表示如下[249]：

$$
\begin{cases}
\dot{\zeta}_1=\zeta_2 \\
\dot{\zeta}_2 = a_0 + a_1\zeta_2 + a_2\zeta_2^2 + \left(a_3 + a_4\zeta_4 - \sqrt{a_5 + a_6\zeta_4}\right)\zeta_3^2 \\
\dot{\zeta}_3 = a_7 + a_8\zeta_3 + (a_9 \sin\zeta_4 + a_{10})\zeta_3^2 + a_{\text{th}} \\
\dot{\zeta}_4=\zeta_5 \\
\zeta_5=a_{11} + a_{12}\zeta_4 + a_{13}\zeta_3^2 \sin\zeta_4 + a_{14}\zeta_5 - K_1\boldsymbol{u}
\end{cases}
\tag{10-31}
$$

其中，ζ_1 表示高度；ζ_2 表示高度速率；ζ_3 表示旋翼转速；ζ_4 表示集体俯仰角；ζ_5 表示集体俯仰角；$a_{\text{th}} = 111.69s^{-2}$ 是油门的恒定输入；$\boldsymbol{u}$ 是集体伺服系统的输入。

设 y 为高度 ζ_1。通过将油门输入限制为常数，得到一个单输入、单输出系统，其中，$\boldsymbol{u}$ 是唯一的输入变量，输出 y 跟踪领航者的轨迹 y_{d}，由

$$
y_{\text{d}} = 150.056h_{\text{ref}}(s^4 + 12.6s^3 + 64.19s^2 + 154.35s + 150.056)^{-1} \tag{10-32}
$$

产生。与文献[250]类似，在 $t_{\text{off}} = 5\text{s}$ 处施加起飞时间，并定义当 $0 < t < t_{\text{off}}$ 时，$h_{\text{ref}} = 0$；当 $t_{\text{off}} < t \leqslant t_a$ 时，$h_{\text{ref}} = -3[\mathrm{e}^{-(t-t_{\text{off}})^2/20} - 1]$；当 $t_a < t \leqslant t_b$，$h_{\text{ref}} = 4 - \cos[0.5(t - t_a)]$；否则，$h_{\text{ref}} = 3$，其中，$t_a = 18$，$t_b = 4\pi + t_a$。

易知，该系统具有较强的相对度，通过坐标变换，可以得到如下的 x 系统：

$$
\begin{cases}
\dot{x}_i = x_{i+1}, \quad i = 1,2,3 \\
\dot{x}_4 = b(x) + g(x)u
\end{cases}
\tag{10-33}
$$

其中，$g(x) = -K_2\zeta_3^2[a_4 - 0.5a_6(a_5 + a_6\zeta_4)^{-1/2}]$。

忽略式（10-33）中 $b(x)$ 的推导，继续验证系统确实满足控制设计中支持的假设。为了验证假设 10.3，首先注意到，从实际的角度来看，集体俯仰角 ζ_4 在一个范围内更为严格，通常为0～0.44rad[251]。可以验证 $g(x)$ 中的括号项实际上是恒定的：它们的值在 $[1.4,1.5]\times10^{-3}$ 的范围内，因此控制系数 $g(x)$ 总是负的。加上旋翼速度 ζ_3 在飞行过程中是非零的，可得不存在任何控制奇异点或 $g(x)$ 的零交叉。因此，假设 10.3 的第一部分得到满足。假设的第二部分，$g(x) > 0$ 不符合这个算例，理论结果的适用性丝毫不减。只需简单地改变符号，控制仍然有效。最后，易证一个函数的存在性

$$
\begin{aligned}
g_0(x) = 2\{&|a_8| + |a_9 \sin\zeta_4 + a_{10}||\zeta_3| \\
&+ 0.125a_6(a_5 + a_6\zeta_4)^{-1.5}[a_4 - 0.5a_6(a_5 + a_6\zeta_4)^{-0.5}]^{-1}\} \\
&> 0, \forall\zeta_3 \in \Re^+, \zeta_4 \in [0, 0.44]
\end{aligned}
\tag{10-34}
$$

满足假设 10.3。注意，这个函数不需要已知，本章只需证明它的存在即可。

在仿真中，自主体被分配不同的参数值 $a_1,\cdots,a_{14}$，并在标称值的基础上增加最大±5%的容差[249]，并且生成自主体输入通道中的外部干扰以满足 $|d_i(t)| \leqslant 5\text{m/rad}$。此外，为每个自主体选择的传感器噪声以输出的±5%为界。选择控制参数和观测器参数为 $\boldsymbol{\Lambda} = [64,48,12]^{\text{T}}$，$k_i$=3，$\varepsilon_i = 0.07(i = 1,2,\cdots,6)$，$\bar{\gamma}_1 = 4$，$\bar{\gamma}_2 = 6$，$\bar{\gamma}_3 = 4$，$\bar{\pi}_2 = 0.1$，$\bar{\pi}_3 = 0.15$，$\bar{\pi}_4 = 0.025$。控制的饱和极限为±430m/rad，初始条件为

$$\zeta_1(0)=[0.5,0.0,95.3567,0.222,0.0]^{\mathrm{T}},\ \zeta_2(0)=[0.4,0.0,95.3567,0.3,0.0]^{\mathrm{T}},$$
$$\zeta_3(0)=[0.2,0.0,95.3567,0.22,0.0]^{\mathrm{T}},\ \zeta_4(0)=[0.6,0.0,95.3567,0.3,0.0]^{\mathrm{T}},$$
$$\zeta_5(0)=[0.2,0.0,95.3567,0.3,0.0]^{\mathrm{T}},\ \zeta_6(0)=[0.4,0.0,95.4,0.24,0.0]^{\mathrm{T}}$$

每个自主体$\hat{\boldsymbol{\theta}}_i(0)=0$和$\hat{\boldsymbol{\varphi}}_i(0)=0$。

在这个应用中，神经网络对每架直升机都有 10 个输入：$x_{i,k}(k=1,2,\cdots,5)$，$z_{i,k}$ $(k=1,2,3,\cdots,4)$和$y_{ir}^{(4)}$，并且对$\boldsymbol{\theta}_i^T\boldsymbol{\psi}(\boldsymbol{Z}_i)$的每个输入维度使用两个节点。因此，最终得到 1024 个节点（即$l=1024$），中心为$\mu_k=1.0(k=1,2,\cdots,l)$，均匀间隔在$[-8.0,8.0]\times[-8.0,8.0]\times[-8.0,8.0]\times[-8.0,8.0]\times[-8.0,8.0]\times[-8.0,8.0]\times[-8.0,8.0]\times[-8.0,8.0]\times[-8.0,8.0]\times[-8.0,8.0]$。其他神经网络控制参数分别为$\sigma_1=0.05$，$\gamma_1=1$，$\sigma_2=0.01$和$\gamma_2=100$。

仿真结果如图 10-6～图 10-9 所示。图 10-6 显示了输出反馈情况下直升机的高度轨迹和跟踪误差。可以看出，所有直升机的初始输出误差都得到了充分减小，高度轨迹非常接近领航者轨迹。直升机 1 有最小的误差e_1，这在很大程度上是由于它可以直接进入期望的轨迹并且它的运动不受任何其他自主体的影响。由于直升机 3 的运动受到虚拟自主体和直升机 2 的影响，它的输出误差e_3在稳态时略大于e_1。直升机 2 的运动受到直升机 1 和直升机 3 的影响，直升机 1 和直升机 3 都能进入期望的轨迹，直升机 2 小于除直升机 1 和直升机 3 外的其他直升机的输出误差。直升机 4 的运动完全受直升机 3 的影响，而直升机 6 的运动同时受直升机 3 和直升机 4 的影响，则e_4略小于e_6。直升机 5 在通信拓扑图中距离虚拟自主体最远，与其他自主体相比，其输出误差最大。研究结果也反映了多自主体系统的控制中存在误差传播的事实。

需要注意的是，式(10-31)中的所有参数经过坐标变换后都位于$b(x)$和$g(x)$中。由于参数的不确定性，$b(x)$和$g(x)$都被认为是未知的，控制协议能够补偿未建模的不确定性，并且对传感器噪声具有鲁棒性，扰动如图 10-6 所示。

彩图 10-6

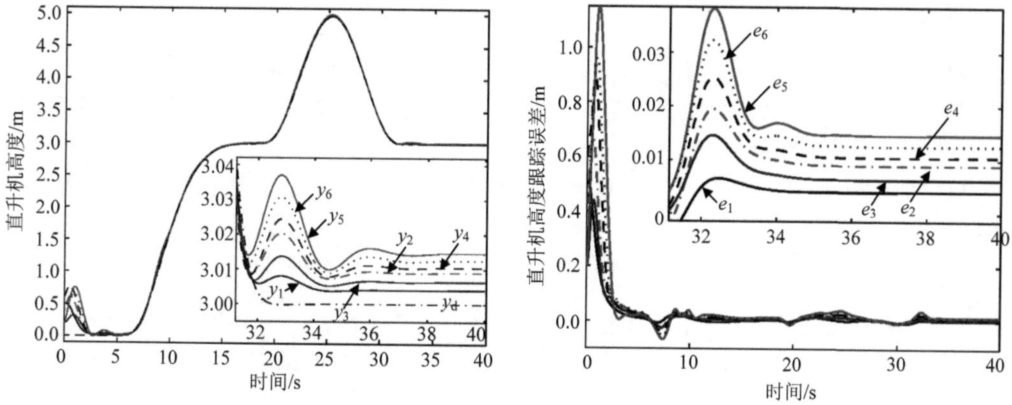

（a）每架直升机的高度轨迹　（b）每架直升机的高度跟踪误差

图 10-6　每架直升机的高度轨迹和误差（输出反馈）

自主体的控制输入都是有界的，如图 10-7 所示。由于采用了高增益观测器，输出反馈情况在初始阶段表现出控制输入波动。需要注意的是，在输出反馈情况下，控制输入

u_3, u_4, u_5, u_6 在初始阶段都达到了控制输入的饱和极限，这是由于在这个阶段观测器处于暂态阶段，没有稳定，因此需要提供合适的控制措施。神经网络参数的范数和所有自主体的内部状态是有界的，如图 10-8 和图 10-9 所示。

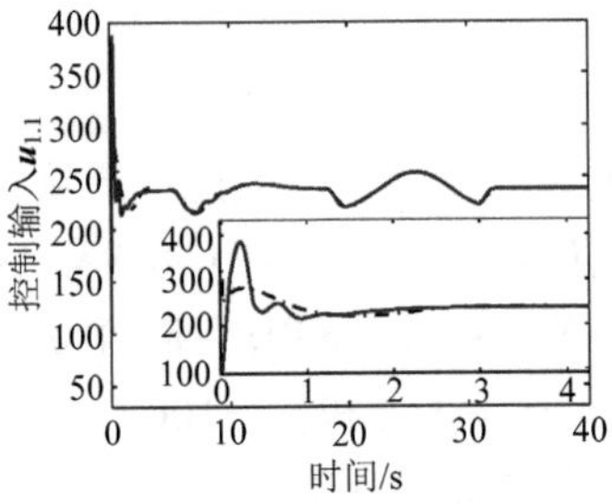

（a）直升机 1 的控制输入

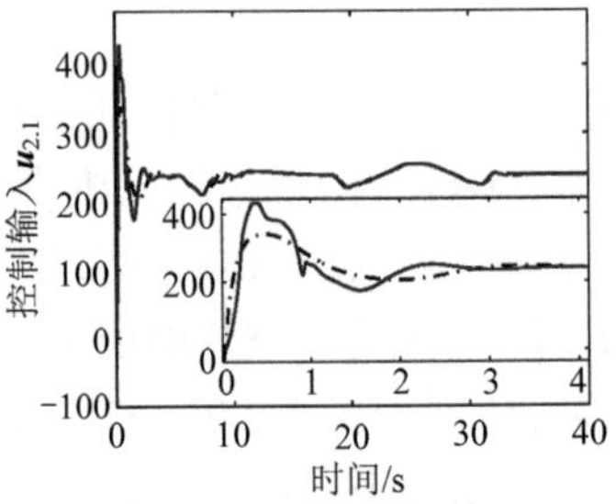

（b）直升机 2 的控制输入

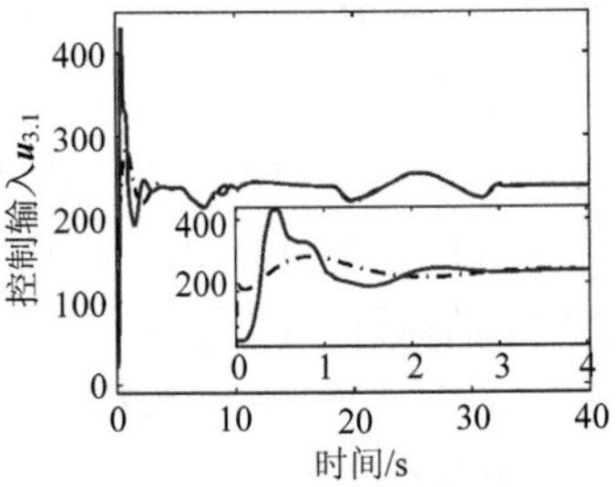

（c）直升机 3 的控制输入

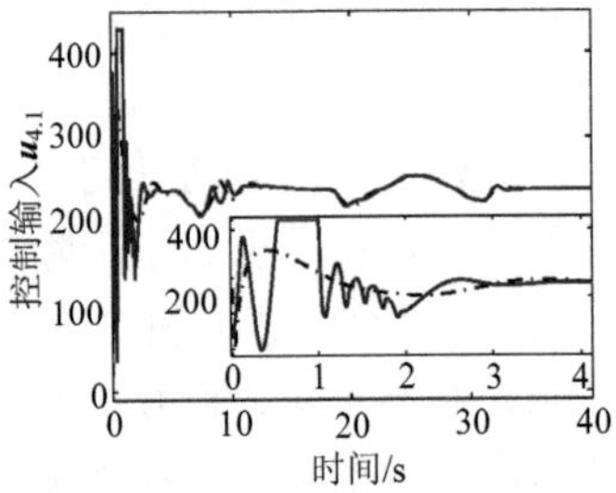

（d）直升机 4 的控制输入

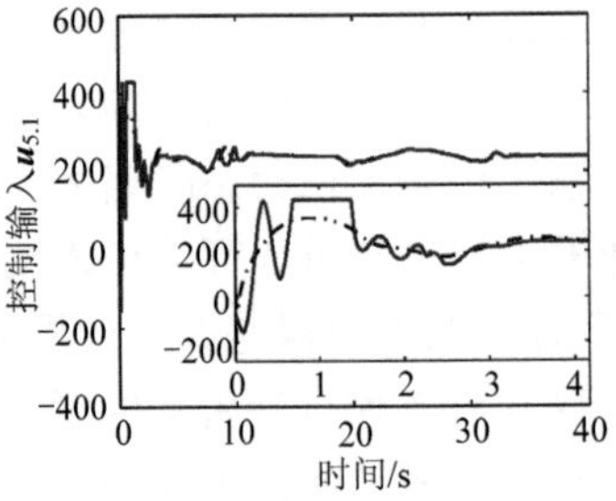

（e）直升机 5 的控制输入

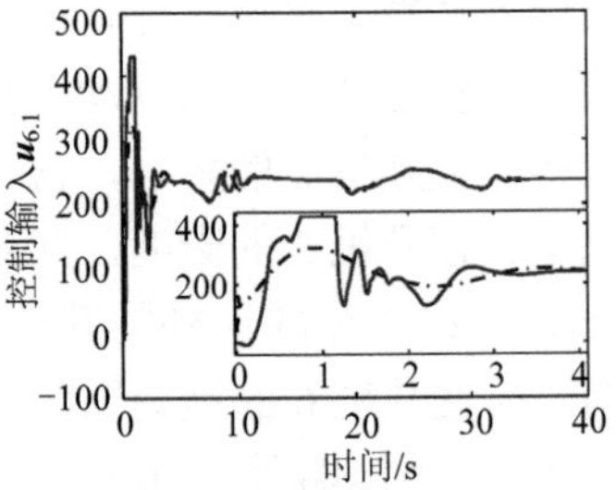

（f）直升机 6 的控制输入

图 10-7　直升机在全状态（虚线）和输出（实线）反馈控制下的控制输入

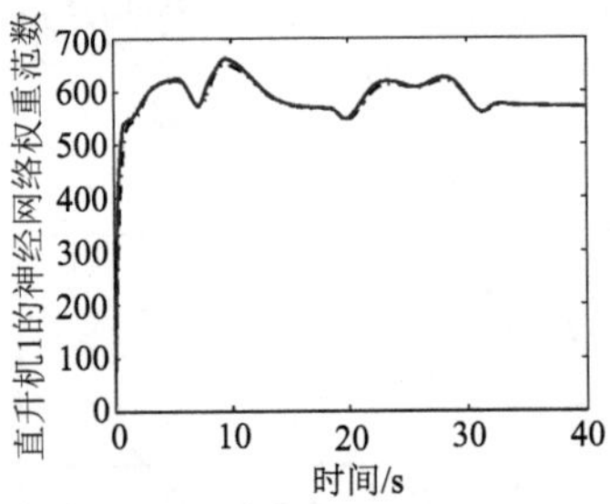

（a）神经网络权重范数 $\|\hat{\theta}_1\|$

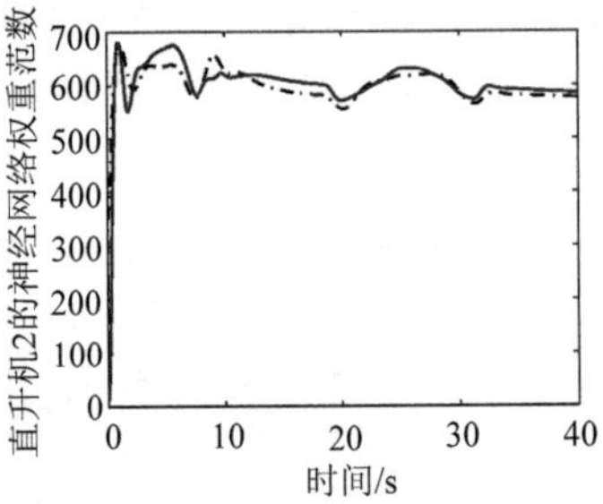

（b）神经网络权重范数 $\|\hat{\theta}_2\|$

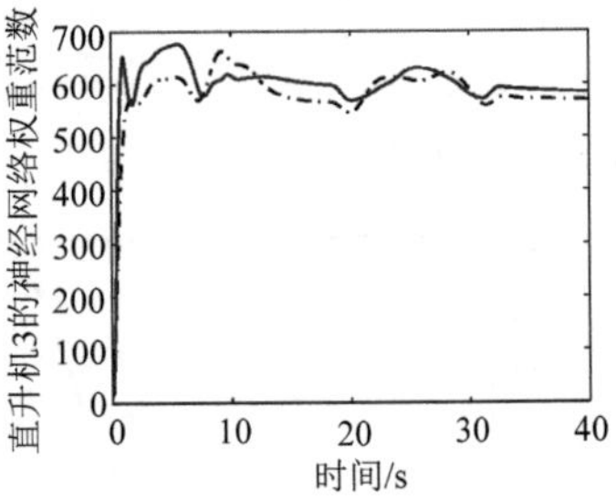

（c）神经网络权重范数 $\|\hat{\theta}_3\|$

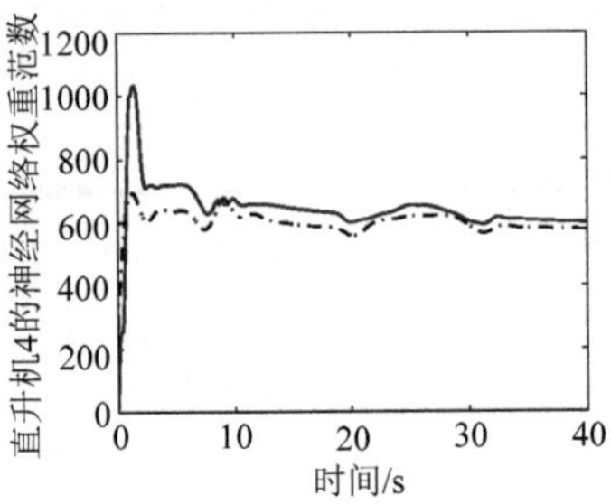

（d）神经网络权重范数 $\|\hat{\theta}_4\|$

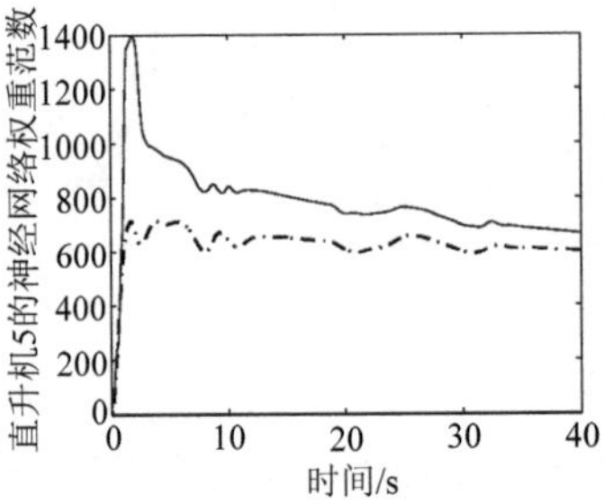

（e）神经网络权重范数 $\|\hat{\theta}_5\|$

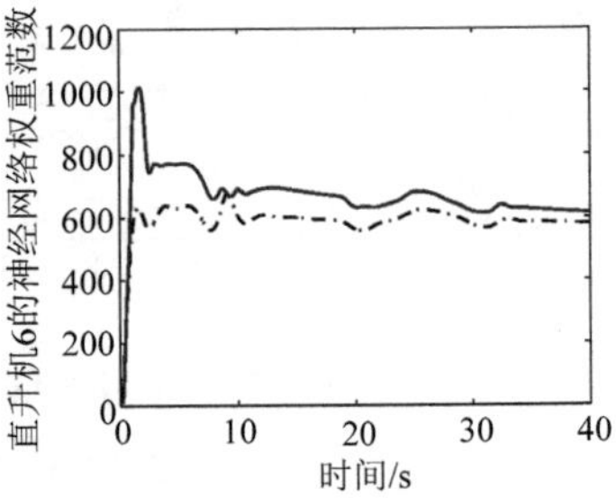

（f）神经网络权重范数 $\|\hat{\theta}_6\|$

图 10-8　全状态（虚线）和输出（实线）反馈控制下的神经网络权重范数

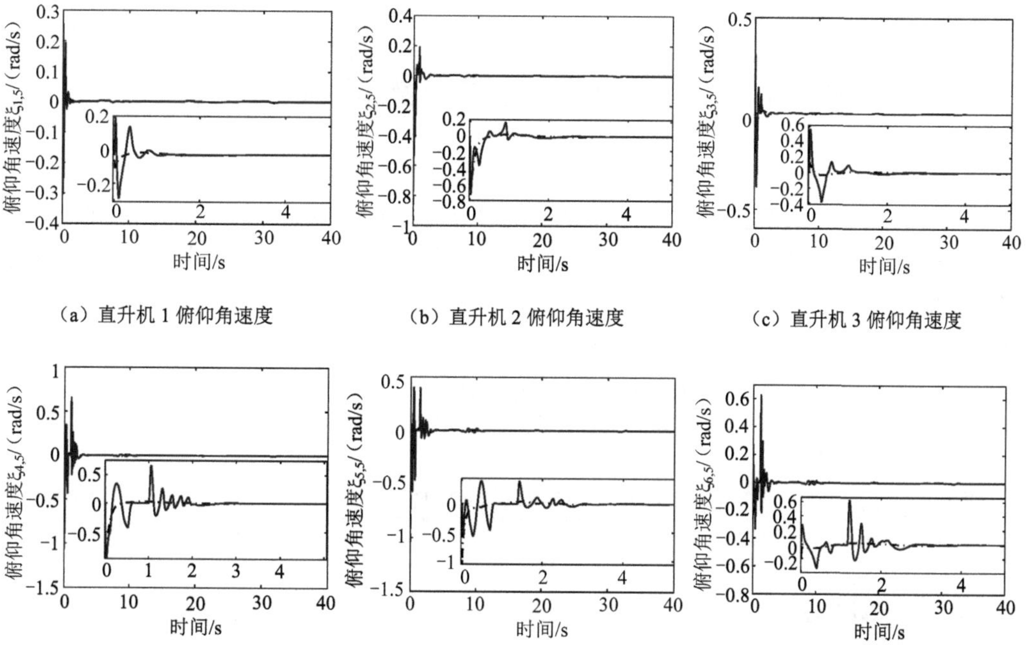

（a）直升机 1 俯仰角速度　（b）直升机 2 俯仰角速度　（c）直升机 3 俯仰角速度

（d）直升机 4 俯仰角速度　（e）直升机 5 俯仰角速度　（f）直升机 6 俯仰角速度

图 10-9　每架直升机在全状态（点划线）和输出（实线）反馈控制下的集体俯仰角速度

本章小结

本章研究了多自主体系统的一致性跟踪问题。在通信拓扑图的拉普拉斯矩阵包含一个以虚拟自主体为根的生成树的条件下，以邻居状态的加权平均值作为参考信号，设计了每个自主体的自适应神经网络跟踪控制律。研究表明，尽管某些自主体无法达到理想轨迹，但每个自主体的跟踪误差收敛到一个可调的原点邻域。仿真结果验证了所提方法的有效性。

第 11 章　多无人船集群编队控制实验

本章以理论结合实践为出发点，设计由岸上监控系统和 3 艘无人船组成的实验平台，并利用该平台进行多无人船航行编队控制实验。在编队控制系统设计中，重点考虑多无人船之间的通信问题，利用 iNet-300 无线网络电台实现岸上监控系统和各无人船之间的组网通信。同时，考虑到功能扩展，系统预留有多个接口，在该平台上还可以搭载声呐、摄像头等设备，完成地形探测、视觉导航等任务。系统软件采用开放式的设计思想，方便将更多无人船加入系统，完成更复杂、难度更大的任务。

11.1　无人船模型建立

11.1.1　参考坐标系

在研究无人船运动控制时，通常用到两种坐标系，分别为地面坐标系 $O_E - X_E Y_E Z_E$ 和体坐标系 $O_b - X_b Y_b Z_b$ [252]，如图 11-1 所示。

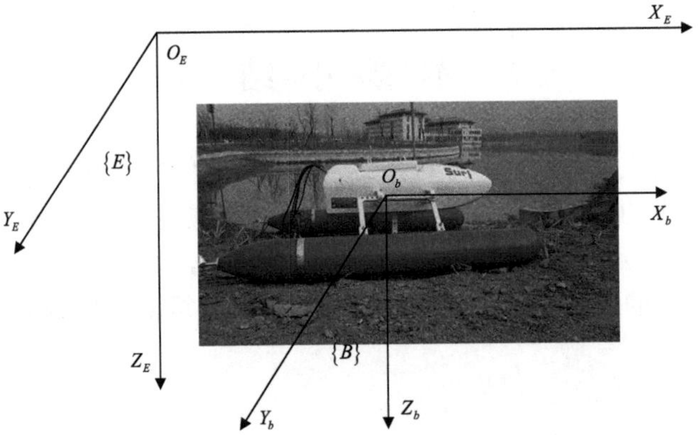

图 11-1　地面坐标系和体坐标系

1）地面坐标系

地面坐标系用来描述无人船在惯性系下的位置和姿态。选取地球表面任意一点作为其坐标原点 O_E，$O_E X_E$ 轴以正北方向为正方向，$O_E Y_E$ 轴以正东方向为正方向，$O_E Z_E$ 轴以指向地心为正方向。通常可忽略地表加速度，因此认为地面坐标系为惯性系。

2）体坐标系

体坐标系用来描述无人船的受力和速度。该坐标系固连于船体，坐标原点 O_b 通常选在无人船重心。$O_b X_b$ 轴以指向船头为正方向，$O_b Y_b$ 轴以指向右舷为正方向，$O_b Z_b$ 轴垂直于 $O_b X_b Y_b$ 面，以指向船底为正方向。

表 11-1 列出了本章在描述无人船运动时的一些常用符号。

表 11-1　描述无人船运动用到的符号

自由度	名称	力和力矩	线速度和角速度	位置和欧拉角
1	纵荡	X	u	x
2	横荡	Y	v	y
3	垂荡	Z	w	z
4	横摇	K	p	ϕ
5	纵摇	M	q	θ
6	艏摇	N	r	ψ

为便于研究，定义如下向量：

$$\begin{cases}\boldsymbol{\eta}=[\eta_1,\eta_2]^{\mathrm{T}},\ \boldsymbol{\eta}_1=[x,y,z]^{\mathrm{T}},\ \boldsymbol{\eta}_2=[\phi,\theta,\psi]^{\mathrm{T}}\\ \boldsymbol{\nu}=[\nu_1,\nu_2]^{\mathrm{T}},\ \boldsymbol{\nu}_1=[u,v,w]^{\mathrm{T}},\ \boldsymbol{\nu}_2=[p,q,r]^{\mathrm{T}}\\ \boldsymbol{\tau}=[\tau_1,\tau_2]^{\mathrm{T}},\ \boldsymbol{\tau}_1=[X,Y,Z]^{\mathrm{T}},\ \boldsymbol{\tau}_2=[K,M,N]^{\mathrm{T}}\end{cases} \tag{11-1}$$

其中，$\boldsymbol{\eta}$ 表示无人船在地面坐标系下的位置和姿态；x,y,z 分别表示船的纵向、横向和垂向位置；ϕ,θ,ψ 分别表示船体相对于地面坐标系的欧拉角（横滚角、俯仰角和航向角）；$\boldsymbol{\nu}$ 表示无人船在体坐标系下的速度或角速度，u,v,w 分别表示船的纵向、横向和垂向速度，p,q,r 分别表示船的横摇、纵摇和艏摇角速度；$\boldsymbol{\tau}$ 表示在体坐标系下，作用在无人船上的力或力矩，X,Y,Z,K,M,N 分别表示船在 O_bX_b、O_bY_b 和 O_bZ_b 轴向受到的力或旋转力矩。

11.1.2　运动学方程

位置向量 $\boldsymbol{\eta}_1$ 的一阶导数与线速度向量具有如下关系：

$$\dot{\boldsymbol{\eta}}_1=\boldsymbol{J}_1(\boldsymbol{\eta}_2)\boldsymbol{\nu}_1 \tag{11-2}$$

其中，转换矩阵 $\boldsymbol{J}_1(\boldsymbol{\eta}_2)$ 具体表达式如下：

$$\boldsymbol{J}_1(\boldsymbol{\eta}_2)=\begin{bmatrix}\cos(\psi)\cos(\theta) & -\sin(\psi)\cos(\phi)+\sin(\phi)\sin(\theta)\cos(\psi) & \sin(\psi)\sin(\phi)+\sin(\theta)\cos(\psi)\cos(\phi)\\ \sin(\psi)\cos(\theta) & \cos(\psi)\cos(\phi)+\sin(\phi)\sin(\theta)\sin(\psi) & -\cos(\psi)\sin(\phi)+\sin(\theta)\sin(\psi)\cos(\phi)\\ -\sin(\theta) & \sin(\phi)\cos(\theta) & \cos(\phi)\cos(\theta)\end{bmatrix} \tag{11-3}$$

其中，$\boldsymbol{J}_1(\boldsymbol{\eta}_2)$ 为全局可逆矩阵，并满足 $\boldsymbol{J}_1^{-1}(\boldsymbol{\eta}_2)=\boldsymbol{J}_1^{\mathrm{T}}(\boldsymbol{\eta}_2)$。

欧拉角向量 $\boldsymbol{\eta}_2$ 的一阶导数与角速度向量具有如下关系：

$$\dot{\boldsymbol{\eta}}_2=\boldsymbol{J}_1(\boldsymbol{\eta}_2)\boldsymbol{\nu}_2 \tag{11-4}$$

其中，转换矩阵 $\boldsymbol{J}_1(\boldsymbol{\eta}_2)$ 具体表达式如下：

$$\boldsymbol{J}_2(\boldsymbol{\eta}_2)=\begin{bmatrix}1 & \sin(\phi)\tan(\theta) & \cos(\phi)\tan(\theta)\\ 0 & \cos(\phi) & -\sin(\phi)\\ 0 & \sin(\phi)/\cos(\theta) & \cos(\phi)/\cos(\theta)\end{bmatrix} \tag{11-5}$$

联立式（11-2）和式（11-4）可得到如下无人船空间运动学方程：

$$\dot{\boldsymbol{\eta}}=\begin{bmatrix}\dot{\boldsymbol{\eta}}_1\\ \dot{\boldsymbol{\eta}}_2\end{bmatrix}=\begin{bmatrix}\boldsymbol{J}_1(\boldsymbol{\eta}_2) & \boldsymbol{O}_{3\times 3}\\ \boldsymbol{O}_{3\times 3} & \boldsymbol{J}_1(\boldsymbol{\eta}_2)\end{bmatrix}\begin{bmatrix}\boldsymbol{\nu}_1\\ \boldsymbol{\nu}_2\end{bmatrix}=\boldsymbol{J}(\boldsymbol{\eta})\boldsymbol{\nu} \tag{11-6}$$

11.1.3 动力学方程

将无人船视为刚性体，其动力学方程如下：

$$\boldsymbol{M}_{\mathrm{RB}}\dot{\boldsymbol{\nu}}+\boldsymbol{C}_{\mathrm{RB}}(\boldsymbol{\nu})\boldsymbol{\nu}=\boldsymbol{\tau}_{\mathrm{RB}} \tag{11-7}$$

其中，$\boldsymbol{\nu}=[u,v,w,p,q,r]^{\mathrm{T}}$ 表示体坐标系下无人船的速度或角速度向量；$\boldsymbol{M}_{\mathrm{RB}}$ 为惯性矩阵，且满足 $\boldsymbol{M}_{\mathrm{RB}}=\boldsymbol{M}_{\mathrm{RB}}^{\mathrm{T}}$ 和 $\dot{\boldsymbol{M}}_{\mathrm{RB}}=0$；$\boldsymbol{C}_{\mathrm{RB}}(\boldsymbol{\nu})$ 为无人船的科里奥利力或向心力矩阵，且满足 $\boldsymbol{C}_{\mathrm{RB}}(\boldsymbol{\nu})=-\boldsymbol{C}_{\mathrm{RB}}^{\mathrm{T}}(\boldsymbol{\nu})$；$\boldsymbol{\tau}_{\mathrm{RB}}=[X,Y,Z,K,M,N]^{\mathrm{T}}$ 表示体坐标系下无人船受到的力或力矩向量，由流体动力或力矩 $\boldsymbol{\tau}_{\mathrm{H}}$、环境干扰力或力矩 $\boldsymbol{\tau}_{\mathrm{E}}$ 以及动力系统产生的推力或力矩 $\boldsymbol{\tau}_{\mathrm{T}}$ 共同组成，如下所示：

$$\boldsymbol{\tau}_{\mathrm{RB}}=\boldsymbol{\tau}_{\mathrm{H}}+\boldsymbol{\tau}_{\mathrm{E}}+\boldsymbol{\tau}_{\mathrm{T}} \tag{11-8}$$

在流体力学中，通常假设刚体受到的力或力矩具有线性可加性，因此可将作用于无人船的流体动力或力矩分为三部分：流体惯性力或力矩、水动力阻尼力或力矩以及重力和浮力产生的恢复力或力矩，具体表达式为

$$\boldsymbol{\tau}_{\mathrm{H}}=-\boldsymbol{M}_{\mathrm{A}}\dot{\boldsymbol{\nu}}-\boldsymbol{C}_{\mathrm{A}}(\boldsymbol{\nu})\boldsymbol{\nu}-\boldsymbol{D}(\boldsymbol{\nu})\boldsymbol{\nu}-\boldsymbol{g}(\boldsymbol{\eta}) \tag{11-9}$$

其中，$\boldsymbol{M}_{\mathrm{A}}$ 为附加质量矩阵；$\boldsymbol{C}_{\mathrm{A}}(\boldsymbol{\nu})$ 为附加质量引起的科里奥利力或向心力矩阵；$\boldsymbol{D}(\boldsymbol{\nu})$ 为阻尼矩阵；$\boldsymbol{g}(\boldsymbol{\eta})$ 为恢复力或力矩。

将式（11-8）代入式（11-7），可得六自由度动力学模型如下：

$$\boldsymbol{M}\dot{\boldsymbol{\nu}}+\boldsymbol{C}(\boldsymbol{\nu})\boldsymbol{\nu}+\boldsymbol{D}(\boldsymbol{\nu})\boldsymbol{\nu}+\boldsymbol{g}(\boldsymbol{\eta})=\boldsymbol{\tau}_{\mathrm{T}}+\boldsymbol{\tau}_{\mathrm{E}} \tag{11-10}$$

其中，$\boldsymbol{M}=\boldsymbol{M}_{\mathrm{RB}}+\boldsymbol{M}_{\mathrm{A}}$，$\boldsymbol{C}(\boldsymbol{\nu})=\boldsymbol{C}_{\mathrm{RB}}(\boldsymbol{\nu})+\boldsymbol{C}_{\mathrm{A}}(\boldsymbol{\nu})$。当无人船在理想流体中静止或低速运动时，$\boldsymbol{M}$ 为正定矩阵，$\boldsymbol{C}(\boldsymbol{\nu})$ 为斜对称矩阵。

11.1.4 欠驱动无人船三自由度模型

无人船在实际运动中，一般只讨论其在水平面的运动，即纵荡、横荡和艏摇运动，无人船三自由度运动数学模型如下：

$$\begin{cases}\dot{\boldsymbol{\eta}}=\boldsymbol{J}(\boldsymbol{\eta})\boldsymbol{\nu}\\ \boldsymbol{M}\dot{\boldsymbol{\nu}}+\boldsymbol{C}(\boldsymbol{\nu})\boldsymbol{\nu}+\boldsymbol{D}(\boldsymbol{\nu})\boldsymbol{\nu}=\boldsymbol{\tau}_{\mathrm{T}}+\boldsymbol{\tau}_{\mathrm{E}}\end{cases} \tag{11-11}$$

其中，$\boldsymbol{\eta}=[x,y,\psi]^{\mathrm{T}}$；$\boldsymbol{\nu}=[u,v,r]^{\mathrm{T}}$；$\boldsymbol{\tau}_{\mathrm{T}}=[F_{\mathrm{u}},0,N_{\mathrm{r}}]^{\mathrm{T}}$，$F_u$ 为船舶前向推力，N_r 为偏航力矩；$\boldsymbol{\tau}_{\mathrm{E}}=[\tau_{u\mathrm{E}},\tau_{v\mathrm{E}},\tau_{r\mathrm{E}}]^{\mathrm{T}}$，$\tau_{u\mathrm{E}}$ 和 $\tau_{v\mathrm{E}}$ 分别为纵向和横向干扰力，$\tau_{r\mathrm{E}}$ 为艏摇干扰力矩。此外，$\boldsymbol{J}(\boldsymbol{\eta})$、$\boldsymbol{M}$、$\boldsymbol{C}(\boldsymbol{\nu})$ 和 $\boldsymbol{D}(\boldsymbol{\nu})$ 的具体表达式如下：

$$\boldsymbol{J}(\boldsymbol{\eta})=\begin{bmatrix}\cos(\psi) & -\sin(\psi) & 0\\ \sin(\psi) & \cos(\psi) & 0\\ 0 & 0 & 1\end{bmatrix} \tag{11-12}$$

$$\boldsymbol{M}=\begin{bmatrix} m-X_{\dot{u}} & 0 & 0 \\ 0 & m-Y_{\dot{v}} & 0 \\ 0 & 0 & I_{zz}-N_{\dot{r}} \end{bmatrix}=\begin{bmatrix} m_{11} & 0 & 0 \\ 0 & m_{22} & 0 \\ 0 & 0 & m_{33} \end{bmatrix} \tag{11-13}$$

$$\boldsymbol{C}(\boldsymbol{v})=\begin{bmatrix} 0 & 0 & -mv+Y_{\dot{v}}v \\ 0 & 0 & mu-X_{\dot{u}}u \\ mv-Y_{\dot{v}}v & -mu+X_{\dot{u}}u & 0 \end{bmatrix}=\begin{bmatrix} 0 & 0 & -m_{22}v \\ 0 & 0 & m_{11}u \\ m_{22}v & -m_{11}u & 0 \end{bmatrix} \tag{11-14}$$

$$\boldsymbol{D}(\boldsymbol{v})=-\begin{bmatrix} X_u & 0 & 0 \\ 0 & Y_v & 0 \\ 0 & 0 & N_r \end{bmatrix}=\begin{bmatrix} d_{11} & 0 & 0 \\ 0 & d_{22} & 0 \\ 0 & 0 & d_{33} \end{bmatrix} \tag{11-15}$$

将 $\boldsymbol{J}(\boldsymbol{\eta})$、$\boldsymbol{M}$、$\boldsymbol{C}(\boldsymbol{v})$ 和 $\boldsymbol{D}(\boldsymbol{v})$ 代入式（11-11），可得无人船三自由度运动数学模型如下：

$$\begin{cases} \dot{x}=u\cos(\psi)-v\sin(\psi) \\ \dot{y}=u\sin(\psi)+v\cos(\psi) \\ \dot{\psi}=r \\ \dot{u}=\dfrac{m_{22}}{m_{11}}vr-\dfrac{d_{11}}{m_{11}}u+\dfrac{1}{m_{11}}F_u+\dfrac{1}{m_{11}}\tau_{u\mathrm{E}} \\ \dot{v}=-\dfrac{m_{11}}{m_{22}}ur-\dfrac{d_{22}}{m_{22}}v+\dfrac{1}{m_{22}}\tau_{v\mathrm{E}} \\ \dot{r}=\dfrac{m_{11}-m_{22}}{m_{33}}uv-\dfrac{d_{33}}{m_{33}}r+\dfrac{1}{m_{33}}N_r+\dfrac{1}{m_{33}}\tau_{r\mathrm{E}} \end{cases} \tag{11-16}$$

11.1.5　推进系统模型

无人船依靠布置在船尾的两个对称推进器提供前向推力 F_u 和偏航力矩 N_r 。定义 T_1 为左侧推进器产生的推力，T_2 为右侧推进器产生的推力，左右推进器之间距离为 B，则产生的前向推力和偏航力矩为

$$\begin{cases} F_u=T_1+T_2 \\ N_r=(T_1-T_2)B/2 \end{cases} \tag{11-17}$$

在实验中，通过串口向推进器发送转速指令，控制推进器转动，推进器转速与推力之间关系如下：

$$F=k|n|n \tag{11-18}$$

其中，$k=2.45\times10^{-6}$ 表示转速与推力间的转换系数；n 表示推进器转速；F 表示推进器产生的推力。

11.1.6　实验船模型

本章采用楚航测控科技有限公司的无人船水域测量系统作为实验平台，该船主要技术参数如表 11-2 所示。

表 11-2　无人船系统主要参数

名称	参数
长度	1.8m
宽度	1.2m
高度	0.75m
重量	92kg
最大航速	4kn
通信距离	与天线和工作环境有关，湖上实测 2km

无人船数学模型中的惯性矩阵、阻尼矩阵等模型参数如表 11-3 所示。

表 11-3　无人船模型参数

参数	数值	参数	数值
m_{11}	141.85	X_u	−45.60
m_{22}	197.75	Y_v	−29.54
m_{33}	15.60	N_r	−10.71

11.2　多无人船实验系统总体结构

多无人船实验系统由岸上监控系统和 3 艘无人船组成。岸上监控系统负责监控无人船状态和发送任务指令，无人船负责传感器数据解算、航行任务指令接收和无人船本体控制。该系统既可控制单船进行轨迹跟踪、路径跟踪等任务，也可以同时控制三条船，进行编队航行任务。岸上监控系统以计算机为硬件平台，在 Windows 7 系统、Qt（应用程序开发框架）下进行开发；船上控制系统以工控机为硬件平台，在 Windows 7 系统、MFC（微软基础类库）框架下进行开发。各系统之间连接如图 11-2 所示。

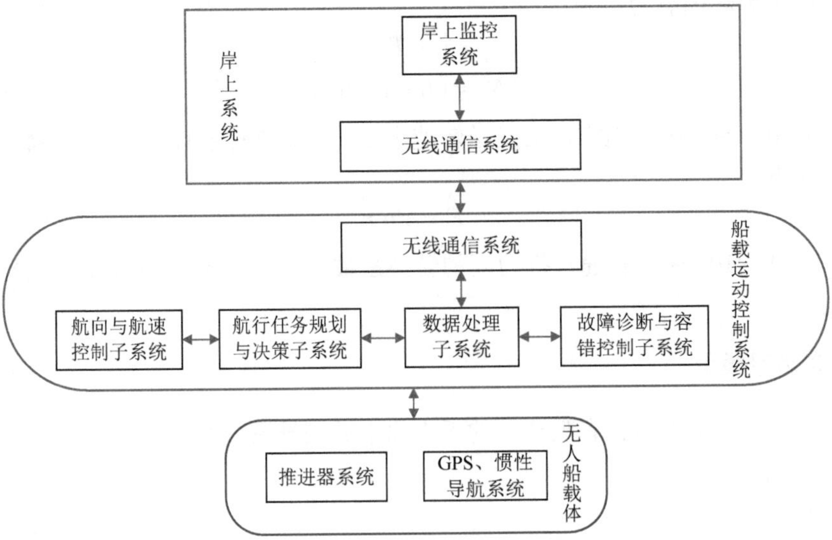

图 11-2　无人船实验系统组成

11.2.1　岸上监控系统

岸上监控系统主要负责控制指令的发送以及对无人船状态的监测，由计算机、无线网络电台（iNet-300）和天线组成，连接示意如图 11-3 所示。

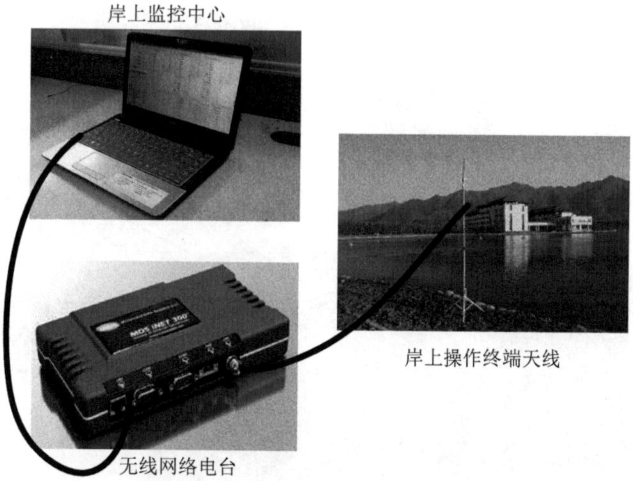

图 11-3　岸上监控系统连接图

岸上监控上位机软件可接收到所有无人船的航行状态信息，并在上位机界面绘制出各船运动轨迹，便于进行控制算法效果分析。上位机软件主要功能模块包括网络通信模块、指令发送模块、无人船状态解析模块、无人船状态信息广播模块。上位机界面如图 11-4 所示。

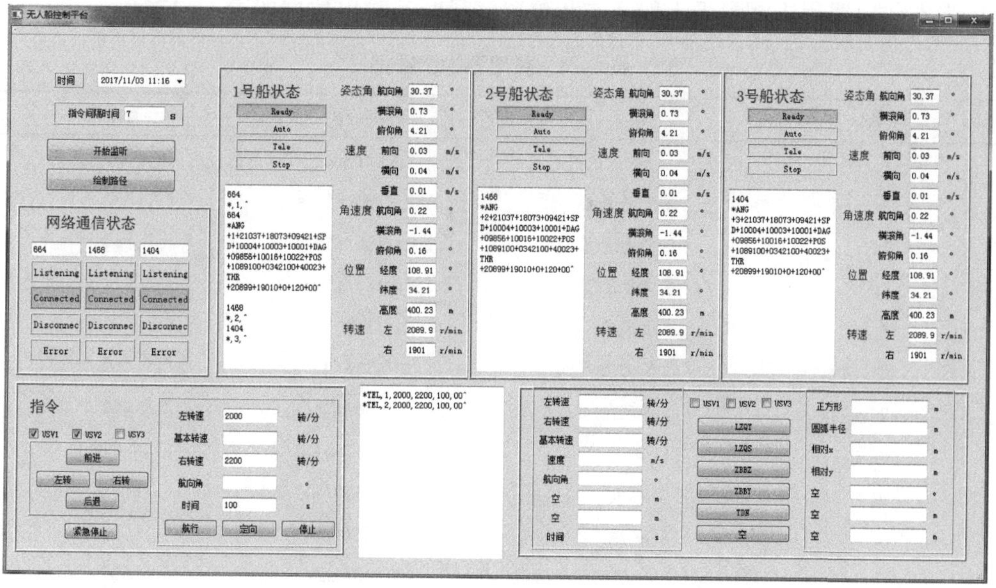

图 11-4　岸上监控系统上位机界面

11.2.2　无人船控制系统

无人船控制系统是控制无人船运动的核心，主要完成传感器数据采集、控制指令接收和无人船运动控制等任务。其总体布局如图 11-5 所示。

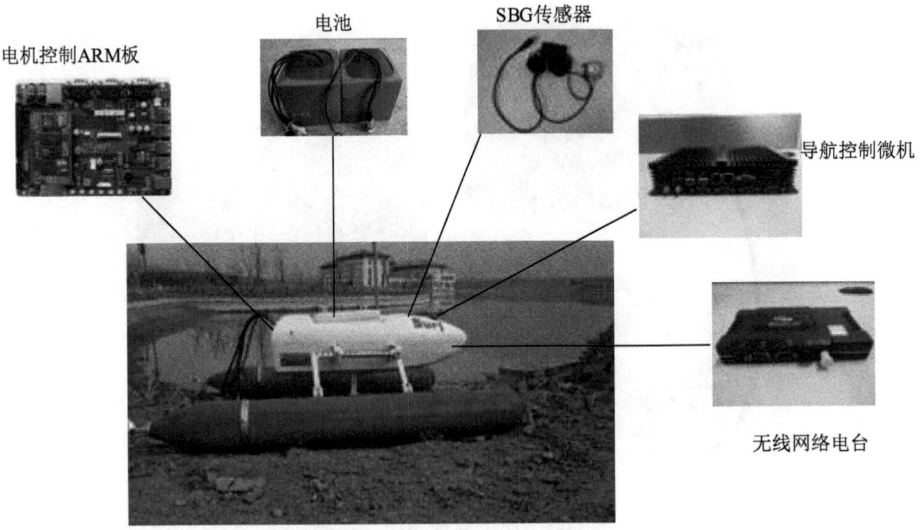

图 11-5　无人船总体布局

无人船控制系统中的姿态传感器、推进器、导航控制微机、导航控制软件的参数及基本工作流程如下。

1）姿态传感器

姿态传感器用于测量无人船姿态和位置信息，其输出数据如表 11-4 所示。

表 11-4　传感器输出数据

序号	意义	数值范围	有效位
1	帧头	2432fffah	32
2	横滚角速度	-180～180（°）/s	32
3	俯仰角速度	-180～180（°）/s	32
4	航向角速度	-180～180（°）/s	32
5	横滚角	0～360°	32
6	俯仰角	0～360°	32
7	航向角	0～360°	32
8	经度	-180°～180°	32
9	纬度	-90°～90°	32
10	高度	0～100000m	32
11	v_x	-100～100m/s	32

续表

序号	意义	数值范围	有效位
12	v_y	−100～100m/s	32
13	v_z	−100～100m/s	32

2）推进器

无人船采用双推进器推动，左右推进器沿中轴线对称分布于船尾两侧，推进器内部采用无刷直流电机，转速范围为 1200～4600r/min。电机控制指令集如表 11-5 所示。

表 11-5　电机控制指令集

指令功能	指令格式	指令说明
电机启动、停止	7E 05 01 ID1 ID2 77	ID1 为 1 时，1 号机启动；ID1 为 0 时，1 号机停止 ID2 为 1 时，2 号机启动；ID2 为 0 时，2 号机停止
正反转	7E 05 02 ID1 ID2 77	ID1 为 1 时，1 号机反转；ID1 为 0 时，1 号机正转 ID2 为 1 时，2 号机反转；ID2 为 0 时，2 号机正转
调速	7E 05 03 V1 V2 77	左电机转速范围 0～4096，1200 为启动数值 转速=V1×256+V2
	7E 05 04 V1 V2 77	右电机转速范围 0～4096，1200 为启动数值 转速=V1×256+V2

3）导航控制微机

三艘无人船采用相同的工控机作为控制微机，主要规格参数如表 11-6 所示。

表 11-6　工控机规格参数

参数	配置
处理器	Intel Bay trail-D 四核 J1900
内存	SODDR3
存储	1*MINISATA，1*SATA_HDD，1*SATA
网卡	1*RTL8111E 1000M Lan
外置 I/O	6*RS232，7*USB2.0，1*USB3.0，2*RJ-45 1000M
视频传输接口	1*VGA，1*HDMI

4）导航控制软件

导航控制软件在 Windows 7 系统、VS2013 集成环境、MFC 框架下进行开发。该软件主要完成控制指令接收、数据采集、组网通信、航行状态信息反馈、航行状态信息记录、运动控制解算和推进器电机控制指令发送等任务。导航控制软件工作流程如图 11-6 所示。

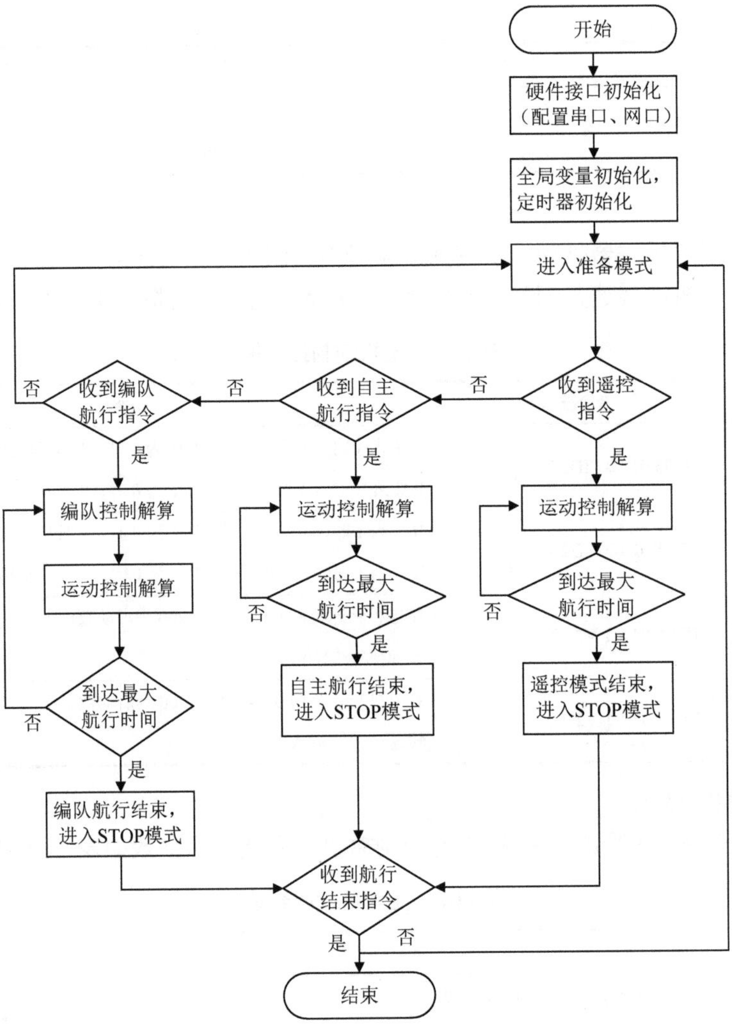

图 11-6　导航控制软件工作流程

11.3　无人船航行实验

11.3.1　航行实验流程

无人船航行实验分为以下 5 个阶段。

1）实验准备阶段

每次实验开始前，对无人船系统进行检查，包括电池电压情况、各设备供电连接情况、推进器与浮筒连接情况、船体与浮筒连接情况等。

2）岸上自检阶段

经过检查，船体稳定，供电连接正确后，闭合船控系统电源开关，为船控系统供电，同时打开岸上监控软件，在上位机界面观察各船控系统反馈的无人船状态信息，确保传感器工作正常。

3）水面测试阶段

岸上检查正常后，在水面对无人船进行航行测试，观察无人船运动状态，确保无人船各推进器工作正常。

4）执行航行任务阶段

当无人船接收到航行任务后，将根据接收到的任务参数开始航行，同时，上位机系统件可绘制出无人船航行轨迹。

5）无人船回收阶段

航行任务结束后，将无人船遥控至回收点。

11.3.2　多无人船编队航行实验

实验中，1 号船为领航者，2、3 号船为跟随者，以一定的距离和角度跟随 1 号船，组成编队运动。期望队形：1 号船以 0 度（正北方向）作为参考航向角，以 1.5m/s 参考速度直线航行；2 号船与 3 号船分别位于 1 号船左右两侧 15m 处，与 1 号船航向保持一致，呈“一”字队形，航行效果如图 11-7 所示。

（a）20s 队形　（b）55s 队形

图 11-7　直线航行编队实验

实验结束后，对三艘船记录的数据进行分析处理，得到无人船位置、航向、推进器转速变化等信息，如图 11-8～图 11-14 所示。

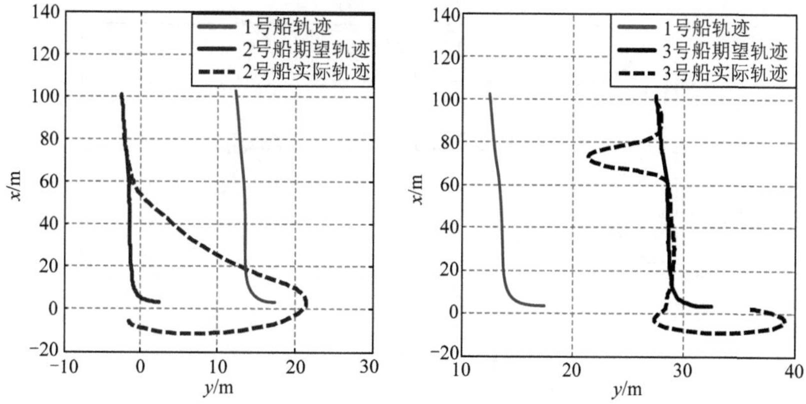

图 11-8　轨迹跟踪曲线

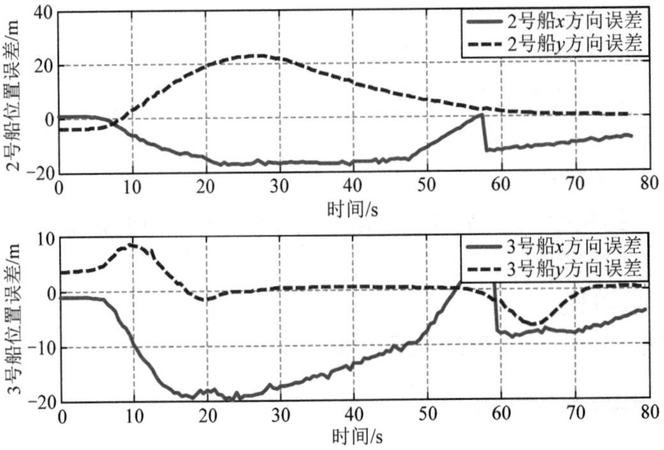

图 11-9　位置跟踪误差曲线

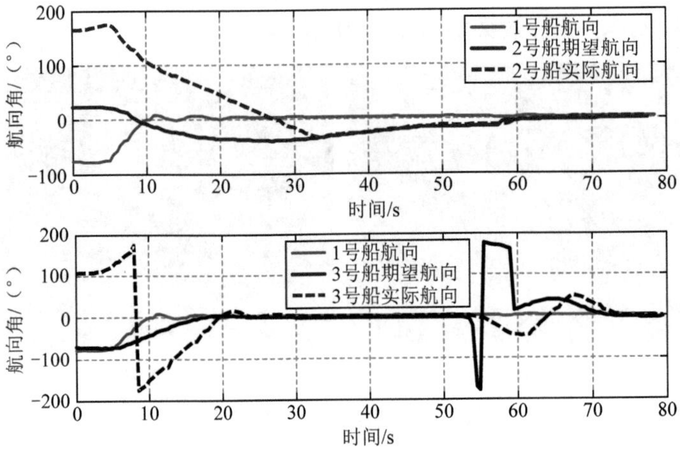

图 11-10　航向跟踪曲线

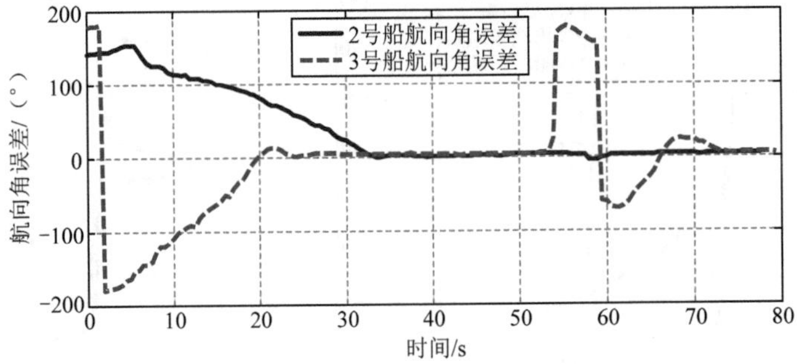

图 11-11　航向角误差曲线

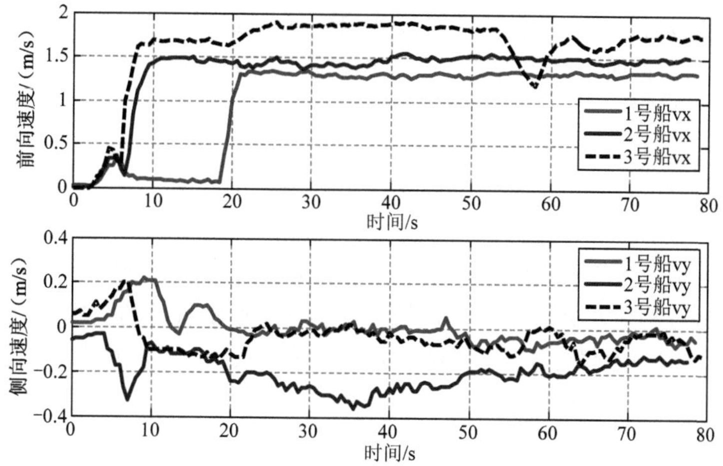

图 11-12　速度变化曲线

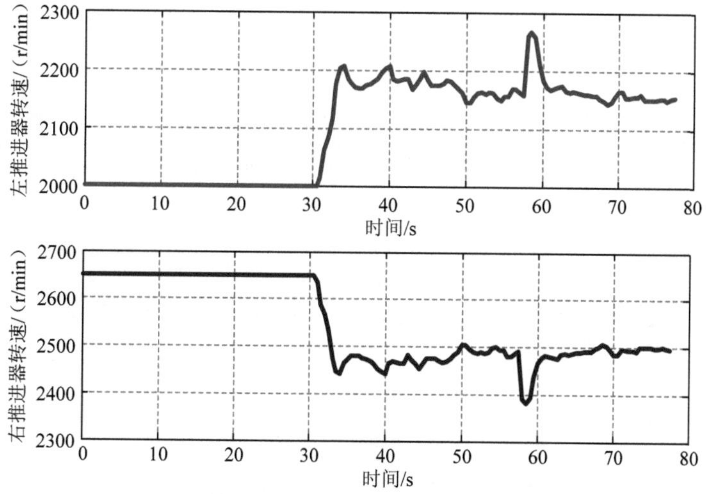

图 11-13　2 号船控制输入曲线

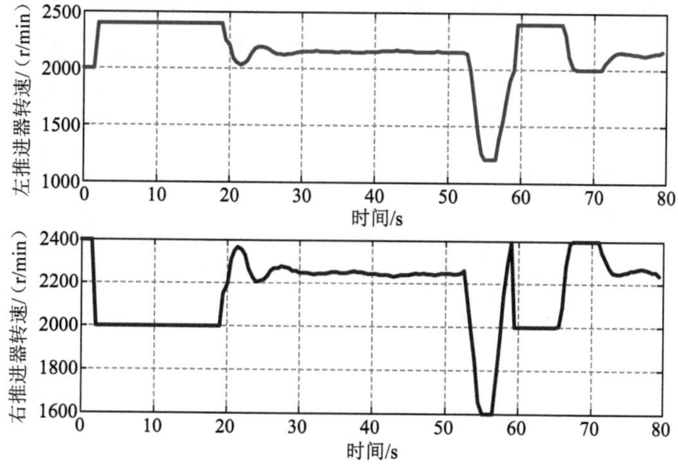

图 11-14　3 号船控制输入曲线

根据以上曲线可知，1 号船基本保持 0° 航向角直线航行，2、3 号船经过一段时间也能够收敛至 0°，同时，2、3 号船 y 方向的位置误差可以较快收敛至 0°，而 x 方向误差收敛速度相对较慢。

本 章 小 结

本章主要完成了无人船实验平台的设计和搭建工作，分别对岸上监控系统和无人船控制系统组成进行阐述，并介绍了上位机软件和导航控制软件的基本功能与工作流程，基于 iNet-300 无线电台搭建了岸上监控-无人船通信系统，并利用此无人船实验平台进行了多无人船编队航行实验。

参 考 文 献

[1] BORKAR V, VARAIYA P. Asymptotic agreement in distributed estimation[J]. IEEE Transactions on Automatic Control, 1982, 27(3): 650-655.

[2] REYNOLDS C W. Flocks, herds and schools: A distributed behavioral model[C]//Annual Conference on Computer Graphics and Interactive Techniques. New York: Association for Computing Machinery, 1987: 25-34.

[3] VICSEK T, CZIROK A, BEN-JACOB E, et al. Novel type of phase transition in a system of self-driven particles[J]. Physical Review Letters, 1995, 75(6): 1226.

[4] OLFATI-SABER R, MURRAY R M. Consensus problems in networks of agents with switching topology and time-delays[J]. IEEE Transactions on Automatic Control, 2004, 49(9): 1520-1533.

[5] REN W, BEARD R W. Consensus seeking in multiagent systems under dynamically changing interaction topologies[J]. IEEE Transactions on Automatic Control, 2005, 50(5): 655-661.

[6] 孙小童，郭戈，张鹏飞. 非匹配扰动下的多自主体系统固定时间一致跟踪[J]. 自动化学报，2021，47（6）：1368-1376.

[7] HE C, HUANG J. Leader-following consensus for multiple Euler–Lagrange systems by distributed position feedback control[J]. IEEE Transactions on Automatic Control, 2021, 66(11): 5561-5568.

[8] YUAN C, STEGAGNO P, HE H, et al. Cooperative adaptive containment control with parameter convergence via cooperative finite-time excitation[J]. IEEE Transactions on Automatic Control, 2021, 66(11): 5612-5618.

[9] DONG Y, LIN Z. An event-triggered observer and its applications in cooperative control of multiagent systems[J]. IEEE Transactions on Automatic Control, 2022, 67(7): 3647-3654.

[10] ZHAO Y, XIAN C, WEN G, et al. Design of distributed event-triggered average tracking algorithms for homogeneous and heterogeneous multiagent systems[J]. IEEE Transactions on Automatic Control, 2021, 67(3): 1269-1284.

[11] OLIVA G, RIKOS A I, GASPARRI A, et al. Distributed negotiation for reaching agreement among reluctant players in cooperative multiagent systems[J]. IEEE Transactions on Automatic Control, 2022, 67(9): 4838-4845.

[12] XU Y, YAO Z, LU R, et al. A novel fixed-time protocol for first-order consensus tracking with disturbance rejection[J]. IEEE Transactions on Automatic Control, 2021, 67(11): 6180-6186.

[13] SUN Y, JI Z, LIU Y, et al. On stabilizability of multi-agent systems[J]. Automatica, 2022, 144: 110491.

[14] ZOU Y, XIA K, ZUO Z, et al. Distributed interval consensus of multi-agent systems with pulse width modulation protocol[J]. IEEE Transactions on Automatic Control, 2022, 68(3): 1730-1737.

[15] QI Y, ZHANG X, MU R, et al. Bipartite consensus for high-order nonlinear multi-agent systems via event-triggered/self-triggered control[J]. Systems & Control Letters, 2023, 172: 105439.

[16] MA C Q, LIU T Y, KANG Y, et al. Leader-following cluster consensus of multiagent systems with measurement noise and weighted cooperative–competitive networks[J]. IEEE Transactions on Systems, Man, and Cybernetics: Systems, 2023, 53(2): 1150-1159.

[17] LIU W, NIU H, JANG I, et al. Distributed neural networks training for robotic manipulation with consensus algorithm[J]. IEEE Transactions on Neural Networks and Learning Systems, 2022, doi.10.1109/TNNLS.2022.3191021.

[18] MAZOUCHI M, TATARI F, KIUMARSI B, et al. Fully heterogeneous containment control of a network of leader–follower systems[J]. IEEE Transactions on Automatic Control, 2021, 67(11): 6187-6194.

[19] 尹曌，贺威，邹尧，等. 基于“雁阵效应”的扑翼飞行机器人高效集群编队研究[J]. 自动化学报，2021，47（6）：1355-1367.

[20] DIFILIPPO G, FANTI M P, MANGINI A M. Maximizing convergence speed for second order consensus in leaderless multi-agent systems[J]. IEEE/CAA Journal of Automatica Sinica, 2022, 9(2): 259-269.

[21] CHEN X, YU H, HAO F. Prescribed-time event-triggered bipartite consensus of multiagent systems[J]. IEEE Transactions on

Cybernetics, 2022, 52(4): 2589-2598.
[22] 田磊，董希旺，赵启伦，等. 异构集群系统分布式自适应输出时变编队跟踪控制[J]. 自动化学报，2021，47（10）：2386-2401.
[23] HUANG W, LIU H, HUANG J. Distributed robust containment control of linear heterogeneous multi-agent systems: An output regulation approach[J]. IEEE/CAA Journal of Automatica Sinica, 2022, 9(5): 864-877.
[24] LIU Z, WONG W S. Group consensus of linear multiagent systems under nonnegative directed graphs[J]. IEEE Transactions on Automatic Control, 2022, 67(11): 6098-6105.
[25] WANG B, CHEN W, ZHANG B, et al. A nonlinear observer-based approach to robust cooperative tracking for heterogeneous spacecraft attitude control and formation applications[J]. IEEE Transactions on Automatic Control, 2023, 68(1): 400-407.
[26] YANG T, YI X, WU J, et al. A survey of distributed optimization[J]. Annual Reviews in Control, 2019, 47: 278-305.
[27] LI H, SHI Y, YAN W, et al. Receding horizon consensus of general linear multi-agent systems with input constraints: An inverse optimality approach[J]. Automatica, 2018, 91: 10-16.
[28] XIANG L, ZHENG E. An inverse optimal problem for multi-agent systems based on static output feedback control[J]. IEEE Access, 2019, 7: 177793-177803.
[29] AN C, SU H, CHEN S. Inverse-optimal consensus control of fractional-order multiagent systems[J]. IEEE Transactions on Systems, Man, and Cybernetics: Systems, 2021, 52(8): 5320-5331.
[30] NEUMEYER C, OLIEHOEK F A, GAVRILA D M. General-sum multi-agent continuous inverse optimal control[J]. IEEE Robotics and Automation Letters, 2021, 6(2): 3429-3436.
[31] FENG T, ZHANG J, TONG Y, et al. Consensusability and global optimality of discrete-time linear multiagent systems[J]. IEEE Transactions on Cybernetics, 2022, 52(8): 8227-8238.
[32] JIANG S, DING Z. An inverse optimal approach for distributed preview consensus tracking[J]. International Journal of Control, 2023: 1-13.
[33] ZHANG H, RINGH A. Inverse linear-quadratic discrete-time finite-horizon optimal control for indistinguishable homogeneous agents: A convex optimization approach[J]. Automatica, 2023, 148: 110758.
[34] YAN F, LIU X, FENG T. Distributed minimum-energy containment control of continuous-time multi-agent systems by inverse optimal control[J]. IEEE/CAA Journal of Automatica Sinica, 2022, doi. 10.1109/JAS.2022.106067.
[35] DONGE V S, LIAN B, LEWIS F L, et al. Multi-agent graphical games with inverse reinforcement learning[J]. IEEE Transactions on Control of Network Systems, 2022, doi. 10.1109/TCNS.2022.32 10856.
[36] XIE Y, LIN Z. Global optimal consensus for higher-order multi-agent systems with bounded controls[J]. Automatica, 2019, 99: 301-307.
[37] WANG Q, DUAN Z, WANG J. Distributed optimal consensus control algorithm for continuous-time multi-agent systems[J]. IEEE Transactions on Circuits and Systems II: Express briefs, 2020, 67(1): 102-106.
[38] LI Z, WU Z, LI Z, et al. Distributed optimal coordination for heterogeneous linear multiagent systems with event-triggered mechanisms[J]. IEEE Transactions on Automatic Control, 2019, 65(4): 1763-1770.
[39] CHEN Z, JI H. Distributed quantized optimization design of continuous-time multiagent systems over switching graphs[J]. IEEE Transactions on Systems, Man, and Cybernetics: Systems, 2021, 51(11): 7152-7163.
[40] WANG Q, DUAN Z, WANG J, et al. An accelerated algorithm for linear quadratic optimal consensus of heterogeneous multiagent systems[J]. IEEE Transactions on Automatic Control, 2022, 67(1): 421-428.
[41] GONG X, CUI Y, SHEN J, et al. Distributed optimization in prescribed-time: Theory and experiment[J]. IEEE Transactions on Network Science and Engineering, 2022, 9(2): 564-576.
[42] SUN S, ZHANG Y, LIN P, et al. Distributed time-varying optimization with state-dependent gains: Algorithms and experiments[J]. IEEE Transactions on Control Systems Technology, 2022, 30(1): 416-425.

[43] SONG Y, CAO J, RUTKOWSKI L. A fixed-time distributed optimization algorithm based on event-triggered strategy[J]. IEEE Transactions on Network Science and Engineering, 2022, 9(3): 1154-1162.

[44] WANG X, LIU W, WU Q, et al. A modular optimal formation control scheme of multiagent systems with application to multiple mobile robots[J]. IEEE Transactions on Industrial Electronics, 2022, 69(9): 9331-9341.

[45] AN L, YANG G H. Distributed optimal coordination for heterogeneous linear multiagent systems[J]. IEEE Transactions on Automatic Control, 2022, 67(12): 6850-6857.

[46] LI L, YU Y, LI X, et al. Exponential convergence of distributed optimization for heterogeneous linear multi-agent systems over unbalanced digraphs[J]. Automatica, 2022, 141: 110259.

[47] 陈刚，李志勇. 集合约束下多自主体系统分布式固定时间优化控制[J]. 自动化学报，2022，48（9）：2254-2264.

[48] LI H, ZHENG L, WANG Z, et al. Asynchronous distributed model predictive control for optimal output consensus of high-order multi-agent systems[J]. IEEE Transactions on Signal and Information Processing over Networks, 2021, 7: 689-698.

[49] WANG Q, DUAN Z, LV Y, et al. Distributed model predictive control for linear–quadratic performance and consensus state optimization of multiagent systems[J]. IEEE Transactions on Cybernetics, 2021, 51(6): 2905-2915.

[50] WANG Q, DUAN Z, LV Y, et al. Linear quadratic optimal consensus of discrete-time multi-agent systems with optimal steady state: A distributed model predictive control approach[J]. Automatica, 2021, 127: 109505.

[51] ZHANG H, YUE D, ZHAO W, et al. Distributed optimal consensus control for multiagent systems with input delay[J]. IEEE Transactions on Cybernetics, 2018, 48(6): 1747-1759.

[52] QIN J, LI M, SHI Y, et al. Optimal synchronization control of multiagent systems with input saturation via off-policy reinforcement learning[J]. IEEE Transactions on Neural Networks and Learning Systems, 2019, 30(1): 85-96.

[53] RIZVI S A A, LIN Z. Output feedback reinforcement learning based optimal output synchronisation of heterogeneous discrete-time multi-agent systems[J]. IET Control Theory & Applications, 2019, 13(17): 2866-2876.

[54] ZHANG J, WANG Z, ZHANG H. Data-based optimal control of multiagent systems: A reinforcement learning design approach[J]. IEEE Transactions on Cybernetics, 2019, 49(12): 4441-4449.

[55] JING G, BAI H, GEORGE J, et al. Model-free optimal control of linear multiagent systems via decomposition and hierarchical approximation[J]. IEEE Transactions on Control of Network Systems, 2021, 8(3): 1069-1081.

[56] REN Y, WANG Q, DUAN Z. Optimal leader-following consensus control of multi-agent systems: A neural network based graphical game approach[J]. IEEE Transactions on Network Science and Engineering, 2022, 9(5): 3590-3601.

[57] ZHANG H, REN H, MU Y, et al. Optimal consensus control design for multiagent systems with multiple time delay using adaptive dynamic programming[J]. IEEE Transactions on Cybernetics, 2022, 52(12): 12832-12842.

[58] PENG Z, LUO R, HU J, et al. Distributed optimal tracking control of discrete-time multiagent systems via event-triggered reinforcement learning[J]. IEEE Transactions on Circuits and Systems I: Regular Papers, 2022, 69(9): 3689-3700.

[59] QASEM O, DAVARI M, GAO W, et al. Hybrid iteration ADP algorithm to solve cooperative, optimal output regulation problem for continuous-time, linear, multi-agent systems: Theory and application in islanded modern microgrids with IBRs[J]. IEEE Transactions on Industrial Electronics, 2023, doi. 10.1109/TIE.2023.3247734.

[60] TANG Y, DENG Z, HONG Y. Optimal output consensus of high-order multiagent systems with embedded technique[J]. IEEE Transactions on Cybernetics, 2019, 49(5): 1768-1779.

[61] SUN H, LIU Y, LI F, et al. Distributed LQR optimal protocol for leader-following consensus[J]. IEEE Transactions on Cybernetics, 2019, 49(9): 3532-3546.

[62] WANG Y W, WEI Y W, LIU X K, et al. Optimal persistent monitoring using second-order agents with physical constraints[J]. IEEE Transactions on Automatic Control, 2019, 64(8): 3239-3252.

[63] LUI D G, PETRILLO A, SANTINI S. An optimal distributed PID-like control for the output containment and leader-following of heterogeneous high-order multi-agent systems[J]. Information Sciences, 2020, 541: 166-184.

[64] ZHONG X, HE H. GrHDP solution for optimal consensus control of multiagent discrete-time systems[J]. IEEE Transactions on Systems, Man, and Cybernetics: Systems, 2020, 50(7): 2362-2374.

[65] COLOMBO L J, DIMAROGONAS D V. Symmetry reduction in optimal control of multiagent systems on Lie groups[J]. IEEE Transactions on Automatic Control, 2020, 65(11): 4973-4980.

[66] JIAO J, TRENTELMAN H L, CAMLIBEL M K. A suboptimality approach to distributed linear quadratic optimal control[J]. IEEE Transactions on Automatic Control, 2019, 65(3): 1218-1225.

[67] JIAO J, TRENTELMAN H L, CAMLIBEL M K. Distributed linear quadratic optimal control: Compute locally and act globally[J]. IEEE Control Systems Letters, 2020, 4(1): 67-72.

[68] SUN H, LIU Y, LI F. Optimal consensus via distributed protocol for second-order multiagent systems[J]. IEEE Transactions on Systems, Man, and Cybernetics: Systems, 2021, 51(10): 6218-6228.

[69] SUN F, LI H, ZHU W, et al. Optimal mean-square consensus for heterogeneous multi - agent system with probabilistic time delay[J]. IET Control Theory & Applications, 2021, 15(8): 1043-1053.

[70] ZHANG L, ZHANG G. Optimal output regulation for heterogeneous descriptor multi-agent systems[J]. Journal of the Franklin Institute, 2021, 358(2): 1475-1498.

[71] REN Y, WANG Q, DUAN Z. Optimal distributed leader-following consensus of linear multi-agent systems: A dynamic average consensus-based approach[J]. IEEE Transactions on Circuits and Systems II: Express Briefs, 2022, 69(3): 1208-1212.

[72] CHEN S, DAI J, YI J W, et al. An optimal design of the leader-following formation control for discrete multi-agent systems[J]. IFAC-PapersOnLine, 2022, 55(3): 201-206.

[73] SARKAR R, PATIL D, MULLA A K, et al. Finite-time consensus tracking of multi-agent systems using time-fuel optimal pursuit evasion[J]. IEEE Control Systems Letters, 2022, 6: 962-967.

[74] XIONG Y, YANG L, WU C, et al. Optimal event-triggered sliding mode control for discrete-time non-linear systems against actuator saturation[J]. IET Control Theory & Applications, 2019, 13(16): 2638-2647.

[75] AKBARIMAJD A, OLYAEE M, SOBHANI B, et al. Nonlinear multi-agent optimal load frequency control based on feedback linearization of wind turbines[J]. IEEE Transactions on Sustainable Energy, 2019, 10(1): 66-74.

[76] LIU G P. Predictive control of networked nonlinear multiagent systems with communication constraints[J]. IEEE Transactions on Systems, Man, and Cybernetics: Systems, 2020, 50(11): 4447-4457.

[77] MA H J, YANG G H, CHEN T. Event-triggered optimal dynamic formation of heterogeneous affine nonlinear multiagent systems[J]. IEEE Transactions on Automatic Control, 2021, 66(2): 497-512.

[78] QUAN W, YANG X, XI J, et al. Guaranteed-performance consensus tracking for one - sided Lipschitz non - linear multi - agent systems with switching communication topologies[J]. IET Control Theory & Applications, 2021, 15(18): 2366-2376.

[79] LI S, NIAN X, DENG Z. Distributed optimization of second-order nonlinear multiagent systems with event-triggered communication[J]. IEEE Transactions on Control of Network Systems, 2021, 8(4): 1954-1963.

[80] LIU T, QIN Z, HONG Y, et al. Distributed optimization of nonlinear multiagent systems: a small-gain approach[J]. IEEE Transactions on Automatic Control, 2022, 67(2): 676-691.

[81] KANG J, GUO G, YANG G. Distributed optimization of high-order nonlinear systems: Saving computation and communication via prefiltering[J]. IEEE Transactions on Circuits and Systems II: Express Briefs, 2022, 69(3): 1144-1148.

[82] YUAN L, LI J. Consensus of discrete-time nonlinear multiagent systems using sliding mode control based on optimal control[J]. IEEE Access, 2022, 10: 47275-47283.

[83] ZHAO Y, ZHOU Y, ZHONG Z, et al. Distributed optimal cooperation for multiple high-order nonlinear systems with lipschitz-type gradients: Static and adaptive state-dependent designs[J]. IEEE Transactions on Systems, Man, and Cybernetics: Systems, 2022, 52(9): 5378-5388.

[84] JIN Z, AHN C K, LI J. Momentum-based distributed continuous-time nonconvex optimization of nonlinear multi-agent

systems via timescale separation[J]. IEEE Transactions on Network Science and Engineering, 2023, 10(2): 980-989.

[85] LIU D, SHEN M, JING Y, et al. Distributed optimization of nonlinear multiagent systems via event-triggered communication[J]. IEEE Transactions on Circuits and Systems II: Express Briefs, 2022, doi. 10.1109/TCSII.2022.3225800.

[86] YANG Y, LI R, HUANG J, et al. Distributed optimal output feedback consensus control for nonlinear euler-lagrange systems under input saturation[J]. Journal of the Franklin Institute, 2023, doi. 10.1016/j.jfranklin.2023.03.042.

[87] MAZOUCHI M, NAGHIBI-SISTANI M B, SANI S K H. A novel distributed optimal adaptive control algorithm for nonlinear multi-agent differential graphical games[J]. IEEE/CAA Journal of Automatica Sinica, 2018, 5(1): 331-341.

[88] JIANG Y, FAN J, GAO W, et al. Cooperative adaptive optimal output regulation of nonlinear discrete-time multi-agent systems[J]. Automatica, 2020, 121: 109149.

[89] SHI J, YUE D, XIE X. Data-based optimal coordination control of continuous-time nonlinear multi-agent systems via adaptive dynamic programming method[J]. Journal of the Franklin Institute, 2020, 357(15): 10312-10328.

[90] WEN G, CHEN C L P, LI B. Optimized formation control using simplified reinforcement learning for a class of multiagent systems with unknown dynamics[J]. IEEE Transactions on Industrial Electronics, 2020, 67(9): 7879-7888.

[91] XU Y, LI T, BAI W, et al. Online event-triggered optimal control for multi-agent systems using simplified ADP and experience replay technique[J]. Nonlinear Dynamics, 2021, 106(1): 509-522.

[92] FU H, CHEN X, WANG W, et al. Data-based optimal synchronization control for discrete-time nonlinear heterogeneous multiagent systems[J]. IEEE Transactions on Cybernetics, 2020, 52(4): 2477-2490.

[93] DHAR N K, NANDANWAR A, VERMA N K, et al. Online nash solution in networked multirobot formation using stochastic near-optimal control under dynamic events[J]. IEEE Transactions on Neural Networks and Learning Systems, 2022, 33(4): 1765-1778.

[94] WEN G, LI B. Optimized leader-follower consensus control using reinforcement learning for a class of second-order nonlinear multiagent systems[J]. IEEE Transactions on Systems, Man, and Cybernetics: Systems, 2021, 52(9): 5546-5555.

[95] ZOU W, ZHOU J, YANG Y, et al. Fully distributed optimal consensus for a class of second-order nonlinear multiagent systems with switching topologies[J]. IEEE Systems Journal, 2023, 17(1): 1548-1558.

[96] WEN G, CHEN C L P. Optimized backstepping consensus control using reinforcement learning for a class of nonlinear strict-feedback-dynamic multi-agent systems[J]. IEEE Transactions on Neural Networks and Learning Systems, 2023, 34(3): 1524-1536.

[97] WEN G, CHEN C L P, FENG J, et al. Optimized multi-agent formation control based on an identifier–actor–critic reinforcement learning algorithm[J]. IEEE Transactions on Fuzzy Systems, 2018, 26(5): 2719-2731.

[98] ZHAO W, ZHANG H. Distributed optimal coordination control for nonlinear multi-agent systems using event-triggered adaptive dynamic programming method[J]. ISA Transactions, 2019, 91: 184-195.

[99] SUN J, LIU C. Distributed fuzzy adaptive backstepping optimal control for nonlinear multi-missile guidance systems with input saturation[J]. IEEE Transactions on Fuzzy Systems, 2019, 27(3): 447-461.

[100] MOUSAVI A, MARKAZI A H D, KHANMIRZA E. Adaptive fuzzy sliding-mode consensus control of nonlinear under-actuated agents in a near-optimal reinforcement learning framework[J]. Journal of the Franklin Institute, 2022, 359(10): 4804-4841.

[101] LI K, LI Y. Fuzzy adaptive optimal consensus fault-tolerant control for stochastic nonlinear multiagent systems[J]. IEEE Transactions on Fuzzy Systems, 2022, 30(8): 2870-2885.

[102] LI Y, ZHANG J, TONG S. Fuzzy adaptive optimized leader-following formation control for second-order stochastic multiagent systems[J]. IEEE Transactions on Industrial Informatics, 2022, 18(9): 6026-6037.

[103] ZHAO J, VISHAL P. Neural network-based optimal tracking control for partially unknown discrete-time non-linear systems using reinforcement learning[J]. IET Control Theory & Applications, 2021, 15(2): 260-271.

[104] LIU C, LIU L, CAO J, et al. Intermittent event-triggered optimal leader-following consensus for nonlinear multi-agent systems via actor-critic algorithm[J]. IEEE Transactions on Neural Networks and Learning Systems, 2021, doi. 10.1109/TNNLS.2021.3122458.

[105] SHI Z, ZHOU C. Distributed optimal consensus control for nonlinear multi-agent systems with input saturation based on event-triggered adaptive dynamic programming method[J]. International Journal of Control, 2022, 95(2): 282-294.

[106] PENG Z, LUO R, HU J, et al. Optimal tracking control of nonlinear multiagent systems using internal reinforce Q-learning[J]. IEEE Transactions on Neural Networks and Learning Systems, 2022, 33(8): 4043-4055.

[107] PENG B, STANCU A, DANG S, et al. Differential graphical games for constrained autonomous vehicles based on viability theory[J]. IEEE Transactions on Cybernetics, 2022, 52(9): 8897-8910.

[108] ZHANG W, YAN J. Adaptive constrained output feedback optimal consensus tracking for uncertain nonlinear multi-agent systems and its application[J]. International Journal of Control, 2022, doi. 10.1080/00207179.2022.2160826.

[109] XIA L, LI Q, SONG R, et al. Optimal synchronization control of heterogeneous asymmetric input-constrained unknown nonlinear MASs via reinforcement learning[J]. IEEE/CAA Journal of Automatica Sinica, 2022, 9(3): 520-532.

[110] LIU G, SUN Q, WANG R, et al. Nonzero-sum game-based voltage recovery consensus optimal control for nonlinear microgrids system[J]. IEEE Transactions on Neural Networks and Learning Systems, 2022, doi. 10.1109/TNNLS.2022.3151650.

[111] AN N, ZHAO X, WANG Q, et al. Model-Free distributed optimal consensus control of nonlinear multi-agent systems: A graphical game approach[J]. Journal of the Franklin Institute, 2022, doi. 10.1016/j.jfranklin.2022.01.012.

[112] LIU L, CAO J, ALSAADI F E. Aperiodically intermittent event-triggered optimal average consensus for nonlinear multi-agent systems[J]. IEEE Transactions on Neural Networks and Learning Systems, 2023, doi. 10.1109/TNNLS.2023.3240427.

[113] SUN J, MING Z. Cooperative differential game-based distributed optimal synchronization control of heterogeneous nonlinear multiagent systems[J]. IEEE Transactions on Cybernetics, 2023, doi. 10.1109/TCYB.2023.3240983.

[114] YUAN Y, WANG Z, ZHANG P, et al. Nonfragile near-optimal control of stochastic time-varying multiagent systems with control-and state-dependent noises[J]. IEEE Transactions on Cybernetics, 2019, 49(7): 2605-2617.

[115] ADIB F, HENGSTER K, LEWIS F L, et al. Differential graphical games for H∞ control of linear heterogeneous multiagent systems[J]. International Journal of Robust and Nonlinear Control, 2019, 29(10): 2995-3013.

[116] CHEN C, LEWIS F L, XIE K, et al. Off-policy learning for adaptive optimal output synchronization of heterogeneous multi-agent systems[J]. Automatica, 2020, 119: 109081.

[117] TANG Y. Distributed optimal steady-state regulation for high-order multiagent systems with external disturbances[J]. IEEE Transactions on Systems, Man, and Cybernetics: Systems, 2020, 50(11): 4828-4835.

[118] JIAO J, TRENTELMAN H L, CAMLIBEL M K. H2 suboptimal output synchronization of heterogeneous multi-agent systems[J]. Systems & Control Letters, 2021, 149: 104872.

[119] ZHANG H, PARK J H, YUE D, et al. Nearly optimal integral sliding-mode consensus control for multiagent systems with disturbances[J]. IEEE Transactions on Systems, Man, and Cybernetics: Systems, 2021, 51(8): 4741-4750.

[120] TANG Y, ZHU H, LV X. Achieving optimal output consensus for discrete-time linear multi-agent systems with disturbance rejection[J]. IET Control Theory & Applications, 2021, 15(5): 749-757.

[121] ZHONG Z, ZHAO Y, XIAN C, et al. Finite-time distributed optimal tracking for multiple heterogeneous linear systems[J]. IEEE Transactions on Circuits and Systems II: Express Briefs, 2021, 68(4): 1258-1262.

[122] PALUNKO I, TOLIĆ D, PRKAČIN V. Learning near-optimal broadcasting intervals in decentralized multi-agent systems using online least-square policy iteration[J]. IET Control Theory & Applications, 2021, 15(8): 1054-1067.

[123] SHI M, YUAN H, YUAN Y. Guaranteed cost optimal leader-synchronization strategy design for distributed multi-agent systems with input saturation[J]. International Journal of Robust and Nonlinear Control, 2022, 32(6): 3771-3787.

[124] GUO G, KANG J. Distributed optimization of multiagent systems against unmatched disturbances: A hierarchical integral control framework[J]. IEEE Transactions on Systems, Man, and Cybernetics: Systems, 2022, 52(6): 3556-3567.

[125] XU J, WANG L, LIU Y, et al. Event-triggered optimal containment control for multi-agent systems subject to state constraints via reinforcement learning[J]. Nonlinear Dynamics, 2022, 109(3): 1651-1670.

[126] ZHANG D, YAO Y, WU Z. Reinforcement learning based optimal synchronization control for multi-agent systems with input constraints using vanishing viscosity method[J]. Information Sciences, 2023: 118949.

[127] MODARES H, LEWIS F L, KANG W, et al. Optimal synchronization of heterogeneous nonlinear systems with unknown dynamics[J]. IEEE Transactions on Automatic Control, 2018, 63(1): 117-131.

[128] ZUO S, SONG Y, LEWIS F L, et al. Optimal robust output containment of unknown heterogeneous multiagent system using off-policy reinforcement learning[J]. IEEE Transactions on Cybernetics, 2018, 48(11): 3197-3207.

[129] 徐君，张国良，曾静，等. 具有时延和切换拓扑的高阶离散时间多自主体系统鲁棒保性能一致性[J]. 自动化学报，2019，45（2）：360-373.

[130] ZHANG H, PARK J H, YUE D, et al. Finite-horizon optimal consensus control for unknown multiagent state-delay systems[J]. IEEE Transactions on Cybernetics, 2020, 50(2): 402-413.、

[131] TANG Y, WANG X. Optimal output consensus for nonlinear multiagent systems with both static and dynamic uncertainties[J]. IEEE Transactions on Automatic Control, 2021, 66(4): 1733-1740.

[132] SHI J, YUE D, XIE X. Optimal leader-follower consensus for constrained-input multiagent systems with completely unknown dynamics[J]. IEEE Transactions on Systems, Man, and Cybernetics: Systems, 2022, 52(2): 1182-1191.

[133] PAHNEHKOLAEI S M A, ALFI A, MODARES H. Robust inverse optimal cooperative control for uncertain linear multiagent systems[J]. IEEE Systems Journal, 2022, 16(2): 2355-2366.

[134] YANG X, ZHANG H, WANG Z. Data-based optimal consensus control for multiagent systems with policy gradient reinforcement learning[J]. IEEE Transactions on Neural Networks and Learning Systems, 2022, 33(8): 3872-3883.

[135] JIANG L, JIN Z, QIN Z. Distributed optimal formation for uncertain euler-lagrange systems with collision avoidance[J]. IEEE Transactions on Circuits and Systems II: Express Briefs, 2022, 69(8): 3415-3419.

[136] JIN X, MAO S, KOCAREV L, et al. Event-triggered optimal attitude consensus of multiple rigid body networks with unknown dynamics[J]. IEEE Transactions on Network Science and Engineering, 2022, 9(5): 3701-3714.

[137] GUO Z, CHEN G. Fully distributed optimal position control of networked uncertain Euler–Lagrange systems under unbalanced digraphs[J]. IEEE Transactions on Cybernetics, 2022, 52(10): 10592-10603.

[138] CHEN L, DONG C, HE S, et al. Adaptive optimal formation control for unmanned surface vehicles with guaranteed performance using actor-critic learning architecture[J]. International Journal of Robust and Nonlinear Control, 2023, 33(8): 4504-4522.

[139] MOGHADAM R, MODARES H. Resilient adaptive optimal control of distributed multi-agent systems using reinforcement learning[J]. IET Control Theory & Applications, 2018, 12(16): 2165-2174.

[140] PIRANI M, NEKOUEI E, DIBAJI S M, et al. Design of attack-resilient consensus dynamics: a game-theoretic approach[C]// European Control Conference (ECC). Naples: IEEE, 2019: 2227-2232.

[141] SHEN J, YE X, FENG D. A game-theoretic method for resilient control design in industrial multi-agent CPSs with Markovian and coupled dynamics[J]. International Journal of Control, 2021, 94(11): 3079-3090.

[142] KAHENI M, USAI E, FRANCESCHELLI M. Resilient constrained optimization in multi-agent systems with improved guarantee on approximation bounds[J]. IEEE Control Systems Letters, 2022, 6: 2659-2664.

[143] XU C, LIU Q, HUANG T. Resilient penalty function method for distributed constrained optimization under byzantine attack[J]. Information Sciences, 2022, 596: 362-379.

[144] FENG Z, HU G. Attack-resilient distributed convex optimization of cyber–physical systems against malicious cyber-attacks

over random digraphs[J]. IEEE Internet of Things Journal, 2022, 10(1): 458-472.

[145] ZHANG L, LI Y. Fuzzy-resilient distributed optimal coordination for nonlinear multi-agent systems under command attacks[J]. IEEE Transactions on Fuzzy Systems, 2022, doi. 10.1109/TFUZZ.2022.3213935.

[146] XU C, LIU Q. A resilient distributed optimization algorithm based on consensus of multi-agent system against two attack scenarios[J]. Journal of the Franklin Institute, 2022, doi. 10.1016/j.jfranklin.2022.08.031.

[147] ZHANG J, ZHANG H, FENG T. Distributed optimal consensus control for nonlinear multiagent system with unknown dynamic[J]. IEEE transactions on neural networks and learning systems, 2018, 29(8): 3339-3348.

[148] WANG B, ZHANG B, SU R. Optimal tracking cooperative control for cyber-physical systems: Dynamic fault-tolerant control and resilient management[J]. IEEE Transactions on Industrial Informatics, 2021, 17(1): 158-167.

[149] TOGNETTI E S, CALLIERO T R, MORĂRESCU I C, et al. Synchronization via output feedback for multi-agent singularly perturbed systems with guaranteed cost[J]. Automatica, 2021, 128: 109549.

[150] PILLONI A, FRANCESCHELLI M, PISANO A, et al. Sliding mode-based robustification of consensus and distributed optimization control protocols[J]. IEEE Transactions on Automatic Control, 2021, 66(3): 1207-1214.

[151] TANG Y, ZHU K. Optimal consensus for uncertain high-order multi-agent systems by output feedback[J]. International Journal of Robust and Nonlinear Control, 2022, 32(4): 2084-2099.

[152] 段书晴，陈森，赵志良. 一阶多自主体受扰系统的自抗扰分布式优化算法[J]. 控制与决策，2022，37（6）：1559-1566.

[153] AN L, YANG G H. Collisions-free distributed optimal coordination for multiple Euler-Lagrangian systems[J]. IEEE Transactions on Automatic Control, 2022, 67(1): 460-467.

[154] GUO G, ZHANG R. Lyapunov redesign-based optimal consensus control for multi-agent systems with uncertain dynamics[J]. IEEE Transactions on Circuits and Systems II: Express Briefs, 2022, 69(6): 2902-2906.

[155] HUANG Y, MENG Z. Fully distributed event-triggered optimal coordinated control for multiple euler-lagrangian systems[J]. IEEE Transactions on Cybernetics, 2022, 52(9): 9120-9131.

[156] ZHOU Y, LI D, GAO F. Data-driven optimal synchronization control for leader-follower multiagent systems[J]. IEEE Transactions on Systems, Man, and Cybernetics: Systems, 2023, 53(1): 495-503.

[157] KANG J, GUO G, YANG G. Distributed optimization of uncertain multiagent systems with disturbances and actuator faults via exosystem observer-based output regulation[J]. IEEE Transactions on Circuits and Systems I: Regular Papers, 2023, 70(2): 897-909.

[158] XUE W, ZHAN S, WU Z, et al. Distributed multi-agent collision avoidance using robust differential game[J]. ISA transactions, 2023, 134: 95-107.

[159] WU B, PENG Z, WEN G, et al. Distributed time-varying optimization control for multirobot systems with collision avoidance by hierarchical approach[J]. International Journal of Robust and Nonlinear Control, 2023, doi. 10.1002/rnc.6605.

[160] LIU G, ZOU L, SUN Q, et al. Multi-agent based consensus optimal control for microgrid with external disturbances via zero-sum game strategy[J]. IEEE Transactions on Control of Network Systems, 2022, doi. 10.1109/TCNS.2022.3203896.

[161] GUO Y, CHEN G. Robust near-optimal coordination in uncertain multiagent networks with motion constraints[J]. IEEE Transactions on Cybernetics, 2023, 53(5): 2841-2851.

[162] MA Q, MENG Q, XU S. Distributed optimization for uncertain high-order nonlinear multiagent systems via dynamic gain approach[J]. IEEE Transactions on Systems, Man, and Cybernetics: Systems, 2023, 10.1109/TSMC.2023.3247456.

[163] 方保镕，周继东，李医民. 矩阵论[M]. 北京：清华大学出版社，2004.

[164] LV Y, LI Z, DUAN Z, et al. Novel distributed robust adaptive consensus protocols for linear multi-agent systems with directed graphs and external disturbances[J]. International Journal of Control, 2017, 90(2): 137-147.

[165] ZHANG H, LEWIS F L, QU Z. Lyapunov, adaptive, and optimal design techniques for cooperative systems on directed communication graphs[J]. IEEE Transactions on Industrial Electronics, 2012, 59(7): 3026-3041.

[166] ZHANG Z, ZHANG Z, ZHANG H. Distributed attitude control for multi-spacecraft via Takagi–Sugeno fuzzy approach[J]. IEEE Transactions on Aerospace and Electronic Systems, 2018, 54(2): 642-654.

[167] ZHANG Z, SHI Y, ZHANG Z, et al. New results on sliding-mode control for Takagi–Sugeno fuzzy multiagent systems[J]. IEEE Transactions on Cybernetics, 2019, 49(5): 1592-1604.

[168] ZHANG H, LEWIS F L. Adaptive cooperative tracking control of higher-order nonlinear systems with unknown dynamics[J]. Automatica, 2012, 48(7): 1432-1439.

[169] ZHANG H, LI Z, QU Z, et al. On constructing Lyapunov functions for multi-agent systems[J]. Automatica, 2015, 58: 39-42.

[170] MOVRIC K H, LEWIS F L. Cooperative optimal control for multi-agent systems on directed graph topologies[J]. IEEE Transactions on Automatic Control, 2014, 59(3): 769-774.

[171] ANDRESON B D O , MOORE J B. Optimal control: Linear quadratic methods[M]. Englewood Cliffs: Prentice Hall, 1990.

[172] LANCASTER P ,TISMENETSKY M. the theory of matrices with applications[M]. New York: Elsevier, 1985.

[173] HORN R A , JOHNSON C R. Matrix analysis[M]. Cambridge: Cambridge University Press, 1985.

[174] ZHANG Z, YAN W, LI H. Distributed optimal control for linear multiagent systems on general digraphs[J]. IEEE Transactions on Automatic Control, 2021, 66(1): 322-328.

[175] XI J, WANG L, ZHENG J, et al. Energy-constraint formation for multiagent systems with switching interaction topologies[J]. IEEE Transactions on Circuits and Systems I: Regular Papers, 2020, 67(7): 2442-2454.

[176] LI Z, REN W, LIU X, et al. Consensus of multi-agent systems with general linear and Lipschitz nonlinear dynamics using distributed adaptive protocols[J]. IEEE Transactions on Automatic Control, 2013, 58(7): 1786-1791.

[177] WANG L, FENG W, CHEN M Z Q, et al. Consensus of nonlinear multi-agent systems with adaptive protocols[J]. IET Control Theory & Applications, 2014, 8(18): 2245-2252.

[178] WANG L, FENG W, CHEN M Z Q, et al. Global bounded consensus in heterogeneous multi-agent systems with directed communication graph[J]. IET Control Theory & Applications, 2015, 9(1): 147-152.

[179] QIAN W, WANG L, CHEN M Z Q. Local consensus of nonlinear multiagent systems with varying delay coupling[J]. IEEE Transactions on Systems, Man, and Cybernetics: Systems, 2017, 48(12): 2462-2469.

[180] WU L, GAO Y, LIU J, et al. Event-triggered sliding mode control of stochastic systems via output feedback[J]. Automatica, 2017, 82: 79-92.

[181] REN W, BEARD R W. Distributed consensus in multi-vehicle cooperative control: Theory and applications[M]. London: Springer, 2008.

[182] ABDESSAMEUD A, TAYEBI A. Distributed consensus algorithms for a class of high-order multi-agent systems on directed graphs[J]. IEEE Transactions on Automatic Control, 2018, 63(10): 3464-3470.

[183] LIU M, WAN Y, LOPEZ V G, et al. Differential graphical game with distributed global Nash solution[J]. IEEE Transactions on Control of Network Systems, 2021, 8(3): 1371-1382.

[184] VAMVOUDAKIS K G, LEWIS F L, HUDAS G R. Multi-agent differential graphical games: Online adaptive learning solution for synchronization with optimality[J]. Automatica, 2012, 48(8): 1598-1611.

[185] LI Z, DING Z. Distributed nash equilibrium searching via fixed-time consensus-based algorithms[C]//American Control Conference (ACC). Philadelphia: IEEE, 2019: 2765-2770.

[186] LI Z, LIU X, REN W, et al. Distributed tracking control for linear multiagent systems with a leader of bounded unknown input[J]. IEEE Transactions on Automatic Control, 2013, 58(2): 518-523.

[187] GUO S. Robust reliability method for non-fragile guaranteed cost control of parametric uncertain systems[J]. Systems & Control Letters, 2014, 64: 27-35.

[188] PETERSEN I R, MCFARLANE D C, ROTEA M A. Optimal guaranteed cost control of discrete-time uncertain linear systems[J]. International Journal of Robust and Nonlinear Control: IFAC - Affiliated Journal, 1998, 8(8): 649-657.

[189] SAVKIN A V, EVANS R J. A new approach to robust control of hybrid systems over infinite time[J]. IEEE Transactions on Automatic Control, 1998, 43(9): 1292-1296.
[190] MAYNE D Q, SERON M M, RAKOVIĆ S V. Robust model predictive control of constrained linear systems with bounded disturbances[J]. Automatica, 2005, 41(2): 219-224.
[191] WU H N, LI M M, GUO L. Finite-horizon approximate optimal guaranteed cost control of uncertain nonlinear systems with application to mars entry guidance[J]. IEEE Transactions on Neural Networks and Learning Systems, 2014, 26(7): 1456-1467.
[192] GAO W, JIANG Y, JIANG Z P, et al. Output-feedback adaptive optimal control of interconnected systems based on robust adaptive dynamic programming[J]. Automatica, 2016, 72: 37-45.
[193] ESFAHANI P S, PIEPER J K. Robust model predictive control for switched linear systems[J]. ISA Transactions, 2019, 89: 1-11.
[194] WANG M, REN X, DONG X, et al. Predictor-based optimal robust guaranteed cost control for uncertain nonlinear systems with completely tracking errors constraint[J]. Journal of the Franklin Institute, 2019, 356(13): 6817-6841.
[195] HENRION D, TARBOURIECH S, GARCIA G. Output feedback robust stabilization of uncertain linear systems with saturating controls: An LMI approach[J]. IEEE Transactions on Automatic Control, 1999, 44(11): 2230-2237.
[196] WANG Y L, HAN Q L, FEI M R, et al. Network-based T-S fuzzy dynamic positioning controller design for unmanned marine vehicles[J]. IEEE Transactions on Cybernetics, 2018, 48(9): 2750-2763.
[197] BHAT S P, BERNSTEIN D S. Continuous finite-time stabilization of the translational and rotational double integrators[J]. IEEE Transactions on Automatic Control, 1998, 43(5): 678-682.
[198] CHENG F, YU W, WAN Y, et al. Distributed robust control for linear multiagent systems with intermittent communications[J]. IEEE Transactions on Circuits and Systems II: Express Briefs, 2016, 63(9): 838-842.
[199] KIM J H, BIEN Z. Robust stability of uncertain linear systems with saturating actuators[J]. IEEE Transactions on Automatic Control, 1994, 39(1): 202-207.
[200] ZHANG Z, SHI Y, ZHANG Z, et al. Modified order-reduction method for distributed control of multi-spacecraft networks with time-varying delays[J]. IEEE Transactions on Control of Network Systems, 2016, 5(1): 79-92.
[201] FIEDLER M. Algebraic connectivity of graphs[J]. Czechoslovak Mathematical Journal, 1973, 23(2): 298-305.
[202] ZHANG Z, SHI Y, YAN W. A novel attitude-tracking control for spacecraft networks with input delays[J]. IEEE Transactions on Control Systems Technology, 2021, 29(3): 1035-1047.
[203] REHMAN A U, REHAN M, IQBAL N, et al. Leaderless adaptive output feedback consensus approach for one-sided Lipschitz multi-agents[J]. Journal of the Franklin Institute, 2020, 357(13): 8800-8822.
[204] HUANG J, YANG M, ZHANG Y, et al. Consensus control of multi-agent systems with P-one-sided Lipschitz[J]. ISA Transactions, 2022, 125: 42-49.
[205] ZUO Z, ZHANG J, WANG Y. Adaptive fault-tolerant tracking control for linear and Lipschitz nonlinear multi-agent systems[J]. IEEE Transactions on Industrial Electronics, 2014, 62(6): 3923-3931.
[206] LI Z, REN W, LIU X, et al. Consensus of multi-agent systems with general linear and Lipschitz nonlinear dynamics using distributed adaptive protocols[J]. IEEE Transactions on Automatic Control, 2012, 58(7): 1786-1791.
[207] YU S, LONG X. Finite-time consensus for second-order multi-agent systems with disturbances by integral sliding mode[J]. Automatica, 2015, 54: 158-165.
[208] SU X, WEN Y, SHI P, et al. Event-triggered fuzzy filtering for nonlinear dynamic systems via reduced-order approach[J]. IEEE Transactions on Fuzzy Systems, 2019, 27(6): 1215-1225.
[209] SU X, XIA F, LIU J, et al. Event-triggered fuzzy control of nonlinear systems with its application to inverted pendulum systems[J]. Automatica, 2018, 94: 236-248.

[210] SURANTHA N. Smart hydroculture control system based on IoT and fuzzy logic[J]. International Journal of Innovative Computing, Information and Control, 2020, 16(1): 207-221.

[211] ZHANG M, SHI P, SHEN C, et al. Static output feedback control of switched nonlinear systems with actuator faults[J]. IEEE Transactions on Fuzzy Systems, 2020, 28(8): 1600-1609.

[212] LEWIS F L, VRABIE D, SYRMOS V L. Optimal control[M]. Hoboken: John Wiley & Sons, 2012.

[213] NIAN X, FENG J. Guaranteed-cost control of a linear uncertain system with multiple time-varying delays: An LMI approach[J]. IEE Proceedings-Control Theory and Applications, 2003, 150(1): 17-22.

[214] PIPELEERS G, DEMEULENAERE B, DE S J, et al. Robust high-order repetitive control: Optimal performance trade-offs[J]. Automatica, 2008, 44(10): 2628-2634.

[215] NGUYEN H N, OLARU S, GUTMAN P O, et al. Constrained control of uncertain, time-varying linear discrete-time systems subject to bounded disturbances[J]. IEEE Transactions on Automatic Control, 2015, 60(3): 831-836.

[216] KEBRIAEI H, IANNELLI L. Discrete-time robust hierarchical linear-quadratic dynamic games[J]. IEEE Transactions on Automatic Control, 2018, 63(3): 902-909.

[217] MEROLA A, COSENTINO C, COLACINO D, et al. Optimal control of uncertain nonlinear quadratic systems[J]. Automatica, 2017, 83: 345-350.

[218] LEE D H. An improved finite frequency approach to robust filter design for LTI systems with polytopic uncertainties[J]. International Journal of Adaptive Control and Signal Processing, 2013, 27(11): 944-956.

[219] YANG T, WAN Y, WANG H, et al. Global optimal consensus for discrete-time multi-agent systems with bounded controls[J]. Automatica, 2018, 97: 182-185.

[220] ZHANG H, FENG T, YANG G H, et al. Distributed cooperative optimal control for multiagent systems on directed graphs: An inverse optimal approach[J]. IEEE Transactions on Cybernetics, 2015, 45(7): 1315-1326.

[221] SUN G, XU S, LI Z. Finite-time fuzzy sampled-data control for nonlinear flexible spacecraft with stochastic actuator failures[J]. IEEE Transactions on Industrial Electronics, 2017, 64(5): 3851-3861.

[222] ZHANG X M, HAN Q L, SEURET A, et al. An improved reciprocally convex inequality and an augmented Lyapunov-Krasovskii functional for stability of linear systems with time-varying delay[J]. Automatica, 2017, 84: 221-226.

[223] PENG C, YUE D, TIAN Y C. New approach on robust delay-dependent H_∞ control for uncertain T-S fuzzy systems with interval time-varying delay[J]. IEEE Transactions on Fuzzy Systems, 2009, 17(4): 890-900.

[224] PHAT V N. Switched controller design for stabilization of nonlinear hybrid systems with time-varying delays in state and control[J]. Journal of the Franklin Institute, 2010, 347(1): 195-207.

[225] BOSKOVIC J D, LI S M, MEHRA R K. Robust tracking control design for spacecraft under control input saturation[J]. Journal of Guidance, Control, and Dynamics, 2004, 27(4): 627-633.

[226] ZHANG H, ZHANG G, WANG J. H_∞ Observer design for LPV systems with uncertain measurements on scheduling varibables: Application to an electric ground vehicle[J]. IEEE/ASME Transactions on Mechatronics, 2016, 21(3): 1659-1670.

[227] YUE D, HAN Q L, LAM J. Network-based robust $H\infty$ control of systems with uncertainty[J]. Automatica, 2005, 41(6): 999-1007.

[228] WANG R, LIU G P, WANG W, et al. $H\infty$ control for networked predictive control systems based on the switched Lyapunov function method[J]. IEEE Transactions on Industrial Electronics, 2010, 57(10): 3565-3571.

[229] ZHANG Z, ZHANG Z, ZHANG H, et al. Finite-time $H\infty$ filtering for T-S fuzzy discrete-time systems with time-varying delay and norm-bounded uncertainties[J]. IEEE Transactions on Fuzzy Systems, 2015, 23(6): 2427-2434.

[230] GU K. An integral inequality in the stability problem of time-delay systems[C]//Conference on Decision and Control (CDC). Sydney: IEEE, 2000, 3: 2805-2810.

[231] NAZARI M, BUTCHER E A, YUCELEN T, et al. Decentralized consensus control of a rigid-body spacecraft formation with

communication delay[J]. Journal of Guidance, Control, and Dynamics, 2016, 39(4): 838-851.

[232] REZAEE H, ABDOLLAHI F. Attitude consensusability in multi-spacecraft systems using magnetic actuators[J]. IEEE Transactions on Aerospace and Electronic Systems, 2017, 53(1): 513-519.

[233] DU H, LI S, QIAN C. Finite-time attitude tracking control of spacecraft with application to attitude synchronization[J]. IEEE Transactions on Automatic Control, 2011, 56(11): 2711-2717.

[234] WU B, WANG D, POH E K. Decentralized sliding-mode control for spacecraft attitude synchronization under actuator failures[J]. Acta Astronautica, 2014, 105(1): 333-343.

[235] ZOU A M, KUMAR K D. Quaternion-based distributed output feedback attitude coordination control for spacecraft formation flying[J]. Journal of Guidance, Control, and Dynamics, 2013, 36(2): 548-556.

[236] MEHRABIAN A, KHORASANI K. Distributed and cooperative quaternion-based attitude synchronization and tracking control for a network of heterogeneous spacecraft formation flying mission[J]. Journal of the Franklin Institute, 2015, 352(9): 3885-3913.

[237] REN W. Distributed cooperative attitude synchronization and tracking for multiple rigid bodies[J]. IEEE Transactions on Control Systems Technology, 2010, 18(2): 383-392.

[238] WU B, WANG D, POH E K. Decentralized robust adaptive control for attitude synchronization under directed communication topology[J]. Journal of Guidance, Control, and Dynamics, 2011, 34(4): 1276-1282.

[239] ZOU A M. Distributed attitude synchronization and tracking control for multiple rigid bodies[J]. IEEE Transactions on Control Systems Technology, 2014, 22(2): 478-490.

[240] ZHANG Z, LI H. Modified adaptive control for multi-spacecraft attitude coordination problems[C]//Data Driven Control and Learning Systems Conference (DDCLS). Enshi: IEEE, 2018: 730-735.

[241] GE S S, HANG C C, LEE T H, et al. Stable adaptive neural network control[M]. Berlin: Springer Science & Business Media, 2013.

[242] REN B, GE S S, SU C Y, et al. Adaptive neural control for a class of uncertain nonlinear systems in pure-feedback form with hysteresis input[J]. IEEE Transactions on Systems, Man, and Cybernetics, Part B (Cybernetics), 2009, 39(2): 431-443.

[243] WANG C, HILL D J, GE S S, et al. An ISS-modular approach for adaptive neural control of pure-feedback systems[J]. Automatica, 2006, 42(5): 723-731.

[244] SHIVAKUMAR P N, CHEW K H. A sufficient condition for nonvanishing of determinants[J]. Proceedings of the American mathematical society, 1974: 63-66.

[245] GE S S, ZHANG J. Neural-network control of nonaffine nonlinear system with zero dynamics by state and output feedback[J]. IEEE Transactions on Neural Networks, 2003, 14(4): 900-918.

[246] BEHTASH S. Robust output tracking for non-linear systems[J]. International Journal of Control, 1990, 51(6): 1381-1407.

[247] VIDYASAGAR M. Nonlinear systems analysis[M]. Philadelphia: Society for Industrial and Applied Mathematics, 2002.

[248] SANNER R M, SLOTINE J J-E. Gaussian networks for direct adaptive control[J]. IEEE Transactions on Neural Networks, 1992, 3(6): 837-863.

[249] JAFARZADEH S, MIRHEIDARI R, MOTLAGH M R J, et al. Intelligent autopilot control design for a 2-DOF helicopter model[J]. International Journal of Computers, Communications & Control, 2008, 3(3): 337-342.

[250] VILCHIS J C A, BROGLIATO B, DZUL A, et al. Nonlinear modelling and control of helicopters[J]. Automatica, 2003, 39(9): 1583-1596.

[251] PROUTY R W. Helicopter performance, stability, and control[M]. Melbourne: Krieger, 1995.

[252] 沈智鹏. 船舶运动自适应滑模控制[M]. 北京：科学出版社，2019.